生物产业高等教育系列教材（丛书主编：刘仲华）

生物技术兽用制药

曾建国　金梅林　主编

科学出版社

北京

内 容 简 介

本书全面系统地阐述了生物技术在兽药创制领域的应用。全书共 7 章，内容涵盖生物技术制药的概念、发展历程、趋势及其与兽药的结合，兽用抗体制药，兽用疫苗，发酵工程基础及其在兽药开发与生物饲料工业中的应用，兽用蛋白质药物的化学修饰，微生物转化与兽用化药，以及运用生物技术创制兽用中药等。教材内容丰富翔实，理论与实践并重，不仅呈现了前沿研究成果，还通过大量实际案例诠释技术应用，对促进兽药行业的技术创新与可持续发展具有重要意义。

本书可作为高等院校动物药学、动物医学、动物科学、生物技术和生物制药等专业本科生教材，以及职业教育、继续教育相关课程的教材，也可作为相关专业研究生和教师的参考书，还可供兽药生产企业研发人员和管理人员参考。

图书在版编目（CIP）数据

生物技术兽用制药 / 曾建国, 金梅林主编. --北京 : 科学出版社, 2025. 3.-- ISBN 978-7-03-080320-7

Ⅰ. S859.79

中国国家版本馆 CIP 数据核字第 202436MQ17 号

责任编辑：刘 丹/ 责任校对：严 娜
责任印制：肖 兴 / 封面设计：马晓敏

科学出版社 出版
北京东黄城根北街 16 号
邮政编码：100717
http://www.sciencep.com

北京富资园科技发展有限公司印刷
科学出版社发行 各地新华书店经销
*
2025 年 3 月第 一 版 开本：787×1092 1/16
2025 年 3 月第 一 版 印张：15 1/4
字数：362 000

定价：79.80 元

（如有印装质量问题，我社负责调换）

《生物技术兽用制药》编委会

主　编　曾建国　金梅林

编　委（按姓氏笔画排序）

王乃东　湖南农业大学
向　维　湖南农业大学
刘秀斌　湖南农业大学
安一娜　山西大学
孙　娜　山西农业大学
孙梦姗　湖南省农业科学院
杨　毅　湖南农业大学
杨子辉　湖南农业大学
张　强　华中农业大学
金梅林　华中农业大学
柳亦松　湖南农业大学
侯力丹　中国兽医药品监察所
袁万哲　河北农业大学
卿志星　湖南农业大学
郭慧琛　中国农业科学院兰州兽医研究所
黄　鹏　湖南农业大学
程　辟　湖南农业大学
曾建国　湖南农业大学
湛　洋　湖南农业大学
谢红旗　湖南农业大学

《生物技术兽用制药》教学课件申请单

凡使用本书作为授课教材的高校主讲教师，可获赠教学课件一份。欢迎通过以下两种方式之一与我们联系。

1. 关注微信公众号“科学EDU”索取教学课件

扫码关注→“样书课件”→“科学教育平台”

2. 填写以下表格，扫描或拍照后发送至联系人邮箱

<table>
<tr><td>姓名：</td><td colspan="2">职称：</td><td>职务：</td></tr>
<tr><td>手机：</td><td colspan="2">邮箱：</td><td>学校及院系：</td></tr>
<tr><td colspan="2">本门课程名称：</td><td colspan="2">本门课程每年选课人数：</td></tr>
<tr><td colspan="4">您对本书的评价及下一版的修改建议：</td></tr>
</table>

联系人：刘　丹 编辑　　电话：010-64004576　　邮箱：liudan@mail.sciencep.com

前　言

随着现代生物技术的迅猛发展，其在兽药领域的应用日益广泛且深入，引发了一系列革新与突破。生物技术通过基因工程、细胞工程、酶工程、蛋白质工程及发酵工程等多种手段，显著提升了兽用药品的研发效率与生产水平，为兽医临床实践提供了更为丰富、高效且安全的药物资源。鉴于此，我们组织编写了本教材，从基础理论、前沿技术和应用实例等方面系统阐述生物技术在兽药创制中的应用，旨在为学生构建知识体系，为推动行业创新和产业升级培养人才。

本教材全面系统地阐述了生物技术在兽药中的各类应用。第一章介绍生物技术制药的定义、发展历程及趋势，涵盖基因工程、细胞工程等各种生物技术，重点讲解其在兽用制药中的应用，包括兽用生物技术药物的分类、特点和研发现状。第二章深入探讨兽用抗体药物相关内容，包括单克隆抗体、多克隆抗体、纳米抗体等的制备技术及应用，详细讲解单克隆抗体制备原理与流程，还涉及兽用基因工程抗体的种类、应用实例及噬菌体抗体库技术原理与筛选方法。第三章聚焦兽用疫苗，阐述其概念、作用、发展历程和生产技术路线，详细比较传统疫苗与新型疫苗的优缺点，深入讲解基因工程疫苗、亚单位疫苗、核酸疫苗等新型疫苗的设计思路、制备工艺及应用实例，同时探讨疫苗质量控制要点与疫苗产业特点等。第四章介绍发酵工程兽用制药与生物饲料，包括发酵工程定义、发展历程、兽用制药特点与趋势，发酵工程涉及的微生物和相关设备，发酵工程兽用制药的过程与控制及代谢调控，探讨了发酵工程在兽用制药与生物饲料工业中的应用。第五章阐述兽用蛋白质药物的化学修饰，介绍了蛋白质化学修饰的概念、特点、修饰方法及在兽用制药中的重要性，并结合实际案例，展现化学修饰技术在提升兽用蛋白质药物疗效和安全性等方面的潜力。第六章聚焦微生物转化与兽用化药，剖析微生物转化在兽药现代化进程中的关键作用，从保护中药活性成分、提供结构修饰新途径、加深药理理解、发现先导化合物及提高现代化水平等多维度，阐述微生物转化技术对兽药研究和生产的革新性影响。第七章阐述运用生物技术创制兽用中药，对兽用中药的历史渊源、发展脉络及资源现状进行梳理，介绍了生物技术在中药材种质创新和兽用中药创制中的应用情况，同时还对植物源饲料添加剂的生物技术生产进行了深入探讨。本书通过系统介绍生物技术在兽药创制领域的应用，帮助读者深入理解行业知识，掌握相关技术和方法，为从事相关工作或进一步学习打下坚实基础。

本教材在编写过程中得到了各参编院校的支持与帮助，在此一并表示感谢。由于编者学术水平及编写能力有限，难免有疏漏和不当之处，恳请读者批评指正。

编　者

2025 年 2 月

目　录

第一章　绪　论

本章数字资源

学习目标

1. 掌握生物技术的定义。
2. 熟悉生物技术与兽药创制的关系。
3. 了解生物技术手段与方法。

第一节　生物技术的概念

生物技术（biotechnology）是指人们以现代生命科学为基础，结合先进的工程技术手段和其他基础学科的科学原理，按照预先的设计改造生物体或加工生物原料，为人类生产出所需产品或达到某种目的的技术。生物技术涉及的学科包括生物化学、分子生物学、分子遗传学、微生物学、细胞生物学、免疫学、药学、化学工程、计算机技术等。传统的生物技术主要包括基因工程、细胞工程、发酵工程和酶工程这四大工程。由于生物技术与生命科学的飞速发展和学科之间的相互渗透，生物技术所包含的内容不断扩大，如蛋白质工程、抗体工程、糖链工程、生物转化等。

一、基因工程

基因工程（genetic engineering），也称遗传工程，是现代生物技术的核心和主导。其主要原理是应用人工方法把生物的遗传物质（通常是 DNA 或其片段）从原生物体中分离出来，在体外进行切割、拼接和重组，然后将重组了的 DNA 导入某种宿主细胞或个体，从而改变它们的遗传品性；有时还使目的基因在新的宿主细胞或个体中大量表达，以获得基因产物（多肽或蛋白质）。由于它是在 DNA 分子水平上“动手术”，又称为“重组 DNA 技术”“分子水平杂交技术”或称“基因操作”。基因工程的应用广泛，主要包括转基因植物、基因治疗、疫苗生产等领域。

二、细胞工程

细胞工程（cell engineering）是指以细胞为基本单位，在体外条件下进行培养、繁殖，或人为地使细胞某些生物学特性按人们的意愿发生改变，从而达到改良生物品种、创造新品种或获得某种有用物质的过程。由于细胞工程是在细胞水平上“动手术”，又称为“细胞操作技术”。细胞工程在药物开发、组织工程和再生医学中具有重要应用，如通过细胞培养生产治疗用细胞或组织，或在工业生产中使用细胞生产特定的生物产品。

三、发酵工程

发酵工程（fermentation engineering）是通过现代技术手段，利用微生物的特殊功能生产有用的物质，或直接将微生物应用于工业生产的一种技术体系。其主要包括菌种选育、菌种生产、代谢产物的发酵生产以及微生物功能的利用等技术。此技术在制药、食品生产、环保等领域具有广泛应用，如利用酵母生产啤酒和酒精，或用于制造抗生素和维生素的发酵过程。

四、酶工程

酶工程（enzyme engineering）是利用酶或细胞所具有的特异催化功能，或对酶进行修饰改造，并借助生物反应器和工艺过程来生产人类所需产品的技术。它主要包括酶的开发和生产、酶的分离和纯化、酶的固定化、反应器的研制、酶的应用等内容。通过对酶的改造，可以提高其催化效率或特异性。酶工程广泛应用于药物合成、环境治理和工业生产。

五、蛋白质工程

蛋白质工程（protein engineering）是从改变基因入手制造新型蛋白质的技术。其过程是：先找到一个与这种新型蛋白质的基因接近的基因，然后修改这个基因（用定点突变技术修改这个基因的核酸序列），再把修改好的基因植入细菌或其他生物的细胞里，让细菌或宿主细胞产生出人们想要的新型蛋白质。它与基因工程的区别在于：前者是利用基因拼接技术用生物生产已存在的蛋白质；后者则是通过改变基因序列来改变蛋白质的结构，生产新的蛋白质。因此，蛋白质工程又被称为“第二代基因工程”。

六、抗体工程

抗体工程（antibody engineering）是应用细胞生物学或分子生物学手段在体外进行遗传学操作，改变抗体的结构和生物学特性，以获得具有适合人们需要的、有特定生物学特性和功能的新抗体，或建立能够稳定获得高质量和产量抗体的技术。

七、糖链工程

糖链工程（glycotechnology）是利用化学、生物、仪器分析等手段，研究糖蛋白糖链的技术，内容包括糖链的制备、糖链结构的分析、糖链与蛋白质的连接方式研究、糖链对蛋白质功能与活性的影响研究、蛋白质糖基化技术研究等。这些研究可以提高对糖基化过程的理解，从而改进糖蛋白药物的设计和生产。

八、海洋生物技术

海洋生物技术（marine biotechnology）是指运用海洋生物学与工程学的原理和方法，利用海洋生物或生物代谢过程，生产有用物质或定向改良海洋生物遗传特性。海洋生物技术的应用包括研发新药物、环境保护和资源开发等。

九、生物转化

生物转化（bioconversion，biotransformation）也称生物催化（biocatalysis），是指利用酶或有机体（如细胞或细胞器）作为催化剂实现化学转化的过程，是生物体系的酶制剂对外源性底物进行结构修饰所发生的化学反应。微生物因其培养简单、种类繁多、酶系丰富而成为生物转化中最常见的有机体。生物转化应用于药物代谢、废物处理和生物降解等领域。

十、合成生物学

合成生物学（synthetic biology）是一个将科学理论、技术方法和工程设计相结合，设计和构建新的生物部件或系统，或对自然界的已有生物系统进行重新设计，以高效产生所需物质的技术体系。

生物技术自产生以来，由于其发展的迅速性和应用的广泛性，已被应用到国民经济的各领域，形成了各领域特殊的生物技术，如医学生物技术、药物生物技术、农业生物技术、植物生物技术、动物生物技术、食品生物技术、环境生物技术等。

第二节 生物技术药物

一、生物技术药物的概念

生物药物（biological drug）是指运用生物学、微生物学、医学、化学、生物化学、药学等学科的原理、方法和成果，利用生物体（组织、细胞等）制造的一类用于预防、治疗和诊断疾病的制品。这类制品包括生物体的初级和次级代谢产物，或生物体的某一组成部分，甚至整个生物体，主要有蛋白质、核酸、糖类、脂类等。

生物技术药物（biotechnological drug，biotech drug）是指采用重组DNA技术或其他生物技术生产的用于预防、治疗和诊断疾病的药物，主要是重组蛋白或核酸类药物，如细胞因子、纤溶酶原激活剂、重组血浆因子、生长因子、融合蛋白、受体、疫苗、单克隆抗体、反义核酸、小干扰 RNA 等。这些药物不仅在结构上具有高复杂性，在治疗上也表现出强靶向性和高效性。

二、生物技术药物的分类

生物技术药物可根据用途、作用类型、生化特性来进行分类。

（一）按用途分类

1．治疗药物 常见的治疗药物包括：①用于肿瘤治疗或辅助治疗的药物，如天冬酰胺酶、白细胞介素-2、粒细胞集落刺激因子等，用于肿瘤的直接或辅助治疗。这些药物通过增强患者的免疫反应或直接抑制肿瘤细胞增殖来发挥作用。②用于内分泌疾病治疗的药物，如胰岛素、生长素，甲状腺素等。这些药物调节内分泌平衡，治疗糖尿病、侏儒症、甲状腺功能低下等疾病。③用于心血管系统疾病治疗的药物，如血管舒张素、弹性蛋白酶等，用于心血管疾病的管理，通过调节血管张力和血液流动改善患者的心血管健康。④用于血液和造血系统的药物，如尿激酶、凝血酶、凝血因子Ⅷ和Ⅸ、组织型纤溶酶原激活剂、促红细胞生成素等，这些药物通过调节血液凝固和造血过程治疗血液疾病。⑤抗病毒药物，如干扰素等。

2．预防药物 预防药物主要是疫苗，如乙型肝炎疫苗、伤寒疫苗、麻疹减毒活疫苗、卡介苗等。这些疫苗通过刺激免疫系统产生抗体，为个体提供长时间的保护，防止疾病发生。

3. 诊断药物 绝大部分临床诊断试剂都来自生物技术。常见的诊断试剂包括：①免疫诊断试剂，如乙型肝炎病毒表面抗原血凝抑制剂、乙型脑炎抗原和链球菌溶血素、流行性感冒（简称流感）病毒诊断血清、甲胎蛋白诊断血清等。②酶联免疫诊断试剂，如乙型肝炎病毒表面抗原诊断试剂盒、获得性免疫缺陷综合征（AIDS）诊断试剂盒等。③器官功能诊断药物，如磷酸组胺、促甲状腺素释放激素、促性腺激素释放激素等。④放射性核素诊断药物，如1-血清白蛋白等。⑤诊断用单克隆抗体，如结核菌素纯蛋白衍生物、卡介苗纯蛋白衍生物等。⑥诊断用DNA芯片，如用于遗传病和癌症诊断的基因芯片等。

（二）按作用类型分类

1. 细胞因子类药物 如白细胞介素、干扰素、集落刺激因子等。

2. 激素类药物 如人胰岛素、人生长激素等。

3. 酶类药物 如胃蛋白酶、胰蛋白酶、天冬酰胺酶、尿激酶、凝血酶等。

4. 疫苗 如脊髓灰质炎疫苗、甲型肝炎疫苗、流感疫苗等。

5. 单克隆抗体药物 如利妥昔单抗、曲妥珠单抗等。

6. 反义核酸药物 如诺西那生钠［Spinraza，别名 nusinersen，靶点是运动神经元生存基因-2（SMN2）］等。

7. RNA干扰（RNAi）药物 如Onpattro［patisiran，靶点是转甲状腺素蛋白（TTR）］、Givlaari［givosiran，靶点是氨基乙酰丙酸合成酶1（ALAS1）］、Oxlumo［lumasiran，靶点是羟基酸氧化酶1（HAO1）］、Leqvio（inclisiran，靶点是Pcsk9）等。

8. 基因治疗药物 如重组人p53腺病毒注射液等。

（三）按生化特性分类

1. 多肽类药物 如胸腺肽α-1、胸腺五肽、奥曲肽、降钙素、催产素等。

2. 蛋白质类药物 如人绒毛膜促性腺激素、人血清白蛋白、神经生长因子、肿瘤坏死因子等。

3. 核酸类药物 如腺苷三磷酸（ATP）、辅酶A、三氟胸苷、齐多夫定、阿糖腺苷等。

4. 聚乙二醇（PEG）化多肽或蛋白质药物 如PEG修饰的干扰素α-2b、干扰素α-2a等。

三、生物技术药物的特性

生物技术药物的化学本质一般为通过现代生物技术制备的多肽、蛋白质、核酸及它们的衍生物，与小分子化学药物相比，在理化性质、药理学作用、生产制备和质量控制方面都有其特殊性。

（一）理化性质特性

1. 分子量大 生物技术药物的分子一般为多肽、蛋白质、核酸或它们的衍生物，分子量（M_r）在几千至几万，甚至几十万。例如，人胰岛素的 M_r 为 5.734kDa，人促红细胞生成素（EPO）的 M_r 为 34kDa 左右，L-天冬酰胺酶的 M_r 为 135.184kDa。这种较大的分子量赋予了这些药物独特的生物活性，但也使得它们在体内的分布、代谢和清除方式不同于小分子药物。

2. 结构复杂 蛋白质和核酸均为生物大分子，除一级结构外还有二、三级结构，有些由两个以上亚基组成的蛋白质还有四级结构。另外，具有糖基化修饰的糖蛋白类药物的结构就更为复杂，糖链的多少、长短及连接位置均影响糖蛋白类药物的活性。这些因素均决定了生物技术药物结构的复杂性。

3. 稳定性差 多肽、蛋白质类药物稳定性差，极易受温度、pH、化学试剂，机械应力与超声波、空气氧化、表面吸附、光照等的影响而变性失活。多肽、蛋白质、核酸（特别是 RNA）类药物还易受蛋白酶或核酸酶的作用而发生降解。这种不稳定性对药物的储存、运输和使用提出了更高的要求，通常需要冷链运输和避光保存。

（二）药理学作用特性

1. 活性与作用机制明确 作为生物技术药物的多肽、蛋白质、核酸，是在医学、生物学、生物化学、遗传学等基础学科对正常与异常的生命现象研究过程中发现的或经过优化改造的生物活性物质，其活性和对生理功能的调节机制是比较清楚的。例如，在清楚地了解胰岛素在糖代谢中的作用以后，开发了具有降血糖作用的胰岛素；在大量的研究证明 *p53* 基因是抑癌基因以后，将含 *p53* 基因的重组腺病毒颗粒开发成了抗肿瘤药物。

2. 作用针对性强 作为生物技术药物的多肽、蛋白质、核酸在生物体内均参与特定的生理生化过程，有其特定的作用靶分子（受体）、靶细胞或靶器官。例如，多肽与蛋白质激素类药物是通过与其受体结合来发挥作用的，单克隆抗体则通过与其特定的抗原结合而发挥作用，疫苗则刺激机体产生特异性抗体来发挥预防和治疗疾病的作用。

3. 毒性低 生物技术药物本身是体内天然存在的物质或其衍生物，而不是体内原先不存在的物质，机体对该类物质具有相容性，并且这类药物在体内被分解代谢后，其代谢产物还会被机体利用来合成其他物质，因此大多数生物技术药物在正常剂量情况下一般不会产生毒性。

4. 体内半衰期短 多肽、蛋白质、核酸类药物可被体内相应的酶（肽酶、蛋白酶、核酸酶）所降解，分子量较大的蛋白质还会遭到免疫系统的清除作用，因此生物技术药物一般体内半衰期较短。例如，胸腺肽 α-1 在体内的半衰期为 100min，超氧化物歧化酶（SOD）的半衰期为 6～10min，对于小肽其半衰期更短，如胸腺五肽只有不到 1min。因此，临床上通常需要频繁给药或采用缓释制剂以维持疗效。

5. 有种属特异性 许多生物技术药物的药理活性有种属特异性，如某些人源基因编码的多肽或蛋白质类药物，其与动物的相应多肽或蛋白质有很大差别，因此对一些动物无药理活性。人生长激素（GH）由 191 个氨基酸残基组成，与其他脊椎动物的 GH 相比，约有 13 个氨基酸残基序列不同，猪、牛、羊等的 GH 对灵长类并不呈现明显的促生长效应。

6．可产生免疫原性 许多来源于人的生物技术药物对动物有免疫原性，所以重复将这类药物给予动物将会产生抗体。有些人源性的蛋白质在人体中也能产生抗体，可能是重组药物蛋白质在结构及构型上与人体天然蛋白质有所不同所致。

（三）生产制备特性

1．药物分子在原料中的含量低 生物技术药物一般由发酵工程菌或培养细胞来制备，发酵或培养液中所含欲分离的物质浓度很低，常常低于100mg/L。这就要求对原料进行高度浓缩，从而使成本增大。

2．原料液中常存在降解目标产物的杂质 生物技术药物一般为多肽或蛋白质类物质，极易受原料液中一些杂质（如酶）的作用而发生降解。因此，要采取快速的分离纯化方法以除去影响目标产物稳定性的杂质。

3．制备工艺条件温和 欲分离的药物分子通常很不稳定，遇热、极端pH，有机溶剂会引起失活或分解，在分离过程中稍不注意就会引起失活或降解。因此，分离纯化过程的操作条件一般较温和，以满足维持生物物质生物活性的要求。

4．分离纯化困难 原料液中常存在与目标分子在结构、构成成分等理化性质上极其相似的分子及其异构体，这些物质与目标分子形成用常规方法难以分离的混合物。因此，需要用多种不同原理的层析单元操作才能达到药用纯度。

5．产品易受有害物质污染 生物技术药物的分子及其所存在的环境物质均为营养物质，极易受到微生物的污染而产生一些有害杂质，如热原。另外，产品中还易残存具有免疫原性的物质。这些有害杂质必须在制备过程中完全去除，以确保药物的安全性。

（四）质量控制特性

由于生物技术药物均为大分子药物，其生产菌种（或细胞）、生产工艺均影响最终产品的质量，产品中相关物质的来源和种类与化学药物和中药不同，因此这类药物的质量标准的制定和质量控制项目也与化学药物和中药不同。

1．质量标准内容的特殊性 生物技术药物的质量标准包括基本要求、制造、检定等内容，而化学药物的质量标准则主要包括性状、鉴别、检查、含量测定等内容。

2．制造项下的特殊规定 对于利用哺乳动物细胞生产的生物技术药物，在本项下要写出工程细胞的情况，包括：名称及来源，细胞库建立、传代及保存，主细胞库及工作细胞库细胞的检定。对于利用工程菌生产的生物技术药物，在本项下要写出工程菌菌种的情况，包括：名称及来源，种子批的建立，菌种检定。本项下还要写出原液和成品的制备方法。

3．检定项下的特殊规定 在本项下规定了对原液、半成品和成品的检定内容与方法。原液检定项目包括生物活性、蛋白质含量、比活性、纯度（两种方法）、分子量、外源性DNA残留量、鼠IgG残留量（采用单克隆抗体亲和纯化时）、宿主菌蛋白质残留量、残余抗生素活性、细菌内毒素检查、等电点、紫外光谱、肽图、N端氨基酸序列（至少每年测定1次）；半成品检定项目包括细菌内毒素检查、无菌检查；成品检定项目除一般相应成品药的检定项目外，还要查生物活性、残余抗生素活性、异常毒性等。

第三节 生物技术兽用制药的概念和主要研究内容与任务

一、生物技术兽用制药的概念

生物技术兽用制药是指利用基因工程、细胞工程、发酵工程、酶工程、蛋白质工程等生物技术的原理和方法，来研究、开发与生产用于预防、治疗和诊断动物疾病的药物。该领域旨在将现代生物技术应用于兽医药品的研发，提升兽药的安全性、有效性和可控性，以满足动物健康与畜牧业发展的需求。

二、生物技术兽用制药的主要研究内容与任务

生物技术兽用制药的主要研究内容包括两方面，即生物制药技术的研究、开发与应用和利用生物技术研究、开发和生产药物。

（一）生物制药技术的研究、开发与应用

生物制药技术的研究内容与任务就是要不断地研究、改进和完善基因工程、细胞工程、发酵工程、酶工程等生物技术，并且把生物技术内各项技术与其他学科的先进技术融合在一起，创造和发展新的生物技术。

1．抗体工程 通过基因工程、细胞工程、蛋白质工程与单克隆抗体技术的结合，开发新的抗体药物。

2．糖链工程 结合基因工程、酶工程、蛋白质工程与质谱技术，研究和改进糖链结构，提高药物的靶向性和生物活性。

3．大规模细胞培养 结合细胞工程、生物传感器技术、微电子技术和自动控制技术，开发适用于哺乳动物细胞大规模培养的生物反应器。

这些生物制药技术的研究、开发与应用不仅提升了生物技术制药的生产规模和效率，也推动了新型生物技术药物的不断涌现。

（二）利用生物技术研究、开发和生产药物

1．应用基因工程技术大量生产天然存在量极微或难以获得的药物 在自然界存在许多具有特殊生物活性和治疗作用的物质，它们含量极微或不可能大量获得，如生长激素释放抑制激素、人生长激素、人胰岛素、各种细胞生长因子等。许多这些物质的作用都有种属特异性，即只有人来源的这些物质才能对人类疾病的治疗有效，但从人的器官和组织进行大量提取是不可能的。有些物质即使能从动物提取，但由于含量极微，在经济上也不合算。

2．应用蛋白质工程技术设计新的药物 有些天然蛋白质类药物存在一些缺点，可用定点突变技术更换某些关键氨基酸残基来克服。例如，天然白细胞介素-2（IL-2）的第125位氨基酸残基为半胱氨酸，它的存在容易使IL-2在表达之后，两个IL-2分子的半胱氨酸残基形成二硫键而形成聚合体，引起活性的降低。将该位点的半胱氨酸突变为丝氨酸，所得的突变IL-2不会形成二聚体，活性高、稳定性好。

也可用蛋白质工程技术增加、删除或调整分子上的某些肽段。如将大肠埃希菌表达的组织型纤溶酶原激活物（t-PA）A 链的 F、G、K1 这 3 个结构域除去，只留下 A 链的 K2 结构域和 B 链，从而使其失去肝细胞识别的 A 链非糖链的依赖结构，结果半衰期从 5～6min 上升到 11.6～15.4min。还可用蛋白质工程技术将功能互补的两种基因工程药物在基因水平上融合。通过基因融合而获得的嵌合型药物，其功能不仅是原有药物功能的加和，还会出现新的药理作用。例如，IL-6 与 IL-2 融合表达产物 CH925 除具有两者的活性外，还可提高不同级别红细胞祖细胞的生长。

3．应用酶工程改善药用酶的性质　天然来源的药用酶在应用上存在许多缺点，如稳定性差、有抗原性、体内半衰期短等，用一定的分子通过化学反应对酶分子进行化学修饰，可使这些性质得到改善。例如，猪血 SOD 存在体内半衰期短、有一定的抗原性等缺点，用聚乙二醇（PEG）修饰后可使其半衰期由几分钟延长至 1 个多小时，抗原性几乎全部丧失，用低抗凝活性肝素修饰 SOD 还能增强其抗炎活性。

4．应用生物技术改造传统制药工艺　传统制药大多通过化学反应来获得所需的药品，往往存在产率低和对设备条件要求高（如高温、高压）等缺点。传统的通过发酵手段生产药物的工艺也存在转化率低、分离纯化困难的不足。这些缺点和不足正随着生物技术在制药工艺方面的应用而被克服。

利用酶转化法，尤其是应用固定化生物反应器改进制药工艺，已在有机酸、氨基酸、核苷酸、抗生素、维生素、甾体激素等物质的生产领域取得显著成效。例如，用酶转化法生产 L-天冬氨酸、L-丙氨酸、L-色氨酸的收率可达 100%；应用固定化微生物细胞生产抗生素也在土霉素、青霉素、柔红霉素、赤霉素等品种取得进展。这些工艺的特点是在温和的条件下进行，转化效率高，产物与反应物易分离。

第四节　生物技术制药的发展历程和趋势

1919 年匈牙利的 *Agricultural Engineer* 杂志首次使用“生物技术”一词。其后经过了漫长的 50 年，生物技术基本上在发酵工程这一领域发展，医药工作者通过微生物发酵获得了“抗生素”，用于治疗感染性疾病。然而，这一领域的发展相对缓慢，直到 1968 年才迎来了一个重要突破。Matthew Meselson 和 Rober Yuan 发现限制性内切核酸酶，这一发现为基因工程打开了大门，使得生物技术进入了一个全新的发展阶段。1973 年，美国加利福尼亚大学旧金山分校的 Herbert Boyer 教授和斯坦福大学的 Stanley Cohen 教授共同完成的基因工程实验为现代生物技术的标志，并启动了生物技术制药业飞速发展的五个十年。

第一个十年是从 20 世纪 70 年代中期至 80 年代中期，是生物时代。在这十年中，生物技术包括重组 DNA、DNA 的合成、蛋白质的合成、DNA 和蛋白质的微量测序等技术得到了迅猛的发展，并且出现了重组蛋白和单克隆抗体等新型药物。1982 年，第一个生物技术药物——利用细菌生产的人胰岛素获得美国食品药品监督管理局（FDA）批准并投放市场，它标志着现代生物技术医药产业的兴起，推动了生物技术药物的进一步研究与开发。

第二个十年是从 20 世纪 80 年代中期至 90 年代中期，是技术平台时代。在此期间建立了高通量筛选、组合化学、胚胎干细胞技术等平台。这些平台为药物开发提供了新的思路与工具。治疗的新模式有反义核酸药物、基因治疗以及在治疗中添加使用重组蛋白。在这个时代，很多生物技术及平台被用于药物的探索性研究。开发的产品有胰岛素、干扰素、促红细胞生成素（EPO)、集落刺激因子（CSF)、人生长激素等。

第三个十年是从20世纪90年代中期到2005年左右，被称为基因组时代。技术的发展包括基因组学、高通量测序、基因芯片、生物信息学、生物能源、生物光电、生物传感器、蛋白质组学、功能基因组学等新技术。在这个时代，更多的技术被应用于制药工程，药物研发的思路和策略也有突破性的进展或改变，更多的新药被成功开发。

第四个十年是从2005年左右至21世纪10年代中期，被称为后基因组时代。技术发展包括功能基因与功能蛋白的发现、功能蛋白的改造、人源化单克降抗体的制备、基因工程疫苗的制备、基因治疗剂与RNA治疗剂的设计与开发、干细胞治疗及组织工程的研究与应用等，为未来的生物医药发展奠定了坚实基础。

第五个十年是从21世纪10年代中期至今，为基因编辑和合成生物学时代。新一代基因编辑技术如CRISPR/Cas9已可以对生物体的基因组序列进行靶向性修改，从而改变生物体或物种的基因组序列。该技术克服了改变微生物、植物、动物和人类遗传组成的一些技术障碍，现如今对基因组的改变和修饰更为精确、高效，且简单易操作。合成生物学是基因工程中一个刚刚出现的分支学科。该学科致力于从零开始建立微生物基因组，从而分解、改变并扩展基因密码，建立生物新的合成体系生产某种产物，为人类服务。

经过五十余年的飞速发展，生物技术制药已成为制药业中发展快、活力强和技术含量高的领域之一，已成为21世纪发展前景诱人的产业之一。生物技术药物在制药产业中所占的市场份额以及全球生物技术药物年销售额也呈现逐年上升趋势。生物技术药物的发展趋势为：①治疗性抗体药物发展迅猛，已成为种类最多和销售额最大的一类生物技术药物。②以基因工程疫苗为代表的新型疫苗不断出现，疫苗的作用已从单纯的预防传染病发展到预防或治疗疾病（包括传染病）以及防、治兼具。③反义寡核苷酸、siRNA、基因治疗药物在治疗肿瘤、遗传性疾病方面将发挥重大作用。④采用蛋白质工程技术和聚乙二醇（PEG）化技术对蛋白质药物进行分子改造依然是获取具有优良性能的生物技术药物的手段。此外，生物技术药物新剂型、干细胞治疗与组织工程、基于基因组学和蛋白质组学的药物新靶点及用于疾病检测的生物芯片的开发也是生物技术药物研究的重点。

我国生物技术药物起步稍晚，但发展迅速。IL-2、干扰素-α、粒细胞集落刺激因子、促红细胞生成素、生长激素等于20世纪90年代中期获准在国内上市，稍落后于美国，几乎与欧洲同步。目前，我国已批准生产的生物药物有近100种，批准进入临床试验的有100多种。但我国的生物制药产业仍存在诸多不足：①产业结构不尽合理，具有国际竞争力的龙头企业尚未形成，同质化竞争严重；②创新能力不足，缺乏有自主知识产权的原创性产品；③生物医药系统平台建设不够，“下游”技术薄弱，尤其是纯化处理技术与先进国家比较仍有很大差距。为促进我国生物制药产业的健康快速发展，需要从优化产业结构、提升创新能力、加强技术平台建设等方面着手，以应对当前的挑战。

总之，生物制药产业不仅将成为利润丰厚的支柱产业，也将为人类健康提供更多、更好的保障。中国有着丰富的生物资源，市场潜力巨大，而人才的培养与储备正在加速累积，在不久的将来，中国一定能够在世界生物医药发展中占有一席之地。

第五节　生物技术制药与兽药的结合和进展

我国生物技术兽药的研究与开发虽然起步较晚，但近20年来研发与产业化发展速度加快，并取得了可喜的成绩与进步。先后研制了针对口蹄疫、禽流感、狂犬病、猪瘟、猪伪狂犬病等重大动物疫病的单价及多价基因工程疫苗；此外还创造了针对猪链球菌病、猪支原体肺炎、鸡白痢、鸡伤寒沙门菌病和禽大肠杆菌病的基因工程疫苗；这些疫苗在畜牧业生产中发挥了重要作用，推动了兽医公共卫生的发展。与此同时，研制了针对吸血虫病、猪囊虫病、鸡球虫病、羊泰勒虫病的基因工程疫苗。除了疫苗的研发，我国在新型生物兽药的研发方面也取得了显著进展，以抗动物病毒、抗细菌、抗寄生虫为主要目标，研究开发了一批广谱高效、无毒副作用、低药物残留、不产生耐药性，具有保健预防、诊断与治疗作用的生物兽药，如动物用基因工程干扰素、IL-2、IL-4、转移因子、MHC-Ⅱ类分子、免疫球蛋白、免疫核糖核酸以及生物抗菌新兽药抗菌肽、溶菌酶、细菌素和植物内生菌等。

我国生物技术兽药产业发展缓慢，跟不上国家经济发展新常态，缺少科技创新型兽药企业，影响了畜牧业的持续健康发展。其存在的主要问题表现在以下几个方面。

（1）兽药企业生产者对生物技术兽药的研究与开发的重要性在思想上认识不足，重视不够，缺乏科技创新驱动发展战略，没有很好地运用国家相关政策积极开展生物技术兽药产业的创新发展。同时，相关主管部门支持与引导不力，致使生物技术兽药产业发展缓慢。

（2）兽药企业科技研发力量不足，技术人才严重缺乏，又没有很好地与相关科研院所和高等院校合作建立科技创新平台；同时研发投入很少，缺少资金，加之生产设备简陋，无法形成良好的生物技术兽药科技研发体系。

（3）兽药企业缺乏前沿性研究与开发，目前市场上流动的生物技术兽药产品大多数处于跟进阶段，未能进行前沿性的自主研发。

（4）我国专业化的生物技术兽药领军企业很少，小规模企业过多，技术力量薄弱，自主创新能力差，品牌产品少，科技成果转化率低，缺乏市场竞争力，严重影响生物兽药产业的发展。

（5）与生物技术兽药产业发展相关的体制机制不完善，在生物兽药注册审批、投融资、产品评价与定价、产品质量标准、检验与检测、市场准入等方面没有形成科学体系与统一规范，难以使生物技术兽药企业实现大规模的产业化生产。

进入21世纪以来，生物技术制药创新发展日新月异，新技术、新成果、新产品层出不穷。在现代生物技术与信息技术突飞猛进的发展时期，为加快产业转型升级，促进我国生物技术兽药产业的高质量、高速度的发展，我们应充分认识生物技术兽药的重要作用，注重与相关新兴学科融合发展。

生物技术是现代生物科学和工程技术相结合的一门实用技术，已广泛应用于医药卫生、农牧业生产、食品工业、动植物及海洋生物的研究与开发。生物技术兽药的生产原料以天然的生物材料为主，包括微生物、动物、植物和海洋生物等。但随着现代生物制药技术的不断创新发展，按人们意愿事先设定的人工制得的生物原料也已成为目前生物制药原料的重要来源，如用改变基因结构和基因重组制得的微生物或其他细胞原料与用免疫方法制得的动物原料等均可用于生产兽药。用这样的原料生产的兽药具有生物活性高、作用效果好、毒副作用小、不良反应少、营养价值高、无药物残留、不易产生耐药性、安全性好与绿色环保等特点。目前，我国陆续研发的生物兽药有基因工程干扰素、白细胞介素、转移因子、MHC-Ⅱ类分子、单克隆抗体、多克隆抗体、免疫核糖核酸、高免球蛋白、免疫增强剂、基因工程疫苗、酶制剂、小肽制剂、多糖类、氨基酸、维生素以及新型抗菌生物兽药抗菌肽、溶菌酶、细菌素和植物内生菌等。这些生物兽药产品应用在我国畜牧业生产中，已取得良好的效果，对促进动物健康生长，提高生产性能，防控动物疾病，保障食品安全和公共卫生安全，保护生态环境和人类的健康均具有重要作用与现实意义。

目前，我国生物技术兽药产业的发展，已与化学制药和中兽药产业形成了三足鼎立的局面，但最具有发展潜力的还是生物技术兽药与中兽药产业，发展前景十分广阔。当前，我国畜牧业在转型升级的过程中其生物安全、生产效率、疾病防治、生态环境、食品安全和公共卫生安全等方面出现了一些新情况与新问题。针对这些新问题，严禁滥用抗生素与化学药物，要通过使用生物饲料、生物兽药和中兽药，从根本上解决问题，才能有效地促进畜牧业持续健康发展，保护生态环境。

现代生物科学技术的发展与进步，不仅依赖生物科学和生物技术的自身发展，而且依赖许多新兴的相关学科，如微机电系统、材料科学、图像处理、传感器技术和生物信息工程技术等。因此，生物兽药的研发一定要把相关渗透的多学科知识和生物制药技术融为一体，综合运用，创新发展，才能使研发的生物兽药真正达到活性高而稳定、安全效果好、质量可控、价格合理的目标。目前基因组技术、克隆技术、生物制药工程、生物转化技术、基因治疗技术与基因测试技术等方面发展的步伐正在不断地加快，将会成为我国生物兽药产业发展的新亮点。

小 结

生物技术在兽药创制中发挥着关键作用，涵盖了基因工程、细胞工程等领域，为医药领域带来革命性变革。生物技术药物具有独特的生化特性和制备挑战。虽然其研发和应用为治疗疾病提供了新策略，但制备过程中的质量控制和兽药企业的研发能力仍需加强。当前，我国兽药企业在生物技术兽药研发上认识不足，缺乏自主创新能力。因此，提升兽药企业的科技创新能力，完善相关政策，对推动生物技术兽药产业的健康发展具有重要意义。

复习思考题

1. 简述生物技术的广泛定义及其在现代科学中的地位。
2. 简述生物技术药物的特点。
3. 生物技术药物稳定性的影响因素有哪些？
4. 简述生物技术与兽药创制的关系。
5. 简述基因工程的基本原理与应用。

主要参考文献

包尚义．2022．生物技术在畜牧兽医领域的应用思考．北方牧业，（1）：24．

刘洪发，王增义．2022．浅谈在养牛生产中生物兽药的科学应用．吉林畜牧兽医，43（12）：125-126．

鲁应从．2021．生物技术在兽医领域的应用．中国动物保健，23（2）：4-6．

孟撑库．2022．浅谈在养猪生产中生物兽药的科学应用．吉林畜牧兽医，43（11）：21-22．

万遂如．2019．关于我国生物兽药产业的发展问题．养猪，（3）：93-96．

王凤山，邹全明．2022．生物技术制药．北京：人民卫生出版社．

王立明．2014．论现代生物技术在兽医兽药上的应用．畜牧兽医科技信息，（10）：8．

吴芳洁．2023．基因工程技术在兽医兽药上的应用．畜牧兽医科技信息，（2）：40-42．

朱怡萱，王霄，包永占，等．2023．中兽药生产技术新进展．中兽医医药杂志，42（4）：36-40．

第二章　兽用抗体制药

本章数字资源

学习目标

1. 掌握抗体的结合抗原、激活补体以及与 Fc 受体结合等主要功能。
2. 掌握抗体在免疫应答中的作用。
3. 掌握兽用基因工程抗体的分类、特点及应用类型。
4. 了解噬菌体抗体库技术的原理、展示系统及筛选方法。

第一节　概　　述

本节旨在概述兽用抗体制药的基本概念、发展历程和应用前景等。兽用抗体制药是针对动物疾病的预防和治疗而开发的抗体药物，对于保障动物健康、提升食品安全以及维护生态环境具有重要意义。随着我国养殖业的蓬勃发展和动物疾病种类的增加，兽用抗体制药的研发和应用愈发受到关注。兽用抗体制药的发展历程丰富多彩，从最初的抗体提取到现代的基因工程技术生产，每一步都彰显了我国抗体技术的进步与创新。

兽用抗体制药是指专门用于预防和治疗动物疾病的抗体药物研发和生产。随着养殖业的迅速发展和动物疾病种类的增多，兽用抗体制药在动物健康、食品安全和生态环境保护方面发挥着越来越重要的作用。

兽用抗体主要类型包括单克隆抗体、多克隆抗体、纳米抗体等，它们能够精准地靶向病原体，发挥预防和治疗效果。

在应用前景方面，兽用抗体制药有望在畜禽疾病防治中发挥更大的作用，提高养殖效益，促进养殖业的健康发展。同时，也有助于减少疾病传播，保障食品安全，维护生态环境的平衡与稳定，突出我国在该领域的自主研发能力和科技创新成果，以及在动物健康和农业可持续发展方面的重要贡献。

一、兽用抗体制药的基本概念

兽用抗体制药是利用生物技术手段，制备出针对特定动物病原体的高特异性抗体药物。抗体可以与病原体结合，阻止其侵入细胞或复制，从而达到预防和治疗动物疾病的目的。与传统的兽用药物相比，兽用抗体制药具有更高的特异性和更低的副作用，是动物疾病防治领域的新兴力量。兽用抗体主要包括以下几种类型。

1. 单克隆抗体（monoclonal antibody，mAb）　单克隆抗体是一种由单个 B 细胞克隆产生的抗体，一般具有高度特异性和亲和力，可以作为治疗药物来针对多种疾病，包括癌症、自身免疫性疾病和感染性疾病等。

2. 多克隆抗体（polyclonal antibody，pAb）　多克隆抗体是由多个不同的 B 细胞克隆产生的抗体，可以在短时间内产生大量的抗体，但是其特异性和亲和力可能会较低。可溶性极高，不易聚集，能耐高温、强酸、强碱等致变性条件，适合于原核表达和各种真核表达系统，广泛用于开发治疗性抗体药物、诊断试剂、亲和纯化基质和科学研究等领域。

3．纳米抗体（nanobody，Nb）　纳米抗体是一种天然缺失轻链的抗体，是已知的可结合目标抗原的最小单位。

4．重组抗体　重组抗体是利用基因工程技术将人工合成的免疫球蛋白基因导入真核细胞中表达，从而得到具有特定性质的抗体。重组抗体主要用于治疗癌症和自身免疫性疾病等方面。

5．抗体药物联用　抗体药物联用是利用两种或更多的抗体进行联合治疗，可以提高治疗效果和减少副作用。例如，在肿瘤治疗中，可以联合使用不同的单克隆抗体来针对不同的癌细胞表面抗原，从而提高治疗的特异性和有效性。

二、兽用抗体制药的发展历程与应用前景

兽用抗体制药的发展历程可以追溯到20世纪后期。随着分子生物学、免疫学和蛋白质化学等学科的飞速进步，科学家们开始尝试利用基因工程技术制备兽用抗体。进入21世纪，随着生物技术的不断发展和完善，规模化生产技术的提高，兽用抗体制药得以快速发展，并在全球范围内得到广泛应用。未来，兽用抗体制药将在以下几个方面发挥重要作用。

1．动物疾病预防和治疗　通过制备针对特定病原体的抗体药物，实现动物疾病的精准防治，降低养殖业的风险和损失。

2．食品安全保障　兽用抗体制药的应用可以有效减少传统兽药的使用，从而降低动物体内药物残留，提高食品安全水平，保障人类健康。

3．生态环境保护　通过减少抗生素等化学药物的使用，降低对生态环境的影响，实现养殖业的可持续发展。

兽用抗体制药已经成为新兴的生物制药领域的热点，为动物疾病防治提供了新的思路和方法。随着技术的不断进步和应用范围的扩大，兽用抗体制药将在保障动物健康、食品安全和维护生态环境等方面发挥更加重要的作用。同时，我们也应该关注兽用抗体制药研发和生产过程中的伦理和法规问题，确保其在合规且安全的前提下为动物和人类健康作出贡献。

第二节　抗体的结构与功能

一、抗体的结构

以IgG为例，其基本结构是一种“Y”字形四肽链，由两条相同的重链和两条相同的轻链通过二硫键连接，形成的基本结构也被称为单体。

（一）重链和轻链

IgG重链由450～550个氨基酸残基组成，分子质量为50～75kDa；轻链由210个氨基酸残基组成，分子质量约为25kDa。

（二）可变区和恒定区

抗体分子中氨基酸残基排布随抗体特异性不同而变化的区域称为可变区，通常位于抗体的顶端。可变区是抗体结合抗原的部位，也称为抗原结合部位（antigen-binding site，ABS）或互补决定区（complementarity-determining region，CDR）。这些区域由 6 个高度可变的片段组成，通过空间折叠形成与特定抗原结构相互适配的三维结构。可变区的多样性使得抗体可以识别并结合多种抗原，从而发挥其特异性识别的功能。

在重链和轻链中，可变区（variable region，V 区）分别占重链的 1/4 及轻链的 1/2，分别称为重链可变区（variable region of heavy chain，VH）和轻链可变区（variable region of light chain，VL）。这些区域由高度可变的氨基酸残基组成（图 2-1），如 VH 区的 30～35 位、50～63 位、95～102 位和 VL 区的 24～34 位、50～60 位、89～97 位，所以高度可变的区域也被称为高变区（hypervariable region，HVR）。高变区并非直接与抗原作用，而是通过二硫键形成与抗原位点接触的平面，形成环状结构，称为抗体裂隙（cleft）。VH 区和 VL 区的环状结构与抗原表位在空间上相互补充，形成互补决定区（CDR）。IgG 的抗原决定簇主要位于这个区域。因此，可变区、抗原结合部位和互补决定区都是同一结构域（domain）的不同概念，即 Ig 分子顶部球状凹陷的立体空间结构。

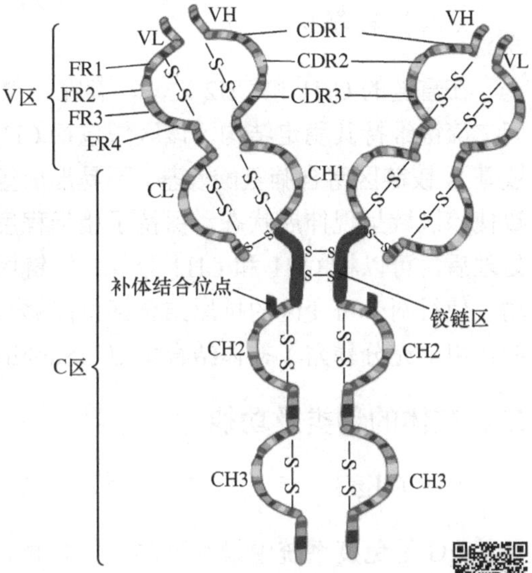

图 2-1　IgG 基本结构示意图

在可变区和可变区之间，存在氨基酸序列较为保守的结构单位，称为框架区（framework region，FR）。这些框架区充当支架结构，维持可变区的空间稳定性。一般来说，4 个框架区分隔着 3 个 CDR，形成了抗体的主要抗原结合部位，也是特异性免疫作用的关键位点。

恒定区（constant region，C 区）位于 Ig 的多肽链 C 端，占轻链的 1/2 和重链的 3/4。该区域的氨基酸残基数量和序列相对保守，因此被称为恒定区。整体包括重链恒定区（heavy chain constant region，CH）和轻链恒定区（light chain constant region，CL），其中 CL 仅由一个结构域组成，而 CH 根据 Ig 的种类可以分为 CH1～CH3 和 CH1～CH4 两类。同一物种产生的相同类型抗体的 C 区在免疫原性上是相同的。

（三）结构域

免疫球蛋白（immunoglobulin，Ig）的多肽链分子通过链内二硫键作用折叠成若干球形结构域。其中，IgG、IgA 和 IgD 的重链由 4 个球形结构域组成，分别是可变区（VH）、第一重链恒定区（CH1）、第二重链恒定区（CH2）和第三重链恒定区（CH3），而IgM和IgE的重链则包含5个球形结构域。轻链则包括2个球形结构域，即可变区（VL）和恒定区（CL），每个结构域由110个左右氨基酸残基组成。这些结构域各具不同功能：VH和VL是结合抗原的主要部位；CH1是遗传标志区；CH2是补体结合的位点，参与活化补体；而CH3则与细胞表面的Fc受体结合。这些结构域被称为同源区，虽然功能各异，但它们的结构单元具有明显相似性，表明这些结构域最初可能由同一单基因编码，通过基因复制、突变或进化而成。这种观点在许多研究中都得到了支持（Janeway et al.，2001；Alberts et al.，2002）。

（四）铰链区

在重链的CH1和CH2之间，存在一个可转动的铰链区（hinge region），由2～5个链间二硫键维持其稳定结构，该区域包括CH1和CH2之间的小段肽链（209～240位氨基酸残基）。铰链区富含脯氨酸残基，不易形成氢键，具有多个二硫键，阻碍了螺旋结构的形成，致使该区域呈现伸展状态，保持了相当程度的柔软性。铰链区对蛋白酶敏感，经过蛋白酶处理后，可以将CH1和CH2分开。铰链区主要功能是在与抗原结合时，该区域可自由转动，使得两个可变区的抗原结合部位能够与不同位置的两个抗原表位结合，起到柔性调节的作用，充分暴露了补体结合位点（Saphire et al.，2001）。

二、抗体的种类及功能

（一）IgG

IgG是免疫系统中最常见的一类抗体，呈“Y”字形结构，由两条重链和两条轻链组成，具有分布广泛、高含量以及以单体形式存在的特点。其Fc区段能与细胞表面的FcγR结合，发挥依赖抗体的细胞毒性（antibody-dependent cellular cytotoxicity，ADCC）等作用。人的IgG包含4个亚类（IgG1、IgG2、IgG3和IgG4），它们的恒定区在结构和功能上略有不同，但都具有高度的抗原特异性。IgG具有多种功能：它能直接中和病原体的活性，阻止侵害宿主细胞；能与免疫细胞表面的Fc受体结合，激活吞噬细胞，促使它们吞噬被标记的病原体或被感染的细胞；还能与补体蛋白结合，激活补体系统，引发炎症反应并促进病原体的清除。母源的IgG可以通过胎盘屏障传递给胎儿，为新生儿提供天然获得性免疫。在临床上，IgG被广泛应用于抗体疗法，使病原体感染者获得被动免疫，发挥重要的治疗作用。

（二）IgM

IgM是免疫系统中的重要抗体之一，通常以五聚体的形式存在，是分子量最大的抗体。IgM产生于脾脏和淋巴结，主要分布于血液中，通过血液循环迅速到达感染部位。IgM在免疫应答的早期阶段起着主导作用，所以被称为“初级抗体”，检测IgM的水平用于传染病的早期诊断。其特殊结构使其能够有效地聚集和沉淀抗原，从而有助于促进病原体的清除。在免疫系统中，IgM扮演着关键角色：参与体液免疫应答的早期阶段，直接中和病毒和毒素并沉淀抗原，有助于限制病原体的扩散；激活补体的经典途径，引起Ⅱ型和Ⅲ型超敏反应。总的来说，IgM 通过其独特的结构和多功能性，在免疫应答的早期发挥着关键作用，有效地保护机体免受病原体侵害，是免疫系统中不可缺少的重要组成部分。

（三）IgA

IgA 是主要存在于黏膜表面的抗体，由肠系膜淋巴结产生，可分为两种类型：血清型 IgA 和分泌型 IgA。它们能够形成二聚体或四聚体，从而增强在黏膜表面的附着和稳定性。血清型 IgA 主要由体内黏膜相关淋巴组织，如肠道、呼吸道和泌尿生殖道产生。这些淋巴组织包括黏膜相关淋巴组织（mucosa-associated lymphoid tissue，MALT）和肠相关淋巴组织（gut-associated lymphoid tissue，GALT），其中的浆细胞是抗体的关键生产者。当机体受到病原体入侵时，特定抗原刺激这些淋巴组织中的浆细胞分泌血清型 IgA，以应对外界威胁。血清型 IgA 参与中和病原体、促进细胞毒性和调节炎症反应等免疫功能。分泌型 IgA 主要存在于黏膜表面和分泌物中，起着重要的免疫保护作用。它的产生主要发生在黏膜相关淋巴组织，如肠道、呼吸道和泌尿生殖道等处。在这些组织中，特定刺激会促使浆细胞产生分泌型 IgA，然后经过上皮细胞转运到黏膜表面，形成黏膜免疫屏障。分泌型 IgA 的作用包括中和病原体、阻止病原体黏附、促进病原体清除和中和肠道微生物毒素。此外，分泌型 IgA 还参与调节肠道菌群平衡、减轻过敏反应和维持黏膜免疫稳态等生理过程。总的来说，IgA 在黏膜免疫中扮演着关键角色，维护着机体对外界病原体的有效防御和免疫平衡。

（四）IgD

IgD 的结构包括两个重链和两个轻链，类似于其他免疫球蛋白。与 IgG、IgM、IgA 不同，IgD 的功能相对较少被了解，它主要存在于呼吸道和其他黏膜的表面。IgD 的结构特点是其 Fc 区域与其他免疫球蛋白不同，这使得它在调节 B 细胞功能和维持免疫耐受中发挥作用。IgD 的产生主要发生在骨髓中的 B 细胞，在成熟后移行至淋巴组织中，为 B 细胞成熟的标志性抗体。IgD 在体内的浓度相对较低，其功能和作用仍然有待深入研究。目前关于 IgD 的具体作用尚不完全清楚，但有一些假设和研究结果表明它可能在免疫应答中发挥一定的作用，包括免疫调节和免疫记忆。免疫调节是指 IgD 可能与其他免疫球蛋白共同调节免疫应答，参与调节细胞间信号转导和免疫细胞的活化。免疫记忆是指 IgD 可能在免疫记忆的形成中起一定作用，帮助机体建立对特定抗原的长期免疫记忆。

（五）IgE

IgE 的单体由两个重链和两个轻链组成。它是一类亲细胞抗体，主要参与过敏反应和寄生虫感染等免疫应答。IgE 的产生主要位于淋巴组织中的 B 细胞。B 细胞在受到特定刺激后会分化成浆细胞，产生 IgE。此外，肥大细胞和嗜碱性粒细胞也可以产生和释放 IgE。IgE 是引起Ⅰ型超敏反应的主要抗体。当机体暴露于过敏原（如花粉、食物、药物等）时，特定的 B 细胞会产生 IgE。这些 IgE 会结合到肥大细胞和嗜碱性粒细胞的受体上。再次接触到相同过敏原时，过敏原会与特定 IgE 结合，激活肥大细胞和嗜碱性粒细胞释放大量的组胺等炎性介质，引发过敏症状。IgE 也参与对寄生虫感染的免疫应答。在寄生虫感染时，机体会产生特定的 IgE 来清除寄生虫。IgE 还可能参与对其他免疫细胞和免疫分子的活化和调控，对免疫应答起到一定的调节作用。

第三节　兽用单克隆抗体概述及其制备

动物免疫系统受抗原刺激后产生的抗体是一种混合物，因为抗体的特异性取决于抗原分子的不同决定簇。传统方法制备抗体效率低、产量有限，而将动物抗体注入同种群动物可能引发严重过敏反应，同时分离这些不同的抗体也非常困难。单克隆抗体技术的出现使免疫学实现了重大突破，这种技术可以生产针对特定抗原决定簇的单一抗体，避免了传统方法的种种限制和不足。

一、单克隆抗体技术的发展历史

抗体由 B 淋巴细胞合成，每个 B 细胞有一个特定的抗体基因。脾脏含有许多不同基因的 B 细胞系，每种 B 细胞合成不同的抗体。当机体受到抗原刺激时，各种决定簇激活不同基因的 B 细胞，导致这些 B 细胞分裂增殖形成多克隆，合成多种抗体。通过选出单一细胞培养，可获得单克隆细胞群，合成特定的单克隆抗体。兽用单克隆抗体可以用于预防、治疗和诊断动物的疾病，包括感染性疾病、肿瘤、炎症性疾病等。

单克隆抗体技术是免疫学领域的一个里程碑式突破，对生物医学的发展产生了深远的影响。Milstein 在研究抗体多样性产生机制时，发现需要大量特异性抗体作为实验研究材料。然而，产生抗体的致敏 B 细胞在体外难以存活和培养，这成为了研究的瓶颈。

Milstein 最初尝试使用可在体外长期存活并扩增的骨髓瘤细胞（骨髓瘤是一种恶性浆细胞瘤）作为抗体来源。然而，这种方法产生的抗体均不具有生物活性。随后，他尝试将骨髓瘤细胞与突变的体细胞融合，以期获得能够产生具有生物活性的特异性抗体，但结果仍未达到预期。

这种尝试的结果促使 Milstein 与 Kohler 进一步研究，Kohler 等在前期研究基础上进行了一系列创新性实验。首先，他们利用绵羊红细胞作为抗原免疫小鼠，从中获得了致敏动物的脾细胞，这些细胞主要是可产生特异性抗体的浆细胞。其次，他们成功建立了在体外将小鼠脾细胞与骨髓瘤细胞株融合的技术。同时，Kohler 借助 Jerne 等建立的 B 细胞斑点实验，检测到可以分泌抗绵羊红细胞特异性抗体的杂交瘤（hybridoma），这些细胞既保留了骨髓瘤细胞无限制迅速繁殖的特点，又继承了 B 细胞合成和分泌特异性抗体的能力。通过精心选择培养条件，使得只有融合的杂交瘤细胞才能在培养体系中生长和扩增。最后，他们采用有限稀释法成功获得了永生化的、可持续分泌特异性抗体的杂交瘤细胞（Köhler and Milstein，1975）。这些创新性实验为单克隆抗体技术的发展奠定了坚实的基础。后来的学者在此基础上也拓展了不同动物源的单克隆抗体。例如，Huang 等（2010）制备抗环丙沙星和牛血清白蛋白（BSA）的兔单克隆抗体，开发了一种方便的环丙沙星检测酶联免疫吸附试验方法。此方法使用了单克隆抗体的制备技术，成功运用于药物残留的检测。

二、单克隆抗体技术的基本原理

在单克隆抗体的制备过程中，首要的一步是获取能够合成特异性抗体的单克隆B淋巴细胞。然而，这类细胞无法在体外进行培养，因此需要采用细胞杂交技术。这项技术将免疫活跃的B淋巴细胞与骨髓瘤细胞融合，形成杂交的骨髓瘤细胞，兼具了B淋巴细胞合成专一抗体的特性，同时也具备了骨髓瘤细胞在体外培养增殖的能力。通过对这些融合细胞的培养，可以获得针对特定抗原决定簇的高度特异性单克隆抗体，如图2-2所示。

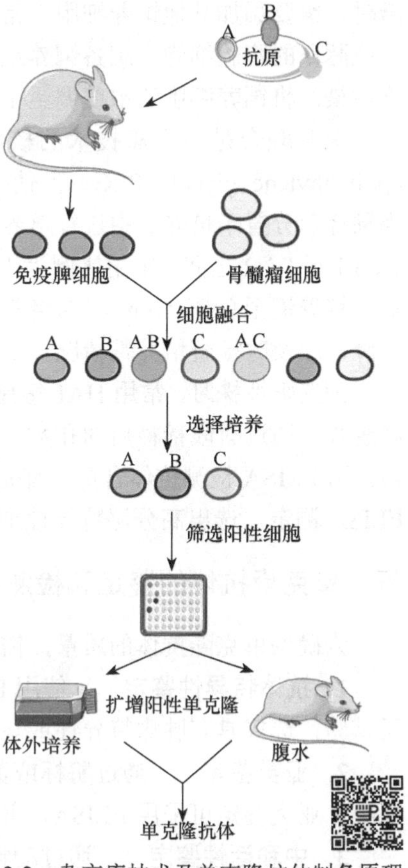

图2-2　杂交瘤技术及单克隆抗体制备原理

三、抗原和动物免疫

表达可溶性抗原需要与弗氏完全佐剂充分乳化，如为聚丙烯酰胺电泳纯化的抗原，可将抗原所在的电泳条带切下，研磨后直接用于动物免疫。

为制备单克隆抗体，选择与骨髓瘤细胞同源的BALB/c健康小鼠（8～12周龄，雌雄均可），每次可同时免疫3～4只小鼠以提高成功概率。免疫过程与多克隆抗血清制备相似，但目的是获得高效价特异性抗体。免疫间隔一般为2～3周，免疫后小鼠血清抗体效价越高，融合后获得高效价特异性抗体的可能性越大。最后一次免疫后3～4d进行脾细胞融合，生产单克隆抗体。

根据上述免疫方案，初次免疫时使用抗原1～50μg加弗氏完全佐剂进行皮下多点注射，剂量标准为0.8～1mL，每个点注射0.2mL。经过3周后，进行第二次免疫，使用同样剂量的抗原，但此次加弗氏不完全佐剂，皮下或腹腔注射（注意，在腹腔注射时，每次剂量不应超过0.5mL）。再过3周后，进行第三次免疫，同样使用相同剂量的抗原，并加弗氏不完全佐剂进行皮下或腹腔注射。在第三次免疫后的5～7d内，采集血样进行效价测定。如果需要加强免疫效果，可选择剂量50～500μg，并进行腹腔或静脉注射。在3d后，进行脾细胞融合。

四、细胞融合和杂交瘤细胞的筛选

在选择瘤细胞株时，最关键的是要与待融合的B细胞同源。常用于与脾细胞融合的瘤细胞株是SP2/0，因其生长和融合效率高，不分泌免疫球蛋白，非常适合融合。在培养前，应将骨髓瘤细胞在含有8-氮鸟嘌呤的培养基中适应培养，并将细胞浓度调整至2×10^5个/mL。为确保融合成功，融合细胞的选择至关重要，应选取处于对数生长期且活性高于95%的细胞。

在体外培养过程中，细胞需要适当的密度来保持生长，因此在培养融合细胞或进行克隆时，需要添加其他饲养细胞。常用的饲养细胞包括小鼠腹腔细胞，也可选用脾细胞、大鼠或豚鼠的腹腔细胞。制备饲养细胞时，应注意避免针头刺破动物的消化器官，以防止细胞污染。将饲养细胞的浓度调至 1×10^5 个/mL，并提前一天或当天加入培养孔中。

细胞融合是杂交瘤技术的核心步骤，基本流程包括混合两种细胞后添加聚乙二醇（polyethylene glycol，PEG）促使融合，随后稀释 PEG 以消除其作用。融合后的细胞需适当稀释后分置于培养板中进行培养。在融合过程中，需注意以下几点：①控制细胞比例在 1∶10 到 1∶2 之间，常用比例为 1∶4，以确保两种细胞的高活性。②控制反应时间，逐步加入培养液至总量 50mL。③培养液成分对融合细胞至关重要，需精确配制。若融合效率下降，应及时检查培养基情况。

筛选阳性株时，常用 HAT 敏感的骨髓瘤细胞。只有融合细胞才能存活 1 周以上，呈克隆生长。通过有限稀释后的孔数计算，约 36%的孔应为单细胞。培养至覆盖 0～20%孔底后，用 ELISA 检测抗体含量。首先筛选高抗体分泌孔，再克隆化细胞，并进行抗原特异的 ELISA 测定。选出高分泌特异性细胞株扩大培养或冻存。

五、单克隆抗体的鉴定和检测

为确保单克隆抗体的质量，需要进行系统的鉴定，包括以下几个方面。

1. 抗体特异性鉴定 使用 ELISA 或免疫荧光分析（IFA）法，利用相关抗原进行交叉试验，选择具有肿瘤特异性或与相关抗原结合的单克隆抗体。

2. 亚类鉴定 通过酶标或荧光素标记的第二抗体筛选，确定单克隆抗体的 Ig 类与亚类。亚类鉴定可采用 ELISA，并加入适量 PEG（3%）。

3. 中和活性鉴定 通过动物或细胞的保护实验确定单克隆抗体的中和活性。例如，抗病毒 mAb 的中和活性可通过动物或细胞接种抗体和病毒后观察是否得到保护。

4. 抗原表位鉴定 使用竞争结合试验和测定相加指数的方法，确定单克隆抗体所识别的抗原表位，并验证其识别的表位是否相同。

5. 亲和力鉴定 通过 ELISA 或放射性免疫分析（RIA）竞争结合试验，确定单克隆抗体与相应抗原结合的亲和力。

这些步骤的顺利完成可以确保单克隆抗体的质量和可靠性。

六、兽用单克隆抗体的大量制备

筛选出的阳性细胞株应尽快进行抗体制备，因为随着培养时间的延长，融合细胞可能会出现污染、染色体丢失和细胞死亡的问题。抗体制备通常采用增量培养法，即在无血清培养基中培养杂交瘤细胞，然后通过小鼠腹腔接种法收集腹水。这种方法制备的腹水抗体含量高，便于纯化，每毫升腹水抗体的含量可达数毫克甚至数十毫克。通常，接种细胞的数量为每只小鼠 5×10^5，可根据腹水生长情况适当调整。

七、单克隆抗体的纯化

单克隆抗体通常通过亲和纯化方法进行纯化，利用葡萄球菌 A 蛋白或抗小鼠 IgG 抗体与载体（如 Sepharose）交联。这种方法的纯化效果优异，回收率可达 90%以上。除了亲和纯化，还可以采用盐析、凝胶过滤和离子交换层析等方法。通过紫外光吸收法可粗略测量洗脱液中抗体的浓度，对于小鼠 IgG 单克隆抗体，在 280nm 时，1.44 吸光单位相当于 1mg/mL。

第四节　兽用多克隆抗体的制备及应用

一、抗血清

抗血清又称高免血清或抗病血清，是指从患有某种疾病已经康复或人工免疫的动物个体中提取的含有高效价特异性抗体的动物血清。抗血清能够与特定病原体或其毒素结合并中和其活性，因此抗血清被广泛应用于治疗和预防传染性疾病，如抗小鹅瘟血清、抗炭疽血清等。抗血清广泛使用于疫病早期治疗和疫病流行早期对未感染动物的短期预防，特异性抗血清还可用于疾病诊断与微生物鉴定。抗血清包括抗毒素血清、抗菌血清、抗病毒血清。抗毒素血清是用细菌类毒素或毒素免疫异源动物所获得的血清，如破伤风抗毒素；抗菌血清是用细菌免疫异源动物所取得的血清，如抗炭疽血清；抗病毒血清是用病毒免疫异源动物所取得的血清，如抗猪瘟血清。选择免疫动物是制备抗血清的第一步，也是比较关键的一步，其中实验常用免疫动物有家兔、绵羊、鸡和豚鼠等。大批量抗血清的制备可以选择马、牛等作为免疫动物，具有产量大、成本低、饲养管理方便等优点。

（一）抗血清制备技术

抗血清可以采取两种方式制备：利用病原微生物抗原多次加强免疫动物后采血制备高效价抗血清或提取自然感染动物的血清制备，在畜牧业生产中，通常采用前一种方式。抗血清的制备过程因病原微生物类型不同而略有不同，主要包括以下几个关键步骤：免疫原制备、免疫动物的选择、免疫程序设计、血清抗体效价的检测和血液采集与血清提取等。

1．免疫原制备　免疫原的选择与制备是抗血清制备的关键步骤之一。选择具有良好的免疫原性（能够刺激免疫系统产生特异性抗体）和反应原性（可以与相应的抗体或致敏淋巴细胞发生反应）的抗原，是制备优质抗血清的基础。选择优良的菌/毒株是制备优良抗原的关键，所以应挑选培养形态、生化特性、血清学与抗原性、毒力等具有典型性的菌/毒株用于抗原制备。在选择免疫原时，同时需考虑其安全性、稳定性以及免疫原性的特点。

基础免疫用抗原一般选择弱菌/毒株或相应的疫苗株作为抗原，高度（或加强）免疫抗原一般选用强毒菌/毒株制造。细菌性抗原应将抗原性好的菌株接种于规定培养基内，在细菌的对数生长期末期或平台期前收获，经纯粹检验后用于制备抗原。抗毒素的制造一般多选择类毒素作为免疫原。

2．免疫动物的选择　免疫动物的选择是制备抗血清的另一个重要步骤。常用的免疫动物包括马、羊、鸡、兔、豚鼠等。在选择免疫动物时需考虑以下因素。①抗血清的用量：如需要大量抗血清，免疫动物应选择马、牛等大动物；若所需抗血清量不大，则以选择兔、豚鼠等小动物为宜。②免疫动物的易感性：易感性较高的免疫动物对于病原体等抗原刺激反应更为强烈，产生的抗体通常具有更高的亲和力和中和活力，能够更有效地中和病原体或毒素。③动物的个体状态：用于免疫的动物必须是适龄、健康、无感染的动物。在整个抗血清制备过程中，需为免疫动物提供适宜的生活条件和饲养环境，确保免疫动物的健康和动物福利。

3．免疫程序设计 不同抗血清由于病原体的特点、免疫机制等不同，其获得高效价抗体的免疫程序也有差别。一般免疫程序：①如用强毒作加强免疫，则用疫苗（弱毒或灭活苗毒）作基础免疫，然后再以递增量强毒抗原进行免疫加强。这种程序可获高效价抗体的抗血清，如抗气肿疽血清，抗猪、牛巴氏杆菌病血清等。②如以佐剂抗原（如破伤风毒素油佐剂、破伤风类毒素氢氧化铝佐剂疫苗）进行免疫，只需以递增量免疫即可获得高效价抗体的抗血清。免疫剂量、次数、间隔，在各种抗血清制造中差异极大，如抗猪丹毒血清全程要注射抗原 20 次，历时 60～100d；抗猪瘟血清要注射 6 次以上，全程约 50d，且以获得高抗体效价为佳。在免疫原的注射接种过程中，需要确定合适的免疫剂量和接种途径，常用接种途径包括皮下接种、肌肉接种、静脉接种等不同途径。如果免疫剂量较大，应采用多部位注射法，尤其在应用油佐剂时需注意此点。

4．血清抗体效价的检测 在免疫程序接近结束时，测定免疫动物血清的抗体效价，如果效价已达规定的要求，即视作免疫成功，可以开始采血。若经少量采血检测发现血清效价不合格，则可继续增加注射抗原次数或剂量，如再试血仍不合格，应将该动物淘汰。测定免疫血清效价是及时掌握采血时机的重要步骤。《中华人民共和国兽药典》规定了各种血清抗体的检测方法。目前，根据抗体效价的不同，其检测方法也很多，有血凝试验和血凝抑制试验、间接 ELISA、斑点 ELISA、琼脂扩散试验等。当用琼脂扩散试验测定血清效价时，若在抗原孔与抗体孔之间出现沉淀线者，即为阳性；最高稀释倍数血清孔出现的沉淀线，即为该血清的抗体效价。

5．血液采集与血清提取 通常在末次免疫后 7～10d 采集血样检测抗体效价，抗体滴度达到要求后，再按体重采血（10mL/kg）。不论免疫动物是大动物或小动物，采血方法均分一次放血法和多次放血法两种。①一次放血法：马、绵羊等大动物可自颈动脉放血，兔、豚鼠和鸡等小动物可通过心脏直接采血。②多次放血法：大动物可通过静脉采血，小动物可自心脏采血，在第 1 次采血后 35d 进行第 2 次采血。动物采血应在上午空腹时进行，采前禁食 1d，可避免血中出现乳糜而获得澄清的血清。在操作过程中，血清的分离应在无菌条件下进行，并尽量防止溶血。采血用的器械、容器等用前要进行灭菌，以无菌操作采血，采血时不加抗凝剂，全血先置于 37℃ 1～2h，然后置于 4℃冰箱过夜，次日离心分离血清。如果血清采集量较大，可采用自然凝固加压法，即将动物血直接收集于灭菌生理盐水润洗过的玻璃采血筒内，置室温自然凝固 2～4h，待有血清析出时于采血筒中加入灭菌的不锈钢压砣，24h 后用虹吸法将血清吸入灭菌容器中备用。

6．抗血清的检验 按照《中华人民共和国兽用生物制品质量标准》（以下简称《质量标准》）的要求，每一种生物制品都需要进行检验。抗血清的检验包括物理性状检验、无菌检验、支原体检验、外源病毒检验、安全检验、效力检验和苯酚或汞类防腐剂残留量测定。物理性状检验、无菌检验、支原体检验、外源病毒检验均按《质量标准》中成品检验的有关规定进行。其中，外源病毒检验的种类如下。①禽类：鸡传染性支气管炎病毒、鸡新城疫病毒、禽腺病毒、禽A型流感病毒、禽呼肠孤病毒、鸡传染性法氏囊病病毒、网状内皮组织增生症病毒、鸡马立克病病毒、禽白血病病毒、禽脑脊髓炎病毒、鸡痘病毒；②家畜：牛病毒性腹泻-黏膜病病毒、伪狂犬病病毒、猪细小病毒、猪瘟病毒、蓝舌病病毒、马传染性贫血病毒、狂犬病病毒。安全检验通常用体重18～22g的健康小白鼠5只，各皮下注射血清0.5mL，用体重250～450g的健康豚鼠2只，各皮下注射血清10mL，观察10d，均应健康。效力检验则按不同病原的抗血清规定方法和剂量进行。苯酚或汞类防腐剂残留量测定应符合兽用生物制品的相关规定。

（二）抗血清的应用

抗血清广泛用于疾病的紧急预防与治疗，部分抗血清可以用于疾病诊断和病原鉴定，特别是对于宠物、珍稀动物以及易患突发性疾病的动物具有非常重要的应用价值。当动物接种相应抗血清后，机体迅速得到大量非自身免疫抗体，从而快速中和侵入机体的病原，或者抵御致病病原的攻击，如抗猪瘟血清能有效地控制猪瘟的疫情，抗犬瘟热血清对犬瘟热有独特的疗效。使用抗病血清时应注意以下问题：①正确诊断，尽早预防。特别是治疗时，应用越早效果越好。②血清的用量根据动物的体重和年龄不同而定。预防量：大动物10～20mL，中等动物（猪、羊等）5～10mL，以皮下注射为主，也可肌内注射。治疗量：需要按预防量加倍，并根据病情采取重复注射，注射方法以静脉注射为好，以使其迅速奏效。③静脉注射血清的量较大时，最好将血清加温至30℃左右。④皮下或肌内注射血清量大时，可分几个部位注射，并加以揉压使之分散。⑤不同动物源的血清（异源血清）有时可能引起过敏反应。如果在注射后数分钟或半小时内，动物出现不安、呼吸急促、颤抖、出汗等症状，应立即抢救。抢救的方法，可皮下注射1∶100肾上腺素，大动物5～10mL，中小动物2～5mL。反应严重者若抢救不及时，常造成损失，故使用抗血清时应注意观察，发现问题及时处理。

迄今，已被国家批准生产应用的抗血清有抗气肿疽血清、抗炭疽血清、抗绵羊痢疾血清、抗猪羊多杀性巴氏杆菌病血清、抗猪瘟血清、破伤风抗毒素、抗猪丹毒血清、抗犬瘟热血清和抗细小病毒病血清等。目前，尽管新的疾病诊断和病原鉴定方法不断出现，但是血清学诊断方法仍占主要地位。而在用血清学方法时，必须要以阳性血清作为反应的诊断物。因此，具有高效价特性的抗血清成为首选。现已批准生产的有炭疽沉降素血清、布鲁菌病试管凝集试验阳性血清、衣原体病间接血凝试验阳性血清、口蹄疫细胞中和试验阳性血清、蓝舌病琼脂扩散试验阳性血清、日本血吸虫病凝集试验阳性血清、大肠埃希菌K88/K99/987P定型血清、水貂阿留申病对流免疫电泳阳性血清和狐阴道加德纳菌虎红凝集试验阳性血清等。

总之，抗血清的制备技术相对简单，具有广阔的应用领域，随着科学技术的不断进步，抗血清的制备技术也在不断改进和创新，为动物疫病的治疗和预防提供了更多的选择和可能性。

二、卵黄抗体

禽类的免疫球蛋白构成与哺乳动物有着显著的差异。目前研究表明，禽类有三类免疫球蛋白：IgA、IgM 和 IgY。IgA 和 IgM 与哺乳动物的 IgA 和 IgM 类似；而 IgY 在功能上等同于哺乳动物血清中的主要抗体 IgG，并且占抗体总量的 75%。IgY 是禽类体液免疫过程中最重要的抗体。卵黄抗体（yolk antibody）又称蛋黄抗体，是指存在于禽胚卵黄（蛋黄）中的抗体，即卵黄中的 IgY。由于卵黄抗体能够靶向清除病原体，疗效理想且不产生毒副作用，不会激发补体系统，因此卵黄抗体已被广泛应用于动物疾病的预防、治疗工作。

禽类由于没有哺乳过程，母源抗体必须通过发育中的胚胎传递给子代。IgA 和 IgM 在禽胚的形成过程中被包裹在卵清中，而 IgY 则在卵黄膜表面特异性受体的作用下被选择性地转运到卵黄之中。由于 IgY 转运到卵黄的过程涉及特异性受体的作用，因此，卵黄中 IgY 的浓度可高达 25mg/mL，而卵清中 IgA 和 IgM 的浓度则分别约为 0.15mg/mL 和 0.7mg/mL。

（一）卵黄抗体的制备

1．动物的选择与饲养 卵黄抗体生产主要使用鸡和鸭两种家禽。一般来说，用于生产卵黄抗体的鸡最好选用近交系的蛋鸡（如白来航鸡、星杂白鸡等）。生产用于治疗目的 IgY 应选用无特定病原体（SPF）鸡，而生产用于预防目的 IgY 可以选用商用蛋鸡。使用 SPF 鸡的优点是可产生高滴度抗体，而使用商品蛋鸡的优点是价格低廉，同时在产蛋前用来制备抗体而不影响产蛋，因此可以降低制备 IgY 的成本。

2．动物的免疫与抗体水平监测 在选好合适的免疫动物（鸡或鸭等）的基础上，为了获得高效价的卵黄抗体，免疫时需考虑免疫的抗原剂量、佐剂的选择及使用、抗原的接种途径和免疫次数等影响条件。

在卵黄抗体生产中，通常采用多次免疫来提高抗体水平，从而提高 IgY 产量。两次免疫的间隔至少应该为 4 周，免疫间隔过短会造成免疫效果的抑制。IgY 沉积入卵黄的效率受到很多因素的影响（包括鸡的年龄、品系以及使用的抗原等）。已有研究报道，每只鸡蛋可以生产的 IgY 一般为 60～150mg，其中 2%～10%是抗原特异性 IgY。

3．卵黄抗体的粗制与纯化 IgY 的提取及分离纯化始于鸡蛋的收集、处理以及收取卵黄。

首先用清水清洗鸡蛋表面，再用 0.5%新洁尔灭溶液浸泡 1～3min，用灭菌纱布擦干后，用酒精棉擦拭蛋壳消毒，自然晾干。打破蛋壳，将内容物缓慢倾倒入蛋黄分离器或小漏勺中，沥去卵清。将卵黄倒入新的漏勺中，刺破卵黄膜，用灭菌的容器收集卵黄内容物。在规模化生产中，有洗蛋机和剥壳机，可以提高对预处理卵黄的分离效率。

1）卵黄抗体 IgY 的粗制 目前常用的方法有以下几种：①水稀释法：水稀释法原理是在近中性 pH 和低离子强度环境中，卵黄中脂蛋白凝集析出，然后进行离心或超滤，达到分离提取的目的。水稀释法工艺简便、产量高、去脂效果好且经济成本较低，适用于大规模生产，再配合其他适当的方法进行精细纯化，可获得较高回收率。其大致过程如下：10mL 卵黄中加入 90mL 蒸馏水稀释。用 1mol/L HCl 调节卵黄溶液 pH 到 5.0～5.2，离心（10 000g，4℃，25min），弃去沉淀，上清液为含有 IgY 的溶液。本方法的条件可以适当调整，目前尚未有统一标准。但 pH 和稀释程度对于 IgY 的回收非常重要。一般认为，稀释用水的体积应是蛋黄液的 6 倍以上，稀释过程中 pH 应维持在 5.0 左右。②反复冻融法：将卵黄在−20℃以下冰冻，再融化，反复多次后，由于细胞内冰粒形成和剩余细胞液的盐浓度增高引起细胞溶胀、破碎。通过反复冻融，使蛋黄中的脂蛋白自凝聚成为足够大的颗粒，通过传统的低速离心就可以去除这些聚集物。建议冷冻温度−20℃，解冻温度4～6℃，冻融2次，效果较好。但在实际生产中往往提高解冻温度，以加快解冻时间。这种方法粗制的抗体纯度大约为70%。③盐析法：目前多用硫酸铵盐析法，其溶解度高，盐析能力强，作用条件温和，不影响蛋白质的生物活性，分段效果比其他盐好。本方法是IgY粗提中非常重要的方法之一，通过不同浓度饱和硫酸铵的加入，可以将脂蛋白与IgY分离开，同时该方法也可用于IgY的浓缩。需要注意的是，由于该方法使用高浓度的无机盐，在进行后续纯化步骤之前，需要进行脱盐操作。④聚乙二醇（PEG）沉淀法：属于有机物沉淀法。由于PEG溶解时具有散热低、形成沉淀的平衡时间短等特点，常用于蛋白质提取及结晶。此方法具有快速、有效、简便等优点，经过不断改良和推广，被认为是目前实验室条件下IgY提取的标准技术。

2）卵黄抗体IgY的纯化　通过上述方法提取分离获得的仅仅是粗制的IgY，而对于临床或实验应用，可能需要对其进行精细纯化。IgY纯化的方法目前主要有凝胶过滤层析、离子交换层析、亲和层析和疏水层析等。以凝胶过滤层析为例，该方法主要利用具有网状结构的凝胶的分子筛作用，可根据被分离物的分子大小不同选择不同的凝胶介质进行层析。IgY纯化时，多采用以葡聚糖交联的弱碱性阴离子交换剂二乙氨乙基（DEAE）为载体，磷酸盐缓冲液作为吸附-洗脱体系进行分离纯化，用DEAE-Sephacel柱层析可获得纯度为98%的IgY，每个蛋黄可收获70～100mg IgY。随着IgY在疾病诊断、预防和治疗中的应用范围不断扩大，如何在保持抗体生物活性的前提下，降低纯化成本，提高抗体纯度，将是卵黄抗体生产技术研究的重点。

4．卵黄抗体效价的检测　卵黄抗体效价的测定可以采用多种方式，如双向琼脂扩散试验、酶联免疫吸附试验（ELISA）等。此过程主要是为了保证产品的有效性。以鸡传染性法氏囊病（IBD）卵黄抗体为例，纯化后的卵黄抗体用琼脂双扩散试验测定效价水平后，用生理盐水进行稀释，稀释后的IgY琼脂扩散试验效价不应低于1∶16。

5．卵黄抗体的保存　尽管纯化后的卵黄抗体稳定性很高，在室温下活性可保持6个月，4℃储存6～7年，活性下降在5%以内，但若需要长期保存最好冻存于−20℃以下环境中，作为饲料添加剂的IgY也可以冻干成干粉保存。由于IgY制品中仍不可避免含有微量的脂蛋白，为了防止微生物污染，除了纯化过程应在无菌环境中进行，对于液态的IgY制品，需要添加适量的抗生素及防腐剂（如IBD卵黄抗体中需添加青霉素、链霉素各100IU/mL，硫柳汞终浓度为0.01%）。

（二）IgY的应用前景

为维护我国动物源性食品安全和公共卫生安全，抗生素的使用受到严格控制。近年来，IgY作为潜在的饲料添加剂发展较为迅速，我国已经有针对鸡传染性法氏囊病、小鹅瘟、鸭病毒性肝炎、禽腺病毒病4型的卵黄抗体批准上市。研究表明，猪流行性腹泻、鸭短喙与侏儒综合征、鹅星状病毒病、犬细小病毒病等疾病的IgY，可以降低动物发病率，有效防治相应疾病。IgY作为一种廉价、安全、有效的抗体，不存在药物残留和耐药性的问题，在动物疾病的预防控制、诊断和治疗方面将具有广泛的应用前景。

第五节 兽用基因工程抗体的制备及应用

兽用基因工程抗体的制备是生物学和兽医领域的重要研究内容，该技术在疾病防控、动物健康以及畜牧业生产中的作用至关重要。基因工程抗体是根据研究者的意图，在基因水平上对免疫球蛋白编码基因进行剪切、剪接或修饰，而后导入受体细胞进行表达产生的新型抗体。它起源于20世纪80年代对小鼠单克隆抗体的人源化。随着基因工程技术的进步，基因工程抗体的研究也取得了很大的进展，到目前为止，已经成功构建了多种基因工程抗体，主要包括嵌合抗体、单链抗体、双特异性抗体、纳米抗体等。

一、兽用基因工程抗体的种类

（一）嵌合抗体

嵌合抗体是最早制备成功的基因工程抗体。如从杂交瘤细胞分离出V区基因，与人抗体C区基因连接，插入适当表达载体，转染宿主细胞，表达人-鼠嵌合抗体。在动物中，将鼠源或兔源单克隆抗体的VH和VL分别拼接至目的动物的IgG重链和轻链的C区，形成鼠/兔-目的动物嵌合抗体（郑琪，2023）。它是由鼠源/兔源性抗体的 V 区基因与目的动物抗体的C 区基因拼接为嵌合基因，然后插入载体，转染骨髓瘤组织表达的抗体分子。特点是减少了异源性抗体的免疫原性，同时保留了亲本抗体特异性结合抗原的能力。嵌合抗体的构建主要涉及以下内容。

1．可变区基因的克隆 有两种技术路线从分泌亲本鼠单抗的杂交瘤细胞中克隆可变区基因：用适当的探针从该杂交瘤细胞系的基因组文库中获取或用 PCR 方法从细胞mRNA扩增。细胞基因组中有多个V区基因，只有经过V（D）J重组的V区基因才能表达，因此可用适当的J区探针从基因组文库中钓取含有重组后V区基因的克隆，获得可变区基因，V（D）J重组造成DNA限制性内切酶谱的改变，通过核酸凝胶电泳可将已发生V（D）J重组的克隆和未发生重组的克隆区分开。在构建基因文库时可先用DNA印迹分析从细胞DNA酶解物中鉴定出含有重组后可变区基因的限制性内切酶片段，再分离该特定分子量的内切酶片段，构建可变区基因富集的基因文库，可使筛选工作更易于执行。聚合酶链反应（PCR）的建立和发展为抗体可变区基因的扩增提供了简便有效的方法，尽管抗体分子可变区有着数量巨大的多样性，但其骨架区的序列相对保守，其前导序列也相对保守，因此用第一骨架区序列或前导序列作为5′端引物，以J区或恒定区序列的互补DNA为3′端引物，以杂交瘤细胞总RNA为模板，通过逆转录PCR，很容易克隆到可变区基因。这个方法较上述基因文库法要简便容易得多。

2．表达 抗体分子是糖蛋白，正确的糖基化为维持抗体的效应功能所必需，因此迄今嵌合抗体的表达均利用哺乳类细胞，由于抗体分子由两种肽链组成，需将重链和轻链的表达载体转染到同一细胞内，两个表达载体需携带有不同的显性选择标记基因；也可将重链基因和轻链基因构建在同一个表达载体内，这增加了重组体构建的难度，但也提高了转染的成功率，并可增加嵌合抗体的表达量；转染方法有多种选择，如磷酸钙沉淀法、脂质体介导法、原生质体融合法、电穿孔法等，磷酸钙沉淀法用于悬浮培养的细胞时效率较低。最常用作表达细胞的是小鼠骨髓瘤细胞系，从小鼠骨髓瘤细胞表达的嵌合抗体保持了亲本抗体的特异性和亲和力，并具有相应的效应功能。

（二）单链抗体

单链抗体又称单链可变区片段（single-chain fragment variable，scFv），是指利用基因工程的方法来扩增抗体的VH和VL，再使用一段短肽的DNA作为接头（linker）把VH与VL的基因连接，最后组装表达生成小分子重组蛋白。基因工程制备的单链抗体不仅仅具有分子量较小的优点，而且还具有完整的可变区，这种分子量小的抗体将更容易表达，且具有很强的穿透力（Klangprapan et al.，2021）。抗体可变区片段是抗体分子中具有抗原结合活性的最小单位。scFv是由一条柔性多肽将VH和VL连接而成的单一肽链，能够在多种表达系统中表达，且可以通过蛋白质工程提高其亲和力和特异性。用于连接两个可变区基因的linker的长度是多肽链能否正确折叠的关键。在实际应用时，一般将linker编码的多肽设计为14～20个氨基酸残基组成的多肽，这样使轻重链的羧基端与氨基端保持了合适的距离，有利于scFv的稳定性。另外，在设计linker时也需考虑氨基酸组成。序列必须具备亲水性，以保证蛋白质的正确折叠，目前使用最广泛的是由一串甘氨酸和丝氨酸残基组成的序列，其具备高亲水性和灵活性；此外还可加入少量谷氨酸或赖氨酸，以增强scFv的可溶性（Gu et al.，2010）。

1．scFv的设计和构建 在设计scFv时，有些人改动了可变区两端的氨基酸序列，很多情况下未发现对抗体的特异性和亲和力带来影响，但有时会改变抗体的结合特性，因此在设计scFv时应尽可能保持亲本抗体可变区序列的完整性。scFv中的VH和VL是由linker连在一起，VH和VL的连接顺序有两种，VH-linker-VL或VL-linker-VH，两种构建方式都不影响scFv的特异性和亲和力。scFv分子中linker的设计对保持亲本抗体的亲和力有重要影响，它应当不干扰VH和VL的立体折叠，并且不对抗原结合部位造成妨碍，为不使scFv的立体结构变形。linker的长度应不短于3.5nm，由于相邻肽键的距离约为0.38nm，linker应至少含有10个氨基酸残基；linker也不宜过长，以免对抗原结合部位造成干扰，目前文献中报道的linker大多含有14～15个氨基酸残基。linker的氨基酸组成应使linker具备亲水性，宜于折叠，不宜有过多的侧链，以减少抗原性。scFv的构建，在已知亲本抗体的可变区DNA序列时可采用化学合成的方法，也可将VH、VL和linker在基因水平上拼接。一种拼接方法是将linker设计在表达载体上，两端各有限制性内切酶位点供VH和VL基因的插入。另一种拼接法是通过PCR直接合成scFv基因，将linker的编码序列分别设计在扩增VH和VL的引物中，并使这两个引物有15个碱基以上的互补序列，将VH和VL扩增产物混合；经变性、复性及DNA聚合酶催化的延伸反应后，VH和VL通过所设计的互补序列，互为引物及模板合成出完整的scFv基因，再以两端的引物进行PCR，即可得到足够的scFv基因产物，这个方法简单易行，而且在linker两端不必因设计内切酶位点而引入不必要的氨基酸残基。VH和VL基因模板的来源可以是已分离的VH、VL cDNA克隆或从杂交瘤细胞总RNA逆转录生成的cDNA。

2．scFv的表达 各种表达系统都可以用于表达scFv，如原核细胞、酵母、植物、昆虫、哺乳类细胞等，但最常用的是大肠杆菌。用大肠杆菌表达scFv有两种方式：一种是表达为包涵体或非包涵体性不可溶蛋白，这种表达方式的产量较高，可达到细菌总蛋白的5%～30%，但需进行变性-复性等后续工作，使其完成正确的立体结构，恢复抗体活性。另一种是分泌型表达，与 Fab 段表达的原理相同，将细菌的信号肽序列与 scFv 的氨基端连接起来，使 scFv 分子分泌到内质网腔内，在质周腔内完成二硫键的形成和肽链折叠，成为有活性的单链抗体分子。这种方式可直接表达出有抗原结合活性的抗体分子，但其产量比较低。

（三）双特异性抗体

双特异性抗体（bispecific antibody，BsAb）是一种可以同时结合两种特异性表位或目的蛋白的工程化抗体。双特异性抗体将识别效应细胞的抗体和识别靶细胞的抗体联结在一起，制成双功能性抗体。例如，由识别肿瘤抗原的抗体和识别细胞毒性免疫效应细胞（CTL 细胞、NK 细胞、LAK 细胞）表面分子的抗体（CD3 抗体或 CD16 抗体）制成的双特异性抗体，有利于免疫效应细胞发挥抗肿瘤作用。因其可以通过与靶细胞和功能细胞进行相互作用，进而增强肿瘤细胞杀伤功能，在肿瘤的免疫治疗中具有广阔的应用前景。在动物疾病诊断中 BsAb 的应用也非常广泛，如用于快速检测病毒感染性疾病的敏感免疫测定。BsAb 具有信号背景最小、灵敏度高和高特异性等优点，同时在药物动力学、血清半衰期、穿透肿瘤的能力、大小、价态和 Fc 的存在等方面与天然 IgG 有着显著的不同（Cheson et al.，2021）。

在小分子抗体的羧基端设计半胱氨酸残基，如带铰链区的 Fab 段或带有半胱氨酸残基尾巴的 scFv，可在体外通过化学交联成为双价抗体分子。亮氨酸拉链也被用来构建双价抗体分子，亮氨酸拉链是一种蛋白质分子相互作用的模式结构，它是在一段肽链中每间隔 7 个氨基酸残基重复出现的 4～5 个亮氨酸残基，这样 α 螺旋结构中，每两圈就出现一个亮氨酸残基，这些亮氨酸残基排列在 α 螺旋的一侧，两个蛋白质分子通过亮氨酸残基间疏水作用形成的拉链式结构形成双体。例如，在抗 CD3 和抗 IL-2 受体的 Fab 段羧基端分别加一亮氨酸拉链序列，将两种 Fab 段在体外混合，可生成双价 Fab，且以异二聚体为主，所得到的双特异性抗体分子可以介导 T 细胞对表达有 IL-2 受体的细胞的杀伤作用。

（四）纳米抗体

比利时科学家 Hamers-Casterman 等（1993）首次在骆驼科动物的血清中发现了天然缺乏轻链的重链抗体（heavy chain antibody，hcAb），这种只由重链可变区构成的单域抗体（single domain antibody，sdAb）也被称为纳米抗体（nanobody，Nb）。纳米抗体呈直径 2.5nm、高 4nm 的橄榄球形，分子质量为 12～15kDa，仅是传统单克隆抗体（150kDa）的十分之一，是目前为止发现的能够识别抗原的最小抗体。纳米抗体由于其尺寸小、稳定性高、能在多体系中高产表达和易于通过基因工程进行修饰的独特优势，已被广泛应用于医疗诊断、治疗和环境监测等领域。

纳米抗体结构类似于传统抗体的 VH，是由 4 个框架区（FR）和 3 个互补决定区（CDR）构成的三维结构。CDR 决定了识别抗原的能力，但驼源纳米抗体的互补决定区 CDR1 和 CDR3 比传统抗体的可变区延伸得更多，这增加了抗原结合部位的表面积。在纳米抗体中，CDR3 在结合抗原方面占主导地位，提供了至少 60%～80%的抗原接触部位。其形成的大凸环结构能够深入接触凹槽或裂缝形成的表位，以及一些难以接近或隐蔽的抗原位点，如位于凹槽处的酶催化位点，因此，许多识别酶的纳米抗体可以调节其催化活性。此外，CDR1 和 CDR3 通常均包含一个半胱氨酸。从纳米抗体的晶体结构中可知半胱氨酸形成二硫键，可能有助于形成环结构，使纳米抗体稳定性更强。纳米抗体 FR2 中 4 个疏水性氨基酸残基突变为更小的或者亲水性氨基酸残基，使其水溶性增加，有利于纳米抗体的大规模生产制备。另外，纳米抗体具有单域构象的特点，这使其易于在大肠杆菌等原核体系及酵母等真核体系中大规模表达生产，也能够在植物以及动物细胞中成功表达，以显著节省成本、劳动力和时间。

1．骆驼科动物免疫 纳米抗体制备的第一步是用目标抗原对骆驼科动物进行免疫。动物的选择是免疫成功的关键，通常选择健康、强壮、精神状态良好、体型适中的羊驼用于免疫。每 2 周在羊驼颈部淋巴结附近分点注射目标抗原，先后免疫 4～5 次，并在每次免疫前及免疫后 5～7d 采血进行免疫评价。当血清免疫效价达到预期后，分离淋巴细胞提取总 RNA 用于噬菌体文库的构建。

2．噬菌体文库构建 纳米抗体制备的第二步是利用淋巴细胞总 RNA 构建噬菌体文库。首先，将提取的总 RNA 逆转录成 cDNA，利用特异性引物扩增特定的抗体片段，并克隆到噬菌体质粒中。经鉴定后转入感受态细胞，扩增培养到一定浓度后，加入辅助噬菌体继续培养一段时间，收集噬菌体，得到噬菌体文库。在构建文库过程中，尽量减少 RNA 的降解，确保逆转录和扩增效率，提高感受态的转化效率等是保证噬菌体文库质量的关键。

3．抗体筛选 采用固相淘选的方法在抗原包被免疫管或免疫板上对扩增和纯化的菌体进行 3～4 轮的富集和筛选，在筛选过程中包被抗原量逐次减半，收集筛选后的洗脱菌体，得到特异性高和亲和力强的纳米抗体。最后利用 ELISA 法对筛选得到的菌体进行鉴定，并对鉴定得到的菌落测序，得到抗体的基因序列。最后将获得的靶蛋白基因序列构建原核或真核表达系统，用于纳米抗体的大量生产。

二、兽用基因工程抗体的应用举例

迄今为止，scFv 可以在大肠杆菌、哺乳动物细胞、酵母、植物和昆虫细胞等多种表达系统中表达，每种宿主在折叠和表达 scFv 时都有各自的优缺点。scFv 可以直接表达为正确折叠并有活性的蛋白质，也可以表达为无活性的蛋白质，通过特定方法使其在体外再折叠恢复活性。大多数情况下，从噬菌体文库中筛选得到的 scFv 足以在酶联免疫吸附试验（ELISA）、蛋白质印迹（Western blot，WB）或免疫荧光（immunofluorescence，IF）等研究中使用。如果出现抗体亲和力或特异性不足的情况，可以通过突变 CDR 的一个或多个基因，获得能用于临床诊断或者治疗的高亲和力的抗体。相比传统方法制备的单克隆抗体，scFv 有许多优点，如在筛选时不需要细胞融合，大大降低了操作难度；可以通过大肠杆菌系统快速表达，节约了时间和经济成本，且通过基因定点突变就可以提高抗体的亲和力，分子量小，穿透力强，易于进入靶细胞发挥功能。但不足之处也比较明显，由于 scFv 仅包含单个抗原结合位点，因此亲和力比完整抗体分子要低一些，且其分子量小也导致其稳定性较差，这些都需要在未来不断进行研究和优化。

第六节 兽用噬菌体抗体库技术

噬菌体抗体库技术作为目前应用广泛的展示抗体技术，逐渐成为生产基因工程抗体的重要工具。噬菌体抗体库技术是以噬菌体或噬菌粒为载体，通过将外源多肽基因整合到噬菌体基因中，以融合表达的形式将外源蛋白展示在噬菌体表面的分子生物学技术。近年来，噬菌体展示技术在抗体筛选领域的应用越来越广泛，与传统制备抗体的方法相比，噬菌体抗体库技术具有通量高、成本低、操作简单等特点，且通过该技术筛选得到的抗体不仅可在标签蛋白的辅助下进行选择和纯化，还可通过基因测序的方法得到单链抗体的完整基因序列。

一、噬菌体抗体库技术的基本原理

噬菌体展示是抗体库现今应用最为广泛的呈现方式。其原理是将外源蛋白或多肽基因插入丝状噬菌体（M13、fd、f1 等）编码外壳蛋白的GeneⅢ或GeneⅧ的 N 端，通过辅助噬菌体（helper phage）超感染大肠杆菌，经增殖将外源蛋白与其外壳蛋白融合，从而使外源分子呈现于噬菌体颗粒的表面。这种噬菌体颗粒既可以特异性识别抗原，又能感染宿主进行再扩增，经过“吸附-洗脱-扩增”的淘洗过程就能筛选并富集与靶分子特异结合的噬菌体克隆。噬菌体展示技术的首次应用是在 1985 年（Smith，1985），它的出现为获得理想生物理化性质的蛋白质或多肽拓宽了思路。在 M13 丝状噬菌体展示中，有多个外壳蛋白已被用来与目标外源肽融合表达，丝状噬菌体编码 5 个外壳蛋白，分别为 PⅢ、PⅥ、PⅦ、PⅧ、PⅨ，最常用于展示外源蛋白的是 PⅢ和 PⅧ。PⅧ是噬菌体的主要结构蛋白，也是噬菌体外壳上最多的蛋白质，有 2670 个拷贝，PⅧ的 N 端位于噬菌体表面，C 端位于内部，因此外源蛋白常在其 N 端展示。但由于其分子量较小及高拷贝数，只可融合 6～8 个肽段，因为较大的多肽或蛋白质会造成空间障碍，影响噬菌体装配，使其失去感染力（Løset，2011）。PⅢ位于噬菌体顶端，仅有 3～5 个拷贝数，但分子量较大，约有 406 个氨基酸，适合大分子外源蛋白的融合表达。PⅢ在感染过程中负责噬菌体与宿主的互作，PⅢ缺失会导致噬菌体失去感染能力（Urban et al.，2017）。PⅢ可融合较大（约 100kDa）的外源蛋白，但其拷贝数远远低于 PⅧ，所以其展示的蛋白质或多肽的量比较少，因此其应用受到了限制。同时，外源分子插入噬菌体的 N 端便无法产生野生型的 PⅢ或 PⅧ蛋白，从而影响两种包膜蛋白的正常功能。因此通常将外源基因插入一种特殊的质粒——噬粒（phagemid，含有质粒部分和噬菌体部分基因）载体上，噬菌体与载体一起感染大肠杆菌，以获得含有外源蛋白的噬菌体。

标准的辅助噬菌体（即含全长 GeneⅢ，如图 2-3 所示）主要包括 M13K07、R408 和 VCSM13，M13K07 是 M13 的衍生系列，为最常用的辅助菌体，带有一个质粒复制起点（P15Aori）、G6125T 的突变基因Ⅱ以及卡那霉素抗性基因。当 M13K07 侵染携带噬粒的菌株后，进入宿主内的单链 DNA 利用宿主胞内酶转变为双链，并在自身携带的复制起点 P15Aori 的控制下进行复制。由于噬粒中菌体复制起点的作用强于 M13K07 突变的基因Ⅰ产物与 P15Aori 的作用，这就使得噬粒的单链 DNA 优先合成，并在宿主细胞内最终产生的噬菌体颗粒中占有优势。当 M13K07 感染不携带噬粒的菌株时，突变的基因Ⅱ产物则又能与自身残缺的复制起点发生作用，使 M13K07 噬菌体大量扩增，进一步用于超感染。VCSM13 是 M13K07 噬菌体的一个突变体。R408 是 f1 的突变体，没有抗性标记基因。许多实验证明，使用 M13K07 产生目的噬菌体的产量和比例比使用其他辅助噬菌体高。

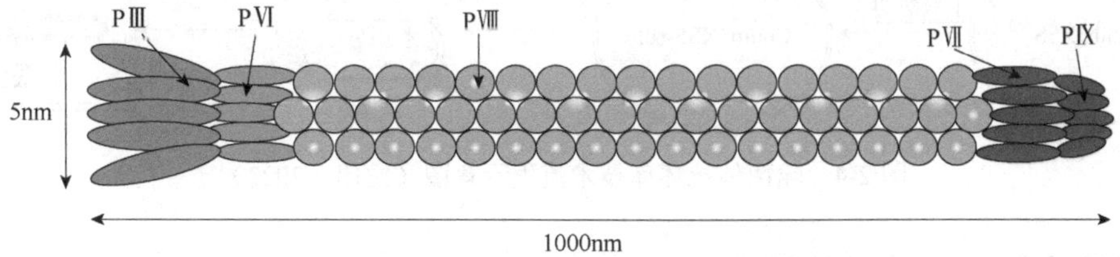

图 2-3　辅助噬菌体结构示意图（侯伟，2022）

噬菌体抗体库技术是噬菌体表面展示在基因工程抗体应用上的一个成功范例。该技术的产生依赖于 3 项实验技术的进展：逆转录聚合酶链反应（reverse transcription PCR，RT-PCR）扩增全套免疫球蛋白可变区基因、大肠杆菌表达分泌功能性免疫球蛋白分子片段的成功以及噬菌体表面展示技术的建立。其中利用 PCR 获取抗体基因片段是噬菌体抗体库技术的关键。目前常见的抗体基因来源有杂交瘤细胞、体外免疫细胞、B 淋巴细胞等，从上述细胞中提取总 RNA 扩增，即可得到全套抗体的轻链和重链可变区基因文库。丝状噬菌体抗体库是将抗体可变区 DNA 克隆到噬菌体基因组中后，抗体基因编码肽段和噬菌体外壳蛋白融合，得到以 scFv、Fab 或 BsAb 的形式展示在噬菌体表面的噬菌体抗体文库。经过吸附、洗脱、富集过程，可从噬菌体抗体库中筛选出特异性抗体。除直接将抗体部分基因片段融合至噬菌体整个基因组外，还有一类文库是通过表达载体——噬粒构建的。以噬粒为表达载体，利用 VCS、M13 等辅助噬菌体提供包装需要的结构蛋白，可产生混合表达型噬菌体。与传统的丝状噬菌体抗体库相比，噬粒适合表达大量的可溶性重组蛋白，因此成为基因工程抗体表达的理想选择，也是目前构建文库最常用的方法。

目前常用的噬菌体展示系统有：丝状噬菌体展示系统、λ 噬菌体展示系统、T4 噬菌体展示系统和 T7 噬菌体展示系统。丝状噬菌体展示系统是最常用的噬菌体展示系统，拥有许多突出优点：①丝状噬菌体比其他所有已知噬菌体的滴度要高 100 倍左右，其较高的转化效率确保了其拥有足够大的库容量；②外源基因插入丝状噬菌体的基因组中不会影响噬菌体的包装与释放；③丝状噬菌体颗粒在高温或极端 pH 环境下具有很强的稳定性，可以耐受广泛的筛选条件。丝状噬菌体外形呈长丝状，直径为 6～7nm，常用于噬菌体展示的丝状菌体有 M13、fd 和 f1 噬菌体。由于外源蛋白的大小以及其插入位置的选择在应用中有一定的限制性，研究人员将编码噬菌体外壳蛋白的基因和基因间隔区（intragenic region，IGR）基因插入质粒上，构建了噬粒。噬粒具有噬菌体复制起点和包装信号，同时也具有质粒复制起点、抗生素选择标记和限制性内切酶位点。当辅助噬菌体不存在时，噬粒像普通质粒一样复制；加入辅助噬菌体后，由辅助噬菌体提供野生型外壳蛋白和噬菌体组装所需的其他基因，两者共同合作感染宿主细胞，外源融合蛋白展示在子代噬菌体表面。噬粒载体操作方便，对插入的外源基因无大小限制，已广泛应用于展示和筛选外源蛋白和多肽。图 2-4 为以 pComb3XSS 质粒和 scFv 为例的噬菌体抗体库技术流程示意图。

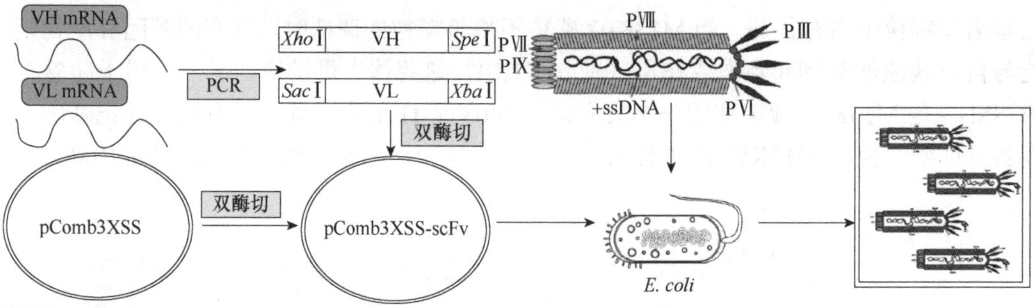

图 2-4 噬菌体抗体库技术流程示意图（侯伟，2022）

二、噬菌体抗体库技术的筛选方法

（一）噬菌体抗体库的构建过程

1. 扩增全套抗体基因 获取经过免疫的人外周血淋巴、脾、扁桃体、淋巴结组织或骨髓细胞，从中提取总 RNA 或基因组 DNA。免疫接种可明显提高抗体 mRNA 和编码抗原结合部位 V 区基因的数量。通过 RT-PCR 技术获得建库所需的全套抗体基因。抗体基因扩增的 5′端引物的设计通常是根据成熟抗体 V 区外显子的 FR1 或前导区的保守序列，而 3′端引物的设计则主要依据抗体铰链区的保守序列。根据已有的抗体基因序列库，设计简并引物。分别对抗体 cDNA 或 DNA 扩增后，将扩增产物混合。若制备 scFv 抗体基因片段，须设计短肽，制备 VH-linker-VL 基因连接物，进行下一步的基因克隆与表达。

2. 构建合适的噬菌体表面展示载体 噬菌体抗体库技术使用的载体是在已有的噬粒基础上改建的。这些载体都具备必需的元件，包括启动子、大肠杆菌前导序列、核糖体结合部位、供外源基因插入的多克隆位点以及丝状噬菌体 M13 的外壳蛋白基因，如 pComb3、pCANTAB-5E、pHORF3 等。使用载体构建抗体基因库时，可将获得的全套重链和轻链基因以适当的内切酶消化后，克隆进载体的相应酶切位点。经过随机重排组合将这些基因插入噬菌体或噬粒表达载体多克隆位点中。经克隆进入载体的重链、轻链基因间的配对也存在着很大的随机性，这可以丰富抗体库的内涵，增加抗体库的多样性。

3. 将抗体基因库转化大肠杆菌备用 在建库过程中由于 PCR 扩增，半合成寡核苷酸的引入以及多步酶切反应等因素产生的重复克隆、无效克隆及克隆数丢失，使库容量偏小。因此，噬菌体抗体库的大小与大肠杆菌转化率明显相关。通过优化实验条件，提高限制性内切酶的酶切与连接效率；选择合适的载体与目的基因的比例；选用转化效率高的感受态细胞，能提高单次连接和转化的效率。再通过增加连接与转化的次数，就能使 400μL 感受态的大肠杆菌经电穿孔转化，至少有 10^8 个细胞可被噬粒载体转染。这与体内抗体库独特型数目一致。噬粒在体外包装后还可以明显增加转染大肠杆菌的数量。因此，电穿孔是一种理想而有效的增加大肠杆菌抗体库数量的手段。

（二）噬菌体抗体库的筛选

能否从抗体库中得到预期的抗体受很多因素的制约，包括抗体库库容、多样性、保存条件、扩增情况以及对抗体库的筛选过程等，其中筛选手段的正确选择与合理应用具有重要的意义。筛选策略需要根据抗原的性质而定，一般来讲，获得纯的抗原对噬菌体抗体库的筛选大有裨益，会使其筛选容易得多。然而，有时难以获得纯的抗原或抗原的性质未知，这就需要设计切实可行的筛选办法。表 2-1 为噬菌体抗体库筛选方法简介。

表 2-1　噬菌体抗体库的筛选方法

筛选方法		原理	特点
纯化抗原筛选	固相抗原筛选	将纯抗原包被在固相介质表面，如酶标板、免疫试管、亲和柱或 BIAcore 传感器芯片上，加入抗体库进行筛选	有些抗原在包被固相抗原介质表面后，其表位可能受影响，通过针对该抗原其他表位的抗体捕获该抗原后进行筛选
	液相抗原筛选	将抗原标记生物素后在液相中利用链亲和素磁珠，借助磁场作用进行噬菌体抗体的筛选	抗原结合更加充分，更易筛选出多样的抗体
非纯化抗原筛选	细胞筛选	将抗体库加入细胞培养液进行筛选，可筛选与细胞内抗原互作的抗体	无须提纯抗原或确定抗原，可以用来筛选以常规手段无法得到而针对细胞表面分子的特异性抗体。但由于噬菌体容易与细胞表面存在的大量蛋白质、糖类和脂类等非特异性结合，使筛选效率明显降低
	组织或体内筛选	将抗体库注入小鼠体内进行筛选，而组织筛选则是直接用组织筛选噬菌体抗体库	在自然的三维环境中进行筛选，筛选出的抗体更具有实际应用意义，但筛选效率不高
高通量筛选	蛋白质芯片筛选	用蛋白质芯片筛选抗体库，原理与固相抗原筛选一致，所不同的是蛋白质芯片具有高密度和自动化操作等特点，将蛋白质芯片与噬菌体抗体库技术相结合可以高通量地筛选抗体	目前获得表达的蛋白质数目不多，也没有直接高密度制备蛋白质芯片用于抗体库筛选的例子，只有用转入细菌中的 cDNA 文库电转 PVDF 膜上进行高通量筛选的报道

影响噬菌体抗体库筛选效率的因素主要有库容量、固相介质表面抗原的密度及溶液中抗原的浓度和清洗时间。因此，应根据噬菌体抗体库的容量和不同的筛选目的，选择适当严谨度的筛选条件：严谨度过高，可能筛掉一些亲和性极高但表达较低的目的噬菌体；严谨度过低，又会延长噬菌体的富集过程，增加筛选轮数。根据文献报道，通常筛选库容量较小的抗体库（10^7～10^8）时，在前几轮采用中等的严谨度有利于避免高亲和性低表达的克隆的丢失，而对库容量较大的抗体库的筛选，则可采用较高的严谨度快速地富集亲和性克隆（Reiersen et al.，2008；Siva et al.，2008）。

小　结

抗体（免疫球蛋白）由两个重链和两个轻链构成，具有“Y”字形结构，其主要功能是识别和结合抗原、触发免疫反应，从而中和病原体和激活补体系统。抗体的结构决定了其特异性，能够精准识别并结合特定抗原，标记病原体，促进免疫系统清除这些病原体。单克隆抗体制备技术广泛应用于医学和生物科学领域，特别是在临床诊断、药物研发和免疫治疗方面。它们能用于检测疾病标志物、靶向治疗（如肿瘤和自身免疫疾病），并提供个性化医疗。噬菌体展示技术作为一种重要的抗体筛选工具，通过将目标抗原展示在噬菌体表面，能够高效筛选与抗原特异性结合的抗体，这种方法避免了传统的动物免疫过程，提升了抗体筛选的精度和效率。此外，噬菌体展示技术还用于优化抗体的结合性能和开发新型治疗策略。总体而言，单克隆抗体技术和噬菌体展示技术的进步推动了医学和生物科学领域的发展，为疾病的诊断和治疗提供了重要工具和支持。

复习思考题

1. 简述抗体的基本概念，兽用抗体和人用抗体的区别。
2. 什么是单克隆抗体？其在兽用抗体中有何作用？
3. 兽用抗体如何发挥作用？简述其机制。
4. 在兽用抗体的研发中，如何确保抗体的安全性和有效性？

主要参考文献

侯伟. 2022. 噬菌体展示系统的构建及其在疾病防控领域应用研究进展. 中国畜牧兽医, 49（5）: 1688-1696.

郑琪. 2023. 抗猫细小病毒治疗性嵌合抗体的构建及其抗原结合表位的解析. 合肥: 安徽农业大学博士学位论文.

Alberts B, Johnson A, Lewis J, et al. 2002. Molecular Biology of the Cell. 4th ed. New York: Garland Science.

Cheson B D, Nowakowski G, Salles G. 2021. Diffuse large B-cell lymphoma: new targets and novel therapies. Blood Cancer J, 11 (4): 68.

Gu X, Jia X, Feng J, et al. 2010. Molecular modeling and affinity determination of scFv antibody: proper linker peptide enhances its activity. Ann Biomed Eng, 38 (2): 537-549.

Hamers-Casterman C, Atarhouch T, Muyldermans S, et al. 1993. Naturally occurring antibodies devoid of light chains. Nature, 363 (6428): 446-448.

Huang B, Yin Y, Lu L, et al. 2010. Preparation of high-affinity rabbit monoclonal antibodies for ciprofloxacin and development of an indirect competitive ELISA for residues in milk. J Zhejiang Univ Sci B, 11 (10): 812-818.

Janeway C A Jr, Travers P, Walport M, et al. 2001. Immunobiology: The Immune System in Health and Disease. 5th ed. New York: Garland Science.

Klangprapan S, Weng C C, Huang W T, et al. 2021. Selection and characterization of a single-chain variable fragment against porcine circovirus type 2 capsid and impedimetric immunosensor development. ACS Omega, 6 (37): 24233-24243.

Köhler G, Milstein C. 1975. Continuous cultures of fused cells secreting antibody of predefined specificity. Nature, 256 (5517): 495-497.

Løset G Å, Roos N, Bogen B, et al. 2011. Expanding the versatility of phage display Ⅱ: improved affinity selection of folded domains on protein Ⅶ and Ⅸ of the filamentous phage. PLoS One, 6 (2): e17433.

Reiersen H, Berntsen G, Stassar M, et al. 2008. Screening human antibody libraries against carcinoma cells by affinity purification and polymerase chain reaction. Journal of Immunological Methods, 330 (1-2): 44-56.

Saphire E O, Parren P W, Pantophlet R, et al. 2001. Crystal structure of a neutralizing human IGG against HIV-1: a template for vaccine design. Science, 293 (5532): 1155-1159.

Siva A C, Kirkland R E, Lin B, et al. 2008. Selection of anti-cancer antibodies from combinatorial libraries by whole-cell panning and stringent subtraction with human blood cells. J Immunol Methods, 330 (1-2): 109-119.

Smith G P. 1985. Filamentous fusion phage: novel expression vectors that display cloned antigens on the virion surface. Science, 228 (4705): 1315-1317.

Urban J H, Moosmeier M A, Aumüller T, et al. 2017. Phage display and selection of lanthipeptides on the carboxy-terminus of the gene-3 minor coat protein. Nat Commun, 8 (1): 1500.

第三章 兽用疫苗

本章数字资源

学习目标

1. 熟悉兽用疫苗的常见类型、发展简史和生产技术路线。
2. 理解蛋白质主要纯化技术的原理和疫苗的质量检验标准。
3. 了解兽用疫苗佐剂的分类与作用。
4. 掌握兽用疫苗生产所使用的细胞工程技术。

第一节 概　　述

一、兽用疫苗的概念

兽用疫苗是由完整的微生物（细菌、病毒、支原体、衣原体等）、微生物的分泌成分（毒素或代谢产物）、微生物的抗原蛋白等，经生物化学和分子生物学等技术加工制成的生物制品，用于增强动物的免疫功能，以预防特定疾病的发生。与人类疫苗类似，兽用疫苗通过向动物注射微生物、毒素或相关抗原来激活其免疫系统，促使其产生抗体以抵抗特定病原体。兽用疫苗对农场动物、宠物和野生动物的健康至关重要，有助于预防疾病暴发，减少动物生产中的损失，并维护生态平衡。

兽用疫苗根据抗原是否具有感染活性和制备工艺，分为活疫苗、灭活疫苗、基因工程疫苗；根据制造疫苗所含微生物种类，分为细菌疫苗、病毒疫苗、寄生虫疫苗等；根据疫苗中所含抗原种类或防治疾病种类多少，分为单苗和联苗；根据抗原制备方法，分为动物组织疫苗、鸡胚疫苗、细胞疫苗、培养基疫苗、合成肽疫苗等；根据疫苗的外观属性，分为冻干疫苗、液体疫苗、干粉疫苗等。

二、兽用疫苗的作用与意义

兽用疫苗接种动物体后，能刺激动物免疫系统产生特异性免疫应答，继而使动物体主动产生相应免疫力，所以又称为主动免疫制品。在疫病流行期间或受到疫病威胁时，可通过对动物群接种疫苗使动物免遭传染病的侵袭。兽用疫苗的广泛应用对于保护公共健康、保障动物健康、维护农业生产和维持生态平衡都具有重要意义。

1．保护公共卫生和食品安全　　兽用疫苗的使用对保护公共健康和食品安全具有重要意义，可以防止动物源性疾病通过食物链跨物种传播给人类。

2．提高动物健康水平　　兽用疫苗有助于提高动物的整体健康水平，减少因疾病而导致的死亡率升高和生产力下降。

3．降低兽医成本　　疫苗接种可以降低兽医治疗费用和药品成本，因为预防疾病要比治疗疾病更加经济有效。

4．促进畜牧业可持续发展 兽用疫苗是畜牧业可持续发展的重要支撑，通过控制和预防疾病，提高养殖效率和产品质量，促进畜牧业的健康发展。

三、兽用疫苗技术的发展简史与主要成就

疫苗的英文“vaccine”是由牛痘疫苗衍生而来，人们对疫苗的认识是从天花开始的，很早就有人用天花患者的干痂给人免疫，这就是最早、最原始的疫苗，但这种原始的接种措施并不能有效控制天花的流行。1796年，英国医生Edward首次用牛痘给人接种，他将挤奶人员手上典型的牛痘溃疡材料接种于8岁的儿童手背上，几天后，儿童手背上接种的局部出现了溃疡，但没有出现其他症状，6周后，手背上的溃疡消失，而且产生了对天花病毒的免疫力，该结果证明轻微的牛痘反应可以使人对天花病毒产生免疫力，这也拯救了上亿人的生命。Edward的工作全凭经验，并不知道接种牛痘预防天花的机制，而真正开展相关研究的是法国的Pasteur。

实际上，Pasteur对疫苗的研究多是从预防动物疾病的兽用疫苗开始的，他开始用减毒的微生物制成疫苗——禽霍乱减毒疫苗和猪丹毒减毒疫苗，虽然部分免疫后的动物仍然出现死亡，但这些研究成果为后续的疫苗研究奠定了基础。直至1885年，Pasteur和助理们成功制备了狂犬病病毒减毒活疫苗，他们先从狂犬的脑组织入手，将其制成溶液注射到兔子体内。虽然兔子患狂犬病死去，但其体内却产生了一些抗体，侵入的狂犬病病毒的毒性也相应减弱了。历经数次动物实验，Pasteur发现，病毒经过反复传代和干燥，毒性会减弱。他从病死的兔子身上取出小段脊髓，悬挂在烧瓶“干燥”，并把干燥的脊髓组织磨碎加水，制成了最初的“疫苗”。这是兽用疫苗技术的开端，也是现代疫苗学的奠基之作。该疫苗的成功应用标志着人类首次掌握了预防动物疾病的有效手段。

20世纪中后期，兽用疫苗技术主要集中在传统的活体疫苗（动物来源）制备和应用上，如牛瘟、猪瘟等疫苗的开发。以猪瘟疫苗为例，1951～1955年以生产猪瘟结晶紫疫苗为主，生产原料用猪，每头猪生产的疫苗可防疫300头猪。1954年中国兽医药品监察所研制成功猪瘟兔化弱毒苗，1956年，该兔化弱毒苗被大量生产，在全国试用，证明安全有效。1957年，低温真空干燥疫苗研究获得成功，解决了疫苗生产、保存、运输和使用的问题。1964年，发展为用乳兔全兔制苗，疫苗产量增加、方法简易、成本降低。1974年研制成功乳猪肾细胞苗，用转瓶培养乳猪肾细胞接毒后4d收获一次，每头乳猪可产苗40万头份。用乳猪肾细胞生产的猪瘟疫苗可配制猪丹毒、猪肺疫三联冻干疫苗。为避免用同源细胞生产带强毒的危险，1980年研制成功绵羊、山羊肾细胞苗，1985年又研制成功犊牛睾丸细胞苗，其批次可延长6～7批，每头犊牛可产苗80万～100万头份。这些列入规程的制品，是数代兽医学家奋发图强精心研制的劳动成果，其安全性和免疫性能经得住反复论证。

21世纪以来，随着分子生物学和生物技术的发展，兽用疫苗技术进入了新阶段。基因工程疫苗、亚单位疫苗、DNA疫苗等新型疫苗相继问世，为动物疾病的防控提供了更多选择。同时，疫苗的配套技术也不断完善，如疫苗递送系统、免疫增强剂等的研究和应用，进一步提高了疫苗的免疫效果。

第二节 兽用疫苗的组成、作用原理、类型与特点

一、兽用疫苗的组成

1. 病原体抗原 病原体抗原是兽用疫苗的核心成分，通常是病原体的一部分或变性的全病原体。这些抗原可以是活的、灭活的、减毒的、亚单位的或是重组的。疫苗中的病原体抗原能够激活动物的免疫系统，诱导机体产生特异性抗体或细胞免疫反应，从而提高动物对该病原体的免疫能力。

2. 辅助成分 这些成分通常包括载体、佐剂和稳定剂等。载体可用于稳定和传递病原体抗原，增强疫苗的免疫原性。佐剂可以提高抗原的稳定性，延长其在体内的存在时间，促进免疫细胞的摄取和处理，从而增强免疫效果，如促进抗原的持久性和免疫记忆效应，常见的佐剂包括植物油/矿物油、铝盐、脂质体、多糖等（详细介绍见本章第四节）。稳定剂可以保护疫苗免受外界环境因素的影响，延长其有效期。

3. 制剂成分 制剂成分包括葡萄糖、氯化钠等，用于溶解和稀释疫苗，并调节其渗透压和 pH，以确保疫苗的稳定性和安全性。

4. 保护剂 有些兽用疫苗可能还包含一些保护剂，如抗生素或抗真菌药物，用于防止疫苗在制备或保存过程中受到细菌或真菌的污染。

需要注意的是，不同类型的兽用疫苗可能采用不同的组成成分，并且制备过程中可能会进行特殊处理，以确保疫苗的安全性、有效性和稳定性。因此，在制备和应用兽用疫苗时，需要严格按照相关规定和标准进行操作，确保疫苗的质量和效果。

二、兽用疫苗的作用原理

兽用疫苗通过激活免疫系统，诱导特异性免疫应答，形成免疫记忆，从而提高动物对特定病原体的免疫能力，达到预防和控制动物疾病的目的。

1. 刺激免疫系统 兽用疫苗中含有的病原体抗原能够刺激动物的免疫系统产生免疫应答。这些抗原可能是病原体的本身、灭活体、亚单位或重组抗原等形式。疫苗中的抗原模拟了真实感染，但并不会导致动物发病，而是激活了免疫系统以应对可能的未来感染。

2. 诱导抗体产生 兽用疫苗接种后，动物的 B 细胞被激活并开始产生特异性抗体。这些抗体能够识别并结合疫苗中的抗原，形成抗原-抗体复合物。一旦动物再次接触到相同的病原体，这些抗体就可以迅速识别并中和病原体，防止其侵入宿主细胞，从而预防疾病的发生。

3. 激活细胞免疫应答 兽用疫苗不仅能够诱导体液免疫应答，还能够激活细胞免疫应答。特异性 T 细胞在免疫应答中起着重要作用，它们能够识别并杀伤感染的宿主细胞，清除感染源，从而控制疾病的进展。

4. 形成免疫记忆 兽用疫苗接种后，免疫系统会形成对病原体的免疫记忆。这意味着即使病原体再次出现，免疫系统也能够更快速、更有效地产生免疫应答，从而防止疾病的发生或减轻疾病的严重程度。这种免疫记忆是由记忆性 B 细胞和记忆性 T 细胞维持的。

三、兽用疫苗的类型与特点

兽用疫苗可根据其制备方法、疫苗成分及应用目的等不同特点进行分类。以下是常见的兽用疫苗类型及其特点。

（一）传统疫苗

减毒疫苗（attenuated live vaccine）：使用活的但已经减毒的病原体，能够模拟真实感染，引起免疫应答。其特点包括长效免疫、单次接种、经济实惠，但可能存在毒力返强或致病风险。

灭活疫苗（inactivated vaccine）：使用已灭活的病原体或其毒素制备而成，安全性较高，但需要多次接种以获得持久的免疫效果。其对病原体的免疫应答通常较弱。

（二）新型疫苗

基因重组疫苗（gene-recombinant vaccine）：也称活载体疫苗，通过基因工程技术将病原体的抗原基因导入其他病毒或细菌中，使其表达病原体的抗原，从而诱导免疫应答，具有安全性高、生产成本低的优点。

亚单位疫苗（subunit vaccine）：利用病原体的亚单位（如蛋白质、多肽等）作为疫苗抗原，不含活病原体成分，安全性较高，但需要配合适当的佐剂以增强免疫效果。

核酸疫苗（nucleic acid vaccine）：也称基因疫苗（gene vaccine），是指将含有编码蛋白质基因序列的质粒载体导入宿主体内，通过宿主细胞表达抗原蛋白，诱导宿主细胞产生对该抗原蛋白的免疫应答，以达到预防和治疗疾病的目的。

合成肽疫苗（synthetic peptide vaccine）：是按照病原体抗原基因中已知或预测的某段抗原表位的氨基酸序列，通过化学合成技术制备的疫苗。

第三节　传统兽用疫苗及研究进展

一、传统兽用疫苗的概念

传统兽用疫苗属于第一代疫苗，包括灭活疫苗和弱毒疫苗，是疫苗研发的初级阶段，是我国目前主要生产的兽用疫苗，它们通常来源于病原体本身。在细菌疫苗方面通过发酵罐大量培养扩增细菌，病毒疫苗方面利用体外细胞培养病毒，用生物反应器培养提高病毒的产量，对纯化后的病原体通过物理或化学方法进行灭活或减毒处理，添加合适佐剂再配制成成品疫苗。

二、传统兽用疫苗生产的基本思路与技术

弱毒疫苗是一种经过人工减毒处理的病原体疫苗。它是将病原微生物（如细菌、病毒等）经过物理、化学方法，多次传代或者经基因工程等技术手段处理，但仍保留其免疫原性和部分生物活力。当弱毒疫苗进入动物机体，它可以模拟自然感染的过程，刺激机体产

生免疫反应，包括体液免疫和细胞免疫，形成对野生型毒株的免疫保护。例如，猪肺炎支原体通过在特定的培养基进行连续传代，传代至200代左右，其致病性大幅度降低，安全性更高，可引起良好的免疫保护效果，减少猪肺炎支原体的定植和肺部损伤（李真亚，2022）。我国近年获批的部分兽用弱毒活疫苗见表3-1。

表3-1 我国获批的部分兽用弱毒活疫苗收录

适用动物	获批疫苗名称
猪	猪繁殖与呼吸综合征活疫苗
	伪狂犬病活疫苗（Bartha-K61株）
	猪瘟活疫苗（传代细胞源）
	猪支原体肺炎活疫苗
	猪丹毒活疫苗（G4T10株）
	猪乙型脑炎活疫苗
禽	鸭坦布苏病毒病活疫苗（FX2010-180P株）
	鸡痘活疫苗（鹌鹑化弱毒株）
	鸭病毒性肝炎弱毒活疫苗（CH60株）
	鸡新城疫活疫苗（La Sota株）
	鸡马立克氏病*活疫苗（814株）
	鸡毒支原体活疫苗
	鸡传染性法氏囊病活疫苗（B87株）
	鸭瘟活疫苗
	小鹅瘟活疫苗（SYG41-50雏鹅）
羊	山羊痘活疫苗
	布鲁氏菌病*活疫苗（S2株）
	小反刍兽疫活疫苗 （Clone9株）

注：数据来源于国家兽药基础数据库

*鸡马立克氏病规范名称为鸡马立克病，布鲁氏菌病规范名称为布鲁菌病

灭活疫苗通过物理或化学手段使病原体致病性和生物活性丧失，失去复制和再生能力，无传染性，但保留了原有的免疫原性，能更安全地刺激机体产生免疫应答。灭活疫苗的制作过程通常包括培养病原体、收获病原体、灭活处理和纯化等步骤。其中，灭活处理是关键环节，可以通过物理方法（如加热、辐射）或化学方法（如甲醛、β-丙内酯）使病原体失去活性。2024年，我国获批的部分兽用灭活疫苗见表3-2。

除了以上单苗产品，联苗可一针抵抗多种疫病，广受养殖从业者的青睐。对多种病原微生物采取特殊工艺制备形成二联、三联、四联等多联疫苗。除了减少动物注射次数，节约人力成本，还具备更高安全性，减少了疫苗总佐剂、添加剂的刺激。联苗并不能够一味追求多种不同病原的组合，需要考虑病原之间的成分相容性、稳定性、安全性等问题，也对研发团队提出更高要求。我国2024年获批的兽用多联疫苗见表3-3。

表 3-2 我国获批的部分兽用灭活疫苗收录

适用动物	获批疫苗名称
猪	伪狂犬灭活疫苗
	猪支原体肺炎灭活疫苗
	仔猪大肠埃希氏菌病三价灭活疫苗
	仔猪水肿病三价蜂胶灭活疫苗（O138 型 SD04 株＋O139 型 HN03 株＋O141 型 JS01 株）
	猪细小病毒病灭活疫苗（L 株）
	猪传染性胸膜肺炎三价灭活疫苗
	猪链球菌病灭活疫苗（马链球菌兽疫亚种＋猪链球菌 2 型＋猪链球菌 7 型）
	副猪嗜血杆菌病灭活疫苗
	猪丹毒灭活疫苗
	猪圆环病毒 2 型灭活疫苗（DBN-SX07 株）
	猪繁殖与呼吸综合征灭活疫苗（CH-1a 株）
	猪口蹄疫 O 型灭活疫苗（O/MYA98/BY/2010 株）
禽	鸡毒支原体灭活疫苗
	禽流感灭活疫苗（H9 亚型）
	禽脑脊髓炎油乳剂灭活疫苗
	鸡新城疫灭活疫苗
	鸭坦布苏病毒病灭活疫苗（HB 株）
	鸭传染性浆膜炎二价灭活疫苗（1 型 RAf63 株＋2 型 RAf34 株）
	鸡传染性鼻炎（A 型）灭活疫苗
	禽多杀性巴氏杆菌病灭活疫苗（C48-2 株）
	禽腺病毒（I 群，4 型）灭活疫苗（JH 株）
牛	牛多杀性巴氏杆菌病灭活疫苗
	牛副伤寒灭活疫苗
	牛流行热灭活疫苗
羊	山羊传染性胸膜肺炎灭活疫苗（C87-1 株）
	羊大肠杆菌病灭活疫苗
	羊黑疫干粉灭活疫苗
	羊败血性链球菌病灭活疫苗
兔	兔病毒性出血症灭活疫苗
貂	水貂肠炎病毒杆状病毒载体灭活疫苗（MEV-VP2 株）
	水貂出血性肺炎二价灭活疫苗（G 型 DL15 株＋B 型 JL08 株）

注：数据来源于国家兽药基础数据库

表 3-3 2024 年获批的兽用多联疫苗收录

类型	获批疫苗名称
二联疫苗	猪圆环病毒 2 型、猪肺炎支原体二联灭活疫苗
	猪传染性胃肠炎、猪流行性腹泻二联灭活疫苗
	鸡新城疫、禽流感（H9 亚型）二联灭活疫苗（La Sota 株＋JD 株）
	犬瘟热、细小病毒病二联活疫苗（BJ/120 株＋FJ/58 株）
	牛病毒性腹泻-黏膜病、传染性鼻气管炎二联灭活疫苗（NMG 株＋LY 株）

续表

类型	获批疫苗名称
三联疫苗	猪瘟、猪丹毒、猪多杀性巴氏杆菌病三联活疫苗
	鸡新城疫、禽流感（H9 亚型）、禽腺病毒病（I 群，4 型）三联灭活疫苗（La Sota 株＋cs 株＋Ax25 株）
	猪传染性胃肠炎、猪流行性腹泻、猪轮状病毒（G5 型）三联活疫苗（弱毒华毒株＋弱毒 CV777 株＋NX 株）
	猫泛白细胞减少症、鼻气管炎、杯状病毒病三联灭活疫苗（HBX05 株＋BJS01 株＋BJH13 株）
	猫鼻气管炎、嵌杯病毒病、泛白细胞减少症三联灭活疫苗
四联疫苗	犬瘟热、犬副流感、犬腺病毒与犬细小病毒病四联活疫苗
	鸡新城疫、传染性支气管炎、禽流感（H9 亚型）、传染性法氏囊病四联灭活疫苗（La Sota 株＋M41 株＋SZ 株＋rVP2 蛋白）
	羊快疫、猝狙、羔羊痢疾、肠毒血症四联干粉灭活疫苗
	鸡新城疫、传染性支气管炎、减蛋综合征、禽流感（H9 亚型）四联灭活疫苗（La Sota 株＋M41 株＋NE4 株＋YBF003 株）
五联疫苗	羊快疫、猝狙、羔羊痢疾、肠毒血症、肉毒梭菌（C 型）中毒症五联干粉灭活疫苗

注：数据来源于国家兽药基础数据库

三、传统兽用疫苗面临的问题及研究方向

改革开放以来，中国畜牧业养殖规模得到高速发展壮大，中国兽用疫苗制品也不断发展进步，产业规模、产品质量随之提升，推动我国畜牧行业健康可持续性发展，为动物疫病防治作出了重要贡献。尽管传统疫苗是目前使用最多的疫苗，随着现代医学、免疫学、分子物理学等多学科的融合与创新，传统疫苗限于一代疫苗的局限性也日益凸显，存在科技含量落后、低水平重复、创新能力差等弊端，应对突发疫情难以快速研制出有效疫苗。

传统兽用疫苗研制方法需要全病原体培养和繁殖，需要大量时间探索产量、工艺纯化、安全和有效性、灭活和致弱等多道工序，并可能面临各种因素的阻碍。例如，在体外条件下较难以高产量甚至无法培养出病原体，部分需要使用高生物安全水平和专门的实验室进行培养，要求更高等级的防护措施和隔离条件，给疫苗研发带来较高人力、物力和时间成本，对于高毒力的毒株，通常将被限制或禁止使用在灭活苗或弱毒苗的研制中。

随着社会交通日益便利，疾病传播范围更广，新型的动物传染病不断出现，疫病防控常常处于被动局面，加之国外企业的激烈竞争，迫切需要独立于整个病原体培养的其他制备方法来有效和快速地应对疫情。

第四节　新型兽用疫苗及研究进展

一、新型兽用疫苗的发展历程、概念和类别

新型疫苗是采用生物化学合成技术、人工变异技术、分子微生物学技术、基因工程技术等现代生物技术制造出的疫苗，相较于传统疫苗，具有安全性高、成本低、使用方便等优势。随着现代生物科学技术在兽用疫苗领域的应用和进步，新型兽用疫苗逐渐成为发展趋势，丰富兽用疫苗种类，改变疫苗格局。

新型兽用疫苗在传统兽用疫苗基础上，附加了多学科的交叉融合，用新兴技术和人工智能（artificial intelligence，AI）赋能，为疫苗研制带来更高效率和精准设计。除此之外，目前疫苗免疫方式主要采用注射免疫（包括肌内注射、皮下注射和肺内注射等），一定程度会引起接种动物的不适和应激，随着新技术的发展和应用，将实现更多免疫途径的突破。例如，人胰岛素的无针技术，能将给药过程对患者的刺激降到最低，在动物免疫同样有适用前景。除了根据疫苗的抗原成分设计优化外，着眼于不同品种或品系动物的特点，亦可使得疫苗设计针对性更强，精准度更高。

以下是新型兽用疫苗的一些主要类型及其特点的介绍。

1．基因重组疫苗　此类疫苗通过生物技术手段，将病原体的保护性抗原编码序列插入无害的活载体病毒或细菌中，利用活载体持续性表达抗原蛋白，持续刺激引起更持久的机体免疫应答，除了体液免疫应答外，亦可启动细胞免疫应答，引起的保护效果将更好，同时不含病原体成分，无毒力返强隐患，安全性更高。值得注意的是，如果机体存在野毒感染，有概率与疫苗株发生基因重组，为野毒的毒力增强创造机会。

此类疫苗在多价和多联疫苗设计中有更多潜力。例如，插入的外源抗原可以是来源于一种病原或多种病原，甚至载体也可以选用弱毒苗类，以此即可产生对多种病原的交叉免疫保护效果，解决了传统疫苗中多价苗、多联苗研发成本高、工艺制备难等问题。

插入抗原基因序列需要考虑两个因素：①插入抗原基因序列保守性高，表达的蛋白质抗原性强和稳定性好，才能有效针对多种亚型野毒发挥保护作用。②选择合适的启动子，不能够使用过于强效的启动子，蛋白质表达过量会造成动物机体较大应激和生理负担，同时启动子也不能太弱，表达蛋白质太少，不足以刺激免疫系统产生免疫应答，导致免疫失效。

载体选择同样需要考虑到：①载体需要对多种抗生素有抵抗作用。在生猪养殖过程，难以避免使用抗生素来治疗患猪，如果疫苗株耐受不住将大量死亡，疫苗成分将会损失。②载体需要稳定外源基因。载体通常为活的细菌或病毒，拥有对基因的处理和加工方式，在复制过程中可能会对外源插入基因做剪切处理，因此需要合理设计避免外源插入抗原基因的丢失。

2．亚单位疫苗　亚单位疫苗只含有病原体的一部分抗原成分，产生的抗体可以针对野毒发挥保护效果，因此亚单位疫苗设计首要关键在于选择保守性高、免疫原性强的抗原蛋白，要求产生的抗体能够识别野毒，从而限制病原体的扩散，破坏和杀灭病原微生物，如抗体依赖性细胞介导的细胞毒作用、补体依赖的细胞毒性（complement dependent cytotoxicity，CDC）作用等。

其制备技术和原理相对简单，将构建或合成的重组质粒转入合适的表达载体，表达蛋白质，再进行纯化即可，能够排除其他成分引起的副反应，并且全过程没有使用活毒，不存在病原体的核酸物质，因此这类疫苗具备更高安全性。蛋白质的表达方式人为可控，抗原含量和纯度更高，配合适当佐剂免疫，可以引起强烈的、高特异性的免疫应答，相较于体外培养获得病原体，具有显著技术优势，工艺过程成本低，产量高，质检方式简便，易于大规模生产和应用。

亚单位疫苗也存在部分缺点，包括难以达到活苗的细胞免疫和黏膜免疫反应等，随着生命科学的进步和技术的创新，相信这类疫苗能够实现短板的更多突破。现如今，亚单位疫苗形式中热门的病毒样颗粒（virus like particle，VLP），发展势头高涨，解析了蛋白质亚基在体外自组装形成多聚体颗粒的分子动力学机制，利用其作为载体，插入外源蛋白可集中展示在颗粒表面，形成多价或多联颗粒疫苗，可以实现更强的免疫应答，成为新型疫苗研发的热点之一。

3. 核酸疫苗 核酸疫苗包括 mRNA 和 DNA 疫苗，是疫苗研究领域的新思路，如默沙东公司开发的猪流感 mRNA 疫苗就是一种核酸疫苗，通过肌内注射至体内，利用宿主细胞表达抗原蛋白。mRNA 无需以质粒形式给药，可通过一些递送系统或载体，如利用带强正电荷的脂质体纳米颗粒（liposome nanoparticle，LNP），通过静电作用结合带负电的 mRNA 骨架，将其递送至宿主细胞内部，mRNA 与核糖体结合后，可以直接翻译编码外源基因的 mRNA 序列信息，合成外源蛋白。DNA 疫苗主要以质粒形式将抗原基因克隆到表达载体，虽然有核酸成分，但不会引起毒力返强，能够利用质粒自身复制元件，模拟野毒复制能力，刺激细胞免疫，这是亚单位疫苗和合成肽疫苗难以达到的。

不论是 DNA 疫苗还是 mRNA 疫苗均存在一定安全隐患：①核酸物质尤其是 DNA 疫苗可能会伴随着宿主细胞的分裂过程发生重组，整合至宿主基因组内，造成基因突变，一旦发生在关键基因如原癌基因和抑癌基因，可能会引起细胞癌变，形成肿瘤，有严重的安全隐患；②外源抗原的表达会额外占用宿主细胞的能量利用和资源调动，影响宿主细胞的正常生理功能；③核酸编码的抗原由宿主产生，保留有宿主翻译后修饰特点，可能引起自身免疫系统疾病，同时宿主产生针对核酸物质的抗体，会造成免疫功能紊乱。

4. 基因缺失疫苗 基因缺失疫苗通过删除病原体基因组中的一部分，切除其强毒力基因（或多个基因），使其失去致病性，保留免疫原性和部分活力，模拟野毒感染过程，具有良好的安全性和有效性。野生流行毒株变化趋势较难预测，此类疫苗设计需时刻做好调整准备，与野生毒株核酸序列匹配，才能引起特异性的免疫保护。临床诊断中，可以针对缺失基因位点设计相应的抗体检测或基因检测方式，用来区分疫苗免疫和野毒感染，对临床情况有更准确的掌握。

与弱毒疫苗类似，基因缺失疫苗具有一定的生物活性，在复杂的临床情况中，存在很多不确定因素引起基因突变或基因重组，导致毒力返强。

5. 合成肽疫苗 又称多肽疫苗，根据抗原的有效氨基酸序列，合成多肽，以期用最小的免疫原性多肽来激发有效的特异性免疫应答。氨基酸序列较短，通常仅含 10～50 个氨基酸，无核酸，无致病成分，其安全性非常高。决定多肽疫苗有效性的关键在于选择合适的序列组合方式，通常需要利用生物信息学分析出抗原的 T 细胞表位和 B 细胞表位序列，将多种抗原、多种表位共同混合使用才能达到较好的免疫保护效果。然而表位预测并不能做到完全准确，需要投入较多的研发成本，通过对抗原多段截短，历经多项试验测试，才能精准筛选出真正有效的表位。但随着兽医学家们的不断探索和研究，表位预测的算法不断优化，AI 赋能也将会使多肽设计更加精准和高效。

多肽疫苗粒径较小，经过血液循环和淋巴回流，可直接接触淋巴结内的淋巴细胞，刺激产生更加精准的免疫效应，当融合有较大的蛋白质分子作为载体骨架，可以增加其粒径，更容易被抗原呈递细胞识别、摄取、处理和呈递，刺激下游的适应性免疫应答。

我国 2024 年获批的部分新型兽用疫苗见表 3-4。

表 3-4 我国 2024 年获批的部分新型兽用疫苗收录

适用动物	获批疫苗名称	疫苗类型
禽	鸡传染性喉气管炎重组鸡痘病毒基因工程疫苗	遗传重组疫苗
	重组新城疫病毒灭活疫苗（A-Ⅶ株）	
	重组禽流感病毒（H5＋H7）三价灭活疫苗	
	重组新城疫病毒、禽流感病毒（H9 亚型）二联灭活疫苗	
猪	猪圆环病毒 2 型基因工程亚单位疫苗（大肠杆菌源）	亚单位疫苗
	猪瘟病毒 E2 蛋白重组杆状病毒灭活疫苗（Rb-03 株）	
禽	鸡衣原体病基因工程亚单位疫苗	
羊	羊棘球蚴（包虫）病基因工程亚单位疫苗	
	羊衣原体病基因工程亚单位疫苗	
禽	鸡马立克氏病基因缺失活疫苗（SC9-1 株）	基因缺失疫苗
羊	布鲁氏菌病基因缺失活疫苗（M5-90Δ26 株）	
猪	猪伪狂犬病 *gE* 基因缺失灭活疫苗（HNX-12 株）	
	猪传染性胸膜肺炎基因缺失活疫苗（APP-HB-04M 株）	
猪	猪口蹄疫 O 型合成肽疫苗（多肽 98＋93）	多肽疫苗
	猪口蹄疫 O 型合成肽疫苗（多肽 TC98＋7309＋TC07）	

注：数据来源于国家兽药基础数据库

二、新型兽用疫苗的设计思路与抗原制备

在设计新型兽用疫苗之前，首先需要对目标疫病进行充分的鉴定和了解。这包括对病原体的特性、传播途径、致病机制以及感染动物的免疫应答情况等方面进行详细的研究和调查。然后，通过深入了解目标病原体的免疫原性结构，选择适当的抗原作为疫苗的组成成分。这些抗原应能够诱导宿主动物产生持久的免疫应答，并且具有足够的保护性能。最后，选择合适的佐剂以增强疫苗的免疫原性，经多次实验动物免疫和临床大批量测试，评估疫苗的有效性。

抗原的制备需要利用基因工程技术、细胞培养技术或传统的病原体培养技术等方法，涉及基因克隆、表达和纯化等步骤，以获取高纯度、高活性的抗原蛋白。

1．传统制备方法 包括从天然病毒中分离和纯化目标蛋白，或通过传统的细菌培养技术制备目标抗原。这种方法适用于一些结构简单的抗原，但在复杂病原体或大规模生产时存在一定局限性。

2．基因工程技术 利用重组 DNA 技术，将目标抗原基因克隆到表达载体中，然后在宿主细胞（如大肠杆菌、哺乳动物细胞）中表达目标蛋白。这种方法可以高效地生产大量纯度较高的抗原，同时还可以对抗原进行修饰以增强其免疫原性。

3．细胞培养技术 利用细胞培养技术，用 CHO 细胞、Vero 细胞等表达和生产目标抗原。这种方法适用于大规模生产复杂蛋白，如病毒蛋白和重组蛋白。

4．病毒样颗粒技术 通过表达病毒结构蛋白，如衣壳蛋白等，来产生具有病毒样形态的颗粒。这种技术能够更好地模拟天然病毒的免疫原性，提高疫苗的免疫效果。

三、新型兽用疫苗中的疫苗佐剂

除了疫苗本身的设计以外，新型佐剂的添加可以显著提高新型疫苗的免疫保护效力，免疫原性弱的多肽疫苗则需要更好的佐剂辅佐。

（一）新型疫苗佐剂作用原理

佐剂发挥作用的核心机制是刺激抗原呈递细胞（antigen presenting cell，APC）对抗原的处理、加工，使其过程更强烈，效率更高，刺激分泌更多促炎因子，从而活化 T 细胞，提高适应性免疫应答水平。

新型疫苗佐剂主要从两个方面发挥作用：①直接刺激免疫细胞，如 Toll 样受体激动剂、病原体相关分子模式（pathogen-associated molecular pattern，PAMP）和损伤相关分子模式（damage-associated molecular pattern，DAMP）等，可以有效激活 APC 的两个信号通路（signal 1 和 signal 2）；②提高抗原呈递效率，如脂质体纳米颗粒（LNP）、蛋白质纳米颗粒等，促进抗原在主要组织相容性复合体（major histocompatibility complex，MHC）分子上的呈递而发挥作用（Zhao et al.，2023）。

（二）新型疫苗佐剂及其特点

1．铝盐佐剂 铝盐（如氢氧化铝、磷酸铝等）是最常见的疫苗佐剂之一，被广泛用于兽用疫苗的生产中。它们可以形成凝胶或沉淀物，稳定疫苗中的抗原，并延长其在注射部位的滞留时间，从而增强免疫原性。铝盐佐剂还可以调节免疫反应的类型，促进体液免疫和细胞免疫的平衡，提高疫苗的保护效果。但铝盐佐剂在某些动物中可能引起注射部位的炎症反应，因此需要谨慎使用，并与其他佐剂组合使用以降低副作用。

2．油剂佐剂 油剂佐剂是将抗原悬浮在油水乳液中，形成乳化疫苗。这种佐剂可以延缓抗原的释放速度，延长免疫反应时间，从而增强免疫效果。油剂佐剂还可以形成沉淀物，稳定疫苗中的抗原，提高疫苗的免疫原性和保护效果。常用的油剂包括明胶微乳、矿物油等。

3．胶体佐剂 胶体佐剂是将抗原悬浮在胶体中，形成胶体疫苗。这种佐剂可以增加抗原的稳定性，提高其免疫原性，并且在注射部位形成持久的局部免疫反应。胶体佐剂通常由聚合物或乳胶等材料制成，具有良好的生物相容性和生物可降解性，不易引起副作用。

4．其他佐剂 除了上述常见的佐剂外，还有一些新型佐剂正在不断研发和应用中，如纳米颗粒、生物胶体、脂质体等。这些佐剂具有更好的生物相容性、免疫增强效果和稳定性，有望成为未来兽用疫苗的重要组成部分。此外，随着免疫学研究的深入，许多体液因子在免疫系统的发育和激活中发挥重要调节作用，根据来源可以分为生物产物和人工合成的化合物。其中生物产物包括干扰素、白细胞介素、趋化因子、脂多糖等；人工合成化合物包括人工合成多肽、皂角苷、表面活性剂、Toll 样受体激动剂等，均有良好的免疫增强效果，设计活性肽等生理因子可以添加在新型疫苗中提高免疫效果。

四、新型兽用疫苗研发面临的难点及展望

新型兽用疫苗的研发和应用，为动物疫病防控提供了新的解决方案，但同时也面临着安全性、有效性、免疫程序和价格等方面的挑战，同时新型兽用疫苗开发的相关批文等产品监测体系有待完备，新型疫苗的免疫效果评估也需要更多的研究和实践来支持。此外，新型疫苗附带的新型佐剂也需要发展，包括生产成本和应用程序还需要进一步优化，以适应大规模生产和临床应用的需求。随着科技进步和社会发展，预计新型兽用疫苗将在未来动物疫病防控中发挥越来越重要的作用。

第五节 基因工程技术在兽用疫苗中的应用

基因工程疫苗的安全性和免疫效力可以人为调整掌握，利用反向遗传学将抗原序列进行快速定点突变，让疫苗能够持续匹配新病原的变化，基因工程技术设计针对性的病原检测方法，可以区分野生型感染和疫苗免疫，更加精准科学地控制疫病。

基因工程亚单位疫苗的技术关键在于寻找一种或几种基因，利用合适的表达载体和宿主诱导表达蛋白质，通过层析技术纯化蛋白质，如此可得到基础的亚单位疫苗，部分蛋白质还具有体外自组装特点。例如，表达纯化的猪圆环病毒核衣壳蛋白，在体外就能够进行组装，形成 VLP，具有和野生病毒高相似的结构特征，可以媲美野生病毒的感染过程，并且没有核酸物质，具备更高的安全性。基因工程疫苗成本低廉，效率更高，抗原成分含量和纯度更高，可实现更多复杂的抗原的制备和修饰，推进基因工程疫苗的高速发展。

选择合适的表达宿主，即选择原核或真核表达系统。原核表达系统具有遗传背景清楚、成本低、表达量高和表达产物易分离纯化等优点，缺点主要是缺乏蛋白质翻译后加工过程，如蛋白质糖基化等修饰，蛋白质生物活性低，外源蛋白容易以不可溶性形式表达，因此原核表达仅适用于可溶性较高，不需要糖基化等修饰的蛋白质；真核表达系统除了弥补了原核表达不具备的蛋白质翻译后修饰以外，表达产物还具有更高的生物活性，但是表达量相对较低，培养成本较高，因此需要考虑蛋白质抗原可溶性、是否需要修饰、生物活性等多种因素选择表达系统。现主要以原核表达系统操作的具体步骤和注意事项进行说明。

一、基因工程菌的构建与筛选

基因工程菌的构建和筛选是兽医疫苗学中一个重要的研究领域，它涉及对病原微生物的基因组进行改造，使其具备生产疫苗所需的抗原或其他相关蛋白质的能力。下面是基因工程菌构建和筛选的详细步骤。

1．选择宿主菌株 选择适合作为基因工程菌的宿主菌株。宿主菌株的选择取决于研究目的、易操作性、生长速度和遗传背景等因素。常用的宿主菌包括大肠杆菌、枯草芽孢杆菌、酿酒酵母（真核表达系统）等。

2．构建表达载体 构建表达载体，将目标基因插入其中，并加入适当的调控元件（如启动子、终止子、选择性标记等）。表达载体通常由质粒构成，具有较高的复制和表达

能力，能够在宿主菌中稳定复制并高效表达目标基因。

3．基因克隆　将目标基因从病原微生物的基因组中克隆出来，并插入表达载体的适当位置。克隆方法包括限制性内切酶切割、连接酶切末端、质粒转化等。

4．转化宿主菌　利用适当的转化方法将构建好的表达载体导入宿主菌中。常用的转化方法包括热激转化、电转化、化学转化等，其中电转化在大肠杆菌等细菌中应用广泛。

5．筛选阳性菌落　对转化后的宿主菌进行筛选，筛选出带有目标基因的阳性菌落。通常采用抗性标记或报告基因作为筛选标记，如在表达载体中加入抗生素抗性基因，将转化后的菌株在含有相应抗生素的培养基中培养，只有携带了目标基因的菌落才能生长。

二、重组蛋白抗原的表达

具体流程见图 3-1。

1. 选择适当的宿主系统　常用的宿主系统包括大肠杆菌、酵母、哺乳动物细胞等，选择宿主系统需考虑其表达效率、生长速度、易操作性等因素。

2. 转化宿主系统　利用适当的转化方法将构建好的表达载体导入选定的宿主系统中。例如，对于大肠杆菌，常用的转化方法包括热激转化、电转化等。

3．诱导表达　一旦载体成功转化到宿主系统中，通过适当的诱导条件（如添加诱导剂、调节温度等），启动目标基因的表达。在大肠杆菌中，常用的诱导剂包括异丙基硫代-β-D-半乳糖苷（isopropylthio-β-D-galactoside，IPTG）。

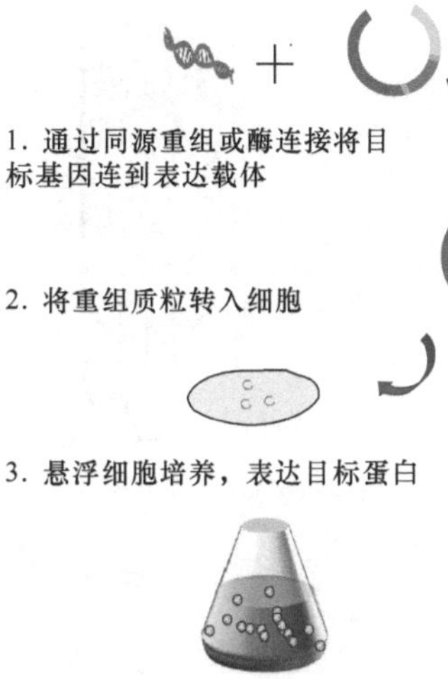

图 3-1　重组蛋白抗原表达流程图

三、蛋白抗原的主要纯化技术

蛋白抗原的纯化是兽用疫苗研究及生产中的一个关键步骤，为了去除表达过程中的杂质，一个好的蛋白抗原纯化工艺应该能有效去除各种表达过程中带来的杂蛋白、核酸及其他杂质，并且具有很好的抗原回收率，最大限度保留其抗原表位功能。根据生物分子和填料相互作用的原理不同，可分为多种层析方式（图 3-2）。各种层析方法分别根据分子大小、电荷的性质和多少、疏水性质差异、生物分子之间的特异相互作用和生物分子的极性差异来进行分离。以下介绍常见的 4 种纯化技术：凝胶过滤层析、离子交换层析、疏水层析和亲和层析。

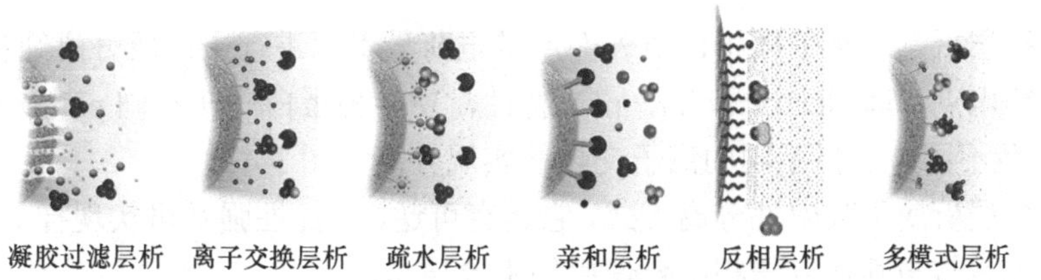

图 3-2　常见蛋白质层析技术示意图（素材来源于 Cytiva 公司）

（一）凝胶过滤层析

凝胶过滤层析亦称凝胶层析、分子排阻层析或分子筛层析等。其机制是分子筛效应，主要根据蛋白质分子的大小进行分离和纯化，较大蛋白质通过多孔粒子之间的空间，并迅速通过柱，较小蛋白质扩散到空隙内，离开柱的时间更长（图 3-3）。层析柱中的填料是某些惰性的多孔网状结构物质，多是交联的聚糖（如葡聚糖或琼脂糖）类物质。

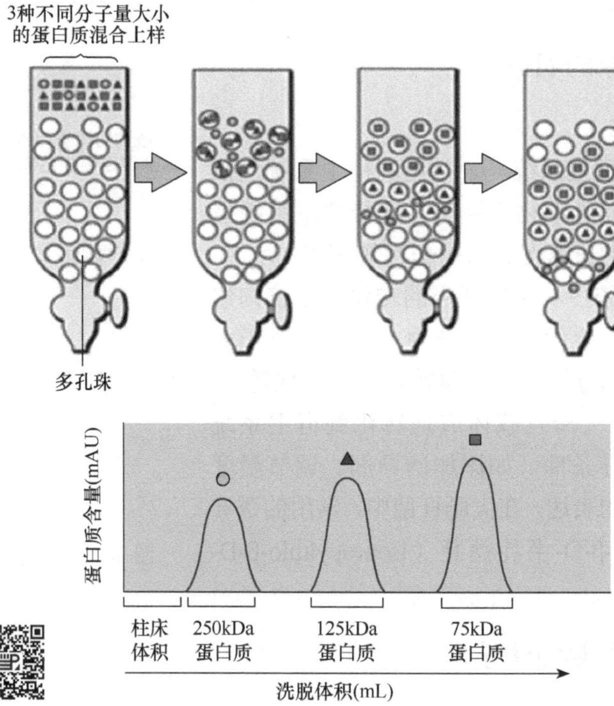

图 3-3　凝胶过滤层析技术原理示意图（素材来源于 Cytiva 公司）

凝胶过滤层析所能纯化的蛋白质分子量范围很宽，纯化过程中也不需要能引起蛋白质变性的有机溶剂。缺点是所用树脂有轻度的亲水性，电荷密度较高的蛋白质容易吸附在上面，不适宜纯化电荷密度较高的蛋白质。

（二）离子交换层析

离子交换层析是一种依据蛋白质表面所带电荷量不同进行蛋白质分离纯化的技术。根据蛋白质的等电点（isoelectric point，pI）特性，使各种蛋白质在不同 pH 缓冲液条件下所带正/负净电荷不同，选择不同的离子交换柱实现分离（图 3-4）。

离子交换层析属于吸附性分离方式，它具有可逆、操控性强及可实现样品浓缩等特点。在精纯实验中是常与其他方法相结合使用的主要技术。

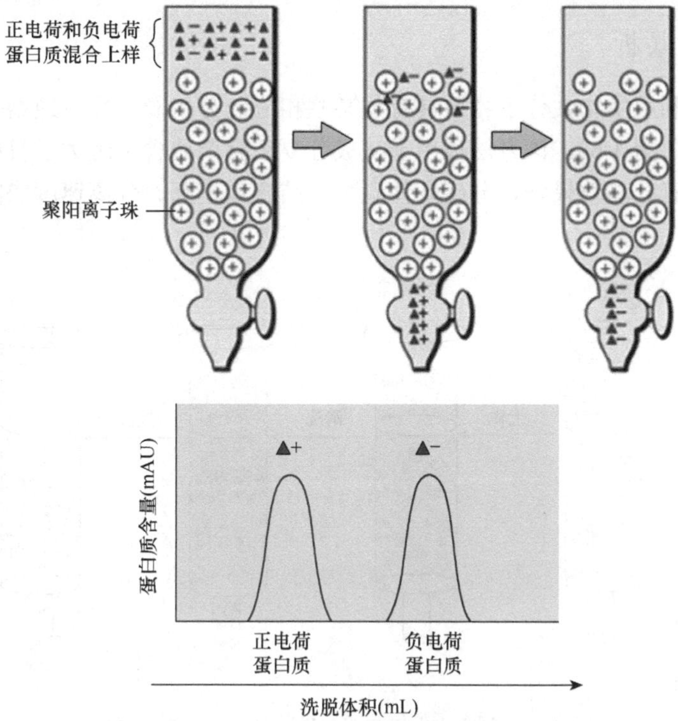

图 3-4 离子交换层析技术原理示意图（素材来源于 Cytiva 公司）

（三）疏水层析

疏水层析是利用盐-水体系中样品分子的疏水基团和层析介质的疏水配基之间疏水作用的不同而进行样品分离的一种层析方法。该法利用了蛋白质的疏水性，蛋白质经变性处理或处于高盐环境下疏水残基会暴露于蛋白质表面，不同蛋白质疏水残基与固定相的疏水配基之间的作用强弱不同，依次用离子强度从高至低的洗脱液可将疏水作用由弱至强的组分分离（图 3-5）。

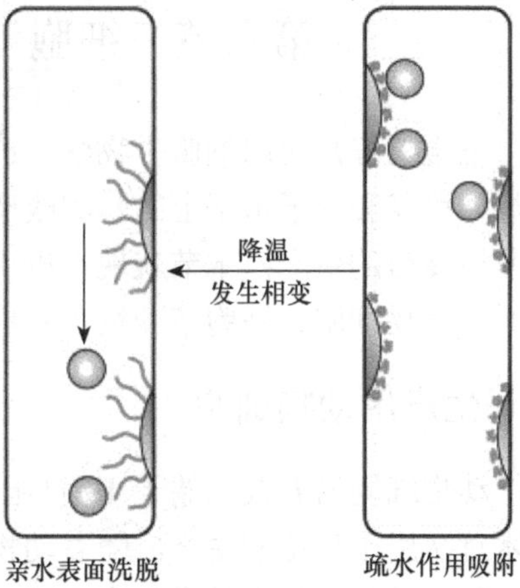

图 3-5 疏水层析示意图

（Kobayashi et al，2019）

疏水层析实验操作成本低且纯化得到的蛋白质具有生物活性，是一种通用型的分离和纯化蛋白质的方法。该实验遵循“高盐上样，低盐洗脱”的原则：高浓度盐溶液中蛋白质在柱上保留，在低盐或水溶液中蛋白质从柱上被洗脱，特别适用于浓硫酸铵溶液沉淀分离后的母液以及该沉淀用盐溶解后的含有目标产品的溶液直接进样到柱上，也适用 7mol/L 盐酸胍或 8mol/L 脲的大肠杆菌表达蛋白质提取液直接进样到柱上，在分离的同时也进行了复性。

（四）亲和层析

亲和层析是利用生物大分子物质具有与某些相应的分子专一性可逆结合的特性进行蛋白质纯化的技术（图 3-6）。该方法适用于从成分复杂且杂质含量远大于目标物的混合物中提纯目标物，具有分离效果好、分离条件温和、结合效率高、分离速度快的优点。

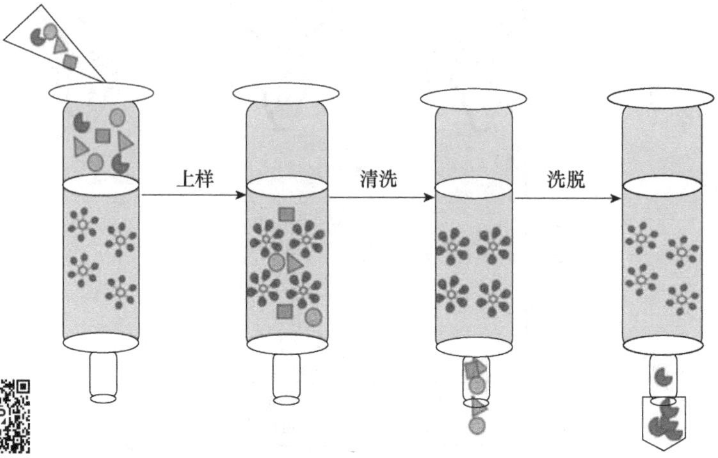

图 3-6　亲和柱纯化原理示意图（Yuan et al，2021）

亲和层析技术可以利用配基与生物分子间的特异性吸附来分离蛋白质。配基通常指的是能与另一个分子或原子结合（一般是非共价结合）的分子、基团、离子或原子。但在亲和层析中，配基通过共价键先与基质结合，配基可以是酶结合的一个反应物或产物，或是一种可以识别靶蛋白的抗体。也可以在蛋白质上加入标签，利用标签与配基之间的特异性结合来纯化蛋白质。

第六节　细胞工程技术在兽用疫苗中的应用

细胞工程是应用细胞生物学、遗传学和分子生物学的理论和方法，从细胞水平上进行大规模培养和分子水平上的基因改造。细胞工程技术因其具有独特的优势而被广泛地应用于兽用疫苗的生产，本节就现有兽用疫苗生产所使用的细胞工程技术展开阐述，主要包括生产用动物细胞、细胞培养基和其他常用液体、细胞的大规模培养三个方面。

一、生产用动物细胞

动物细胞培养技术始于 19 世纪后期，发展至今已有 100 多年历史，20 世纪中期，此技术首次用于疫苗的生产。随着动物细胞培养技术发展逐渐成熟，兽用疫苗生产所选用的动物细胞种类也越来越多，生产工艺也在不断地优化与改进。

常用于兽用疫苗生产的传代细胞有如下几种：非洲绿猴肾细胞（VERO）、犬肾上皮细胞（MDCK）、中华仓鼠卵巢细胞（CHO）、昆虫细胞（Sf9）和人胚胎肾细胞（HEK293）等。

VERO 细胞是从非洲绿猴肾上皮中分离得到的细胞系，具有传代稳定性、低变异性、良好的生长特性等优点。VERO 细胞对多种病毒表现出易感，由其制备的病毒滴度高且不产生干扰素，能显著降低疫苗生产成本，因此被广泛应用于病毒疫苗的生产。

MDCK 细胞是从正常犬肾组织中分离得到的细胞系，具有传代稳定性、低变异性、良好的生长特性等优点。MDCK 细胞通常在无血清培养条件下生长，很大程度地降低了对复杂培养配方的依赖。MDCK 细胞对多种病毒表现出易感，在悬浮培养中也可以高产量生产病毒疫苗。

HEK 293 细胞是从人胚胎肾细胞中分离得到的细胞系，具有高表达、传代稳定性、一致性和易转染性等优点。HEK 293 细胞通过瞬时转染或稳定转染外源基因进而高表达具有生物活性的重组蛋白，并将其分泌到细胞培养上清液中。在无血清培养条件下，HEK 293 细胞能够实现高密度和高产量的大规模悬浮培养，培养基成分简单明确从而确保不同批次之间培养基的稳定，且降低了病毒污染的风险，进而提高疫苗的安全性和批次间的稳定性，并降低了疫苗生产的成本。

CHO 细胞是从中国仓鼠卵巢中分离培养得到的细胞系，具有传代稳定性、低变异性、易转染性、良好的生长特性等优点，可在无血清条件下进行悬浮培养。CHO 细胞被广泛应用于兽用疫苗生产，特别是重组蛋白疫苗的制备，其能高效地表达具有生物活性的重组蛋白，经悬浮培养易于实现规模化和高密度培养，从而满足大规模疫苗生产的需求。在兽用疫苗生产中，CHO 细胞通常通过转染外源基因来瞬时表达或稳定表达目标基因，并分泌表达到细胞培养上清液中。由于 CHO 细胞不仅能够高表达重组蛋白，同时其分泌的自身蛋白也较少，有利于后续疫苗抗原的纯化。

昆虫杆状病毒表达系统（baculovirus expression system）的受体细胞来自鳞翅目昆虫细胞系。应用较广的细胞系主要有 2 种：草地贪夜蛾（*Spodoptera frugiperda*，Sf）细胞系，常用 Sf21 细胞及其分离株 Sf9 细胞；粉纹夜蛾（*Trichoplusia ni*，Tn）细胞系，常用商品化的 High Five（H5）细胞。其中，Sf9 细胞更适合于重组病毒扩增及包装；Sf21 因细胞直径更大，更适用于病毒滴度空斑实验观察；H5 细胞更适用于分泌蛋白表达。杆状病毒具有多个优势，如专一寄生于无脊椎动物，具有良好的生物安全性；能高水平表达具有生物活性的重组蛋白；能容纳大分子片段的插入；能同时表达多个外源基因，适用于多基因表达；可贴壁培养和悬浮培养，且适用于大规模无血清悬浮培养等。

上述细胞除普遍具有传代稳定性、低变异性、良好的生长特性等优势外，各自也存在一些优势与缺点。其中，VERO 细胞和 MDCK 细胞对部分病毒高度易感，非常适用于病毒的扩增，因此常用于生产病毒来制备减毒活疫苗和灭活疫苗，但存在潜在的生物安全性风险；若生产一类疫病病毒还需要 P3 级别的实验室和生产车间，对生物安全性要求极高；其综合生产成本较低，因此被广泛应用于生产禽流感灭活疫苗等（靳莉武，2024）。HEK293 细胞、CHO 细胞和 Sf9/H5 细胞均能对重组蛋白进行正确的折叠与修饰，生产出具有生物活性的重组蛋白；分泌表达有效提高了重组蛋白的纯度，降低了后续工艺开发的难度；均可在无血清条件下进行高密度大体积悬浮培养，便于工艺放大，满足了兽用疫苗生产的需求，确保了兽用疫苗的安全性、稳定性和一致性。CHO 细胞优势在于高表达重组蛋白且分泌的自身蛋白较少，但生产用 CHO 细胞价格昂贵且难采购到，因此使用 CHO 细胞自研兽用疫苗还需对 CHO 细胞进行一系列的驯化、筛选与改造，该工作烦琐且周期长，大大增加了疫苗研发成本；HEK293 细胞表达重组蛋白的量相对 CHO 细胞较低，但研发成本相对较低；不同细胞对重组蛋白的修饰程度有所差异，具体哪一种细胞适合相应的重组蛋白还需要经过实验验证与比对，进而确定最终生产所用的细胞。

我们可以根据兽用疫苗的类型来选择最合适的细胞进行研发与生产，不同细胞之间的优缺点比较见表 3-5。

表 3-5　兽用疫苗生产用动物细胞的优缺点比较

表达系统	细胞	培养方式	血清	主要生产的疫苗类型	共同优势	独特优点	缺点
哺乳动物表达系统	VERO	贴壁/悬浮培养	低	减毒活疫苗、灭活疫苗	具有传代稳定性、低变异性、良好的生长特性并对多种病毒易感且生产的病毒滴度高；生产成本低；研发难度相对较小	–	操作一类疫病要求 P3 级别的实验室及生产车间，对生物安全防控要求极高；具有潜在的生物安全性风险
	MDCK	贴壁/悬浮培养	低	减毒活疫苗、灭活疫苗		–	操作一类疫病要求 P3 级别的实验室及生产车间，对生物安全防控要求极高；具有潜在的生物安全性风险
	HEK293	悬浮培养	否	亚单位疫苗、纳米颗粒疫苗	易转染；可在无血清条件下进行大规模悬浮培养，生产成本低且批次间稳定；能够对重组蛋白进行正确的折叠与修饰，表达具有生物活性的重组蛋白；生物安全性极高	HEK293 细胞价格较 CHO 细胞便宜	与 CHO 细胞相比，HEK293 细胞目标蛋白的表达量较低且分泌表达的自身蛋白较多；瞬时转染成本高且工艺复杂，较难控制兽用疫苗产品批次间的一致性；稳转细胞株构建周期长、成本高，后续兽用疫苗的生产成本较 CHO 细胞高
	CHO	悬浮培养	否	亚单位疫苗、纳米颗粒疫苗	–	高表达量；分泌表达的自身蛋白较少，有利于后续疫苗抗原的纯化	用于疫苗生产的 CHO 细胞价格昂贵且难购买到，研发成本高；瞬时转染成本高且工艺复杂，较难控制兽用疫苗产品批次间的一致性；稳转细胞株构建周期长、成本高，体系建立难度大
昆虫杆状病毒表达系统	Sf9/H5	贴壁/悬浮培养	否	亚单位疫苗、纳米颗粒疫苗	–	可同时表达多个重组蛋白；在无 CO_2 通气条件下培养，研发与生产成本较低；可容纳大分子片段的插入	杆状病毒包装及病毒滴度的测定较复杂；质粒提取成本高；病毒的保存需要用到血清；疫苗产品批间差较稳转细胞株大

二、细胞培养基和其他常用液体

细胞培养基必须含有充分的营养物质，才能满足新细胞合成、细胞代谢等生化反应所需要的物质和能量。细胞培养基的主要成分是水、氨基酸、维生素、碳水化合物、无机盐和其他一些辅助营养物质等。此外，还可能含有血清、血清替代成分、pH 指示剂等。

生产用培养基对其成分的要求更加明确，以确保疫苗生产不同批次间的稳定性和一致性。因为血清价格昂贵且成分复杂，故无血清大规模培养可降低生产成本，简化分离纯化步骤，避免潜在的病毒污染造成危害。为了进一步提高疫苗生产性能，也会根据细胞特性、细胞培养工艺特点、生产需求而量身定制细胞培养基。

在低血清、无血清细胞培养基中，为满足细胞生长增殖需要，常常添加一些成分：蛋白质、多肽、核苷、嘌呤、柠檬酸循环的中间产物、脂类及血清替代因子等。酚红作为pH指示剂被加入细胞培养基中，因酚红在产物纯化过程中会造成干扰，且可能会发生一些固醇类反应，而生物反应器具有pH实时监测功能，因此在生物反应器大规模培养时，酚红可完全去除。

细胞保护剂是保护细胞免受渗透压变化、剪切力、氧化及气泡作用等引起的损伤的物质。在使用生物反应器培养动物细胞时，细胞易被机械搅拌和通气鼓泡产生的流体剪切力和气泡作用所伤害甚至破损死亡。为降低这种损伤，除优化生物反应器结构和生产工艺外，可在细胞培养液中添加一些保护剂，主要是通过改变细胞培养基成分或者添加对细胞具有保护作用的物质起作用，常用的种类有血清、白蛋白、聚乙二醇（PEG）、非离子型表面活性剂PluronicF68或是其他一些高分子聚合物等。

三、细胞的大规模培养

细胞工程技术在兽用疫苗研发阶段主要使用培养皿或培养瓶对细胞进行小规模培养，无法满足兽用疫苗批量化生产的需求。为了批量化、大规模生产兽用疫苗，并对其进行良好的生产、质量和成本控制，许多细胞大规模培养方法被开发，主要包括细胞工厂、微载体培养和悬浮培养（生物反应器）。

（一）细胞工厂

细胞工厂是一种在有限空间内最大限度利用培养表面的细胞培养容器，它能节省空间成本，实现扩大产能的目的。该方法单次操作，就可以收获数倍培养面积的细胞。细胞工厂常用于工厂化大规模细胞培养，如疫苗生产和单克隆抗体制备等，适用于贴壁细胞和悬浮细胞培养，包括CHO、VERO和HEK293细胞等。细胞工厂培养受污染风险低，产率高，占用空间小，瓶间差异小，能降低企业的质控成本和下游纯化成本。

（二）微载体培养

微载体培养是将微载体添加到培养液中作为载体，使细胞在微载体表面附着生长，同时加以搅拌使细胞始终保持悬浮状态。微载体培养充分结合了贴壁培养和悬浮培养的优势，使得贴壁细胞也能在悬浮状态下实现扩大培养。微载体细胞培养技术主要应用于生物反应器，该方法简化了细胞生长各种环境因素的检测和控制，重现性好，通过显微镜即可观察细胞在微载体表面的生长情况，且培养基利用率高，增加了比表面积，能大大提高细胞产率，降低生产成本。

（三）悬浮培养

细胞悬浮培养技术是指使用生物反应器，对动物细胞进行大规模高效率培养的技术。随着生物技术的不断革新、发展，动物细胞悬浮培养技术已经广泛地用于哺乳动物细胞和昆虫杆状病毒表达系统的大规模培养当中，这项技术具有非常高效的生产效率，同时还具有高质量与生物安全性等多方面的优点。在细胞悬浮培养中用于体外培养的细胞绝大多数为动物源性，因此这项技术在兽用疫苗的制备当中得到了很好的运用。细胞悬浮技术根据动物细胞贴壁能力的差异，又被分为全悬浮和贴壁悬浮这两种培养方式。

第七节 兽用疫苗制备方法

一、灭活疫苗：以猪细小病毒病灭活疫苗为例

（一）猪细小病毒病

猪细小病毒病是感染猪细小病毒（porcine parvovirus，PPV）而导致的一种繁殖障碍疾病。母猪和仔猪在急性感染后一般呈隐性，无明显临床症状。妊娠母猪感染后会呈现多次反复发情但无法受孕，或者子宫内感染病毒而发生流产，产木乃伊胎、死胎以及弱仔，或者只能够产出少量活仔猪，或者在每窝仔猪有20%～40%出现母源性繁殖障碍。该病毒普遍存在，在大多数猪场呈地方性流行。该病流行很广泛，在欧洲、美洲、亚洲及大洋洲多个国家均有报道。中国多地相继分离到猪细小病毒，血清阳性率很高，给我国的养猪业造成严重的经济损失。

（二）猪细小病毒病疫苗的种类

可应用的疫苗有猪细小病毒病灭活疫苗和弱毒疫苗，目前在国内广泛应用的是灭活疫苗。国内已经批准注册的猪细小病毒病灭活疫苗共有 9 个，具体见表 3-6。

表 3-6 猪细小病毒病灭活疫苗汇总表

疫苗名称	研发单位
猪细小病毒病灭活疫苗（WH-1 株）	华中农业大学、武汉科前生物股份有限公司等
猪细小病毒病灭活疫苗（BJ-2 株）	扬州优邦生物制药有限公司等
猪细小病毒病灭活疫苗（S-1 株）	齐鲁动物保健品有限公司等
猪细小病毒病灭活疫苗（NJ 株）	国家兽用生物制品工程技术研究中心等
猪细小病毒病灭活疫苗（CP-99 株）	吉林正业生物制品股份有限公司
猪细小病毒病灭活疫苗（CG-05 株）	广东温氏大华农生物科技有限公司
猪细小病毒病灭活疫苗（SC1 株）	华派生物工程集团服饰有限公司等
猪细小病毒病灭活疫苗（YBF01 株）	青岛易邦生物工程有限公司
猪细小病毒病灭活疫苗（L 株）	哈药集团生物疫苗有限公司

（三）猪细小病毒病灭活疫苗的生产制造

国内目前批准注册的猪细小病毒病疫苗均为灭活疫苗，其生产工艺、质量标准等大同小异，不同之处在于疫苗生产所用的毒种不同。9 个批准注册的灭活疫苗制备所用毒株分别是：S-1 株、CP-99 株、WH-1 株、L 株、YBF01 株、BJ-2 株、NJ 株、CG-05 株和 SC1 株。疫苗制造用细胞主要有：猪睾丸原代细胞、猪睾丸传代细胞（ST 细胞）、猪肾传代细胞（PK15 细胞）和 IBRS-2 细胞等。以猪细小病毒病灭活疫苗（WH-1 株）为例：

1. 生产用毒种制备 本疫苗的毒种为猪细小病毒强毒株（WH-1 株），制苗用细胞为 ST 细胞。将毒种采用同步接种法接种于 ST 细胞，置 37℃培养至致细胞病变（CPE）达到 80%以上时收获病毒液。每毫升病毒含量应≥$10^{7.0}$ $TCID_{50}$。将检验合格的病毒液混合，定量分装，−20℃保存，保存期为 6 个月。毒种继续传代应不超过 5 代。应无细菌、霉菌、支原体和外源病毒污染。

2. 制苗用病毒液的制备 采用同步接种法将符合标准的生产用种毒接种于 ST 细胞单层，置 37℃培养，当 CPE 达到 80%以上时（接种后 60～80h）收获病毒液，置−20℃保存，病毒的含量应不低于 $10^{7.0}$ $TCID_{50}$/mL 或血凝效价不低于 2^9。

3. 灭活 在检测合格的病毒液中加入适量甲醛溶液，充分搅拌，灭活。

4. 乳化、分装 油相和水相按一定比例乳化，将乳化好的疫苗定量分装，加盖密封。

（四）猪细小病毒病灭活疫苗的质量标准与使用规程

以猪细小病毒病灭活疫苗（WH-1 株）为例介绍灭活疫苗的质量标准与使用规程。

本品是用猪细小病毒 WH-1 株接种 ST 细胞培养，收获细胞培养物，经 AEI 灭活后，加油佐剂混合制成。用于预防猪细小病毒病。

本品外观为乳白色乳状液，剂型为油包水型。疫苗在离心管中以 3000r/min 离心 15min，有分层，应不出现破乳。疫苗应无菌生长。

安全检验时，用猪细小病毒 HI 抗体阴性猪 2 头，各颈部肌内注射疫苗 4mL。观察 14d 应无不良临床反应；同时用 2～4 日龄同窝乳鼠至少 5 只，各皮下注射疫苗 0.1mL，观察 7d，应健活。如有死亡，可重检一次。

效力检验时，用体重 350g 以上 HI 抗体阴性豚鼠 4 只，各肌内注射疫苗 0.5mL。28d 后，连同条件相同的对照组豚鼠 2 只，采血，测定抗体。对照组豚鼠应为阴性，免疫组豚鼠应有 3 只出现抗体反应，其 HI 抗体效价应不低于 1∶64。如果达不到上述要求，可复检一次。也可用猪进行效检。选用猪细小病毒 HI 抗体阴性猪 4 头，各肌内注射疫苗 2mL。28d 后，连同对照猪 2 头，采血，分离血清，测定抗体效价，对照猪应为阴性，免疫猪应全部出现抗体反应，其 HI 抗体效价应不低于 1∶64。

疫苗免疫期为 6 个月，免疫途径为肌内注射，每头 2mL。疫苗于 2～8℃保存，有效期为 12 个月。

使用时应注意以下事项：疫苗使用前应认真检查，如出现破乳、变色、疫苗瓶有裂纹等均不可使用；疫苗应在标明的有效期内使用，使用前必须摇匀，疫苗一旦开启应限当日用完；切忌冻结和高温。疫苗在疫区或非疫区均可使用，不受季节限制。在阳性猪场，对 5 月龄至配种前 14d 的后备母猪、后备公猪均可使用；在阴性猪场，配种前母猪任何时候均可免疫。怀孕母猪不宜使用，应对注射部位进行严格消毒；剩余的疫苗及用具，应经消毒处理后废弃。

二、弱毒活疫苗（基因缺失疫苗）：以伪狂犬病基因缺失疫苗为例

（一）伪狂犬病

伪狂犬病（pseudorabies）是多种畜禽及野生动物易患的一种以发热、流产、奇痒（除

猪外）、脑脊髓炎为主要症状的急性传染病。该病是由伪狂犬病病毒（pseudorabies virus，PRV）所引起的。该病毒属于疱疹病毒科（herpesviridae）甲型疱疹病毒亚科的猪疱疹病毒Ⅰ，因此也称猪疱疹病毒Ⅰ型。该病毒的感染宿主范围广，研究表明有40多种动物可以被感染，猪是该病毒最重要的储存宿主和病毒携带者，对该病的传播起着重要作用。由于被感染的动物种类多，病毒可在自然界反复循环存在，属于典型的自然疫源性疾病，也是极难防治的传染病之一。该病1813年首次发生于美国，20世纪60年代以后，由于强毒株的出现，猪伪狂犬病在世界范围内频繁暴发，甚至在一些伪狂犬病消失多年的地方（如奥地利等）又重新出现。据报道，该病现已遍及欧洲、东南亚、美洲及非洲等50多个国家和地区，仅芬兰、挪威等少数国家无伪狂犬病的报道。美国和欧洲一些国家已将伪狂犬病列为重点防治的疾病之一。世界动物卫生组织（OIE）将其列为法定报告动物传染病之一。

伪狂犬病病毒为双链DNA病毒，基因组大小约为145kb。病毒粒子呈椭圆形或圆形，由核芯、衣壳和囊膜三部分组成。核芯直径约为75nm，核衣壳直径为105～110nm，包裹囊膜的完整病毒粒子为150～180nm。核衣壳呈对称二十面体，由162个壳粒组成。病毒的囊膜虽然与感染的发生有密切关系，但试验证明，没有囊膜的核衣壳同样具有感染性，但其感染力较有囊膜的成熟病毒粒子低。

该病毒对乙醚和氯仿等有机溶剂敏感，对酸和碱的抵抗力较强，pH为6～11较稳定，用1%石炭酸15min可杀死病毒，用1%～2%氢氧化钠溶液可立即杀死。对热有一定抵抗力，44℃处理5h，约30%的病毒保持感染力；56℃ 15min、70℃ 5min、100℃ 1min可使病毒完全灭活。−30℃以下保存，可长期保持毒力，但在−15℃保存3个月则完全丧失感染力。胰蛋白酶、链霉蛋白酶、磷脂酶C、酸性及碱性磷酸酶均可使其灭活。−70℃以下为其最适保存温度，真空冻干的病毒培养物可保存多年。

PRV只有一个血清型，但在自然条件下，存在不同致病力的病毒株。在补体结合和免疫扩散试验中，该病毒与人疱疹病毒Ⅰ型和马疱疹病毒Ⅰ型存在交叉反应；在荧光抗体试验中与人疱疹病毒Ⅰ型和禽疱疹病毒Ⅱ型存在交叉反应。

（二）伪狂犬病基因缺失疫苗的生产制造

以猪伪狂犬病双基因缺失疫苗为例：国内批准注册的是华中农业大学、中牧实业股份有限公司联合申报的猪伪狂犬病活疫苗（HB-98株）（2006）。

1．生产用毒种制备　本疫苗的毒种是带有*LacZ*基因的伪狂犬病病毒双基因（*TK*、*gG*基因）缺失株HB-98株。将冻干毒种按原培养液10%的量，接种于SPF鸡胚成纤维细胞。37℃培养观察1～2d，细胞病变达80%时收获病毒液，冷冻保存。每0.1mL病毒含量应≥$10^{5.0}$ $TCID_{50}$。应无细菌、霉菌、支原体和外源病毒污染。在−70℃保存，保存期为6个月。毒种继续传代应不超过5代。

2. 制苗用病毒液的制备　选用9～11日龄生长良好的SPF鸡胚成纤维细胞，按10%接毒量接种细胞，37℃培养，培养1～2d后，待80%以上的细胞出现病变时，收获病毒，−20℃保存，应不超过10d。应无菌生长。每0.1mL病毒含量≥$10^{5.0}$ $TCID_{50}$，可配苗。

3．配苗及分装　将检验合格的细胞病毒液，经过滤除去细胞碎片后，加入适宜保护剂配苗，定量分装，迅速进行冷冻真空干燥。

（三）伪狂犬病基因缺失疫苗的质量标准与使用规程

以猪伪狂犬病双基因缺失疫苗为例介绍伪狂犬病基因缺失疫苗的质量标准与使用规程。

本品是用双基因（*TK*、*gG* 基因）缺失的伪狂犬病病毒 HB-98 株接种 SPF 鸡胚成纤维细胞培养，收获细胞培养物，加适宜的保护剂，经冷冻真空干燥制成，用于预防猪伪狂犬病。免疫接种后 7d 开始产生免疫力，免疫期为 6 个月。

性状为乳白色或淡黄色，易与瓶壁脱离，加稀释液后迅速溶解。疫苗应无细菌、霉菌、支原体和外源病毒污染。每头份病毒含量应≥$10^{5.0}$ $TCID_{50}$。

鉴别检验时，用每 0.1mL 200 $TCID_{50}$ 的病毒液 2mL 与等量抗猪伪狂犬病病毒特异性血清混合，进行细胞中和试验，结果试验组和空白对照组应无细胞病变，病毒对照组应出现致细胞病变（CPE）。

安全检验时，用 18～21 日龄仔猪（PRV 中和抗体效价不高于 1∶2）4 头，各肌内注射或滴鼻接种疫苗 10 头份，连续测量体温 7d，仔猪应体温正常并无其他不良反应。

效力检验时，用 1 日龄猪（PRV 中和抗体效价不高于 1∶2）4 头，各肌内注射疫苗 1 头份，21d 后，连同对照猪 3 头，各滴鼻接种 PRV 鄂 A 株病毒液 1mL（含 $10^{7.0}$ $TCID_{50}$），观察 14d。对照猪应全部发病（体温≥40℃，至少持续 2d 精神沉郁），免疫猪应全部保护。

疫苗在 2～8℃保存，有效期为 6 个月；−20℃以下保存，有效期为 12 个月。使用时用灭菌生理盐水稀释，各皮下或肌内注射 1mL（1 头份）。推荐免疫程序为：PRV 抗体阴性仔猪在出生后 1 周内滴鼻或肌内注射；具有 PRV 母源抗体的仔猪在 45 日龄左右肌内注射；经产母猪每 4 个月免疫 1 次；后备母猪 6 月龄左右肌内注射免疫 1 次，间隔 1 个月后加强免疫 1 次，产前 1 个月左右再免疫 1 次；种公猪每年春、秋季各免疫 1 次。使用时应注意以下事项：疫苗在运输、保存、使用过程中应防止高温、消毒剂和阳光照射；应对注射部位进行严格消毒；疫苗稀释后限 2h 内用完；剩余的疫苗及用具，应经消毒处理后废弃。

三、合成肽疫苗：以猪口蹄疫 O 型合成肽疫苗为例

（一）口蹄疫

口蹄疫（foot and mouth disease，FMD）是由口蹄疫病毒引起，主要感染牛、猪等偶蹄动物（包括野生动物）的一种急性高度接触性传染病。其特征是发热、黏膜或皮肤形成水疱，特别是在口腔和蹄叉部位。该病传播方式为接触传染或经空气传播，呼吸道和消化道是重要的侵入途径。处于潜伏期感染的牛的乳汁和精液中有病毒存在。病变处含有大量病毒，随着水疱的破裂而污染环境。此外，可混于唾液、呼出的气体中形成飞沫而传播，因此，风速和风向是确定空气传播速度的重要因素。有人感染本病的报道。世界动物卫生组织（OIE）在 2002 年将其列为 A 类传染病。本病是典型的国际流行病，在非洲、亚洲、南美洲及欧洲的部分国家广泛分布。

口蹄疫病毒（foot and mouth disease virus，FMDV）属于小 RNA 病毒科口蹄疫病毒属。病毒粒子为二十面体对称结构，呈球形或六角形，直径 17～20nm，无囊膜。病毒基因组为单股正链 RNA，基因组大小约为 8.5kb。病毒基因组由 1 个开放阅读框（ORF）及 5′端、

3′端非编码区组成，ORF 编码 4 种结构蛋白（VP1、VP2、VP3 及 VP4）、RNA 聚合酶（3D）、蛋白酶（L、2A 和 3C）和其他非结构蛋白（如 2B、3AB 等）。口蹄疫病毒衣壳由各 60 个分子的 4 种结构蛋白（VP1～VP4）组成，其中 VP4 位于衣壳内侧，VP1、VP2、VP3 位于衣壳表面，构成口蹄疫病毒的主要抗原位点。

口蹄疫病毒包括 O、A、C、SAT1、SAT2、SAT3 和 Asia 1 共 7 种不同的血清型和 60 余个亚型，但由于亚型的分类越来越复杂，已逐渐由分析基因组遗传衍化关系的基因型所取代。口蹄疫病毒极易发生变异，各主型之间不能交叉免疫。中国有 O 型和 A 型 2 种血清型流行，其中以 O 型为主。

口蹄疫病毒能在乳鼠、乳地鼠、家兔、猫、豚鼠、鸡胚以及组织培养物中繁殖。动物感染口蹄疫耐过后，可产生坚强免疫力，初期抗体为 IgM，开始出现于感染后的第 9 天；IgG 出现于感染后 10～14d。在试验条件下，一次免疫后，免疫力持续 6～8 月。抗体可通过初乳传递给仔畜，从而产生被动免疫。

（二）猪口蹄疫 O 型合成肽疫苗的生产制造

以猪口蹄疫 O 型合成肽疫苗（多肽 2600＋2700＋2800）为例进行介绍。

1．制苗用免疫原　免疫原包括合成肽抗原多肽 2600、多肽 2700 和多肽 2800。多肽 2600 根据猪口蹄疫病毒 O 型泛亚毒的 VP1 结构蛋白主要抗原位点氨基酸的序列而设计。多肽 2700 根据口蹄疫病毒（OZK/93 株）VP1 结构蛋白上的主要抗原位点氨基酸的序列设计。多肽 2800 根据口蹄疫病毒（O/MYA98/BY/2010 株）VP1 结构蛋白上的主要抗原位点氨基酸的序列设计。利用 Applied Biosystem 全自动多肽合成仪采用 Merrifield 固相合成法合成，并进行相应的纯化。各合成肽抗原的浓度为 5.0～9.0mg/mL。−20℃以下保存，有效期为 36 个月。

2．疫苗的水相制备　用灭菌的注射用水将合成肽抗原稀释至 50μg/mL。

3．油相制备　将 SEPPIC Montanide ISA 50V2 油乳剂经 121℃灭菌 15min，备用。

4．乳化　油相和水相按一定比例混合，搅拌，乳化，使疫苗乳化成油包水型疫苗。

5．封装　分装疫苗充分混匀后，在无菌条件下定量分装，封口，并贴标签。

（三）猪口蹄疫 O 型合成肽疫苗的质量标准与使用规程

猪口蹄疫 O 型合成肽疫苗（多肽 2600＋2700＋2800）是用固相多肽合成技术，在体外人工合成口蹄疫病毒主要抗原位点并通过赖氨酸连接人工合成的可激活辅助性 T 细胞的短肽，以此形成的多肽 2600、2700、2800 作为免疫原，加入矿物油佐剂混合乳化制成。用于预防猪 O 型口蹄疫。

外观为乳白色略带黏滞性乳状液，剂型为油包水型。疫苗在离心管中以 3000r/min 离心 15min，水相析出应不得超过 0.5mL。疫苗在 2～8℃保存，有效期为 12 个月，有效期内应不出现分层和破乳现象。疫苗应无菌生长。

安全检验时，用体重 350～450g 豚鼠 2 只，每只皮下注射疫苗 2mL；用体重 18～22g 的小鼠 5 只，每只皮下注射疫苗 0.5mL。连续观察 7d，均不得出现因注射疫苗引起的死亡或明显的局部不良反应或全身反应。用 30～40 日龄的仔猪（经乳鼠中和试验测定无口蹄疫中和抗体）2头，各两侧耳根后侧肌内注射疫苗2mL（每侧1mL），逐日观察14d，均不得出现口蹄疫症状或明显的因注射疫苗引起的毒性反应。

效力检验时，选用体重40kg左右的猪（细胞中和抗体效价不高于1∶8、ELISA效价不高于1∶8或乳鼠中和抗体效价不高于1∶4）30头，待检疫疫苗分为1头份，1/3头份，1/9头份3个剂量组，每个剂量组分别于耳根后侧肌内注射10头，28d后，每个剂量组分为两小组，每小组5头，两个攻毒组各设条件相同的对照猪2头。一组各耳根后肌内注射猪O型口蹄疫病毒O/MYA98/BY/2010强毒株（含$10^{3.0}$$TCID_{50}$），另一组各耳根后肌内注射猪O型口蹄疫病毒OZK/93强毒株（含$10^{3.0}$$TCID_{50}$），连续观察10d。对照猪均应至少一只蹄出现水疱病变。免疫猪出现任何口蹄疫症状即判为不保护。按Reed-Muench法计算，每头份疫苗各应至少含6 PD_{50}（半数保护剂量）。

使用前应充分摇匀，每头猪耳根后侧肌内注射1mL。第一次接种后，间隔4周再接种1次，此后每间隔6个月再加强接种1次。其免疫期为6个月。

使用时应注意以下事项：本品仅用于接种健康猪只；使用前应充分摇匀；严禁冻结，使用前应使疫苗达到室温；疫苗开启后，限当日使用；注射疫苗后，个别猪可能出现体温升高、减食或停食1～2d、注射部位肿胀，随着时间延长，症状逐渐减轻，直至消失。用过的疫苗瓶、器具和未用完的疫苗等应进行无害化处理。屠宰前28d内禁止使用。

四、基因工程活载体疫苗：以禽流感重组病毒活载体疫苗为例

（一）禽流感病毒

禽流感（avian influenza，AI）是禽流行性感冒的简称，是由禽流感病毒（AIV）引起的一种禽类传染病。禽流感病毒感染后可以表现为轻度的呼吸道和消化道症状，死亡率较低；或表现为较为严重的全身性、出血性和败血性症状，死亡率较高。根据病毒致病性和毒力不同，在临床上可分为高致病性禽流感和低致病性禽流感。流感病毒属正黏病毒科流感病毒属。病毒基因组由8个负链单链RNA片段组成。根据抗原性不同，可分为A、B、C三个型，禽流感是由A型流感病毒引起的。禽流感病毒粒子一般为球形，直径为80～120nm，但也常有同样直径的丝状形式，长短不一。病毒粒子表面有长10～12nm的纤突覆盖，病毒囊膜内有螺旋形核衣壳。两种不同形状的表面纤突是血凝素（HA）和神经氨酸酶（NA）。HA和NA是病毒表面的主要糖蛋白，具有种（亚型）的特异性和多变性，在病毒感染过程中起着重要作用。HA是决定病毒致病性的主要抗原成分，能诱发感染宿主产生具有保护作用的中和抗体，而NA诱发的对应抗体无病毒中和作用，但可抑制病毒增殖。流感病毒的基因组极易发生变异，其中以编码HA的基因突变率最高，其次为编码NA的基因。迄今已知有17种HA和10种NA，不同的HA和NA之间可能发生不同形式的随机组合，从而构成许多不同亚型。据报道，现已发现的流感病毒亚型至少有80多种，其中绝大多数属非致病性或低致病性，高致病性亚型主要是含H5和H7的毒株。所有毒株均易在鸡胚以及鸡和猴的肾组织培养中生长，有些毒株也能在家兔、公牛和人的细胞培养中生长。在组织培养中能引起血细胞吸附，并常产生病变。

病毒粒子在不同基质中的密度为1.19～1.25g/mL。通常在56℃经30min灭活；某些毒株需要50min才能灭活；对脂溶剂敏感。加入鱼精蛋白、明矾、磷酸钙在−5℃用25%～35%甲醇处理使其沉淀后，其仍保持活性。甲醛可破坏病毒的活性；肥皂、去污剂和氧化剂也能破坏其活性。冻干后在−70℃可存活2年。感染的组织放置在50%甘油盐水中在0℃可保存活性数月。在干燥的灰尘中可保持活性14d。

禽流感在家禽中以鸡和火鸡的易感性最高，其次是珍珠鸡、野鸡和孔雀。鸭、鹅、鸽、鹧鸪也能感染。禽流感也是人畜共患病，某些H5N1亚型禽流感病毒感染人后不及时救治可导致人死亡。感染禽从呼吸道、结膜和粪便中排出病毒。因此，可能的传播方式有感染禽和易感禽的直接接触和通过气溶胶或暴露于病毒污染的间接接触两种，一般认为粪口途径是禽类的主要感染传播途径。因为感染禽能从粪便中排出大量病毒，所以被病毒污染的任何物品都易传播疾病。

（二）禽流感基因工程活载体疫苗

国内已研究成功的禽流感基因工程疫苗主要有鸡痘病毒重组禽流感活载体疫苗和新城疫病毒重组禽流感活载体疫苗。近年来，中国在禽流感基因重组活载体疫苗方面取得重大突破，利用基因工程的方法，将禽流感血凝素基因插入对禽类致病性很弱的痘苗病毒或新城疫疫苗病毒，制成了鸡痘病毒重组禽流感活载体疫苗和新城疫病毒重组禽流感活载体疫苗。用重组疫苗对动物进行免疫，由于重组病毒可在动物体内复制，并不断表达病毒免疫原性蛋白质，从而诱导机体产生对病原体的免疫保护力。

禽痘病毒表达系统是继痘苗病毒以后的一种动物病毒载体，以它作为载体具有与痘苗病毒相同的优点，如基因组结构庞大，含有多个复制非必需区，可在其感染的细胞中进行修饰，外源基因的表达产物可以诱导机体产生持续时间较长的体液与细胞免疫反应，严格的细胞质内复制，从而消除了重组病毒的应用对人类造成的潜在威胁。最重要的是因为表达产物具有天然蛋白质的活性，并且保留了其相应的抗原性、免疫原性及功能。它不仅可以用来研制禽类的基因工程活载体疫苗，而且可以作为非复制型病毒载体研制哺乳动物基因工程活载体疫苗，用于禽类以外的动物疾病的防治。

乔传玲等（2003）构建了能同时表达H5N1亚型*HA*基因和*NA*基因的重组禽痘病毒rFPV-HA-NA活载体疫苗，用此重组病毒对1日龄SPF鸡进行免疫接种，4周后能够产生对H5N1高致死性AIV的致死性攻击，并可有效阻止病毒在泄殖腔的排出。这种疫苗是一种安全、有效的基因工程疫苗。步志高等利用新城疫La Sota疫苗株作载体插入禽流感病毒H5N1亚型*HA*基因构建的禽流感新城疫活载体疫苗免疫SPF鸡能产生良好的免疫保护力，能同时预防新城疫和H5N1型禽流感病毒感染，在肉鸡的禽流感防疫中也发挥了良好的作用。农业部（现农业农村部）已批准此两种疫苗生产和使用。

（三）禽流感重组鸡痘病毒活载体疫苗的质量标准与使用规程

以禽流感重组鸡痘病毒活载体疫苗（H5亚型）为例。

本品系用表达禽流感病毒HA和NA蛋白的重组鸡痘病毒rFPV-HA-NA株接种鸡胚成纤维细胞培养，收获培养物，加适宜稳定剂，经冷冻真空干燥制成。用于预防H5亚型禽流感病毒引起的禽流感。

疫苗的物理性状为黄色或微红色海绵状疏松冻干团块，易与瓶壁脱离，加稀释液后迅速溶解。

安全检验：取1日龄SPF鸡15只，其中10只分别于翅膀内侧无血管处皮下刺种疫苗0.05mL（10羽份疫苗），另5只不接种作为对照。观察14d，均应健活，且不出现由疫苗引起的全身不良反应。如有非特异性死亡，对照组和免疫组均不得超过1只，而且免疫组的死亡数量不得多于对照组。

效力检验可在下列方法中任择其一。

1）*病毒含量测定* 用2mL灭菌生理盐水将疫苗溶解，做10倍系列稀释，取10^{-4}、10^{-5}、10^{-6}和10^{-7}4个稀释度分别接种于生长良好的鸡胚成纤维细胞（CEF）单层（50mL细胞培养瓶），每瓶0.2mL，每个稀释度3瓶，37℃吸附2h后弃去病毒液，然后用含5%犊牛血清的DMEM营养琼脂覆盖，每瓶4mL，待凝固后将瓶倒置，37℃培养，待出现75%以上CPE时再用含0.01%中性红的营养琼脂覆盖，每瓶2mL，待凝固后将瓶倒置，37℃培养24h，记录蚀斑数，计算平均值，每羽份病毒含量应≥2×10^3PFU。

2）*用鸡检验* 用14～28日龄SPF鸡15只，其中10只各翅膀内侧无血管处皮下接种0.05mL，5只不接种作为对照，21d后，各鼻腔接种A型禽流感GD/1/96（H5N1）株病毒液0.1mL（含100LD_{50}），观察14d，对照鸡应全部死亡，免疫鸡应全部存活。攻毒后第4天采集泄殖腔棉拭子，进行病毒分离，免疫组应至少9只鸡为阴性，对照鸡病毒分离应均为阳性。

该疫苗的作用是预防由H5亚型禽流感病毒引起的禽流感，使用方法是用灭菌生理盐水或其他适宜稀释液，稀释为50mL用蘸水笔尖，或稀释为6mL用刺种针，在翅膀内侧无血管处皮下刺种2周龄以上鸡，剂量是每只鸡接种1羽份。

在接种后3d，注射部位可能出现轻微肿胀的不良反应，一般在2周内完全消失。

使用时的注意事项为：①仅用于接种健康鸡，体质瘦弱、有疾病或接触过鸡痘病毒的鸡不能使用。②应冷藏运输。③疫苗瓶破损、有异物或无瓶签的疫苗，切勿使用。④疫苗应现用现配，稀释后的疫苗限当日用完。⑤禁止疫苗与消毒剂接触。⑥使用过的器具应进行消毒。⑦−15℃以下保存，有效期为24个月。

五、亚单位疫苗：以猪圆环病毒2型亚单位疫苗为例

（一）猪圆环病毒2型

猪圆环病毒2型（porcine circovirus type 2，PCV2）为圆环病毒科圆环病毒属成员。PCV2为无囊膜、单链、环状的DNA病毒，病毒基因组大小为1.76kb，病毒粒子为正二十面体，直径为17～20nm，能在多种哺乳动物细胞中进行复制，是迄今为止发现的最小的动物DNA病毒之一。

20世纪90年代，PCV2首次在患有断奶仔猪多系统衰竭综合征（postweaning multisystemic wasting syndrome，PMWS）的临床样品中被发现。PCV2是引起猪圆环病毒相关性疾病的主要病原体，包括肠道疾病（enteric disease）、呼吸系统疾病（respiratory disease）和繁殖疾病（reproductive disease）等。PCV2感染引起机体免疫系统抑制，从而产生继发感染。此外，

临床上 PCV2 还常与其他病原体发生混合感染，引起猪的亚临床症状，主要感染 8～16 周龄的仔猪，临床表现为消瘦、生长迟缓、皮肤苍白、偶尔还有间歇性腹泻等症状。在 PCV2 疫苗上市之前，PMWS 对全球的养猪业造成了巨大的经济损失。

（二）猪圆环病毒 2 型亚单位疫苗的种类

首个获批的 PCV2 亚单位疫苗为德国勃林格殷格翰公司（Boehringer-Ingelheim）研发的基于杆状病毒-昆虫细胞表达系统制备的 PCV2 亚单位疫苗，该疫苗产品于 2006 年被美国农业部（USDA）批准上市，随后默克公司（Merck）研发的 PCV2 亚单位疫苗产品也陆续获批上市。国内目前有三种 PCV2 亚单位疫苗产品，分别为青岛易邦生物工程有限公司、普莱柯生物工程股份有限公司研发的基于大肠杆菌表达系统制备的易圆净疫苗产品、圆柯欣疫苗产品，以及扬州优邦生物药品有限公司和武汉中博生物股份有限公司研发的 PCV2 杆状病毒载体表达的基因工程疫苗。

（三）猪圆环病毒 2 型亚单位疫苗的生产制造

1. 生产用菌种制备 本疫苗的菌种为 *E. coli.* BL21/pET28a PCV2 MNd XCap，制苗用培养基为 LB 培养基。将菌划线接种于 LB 固体培养基上，置 35～36℃培养 20～24h，作为一级种子。2～8℃保存，应不超过 14d。在培养基上传代应不超过 4 代。取一级种子接种于 LB 液体培养基上，置 35～36℃培养 20～24h，作为二级种子。2～8℃保存，应不超过 3d。应纯粹。

2. 制苗用抗原液制备 将符合标准的生产用二级种子接种于装有 LB 培养基的发酵罐中，35～36℃培养 2.5h 后，加入 α-乳糖溶液诱导表达，收获菌液。每毫升菌液中含活菌数应不低于 $10^{9.0}$ CFU/mL。离心收集菌体，按一定体积重悬菌体。超声波破菌，离心，收集上清液。利用硫酸铵二次分级沉淀，离心，收集沉淀，称重后按适当比例加入灭菌生理盐水复溶。置 2～8℃保存，应不超过 7d。

3. 灭活 取收集的上清液加入终浓度 0.5%的甲醛溶液，充分搅拌，灭活。PCV2 Cap 蛋白含量应不低于 1000μg/mL，琼脂扩散效价应不低于 1∶32。

4. 乳化、分装 铝胶与蛋白液按一定的比例混合，分装时随时搅拌，轧盖，贴签。

（四）猪圆环病毒 2 型亚单位疫苗的质量标准与使用

本品为用经剪接和修饰后的编码 PCV2 Cap 蛋白的基因，通过基因工程技术构建能表达 Cap 蛋白的大肠杆菌工程菌 *E. coli* BL21/pET28a PCV2 MNdX Cap，经发酵培养、诱导表达、菌体破碎、可溶性抗原蛋白分离纯化、甲醛溶液灭活后，加氢氧化铝胶制成。用于预防由 PCV2 感染引起的疾病。应无菌生长。

本品静置后上层为无色透明液体，下层为灰白色沉淀，振荡后呈灰白色均匀混悬液。安全检验时，用 14～28 日龄健康易感仔猪 5 头，各颈部肌内注射疫苗 4.0mL（左右各 2.0mL），连续观察 14d。应不出现因注射疫苗引起的全身和局部不良反应。

效力检验可采用抗原含量检测和仔猪免疫攻毒法进行。抗原含量测定有 2 种方法：琼脂扩散效价测定和 Cap 蛋白含量测定。琼脂扩散效价测定是取摇匀的疫苗 5.0mL，加入

0.25g 解离剂 CpG-ODN 人工合成的寡聚核苷酸，放入摇床（200r/min）37℃解离 1h，再以 5000r/min 离心 10min，取上清液，与 PCV2 阳性血清进行琼脂扩散效价测定。琼脂扩散效价应不低于 1∶2。

Cap 蛋白含量测定采用商品化试剂盒的方法进行，标准是 PCV2 Cap 蛋白含量应不低于 100μg/mL。

仔猪免疫攻毒检验是用 14～28 日龄健康易感仔猪 5 头，各颈部肌内注射疫苗，2.0mL/头；对照猪 5 头，各颈部肌内注射灭菌生理盐水，2.0mL/头，隔离饲养。免疫后 35d，用 PCV2 四川株（病毒含量为 $10^{5.0}$ $TCID_{50}$/mL）攻毒，每头滴鼻 1.0mL，肌内注射 2.0mL，隔离饲养。攻毒后 28d，扑杀，取腹股沟淋巴结进行免疫组织化学检测，免疫猪应至少 4 头为阴性，对照猪应至少 4 头为阳性。

仔猪：2～4 周龄免疫，2.0mL/头。母猪：配种前免疫，2.0mL/头。种公猪：每 4 个月免疫 1 次，2.0mL/（头·次）。接种途径为颈部肌内注射。免疫期为 4 个月。2～8℃保存，有效期为 18 个月。

疫苗使用时应注意以下事项：本品仅用于接种健康猪群。疫苗使用前应恢复至室温，充分摇匀后使用。疫苗启封后，限当日用完。疫苗严禁冻结。接种时，应执行常规无菌操作。疫苗瓶、器具和未用完的疫苗等应进行无害化处理。本品应在兽医指导下使用。

第八节 兽用疫苗生产的质量控制

一切工业产品（包括兽药）的生产，都要求把质量放在首位，强调“质量是企业发展的生命”，这是人们所熟知的基本常识。动物生物疫苗是用于预防、治疗和诊断畜禽等动物疾病的具有生物活性的制品，其质量具有自身的特殊性和重要性，必须更加强调“质量第一”的原则。这是因为：第一，所有预防疫苗都是直接用于健康动物，特别是用于幼畜或幼禽的免疫接种，其质量的优劣，直接关系到整群动物的健康；第二，所有治疗疫苗如抗毒素、免疫血清，基本都是通过非胃肠途径，直接用于特定畜禽（往往是危重畜禽）的治疗，其质量关系到对病畜的疗效和安全；第三，即使是诊断试剂（如诊断试液、诊断血清），其质量也关系到能否对病畜或试样作出特异、敏感、正确的诊断和分析，而不至误判或贻误疫情，导致不良后果。

实践证明，质量好的疫苗，可以使危害动物健康的传染病得到控制或消灭。例如，牛瘟在历史上曾经是对动物危害极大的传染病，由于牛瘟疫苗在世界各国多年的推广使用，终于取得了预防免疫的卓越成效，1956 年我国就宣布消灭了危害严重的牛瘟。1996 年我国宣布消灭牛肺疫。2010 年我国被 OIE 认可为无牛传染性胸膜肺炎国家，控制了多种畜禽传染病，都与动物生物疫苗有很大关系。另一方面，质量不好或者有问题的疫苗，不仅在使用后得不到预期的效果，甚至可能带来十分严重的后果。2001 年贵州某生物药品厂误将禽流感病毒带进鸡痘疫苗，造成河北、山东等 8 省家禽大面积死亡，造成 300 多万元的直接经济损失，更为严重的是将禽流感疫情带入了这些省市。这些事例说明生物疫苗的质量和接种动物的生命健康攸关，以致有时称之为“生命制品”，彰显出对其质量管理的特殊重要性。

关于生物疫苗的质量有以下种种定义和描述。

其一，根据 ISO 8402（1994）的描述：质量是“产品或服务满足规定或潜在需要的特征和特性总和”。这是对于一切产品、工艺过程或服务质量所制定的通用术语，是广义性的，当然也适用于生物疫苗的质量。不过，理解起来似乎比较抽象。

其二，生物疫苗的质量含有 3 个主要特性：一是安全性，即使用应是安全的，副反应小；二是有效性，即用于预防或治疗应是有效的，用于诊断应是准确的；三是可接受性，即制品的生产工艺、条件，成品的药效稳定性、外观、包装、使用方法以至价格等都应是可接受的。所以说，生物疫苗的质量是其安全性、有效性和可接受性的直接或间接的综合反映。这个定义是比较传统的理解和描述。

其三，美国 FDA 的 GMP 专家认为质量是这样一个综合反映系统，即经过设计并形成文件的，已经实施和经过鉴定的，并通过人员、设备和其他原料提供保证的，因而产品（质量）具有适宜于使用目的的连续一致性。这是从 GMP 管理的要求出发，强调质量的适用性和稳定性。实际上在生物疫苗的质量管理活动中，经常强调的也正是这种质量的稳定性。

以上对于生物疫苗质量的 3 种描述，虽然在文字上各不相同，但其内容的实质是一致的。

与世界上发达国家相比较，中国的兽用生物制品质量标准仍需进一步完善，标准体系建设有待加强，检测技术和方法亟待提高，监督管理有待规范。随着科学技术的不断进步，生产工艺和检测技术的不断改进和提高，兽药相关法律法规、质量标准的不断修订、补充和完善，标准体系建设的不断完善，必将促使中国的兽用生物制品质量标准与国际接轨，及时跟踪国际标准的变化，适时调整和完善我国的标准体系，使中国的兽用生物制品更好地为畜牧业发展服务。

《兽药管理条例》规定国务院兽医行政管理部门负责全国的兽药监督管理工作，并对生物制品的研制、生产、经营、进出口、使用和监督管理实施监督。中国兽医药品监察所（农业农村部兽药评审中心）为农业农村部领导下的承担兽药评审，兽药和兽医器械质量监督、检验，兽药残留监控，菌（毒、虫）种保藏以及兽药国家标准制修订，标准品和对照品制备标定工作的国家级兽药评审检验监督机构。省级兽药监察所负责本辖区内兽用生物制品的质量监督工作。各兽用生物制品生产企业均设立质量管理机构，负责本企业兽药生产全过程的质量管理和检验，对原材料、标签、半成品和成品进行检验和判定，制修订企业内控标准和检验操作规程。我国《兽药管理条例》规定：兽药生产企业生产的每批兽用生物制品，在出厂前应当由国务院兽医行政管理部门指定的检验机构审查核对，并在必要时进行抽查检验，未经审查核对或者抽查检验不合格的，不得销售。其中所规定的审查核对，并在必要时进行抽查检验即指“批签发”，具体是指国家对国内兽医生物制品生产企业生产和境内代理机构进口的兽用疫苗、血清制品、微生态制品、生物诊断试剂及其他生物制品，在每批产品销售前进行强制性审核、检验和批准制度。未取得该批产品批签发的兽用生物制品，不得销售和使用。生产企业必须建立每批产品的批生产记录、批检验记录、批销售记录，严格按照兽药 GMP、兽用生物制品规程及产品质量标准的要求，对生产原材料、生产过程、产品检验、销售过程进行严格的质量控制。

一、中国兽用生物制品的质量标准

《中华人民共和国兽药典》（简称《中国兽药典》）、《兽药生产质量管理规范（2020 年修订）》（以下简称“新版兽药 GMP”）、《中华人民共和国兽用生物制品质量标准》作为中国兽用生物制品制造及检验的国家标准，是对兽用生物制品实施质量监督的依据。国家根据《中国兽药典》、新版兽药 GMP 对兽用生物制品实施质量监督，禁止生产、销售和使用不符合国家标准的兽用生物制品。2020 年版《中国兽药典》中明确规定了生产检验用菌（毒、虫）种，生产检验用动物，细胞的质量标准及各种产品的检验技术标准与质量要求。新版兽药 GMP 中囊括了质量管理、机构与人员、厂房与设施、设备、物料与产品、确认与验证、文件管理、生产管理、质量控制与质量保证、产品销售与召回、自检等十三个部分，为确保生物制品的安全性、有效性和稳定性，为动物健康和畜牧业发展提供了有力保障。

（一）《中华人民共和国兽药典》

《中国兽药典（2020 年版）》作为中国兽药的国家标准，是国家对兽药质量监督管理的技术法规，也是兽药研制、生产（进口）、经营、使用、检验和监督管理活动应遵循的法定技术标准。《中国兽药典（2020 年版）》于 2020 年 11 月 26 日（农业农村部公告第 363 号）发布，2021 年 7 月 1 日起施行。《中国兽药典》是兽药研制、生产（进口）、经营、使用和监督管理活动应遵循的法定技术标准，包括凡例、正文及附录。自《中国兽药典（2020 年版）》施行之日起《中国兽药典（2015 年版）》、《兽药质量标准（2017 年版）》及农业农村部公告等收载、发布的同品种兽药质量标准同时废止。收载品种未收载的制剂规格（已废止的除外），其质量标准按照《中国兽药典（2020 年版）》收载品种相关要求执行，规格项按照原批准证明文件执行。未收载品种且未公布废止的兽药国家标准以及经批准公布的兽药变更注册标准且《中国兽药典（2020 年版）》未收载的兽药国家标准上述标准继续有效，但应执行《中国兽药典（2020 年版）》相关通用要求。《中国兽药典（2020 年版）》共分为三部，第一部收载化学药品、抗生素、生化药品和药用辅料等总计 2221 种；第二部收载药材和饮片、植物油脂和提取物、成方制剂和单味制剂等共计 752 种；第三部收载兽用生物制品及其附录，包括生物制品 99 种、附录 50 项。第三部（兽用生物制品）主要内容分通则、正文和附录部分。通则规定了兽用生物制品检验一般规定，标签、说明书与包装规定，贮藏、运输和使用规定，组批与分装规定，生产菌毒种管理规定及生物安全管理规定。正文为各个制品的检验项目与质量标准，包括灭活疫苗、活疫苗、抗体和诊断制品。附录为通用的检验方法、培养基与有关溶液的配制、原材料和包装材料的检验与质量标准。

（二）《兽药生产质量管理规范（2020 年修订）》

《兽药生产质量管理规范（2020 年修订）》（新版兽药 GMP）是兽药生产管理和质量控制的基本要求和准则，是世界各国对兽药生产全过程监督管理普遍采用的法定技术规范。兽药 GMP 自 2002 年实施以来，对规范兽药生产企业行为，促进兽药行业健康发展发挥了重要保障作用。《兽药生产质量管理规范（2020 年修订）》已经农业农村部 2020 年 4 月 2 日第 6 次常务会议审议通过，自 2020 年 6 月 1 日起施行。新版兽药 GMP 从人员、厂房、设备、物料、文件、生产过程、产品销售、自检等全过程、全方位规范兽药生产行为，确保兽药产品质量安全，对促进兽药行业健康发展、维护动物产品质量安全发挥了重要作用。新版兽药 GMP 共 13 章 287 条，各章分节编写，便于理解掌握。同时，根据不同类型兽药的生产工艺和特点，对无菌兽药、非无菌兽药、兽用生物制品、原料药、中药制剂等 5 类兽药生产质量管理中的原则性规定进一步细化。参考欧盟和我国药品生产质量管理规范对无菌制剂空气洁净度级别的要求，将无菌兽药和兽用生物制品生产环境净化设置为 A、B、C、D 四个级别，增加了生产环境动态监测，对厂房建设和净化设备显著提高了要求。对兽用生物制品生产、检验中涉及生物安全的厂房、设施设备以及废弃物、活毒废水和排放空气的处理等，进一步提出了严格要求。明确企业负责人是兽药质量的主要责任人。将原兽药 GMP 规定的生产管理部门和质量管理部门承担的职责分别明确到生产管理负责人和质量管理负责人，为追究兽药产品质量事故责任人提供依据。

（三）《中华人民共和国兽用生物制品质量标准》

《中华人民共和国兽用生物制品质量标准》，以下简称《质量标准》。《质量标准》是中国兽用生物制品检验的国家标准。2001 年版《标准》是为了配合《中华人民共和国兽用生物制品规程（2000 年版）》（以下简称《规程》）的执行和满足中国生物制品生产、应用、管理、研究、教学和国际交流的需要，在 1992 年版《质量标准》和 2000 年版《规程》的基础上，增加了农业部 2000 年年底以前批准的其他新制品品种编制而成的，并经农业部批准颁布实施，为中国第二版《质量标准》。

2001 年版《质量标准》收载的品种共 188 个，包括 2000 年版《规程》品种 104 种，2000 年年底以前农业部批准的尚未纳入《规程》的新制品 84 种。《质量标准》分为凡例、总则、灭活疫苗、活疫苗、抗血清、诊断制品、其他制品和附录等几个部分。1999～2008 年共有 5 册兽用生物制品标准汇编，即兽用生物制品质量标准汇编。内容包括灭活疫苗、活疫苗、抗血清、诊断制品及其他制品的检验项目与质量标准。2010 年农业部兽药评审中心对 2010 年中华人民共和国农业部公告批准的兽用生物制品质量标准、说明书和内包装标签汇编成《兽用生物制品质量标准汇编（2010）》，共包括 62 种兽用生物制品的质量标准、说明书和内包装标签，其中国内制品 33 种，进口制品 29 种。

二、兽用生物制品生产用原材料质量控制

兽用疫苗生产用原材料是指兽用疫苗生产过程中使用的所有生物原材料和化学原材料。生物原材料包括来源于微生物，动物细胞、组织、体液等成分，以及采用重组技术或生物合成技术生产的生物原材料等；化学原材料包括无机和有机化学材料。

根据兽药 GMP 的规定，动物生物疫苗生产企业应对生产用原材料及辅料的供应厂家的产品进行质量评价，选择质量符合国家标准、信誉好的供应厂家作为主要原辅材料供应商。

（一）兽用生物制品生产用原材料的分级

根据原材料的来源、生产以及对兽用生物制品潜在的毒性和外源因子污染风险等将兽用生物制品生产用原材料按风险级别从低到高分为四级。

第一级为低风险原材料，包括已获得上市许可的生物制品或无菌制剂。

第二级为较低风险原材料，包括已有国家标准、取得批准文号并按照中国现行《兽药生产质量管理规范》生产的用于兽用生物制品培养基成分，以及提取、纯化、灭活等过程

中所使用的化学原料药和药用非动物来源的蛋白酶等。

第三级为中等风险原材料，包括非药用的培养基成分，非动物来源蛋白酶，用于靶向纯化的单克隆抗体，以及提取、纯化、灭活过程中所使用的化学试剂等。

第四级为高风险原材料，包括已知具有生物作用机制的毒性化学物质（如细菌毒素），以及大部分成分复杂的动物源性组织和体液（如用于细胞培养基成分的牛血清、用于细胞消化或蛋白质水解的动物来源的酶，以及用于选择或去除免疫靶向性成分的腹水来源的抗体或蛋白质等）。

（二）兽用生物制品生产用原材料的质量控制

要求原材料用于兽用生物制品生产时，应进行质量控制。对于不同风险等级原材料的质量控制，应充分考虑来源于动物的生物原材料可能带来的外源因子污染的安全性风险。动物源性原材料应符合动物源性原材料的一般要求。生产过程中应避免使用毒性较大的化学原材料，有机溶剂的使用应符合相关标准的规定。

对兽用生物制品生产用原材料应按照不同风险等级进行相应的常规检验。其中，第四级原材料应按照国家标准或生物制品生产企业内控质量标准进行全检，第二级、第三级原材料应按照国家标准或生物制品生产企业内控质量标准抽检部分批次进行全检。第一级、第二级、第三级原材料应根据要求进行关键项目检测（如鉴别、微生物限度、细菌内毒素、异常毒性检验等）。兽用生物制品生产企业应参考国家已有规定制定内控质量检验项目和标准，兽用生物制品生产企业不具备检测能力的项目，可以委托有资质的第三方检测。

（三）动物源性原材料的一般要求

动物源性原材料在兽用生物制品的生产中扮演着至关重要的角色。动物源性原材料是指直接来源于动物的组织、体液、细胞或经分离提取的衍生物，经过充分的安全评估，能够在兽用生物制品生产中使用，具体为包括：动物组织、体液等直接来源于动物的物质，包括鸡胚、血清等；细胞，包括原代细胞、传代细胞；衍生物，通过制造过程从动物材料中获得的物质，包括透明质酸、胶原、明胶、单克隆抗体、壳聚糖、白蛋白、胰酶、水解乳蛋白等。动物源性原材料应符合药用原辅材料的相关标准，或符合国内外已有相关标准的规定。具体要求如下。

1）生产、检验用鸡、鸡胚的质量控制　生产用鸡胚的质量对于保障禽用活疫苗的质量至关重要，且生产用的鸡胚污染了外源病原体，尤其是蛋传递的病原体，如鸡传染性法氏囊病病毒（IBDV）、禽白血病病毒（ALV）、鸡马立克病病毒（MDV）、鸡传染性贫血病毒（CAV）、禽网状内皮组织增生病毒（REV）和呼肠孤病毒（ReoV）等，则禽用活疫苗中也就污染了外源病原体。特别是 ALV、CAV、REV 和 ReoV 的感染，它们不仅能通过水平（接触）传播，而且能通过垂直（经蛋）传递，这些蛋传递的病原体污染的禽用疫苗随着疫苗的使用可能引起人为的疾病传播。因此，加强鸡胚的 SPF 化是保证产品的纯净、安全与有效的重要因素之一。《中国兽药典》等国家标准明确规定，所有禽用活疫苗及其种毒制备所用的鸡、鸡胚必须符合 SPF 级标准，必须对 17 种病原体（13 种病毒、2 种细菌、2

种支原体）的有无进行检测，结果为阴性方可使用。为了加强兽用疫苗质量的监督管理，农业部于 2006 年 11 月 22 日发布了《农业部办公厅关于加强兽用生物制品生产检验原料监督管理的通知》（农医发［2006］10 号），明确要求 2008 年 1 月 1 日起，农业部将对 GMP 疫苗生产企业疫苗菌（毒）种制备与鉴定、活疫苗生产以及疫苗检验使用无特定病原体（SPF 级）鸡、鸡胚情况进行全面监督检查。对达不到标准要求的，将根据《兽药管理条例》规定进行处理。

2）生产检验动物的质量控制　兽用生物制品的研究、生产、检验离不开各种实验动物。实验动物的质量直接关系到产品的质量和生物安全性。这里所指的实验动物不仅包括实验动物本身，还包括实验动物的饲养环境、管理、微生物监控及疫病防制。

生产检验用动物应按照《实验动物管理条例》进行管理。目前中国对实验动物实行质量监督和质量合格认证制度。实验动物分为四级：一级为普通动物；二级为清洁动物；三级为无特定病原体（SPF 级）动物：四级为无菌动物。按照实验动物的来源、品种、品系不同和试验目的不同，分开饲养，饲喂质量合格的全价饲料。一级实验动物的饮水，应符合城市生活饮水的卫生标准。二、三、四级实验物的饮水应符合城市生活饮水的卫生标准并经灭菌处理。实验动物的垫料应按照不同等级的需要，进行相应的处理，并达到干燥、吸水性好且无毒无菌。生产检验用动物及其组织、胚胎的质量必须进行隔离检疫。生产、检验用动物及其组织、胚胎的质量应符合兽用生物制品规程的有关规定。其中，菌（毒、虫）种的制备与鉴定、制品的制造与检验用兔、豚鼠、地鼠、大鼠应符合国家级（普通级）标准，即在开放的环境条件下饲养，自然繁殖，不携带不明微生物群落，不患有人畜共患病和典型的寄生虫。小鼠应符合二级（清洁级）标准，即在屏障系统内饲养繁殖，不含在动物间传播的病原体，疾病控制在最低程度。疫苗的制备及外源病毒检验所用鸡、鸡胚应符合三级（SPF 级）标准，SPF 鸡的生产应符合屏障环境要求，不含有 17 种病原体（13 种病毒、2 种细菌、2 种支原体）。生产、检验用猪应无猪瘟病毒、猪细小病毒、猪伪狂犬病病毒、口蹄疫病毒、弓形虫感染和体外寄生虫；犬应无狂犬病病毒、皮肤真菌感染和体外寄生虫，羊应无边界病、布鲁菌病、皮肤真菌感染和体外寄生虫，牛应无黏膜病、布鲁菌病、焦虫病和其他体外寄生虫。所有制品用的实验动物除符合上述相应规定外，还应无本制品的特异性病原和抗体。

3）生产检验用细胞、血清等的质量控制　生产、检验用细胞系应建立原始细胞库、主细胞库和工作细胞库系统，应有完整记录，包括细胞原始来源（核型分析、致瘤性）、群体倍增数、传代谱系、制备方法、最适保存条件及控制代次，并执行细胞种子批制度，进行系统鉴定。主细胞库细胞鉴定内容包括：显微镜检查、细菌和霉菌检验、支原体检验、外源病毒检验、细胞鉴别、细胞核学检查及致瘤性和致癌性检验，应符合有关规定。外源病毒检验时被检细胞面积不少于 $75cm^2$，维持期不少于 14d，其间至少传代 1 次。在整个维持期内，定期对细胞单层进行检查，不应出现 CPE。在培养结束时，检查不应出现红细胞吸附现象。非禽源细胞系还须进行荧光抗体的检查，应无特定的病原体污染。对不同传代水平的细胞系进行细胞核学检查时，最高代次的细胞中应存在主细胞库细胞中的染色体标志，其染色体模式数不得高于主细胞库细胞的 15%。由于细胞系一般由动物的肿瘤组织或正常组织传代转化而来，传到一定代次后具有一定的致瘤性，因此，可用无胸腺小鼠、小鼠或乳鼠检查细胞的致瘤性或致癌性，必要时进行病理组织学检查，应无致瘤性或致癌性。

原代细胞应来自健康动物（鸡应为 SPF 级）的正常组织。每批细胞同传代细胞系一样，均应作显微镜观察、细菌和霉菌检验、支原体检验、外源病毒检验及细胞鉴别，并应符合规定。兽用生物制品的生产还须用血清、胰酶及牛血清白蛋白等，这些原材料具有生物活性，其生物安全较难控制。对于牛源血清、细胞，不应带有 IBDV、PCV2、PPV 等外源病毒污染。禽源细胞不应有禽白血病病毒、网状内皮组织增生症病毒及贫血病毒等外源病毒的污染。进口的牛血清应来自无疯牛病的国家和地区。

4）生产、检验用菌（毒、虫）种的管理　生产兽用生物制品的菌（毒、虫）种，直接关系产品的质量。合格的菌（毒、虫）种能生产出安全、高效的产品，从而有效地预防和控制、诊断、治疗动物疾病。制备疫苗的菌（毒、虫）种必须符合《规程》规定的标准，要求菌（毒、虫）种的历史与来源清楚，分离、鉴定（特别是毒力鉴定）过程资料完整，生物学性状明显，遗传性状稳定，纯净（粹），免疫原性良好，安全可靠。

兽用生物制品生产的菌（毒、虫）种实行种子批制度和分级管理制度。种子分三种：原始种子、基础种子和生产种子。原始种子由中国兽医药品监察所或其委托的单位负责保管；基础种子由中国兽医药品监察所或其委托的单位负责制备、鉴定、保管和供应；生产种子由生产企业自行用基础种子进行复壮繁殖、鉴定和保管。生产用菌（毒、虫）种为疫苗生产的源头，因此，细菌、支原体等原种应规定其培养特性、生化特性、血清学特性、毒力和免疫原性等，并作纯粹检查，应符合规定。病毒性原种应作细菌、霉菌、支原体和外源病毒污染的检查，尤其是不得有外源病毒（如禽白血病病毒）的污染，并规定其生物学特性、理化特性、血清学特性、最小感染量（致死量、毒力）、最小免疫量（免疫原性）、安全性等，弱毒的原始种毒还应作毒力返强试验。基础种子形成均质的种子批，冻干或冻结保存在规定的保存条件下。每批基础种子均应严格按规定进行鉴定，以保证其同质性、安全性、有效性和纯净性，鉴定经过和结果应详细记录于专用表册中，鉴定人签字后经主管领导审核存档，合格后方可发放。超过有效期的不得使用，应重新制备、鉴定。应严格控制种毒的使用代次，种毒传代次数过多，可能导致免疫原性或毒力的降低。按规定，病毒的基础种子一般控制在 5 代以内，生产种子一般控制在 3 代以内；细菌的基础种子传代一般不超过 10 代，产品传代次数一般控制在 2 代以内。

用于兽用生物制品生产和检验的菌（毒、虫）种须经国务院兽医行政主管部门批准。凡获得产品批准文号的制品，其生产和检验所需的菌（毒、虫）种的基础种子均由国务院兽医行政主管部门指定的保藏机构和受委托保藏单位负责制备、鉴定和供应。各级菌（毒、虫）种的制备与鉴定用动物、组织或细胞及有关原材料，应符合国家颁布的相关法规的规定，制苗用菌（毒、虫）种的制备应在空气净化的密闭工作室内进行，工作环境应符合国家的有关规定。不同菌（毒、虫）种不得在同一室内同时操作，强毒与弱毒应分在不同室内进行。烈性病原体和人畜共患传染病的强毒病原体的操作，应符合《病原微生物实验室生物安全管理条例》的规定，根据病原体的生物安全级别在相应级别的生物安全实验室内进行，室内必须保持负压，并注意操作人员的防护，空气经高效过滤排出，污物经原位消毒后处理。菌（毒、虫）种的制备和鉴定的详细经过和结果应记录在专用表册中，鉴定人签字后经主管人审核存档。菌种保藏中心委托的分管单位应将鉴定记录复印件和结果报国家兽医微生物菌（毒）种保藏中心审核。兽医微生物菌（毒、虫）种由国家兽医微生物菌（毒）种保藏中心及分管单位统一供应，其他单位和个人不得对外供应。任何单位索取生产、检验用基础菌（毒、虫）种，须持有相应级别机构出具的正式公函，说明菌种名称、型别、数量及用途。索取二类菌种时，必须由省、自治区、直辖市兽医行政主管部门对试验条件和基本情况进行审核并同意后，报国务院兽医行政管理部门批准，方可供应。有产品批准文号者，可由生产企业直接向国家兽医微生物菌（毒）种保藏中心或其委托分管单位领取，其他任何单位不得分发或转发生产用菌（毒、虫）种。

5）*其他原材料的质量控制* 根据《兽药生产质量管理规范（2020 年修订）》，兽药生产所用的原辅料、与兽药直接接触的包装材料应当符合兽药标准、药品标准、包装材料标准或其他有关标准。对于进口原辅料必须符合国家相关的进口管理规定。应当建立相应的操作规程，确保物料和产品的正确接收、贮存、发放、使用和销售，防止污染、交叉污染、混淆和差错。物料供应商的确定及变更应当进行质量评估，并经质量管理部门批准后方可采购。必要时对关键物料进行现场考查。物料和产品的运输应当能够满足质量和安全的要求，对运输有特殊要求的，其运输条件应当予以确认。原辅料、与兽药直接接触的包装材料和印刷包装材料的接收应当有操作规程，所有到货物料均应当检查，确保与订单一致，并确认供应商已经质量管理部门批准。物料的外包装应当有标签，并注明规定的信息。必要时应当进行清洁，发现外包装损坏或其他可能影响物料质量的问题，应当向质量管理部门报告并进行调查和记录。物料接收和成品生产后应当及时按照待验管理，直至放行。

6）*残留物的去除及限度要求* 生产用原材料在兽用生物制品中的残留物可能因其直接的毒性反应、外源因子污染或有害的免疫应答，引发动物产生不良反应或影响产品效力，因此，在生产过程中应尽可能采用去除和（或）灭活外源因子的生物原材料，或采取相应措施对这些原材料中可能存在的外源因子、致病物质或与该材料相关的特定污染物予以去除和（或）灭活，去除和（或）灭活工艺应进行验证。应通过验证结果评价生产工艺对已知毒性原材料去除的一致性，或采用批放行检测，以证实所去除的毒性原材料已达到安全水平，残留有机溶剂应符合相关要求。

三、生产过程中的质量控制

兽用疫苗研究、开发和生产必须致力于改善动物福利，回应公众关切并满足监管要求，同时实现生产更有效、更安全疫苗的目标，促进动物健康生长。因此在兽用疫苗实际生产过程中应进行质量控制分析，建立完善的质量保证体系，确保兽药生产质量管理规范的有效实施，防止一切对产品的污染、交叉污染和产品质量下降的情况发生并把影响产品质量的人为差错减少到最低程度，严格把控疫苗实际生产与质量标准，保证疫苗产品质量安全，并在此基础上进行疫苗质量改进，提高内控标准进而增强疫苗免疫效果。

为加强兽药生产质量管理，根据《兽药管理条例》，农业农村部制定《兽药生产质量管理规范》（兽药 GMP），并于 2020 年修订。兽药 GMP 中规定，质量控制包括相应的组织机构、文件系统以及取样、检验等，确保物料或产品在放行前完成必要的检验，确认其质量符合要求。GMP 是英文 good manufacturing practice 的缩写，可直译为“良好生产规范”。

GMP是世界制药工业界公认的药品（包括兽药）生产必须遵守的准则，是兽药生产管理和质量控制的基本要求。

（一）GMP实施概括

兽药生产是一个十分复杂的过程，涉及许多环节，任何一个环节疏忽都有可能导致产品质量问题。从人员、厂房、设备、物料、文件、生产过程、产品销售、自检等全过程、全方位规范兽药生产行为，确保兽药产品质量安全，对促进兽药行业健康发展、维护动物产品质量安全发挥了重要作用。2020年农业农村部发布《兽药生产质量管理规范（2020年修订）》，坚持总结借鉴与立足国情相结合、硬件软件并重与强化人员素质相结合、产品质量安全和生物安全相结合的原则，提高了相关要求和标准。修订内容主要包括：优化结构，细化内容，提高指导性和可操作性；提高准入门槛，遏制低水平重复建设；提高企业生物安全控制要求，确保生物安全；完善责任管理机制，压实相关责任。

强制实施兽药GMP以来，我国兽药生产与质量管理的整体水平有了显著提升，生产与检验条件、人员结构和管理水平均发生了根本性变化。硬件设施实现了从"作坊式"生产到布局合理、设计规范、运作流畅的现代化厂房生产的飞跃；人员队伍实现了从低学历、非专业化向高学历、专业化转变，整体素质明显提升；生产管理逐步规范和完善。兽药GMP的实施有力促进了我国兽药事业的健康发展，集中表现在产能显著提升、产品种类明显增加、产品结构进一步优化、产品质量稳步提高。截至2023年初，通过新版GMP验收的企业1359家，其中化药和中药生产企业1188家，生物制品生产企业171家（含化药中药兼有企业14家、诊断制品企业68家）。不仅能够满足国内动物疫病防控需要，而且还出口多个国家和地区。目前细胞悬浮培养、鸡胚自动接种与收获、超滤浓缩、抗原纯化和耐热保护等新技术、新工艺在兽用生物制品生产中已经得到了广泛应用。

根据农业农村部要求并结合疫苗生产供应的实际需求，兽药GMP办公室每年及时组织开展春、秋两次重大动物疫病疫苗定点生产企业集中监督检查，其中对禽流感、口蹄疫疫苗生产企业每年监督检查2次，猪繁殖与呼吸综合征（简称"蓝耳病"）、猪瘟等疫苗生产企业每年至少检查1次。实现了对重大动物疫病疫苗生产企业全覆盖的同时，也实现了对所有兽用生物制品生产企业3年内监督检查的全覆盖。针对企业在生产中存在的突出问题，GMP办公室每年有计划地开展专项检查和调查摸底，督促企业进一步规范疫苗的研制、生产和检验行为，强调质量意识和生物安全意识，强化全过程质量监管，及时掌握全国重大动物疫病疫苗生产、检验和库存情况，促进企业持续改进和提高GMP管理水平，为重大动物疫病的防控提供有力支持。

（二）GMP的组成

兽用生物制品GMP由"人员""硬件"和"软件"共同组成。企业全体人员是实施GMP的"主角"，只有全体员工对GMP正确理解并自觉执行，GMP才能够顺利实施。企业生产环境、厂房、设施、设备等硬件，是实施GMP的"舞台"。没有这些硬件的保证，一切管理措施将无从着手。企业的各项管理制度等软件是实施GMP的"剧本"，需人员、硬件、制度三方面协同发力，才能演好GMP这台"戏"。

（三）GMP 管理中的关键点

1. 谨防污染 在生产过程中，非预期发生的任何物质、微生物等与制品生产原料、半成品及成品的接触或生产成分之间的相互混淆统称为污染。污染会影响产品质量，甚至导致重大安全事故。GMP 就是对生产全过程中的环境、厂房、人员、设施、原辅材料、生产工艺、包装、仓储、销售、运输及管理制度等方面进行规范化管理和控制，保障生产条件、减少操作随意性，防止污染发生。在防止产品被污染的同时，也要考虑产品对环境和人员的安全性，防止兽用生物制品的生产对环境和生产人员的影响。

2. 强化验证 验证是任何程序、生产过程、设备、物料、活动或系统确实能达到预期结果的有文件证明的一系列活动，其作用就是“变设想为事实”，为可靠的生产工艺参数提供数据支持。只有经过验证后的生产工艺参数等才能放心使用。GMP 的本质可以看作是在广泛验证及反复验证中进行生产活动。

GMP 实施中的各种测试、检验、试验、数据收集分析等，以及对人员的培训考核，对规章制度的修订、执行、修改、再执行等，实质上都是验证的手段。

3. 严守制度 GMP 的管理核心是依靠制定制度并严格执行。制定各项规章制度的过程就是总结优良行为、否定不良行为的过程；执行各项规章制度的过程就是发扬优良行为、限制不良行为的过程。其基本要求为：有一项工作（或活动）就必须有一项制度，有制度就必须执行，有执行就必须记录，有记录就要有分析和检查，有分析和检查就要有提高。上述过程在企业内部反复循环运行，从而不断提高生产质量管理水平。

4. 安全是基础 安全是兽用生物制品质量的基石。在兽用生物制品生产过程中，必须高度重视生产安全和生物安全。一方面，要确保厂房、设备等符合安全生产要求，消除爆炸、有毒气体泄漏等安全隐患，保障员工健康；另一方面，由于生产与检验中可能涉及菌（毒、虫）种，包括烈性传染病病原和人畜共患病病原等，必须采取严格措施，防止活毒微生物污染操作人员或溢出操作区域，避免对环境和公共卫生造成危害。

（四）生产过程中质量控制的基本要求

（1）应当配备适当的设施、设备、仪器和经过培训的人员，有效、可靠地完成所有质量控制的相关活动。

（2）应当有批准的操作规程，用于原辅料、包装材料、中间产品和成品的取样、检查、检验以及产品的稳定性考察，必要时进行环境监测，以确保符合本规范的要求。

（3）由经授权的人员按照规定的方法对原辅料、包装材料、中间产品和成品取样。

（4）检验方法应当经过验证或确认。

（5）应当按照质量标准对物料、中间产品和成品进行检查和检验。

（6）取样、检查、检验应当有记录，偏差应当经过调查并记录。

（7）物料和成品应当有足够的留样，以备必要的检查或检验；除最终包装容器过大的成品外，成品的留样包装应当与最终包装相同。最终包装容器过大的成品应使用材质和结构一样的市售模拟包装。

兽用疫苗实际生产过程的质量控制主要包括产品批准号菌（毒）种，疫苗制造及检验规程，兽药生产质量管理规范的厂房、设施和仪器设备，符合上述标准后可进入疫苗生产工艺流程。批量疫苗生产质量不稳定多与生产环节有关，不同种类疫苗的制造工艺有所不同，所以影响疫苗质量的因素也有很多。

四、兽用生物制品国家标准物质

生物制品是不能单纯用理化方法来衡量其效力或活性的，而必须用生物学方法来衡量。但生物学测定往往由于试验动物个体差异、所用试剂或原材料的纯度或敏感性不一致等原因，产生试验结果的不一致性。为此，需要在进行测定的同时，用一已知效价的制品作为对照来校正试验结果，这种对照品就是标准物质或参考物质。

（一）国际标准物质的分类

国际上将标准物质分为 3 类，即国际标准物质、国际参考物质和国际生物参考试剂。

1．国际标准物质 由世界卫生组织或世界动物卫生组织根据国际协作研究的结果而制定的，用于衡量某一制品效价或毒性的特定物质，其生物活性以国际单位（IU）表示。

2．国际参考物质 用途同上，此类标准虽经国际协作研究，但认为尚不适宜定为国际标准物质，又考虑具有一定的使用价值，因此称之为参考物质，一般不定国际单位。

3．国际生物参考试剂 用于微生物（或其产物）检定或疾病诊断的生物学诊断试剂、生物材料或特异性抗血清。

国际标准物质制备量有限，只能供各国在标定国家标准物质时作对照使用，不宜在常规检验中普遍使用。为此，各国国家检验机构需要建立自己的国家标准物质。我国目前已陆续建立兽用生物制品国家标准物质，由中国兽医药品监察所统一负责制备，并组织协作标定和分发供应。

（二）国家标准物质的分类

我国兽用生物制品的国家标准物质分为国家标准物质和国家参考物质两类。

1．国家标准物质 是指经国际标准物质标定的或在尚无国际标准物质溯源时，由我国自行研制和定值的，且用于定量测定某一兽用生物制品的效价、活性、含量的标准物质，其生物学活性或效价以国际单位（IU）、特定活性值单位（U）或以质（重）量单位（g、mg 等）表示。

2．国家参考物质 是指经国际参考物质标定的或在尚无国际参考物质时，由我国自行研制的用于兽医微生物及其产物的定性检测或动物疫病诊断的生物试剂、生物材料或特异性抗血清等；或指用于定量测定兽用生物制品效价、含量等特性值或验证检验或诊断方法准确性的参考物质，其生物特性值一般不定国际单位，而以国际参考物质比对值或效价、含量等特定活性值单位（U 等）表示。

（三）国家标准物质的使用、标定和保管

（1）兽用生物制品国家标准物质供执行兽药国家标准使用，所赋量值只在规定的用途内使用有效。

（2）中国兽医药品监察所负责兽用生物制品国家标准物质的统一保管和供应。

（3）兽用生物制品国家标准物质应在规定的条件下贮存，其保存条件应定期检查并记录。

（4）兽用生物制品国家标准物质的供应和发放应有专人负责，并作供应和发放记录。

（四）国家标准物质的制备

1. 标准物质的基本要求 兽用生物制品国家标准物质制备用实验室应符合《病原微生物实验室生物安全管理条例》的要求。

2. 候选物的筛选 候选物是指可直接用于制备标准物质的原材料，可以是天然或人工制备，其来源可以是向国内外有生产能力的单位购买、委托制备或自行制备，但其特性应与供试品同质，不应含有干扰性物质，应有足够的稳定性和高度的特异性，每批原材料应有足够数量，以满足供应的需要。

3. 标准物质的配制、分装 兽用生物制品国家标准物质的标定由中国兽医药品监察所负责。

（1）候选物筛选、确定后，应根据标准物质的要求进行配制、稀释。需加入适当的保护剂等物质的，该类物质对所制标准物质的活性、稳定性和检验操作过程无影响和干扰。

（2）经检定合格后，精确分装，标准物质的实际装量与标示装量应符合规定的允差要求。

（3）标准物质的分装容器应能保证内容物的稳定性。安瓿主要用于易氧化及冻干的标准物质，液体标准物质可采用玻璃瓶或塑料瓶（管）包装。

（4）标准物质的配制、分装环境应符合相应洁净度、温度和湿度的要求，同时还应符合相应品种标准物质的特殊要求。

（5）需要冷冻干燥保存者，分装后应立即进行冻干和熔封。

（6）分装、冻干和熔封过程中，应密切关注能造成各分装容器之间标准物质特性值发生变化的各种影响因素，并采取有效措施，确保每个分装容器之间标准物质特性值的一致性。

4. 标准物质的标定

（1）检测项目：生产单位应根据标准物质的特性和使用目的，进行分装精度、水分、无菌、生物活性/效价检测，以及稳定性研究，并根据需要增加其他必要的检测项目。冻干的标准物质应进行剩余水分测定，其含量应不高于3.0%。

（2）协作标定：新建标准物质的标定，一般需经至少3个认可实验室协作进行。参加单位应采用统一的设计方案，标定结果须经统计学处理（标定结果至少需取得5次独立的有效结果）。

（3）活性值（效价单位或活性单位）的确定：一般用各协作认可实验室结果的均值表示，由兽药检验机构收集标定结果，采用适宜的统计学方法进行统计分析并赋值，经批准后使用。

（4）换批制备与标定：兽用生物制品国家标准物质换批制备的候选物或原材料，其理化特性和生物学特性应尽可能与上批标准物质一致或相近。

5. 标签和说明书

（1）标签内容一般包括：名称、代码、批号、规格/装量、用途、贮存条件、提供单位等信息。

（2）兽用生物制品国家标准物质应附有说明书，其内容应包括：名称、代码、批号、组成和性状、标准值、规格/装量、贮存条件、用途、使用方法、稳定性及注意事项等信息。

6. 标准物质的审批

（1）新建兽用生物制品国家标准物质由中国兽医药品监察所对协作标定结果进行审查并认可。

（2）换批兽用生物制品国家标准物质由中国兽医药品监察所审查并认可。

（3）新建生物制品国家标准物质在取得批准后，方可使用。

7. 持续稳定性实验

（1）研制过程中应进行加速破坏试验，根据制品性质放置不同温度（一般放置 4℃、25℃、37℃、−20℃）、不同时间，进行生物学活性或含量测定，以评估其稳定情况。标准物质建立以后，应定期期间核查，观察生物学活性或含量等是否变化。

（2）标准物质更换的信息发布：当出现换代或换批标准物质，或者经持续稳定性监测发现在用标准物质特性值已偏离规定的标准时，应立即停止该批兽用生物制品国家标准物质的发放和使用。

五、兽用疫苗产品的质量控制

兽用生物产品的质量指标主要包括制品的安全、有效、均一、稳定，即安全有效、质量可控。安全性与有效性两个指标与被批准的特定产品质量标准、生产工艺相关。均一与稳定体现的是对产品生产过程的控制水平，要求在一个较长时间段生产出来的不同批次的同品种产品，其安全性和有效性检测结果始终保持基本一致。另外，兽用生物制品的质量指标还可包括“方便、经济”，当前规模化养殖数量比较大，兽用生物制品的使用必须方便快捷。均一稳定与方便经济可归纳为产品的“可接受性”，即制品的生产工艺、条件，成品的有效成分稳定性、外观、包装、使用方法及价格等应是可接受的。

兽药生产企业应由管理部门负责兽药生产全过程的质量管理和质量控制，制定物料、半成品和成品的内控标准和检验操作规程，审核不合格品处理程序。按照国家标准，对物料、半成品和成品进行取样、检验，并决定是否使用，对成品进行抽样、检验、留样，并出示检验报告。兽用生物制品检验技术和检验水平的高低在某种程度上决定着成品的质量，因此，检验技术和检验水平的提高尤为重要，必须提高检验技术水平，否则将合格产品误认为不合格产品，反之将不合格产品错判为合格产品，都会造成巨大的损失。

相对于一般兽药，生物制品有其自身的特殊性，需要对生物制品的生产过程和中间产品的检验进行特殊控制。生物制品的生产涉及生物过程和生物材料，如细胞培养、活生物体材料提取等。这些生产过程存在固有的可变性，因而其副产品用的物料也是污染微生物生长的良好培养基。因此，对于产品质量的有效控制有赖于多种检验方法。

（一）常规物理学检验技术

通过观察制品的外观颜色、性质、稳定性、剂型、黏度等检查制品的性状，以判断制品的质量。真空密闭、玻璃容器盛装的冻干制品的真空度检查是使用高频火花真空测定器测定制品的真空度，冻干制品的水分含量测定采用的是真空烘干法或费休氏法。冻干制品的真空度和水分含量决定了产品的保存时间。

（二）常规免疫-血清学技术

兽用生物制品中使用的微生物都具有抗原性，因此，利用抗原与抗体特异性结合的原理，建立了许多血清学技术，兽用生物制品的特异性检验、效力检验和外源病毒的检验中常采用免疫-血清学技术。

1．血凝与血凝抑制试验　血凝（hemagglutination，HA）试验是利用具有血凝性的病毒选择性地凝集动物红细胞的特性来测定病毒的效价，用于具有血凝性病毒［如 NDV（Newcastle disease virus）、PPV（porcine parvovirus）等］活疫苗的病毒含量测定及活疫苗中血凝性病毒污染的检测。血凝抑制（hemagglutination inhibition，HI）试验是利用具有血凝性的病毒凝集动物红细胞的特性被相应抗体抑制使其不能再凝集红细胞的现象来测定与该病毒相对应抗体的效价，用于具有血凝性病毒疫苗免疫动物后血清抗体的检测（效力检验），如鸡产蛋下降综合征、鸡传染性支气管炎、猪乙型脑炎、犬细小病毒感染灭活疫苗等。

2．间接血凝、胶乳凝集和反相间接血凝试验　间接血凝是将病原微生物的可溶性抗原成分连接到红细胞表面，制备成可产生凝集反应的颗粒性抗原成分（致敏红细胞），当与对应的抗体成分定量混合后，产生肉眼可见的凝集反应，用于猪囊虫病灭活疫苗，仔猪大肠菌 K88、K99 双价基因工程灭活疫苗的效力检验或间接血凝诊断试剂的检验（口蹄疫细胞中和试验抗原的型特异性鉴定）。胶乳凝集试验中的载体颗粒为胶乳，胶乳凝集试验用于猪伪狂犬病诊断试剂盒的检验。相反，将免疫球蛋白连接到红细胞表面，制备成可产生凝集反应的颗粒性抗体成分（致敏红细胞），当与对应的抗原成分定量混合后，产生肉眼可见的凝集反应即为反相间接血凝试验，用于测定疫苗的抗原含量或相关诊断试剂的检验。

3．中和试验　是一种常用的免疫学试验方法，既可用于定性试验，又可用于定量试验；既有固定血清稀释病毒方法（α 法），又有固定病毒稀释血清方法（β 法）；主要用于疫苗的效力检验、血清抗体效价测定、病毒性活疫苗的外源病原体检验和鉴别检验等。将特异性血清与相应疫苗病毒混合，使病毒失去感染宿主的能力（中和）。用血清病毒混合物接种靶动物、鸡胚或细胞，培养观察其是否感染来判断疫苗的效力、疫苗病毒的特异性、是否污染外源病毒。

4．补体结合试验　在补体结合试验反应系统中，当抗原与抗体发生特异反应时，抗原-抗体复合物结合一定量的补体，而指示系统（致敏红细胞）的溶血作用也需要补体的参与。因此，在补体结合试验中根据指示系统溶血程度可知反应系统中抗原与抗体的关系。在兽用生物制品的检验中，补体结合试验主要用于马传染性贫血活疫苗的抗原性检验、禽用活疫苗及其种毒中禽白血病病毒污染的检测，以及布鲁菌病、副结核病、衣原体病、钩端螺旋体病、伊氏锥虫病、牛传染性胸膜肺炎、鼻疽等抗原的检测。

5．琼脂扩散试验 琼脂扩散试验是一种经典的血清学检测技术，广泛应用于兽用生物制品的特异性检验和效价测定。该方法可用于检测口蹄疫病毒感染相关（VIA）抗原、马传染性贫血（简称马传贫）抗原、牛白血病抗原、蓝舌病抗原及其相应阳性血清。其原理是可溶性抗原与相应抗体在含有电解质的琼脂凝胶中自由扩散，当两者相遇时，特异性结合形成肉眼可见的沉淀反应带，从而实现对目标抗原或抗体的定性和定量分析。

6．酶联免疫吸附试验 包括 ELISA、间接 ELISA、双抗体夹心 ELISA，是根据已知疫病的特异性标准阳性血清或抗原能与相应疫病的诊断抗原或抗体于酶联板中或玻片上发生特异性结合，在酶标记抗体和酶底物的参与下，呈现颜色反应，目前已有多种产品，如用于马传染性贫血、蓝舌病、猪传染性胸膜肺炎、大肠杆菌病、猪旋毛虫病、牛副结核病、猪瘟 7 种疫病的酶联诊断试剂的特异性检验和（或）效价测定，以及马传贫活疫苗的效价测定。斑点试验（dot-ELISA）是根据已知疫病特异性标准阳性血清能与相应疫病的斑点酶联诊断试剂于硝酸纤维素膜、混合纤维素酯膜、尼龙膜等固相材料上发生特异性结合反应，在酶标记单克隆抗体和酶底物的参与下，呈现颜色反应的原理，用于日本血吸虫病的特异性、非特异性检验和效价测定。

7．荧光抗体染色技术 原理为将抗体标记上荧光素，利用抗原抗体反应的特异性，在荧光显微镜下观察荧光来检查未知抗原。常用于猪瘟荧光抗体的特异性检验、马立克病多价活疫苗的效价测定、非禽源细胞（或细胞系）及其制品的外源病毒的检验。

8．对流免疫电泳 是将琼脂内电泳和凝胶内沉淀反应相结合的一种常用的免疫电泳技术。其原理为在琼脂板上打两排孔，一侧孔内各加入待测抗原，另一侧孔内加入相应抗体，抗原在阴极侧，抗体在阳极侧。通电后，在 pH8.6 的琼脂凝胶中，带负电荷的抗原泳向阳极抗体侧，而抗体借电渗作用流向阴极侧，两种成分相对泳动，一定时间后抗原和抗体将在两孔之间相遇，并在比例适当的地方形成肉眼可见的沉淀线。目前已被广泛应用于检测水貂阿留申病毒的检测。

9．胶体金技术 是以条状硝酸纤维素膜为载体，利用膜微孔毛细管作用原理，以胶体金颗粒为示踪物来直观显示结果的一种新型的检测方法。该方法具有特异、敏感、简便、快速、直观、成本低廉等优点，非常适用于现场检测，胶体金免疫检测技术已用于鸡传染性法氏囊病诊断试剂的检测。

10．生物素-亲和素系统 结合荧光抗体检测技术和酶联免疫吸附试验，常用于一些常用生物制品的检测。

（三）常用生物技术

1．单克隆抗体技术 在兽用生物制品质量检验中应用最多的生物技术是单克隆抗体技术，尤其是在诊断制品和疫苗的检验中广泛使用。日本血吸虫病、马传贫、猪瘟等诊断制品均采用单克隆抗体技术进行制品的特异性检验。许多疫苗尤其是多价疫苗，如马立克病多价活疫苗的病毒含量测定（蚀斑计数）和鉴别检验、鸡传染性法氏囊病多价疫苗的病毒含量测定和鉴别检验等也采用单克隆抗体技术（荧光抗体染色技术或酶联免疫染色技术）进行，以区别不同型或亚型的病毒。

2．PCR 扩增技术 随着检验技术的发展，PCR 扩增技术逐步在兽用生物制品的检测中被采用，如用于仔猪大肠杆菌 K88、K99 双价基因工程灭活疫苗和仔猪大肠杆菌 K88、LTB 双价基因工程活疫苗工程菌的鉴定。该技术具有特异性强、敏感性高、操作简便、快速等优点。特别是随着基因工程产品的不断增加，PCR 扩增技术越来越多地被用在兽用生物制品的检验中，如种毒的鉴定、病毒性活疫苗中外源病毒污染的检测等。

3. 核酸探针技术 选择病毒特异的核酸序列，用标记物（放射性或非放射性的）标记。核酸探针技术可用于菌（毒）种的鉴定、疫苗和诊断制品的检验。

4. 核酸杂交技术 核酸杂交技术是分子生物学的基本技术之一，可用于病毒病的快速诊断，具有高特异性和敏感性。

六、兽用疫苗制品的质量标准及其控制

评价兽用生物制品的质量应考虑其安全性、有效性、均一性、稳定性、方便性与经济性等方面。

1. 安全性 兽用生物制品的安全性至关重要，除考虑对使用对象（本体动物）的毒副作用，还应考虑对生产和使用人员的安全性（如感染）、对环境的安全性（如散毒）及对产品使用者的安全性（如残留）。

2. 有效性 兽用生物制品是用来预防、诊断或治疗动物传染性疾病的药品，效力不好的制品不能有效地预防和治疗畜禽疾病，或造成疾病的误诊，往往会造成重大经济损失。理想的制品应具备高效、速效、长效和多效的特点。

3. 均一性 均一性是指同一批中的任何一瓶产品的质量与其他任何一瓶的质量完全相同。兽用生物制品的均一性要求制品不仅在出厂时是均一的，同时在贮藏、运输和使用时都要保证药品的均一性。

4. 稳定性 兽用生物制品不仅要求在有效期内保持稳定，有较长的保存期，同时要求在使用中保持稳定，以保证产品的质量。稳定性好的制品便于运输和使用，或延长了保存期。由于兽用生物制品一般为热敏感的产品，不耐热，需要冷藏，因此，对制品的稳定性要求更高，必须按要求保存或存放。冻干耐热保护剂可以增加冻干制品的稳定性，有利于制品的保存。

5. 方便性 随着畜禽养殖业的发展，生产方式由原来的散养、小规模转变为集约化、规模化和专业饲养，个体给药方式已不能适应需要，因此，药物的使用应方便、简单，尤其要便于群体给药，如喷（气）雾、饮水、口服、拌料、滴鼻、点眼等途径比较方便。

6. 经济性 给饲养动物使用兽用生物制品，必然会增加直接成本和间接成本，而养殖业需要考虑的是经济效益问题，即用药成本、饲养成本等。因此，兽用生物制品必须经济，才能大量推广使用。

第九节 兽用疫苗产业特点及疫苗应用概况

一、兽用疫苗研发生产特点

（一）疫病特点分析

动物疫病是影响畜牧业健康发展的重要因素之一，具有传播速度快、影响范围广、经

济损失大等特点。这些疫病的暴发不仅威胁着动物的生命安全，还对人类食品安全和公共卫生构成潜在威胁。因此，兽用疫苗的研发与生产显得尤为重要。

动物疫病的种类繁多，包括病毒性疾病、细菌性疾病、寄生虫病等。这些疫病的特点各异，如病毒性疾病具有高度的变异性，使得疫苗的研发更加复杂；细菌性疾病可能通过食物链传播给人类，造成食品安全问题；寄生虫病则可能影响动物的生长发育，降低其生产性能。

针对这些疫病的特点，兽用疫苗的研发与生产需要具有高度的针对性和灵活性，能够快速响应疫病的威胁，提供有效的防控手段。

（二）疫苗研发的重要性

疫苗是预防动物疫病最有效的手段之一。通过接种疫苗，动物可以获得对特定病原体的免疫力，从而避免感染疾病。疫苗的研发与生产对于维护动物健康、保障食品安全和促进畜牧业发展具有重要意义。

首先，疫苗的研发与应用可以降低动物疫病的发病率和死亡率，减少经济损失。其次，疫苗可以预防动物疫病对人类的影响，保护人类公共卫生安全。此外，疫苗的研发还可以推动相关领域的科技进步和创新，为畜牧业的可持续发展提供有力支撑。

（三）人用疫苗与兽用疫苗的比较

人用疫苗与兽用疫苗，其研发的主要目标都是预防和控制传染病，保护接种者免受病原体的侵害，两者都基于免疫学原理，通过接种疫苗刺激机体免疫系统产生免疫反应，从而获得对特定病原体的抵抗力，两者需要在研发和生产过程中进行严格的质量控制，确保疫苗的安全性、有效性和稳定性。

人用疫苗的研发通常更加注重安全性和有效性。研发过程中需要进行详细的病原体生物学特性研究，了解病原体与人体免疫系统的相互作用机制，从而设计出能够有效激发免疫应答的疫苗，更多地采用灭活疫苗或重组蛋白疫苗等。此外，人用疫苗的研发还需关注疫苗的稳定性和长期保存性，以确保疫苗在储存和运输过程中的质量稳定。兽用疫苗的研发更多关注于预防和控制动物传染病，以保护家畜和宠物的健康。兽用疫苗的研发同样需要对病原体的生物学特性进行深入研究，但可能更多地侧重于疫苗在实际养殖环境中的适用性和效果，兽用疫苗更多使用减毒活疫苗或基因工程疫苗等。此外，兽用疫苗的研发还需考虑动物的生理特点和免疫系统的差异，以确保疫苗在动物体内的安全性和有效性。

从生产特点上分析，人用疫苗的生产通常需要在符合药品良好生产规范（good manufacturing practice，GMP）标准的生产设施中进行，确保生产过程的规范和质量控制。生产过程包括原材料采购、细胞培养、病毒或细菌扩增、疫苗制备、纯化、分装等多个环节，每个环节都需要严格遵循操作规程和质量标准。此外，人用疫苗的生产还需进行批次管理和质量监控，确保每批疫苗的质量符合规定。兽用疫苗的生产相对较为灵活，但同样需要遵循相关的生产标准和规范。兽用疫苗的生产可能更多地采用大规模的细胞培养或胚胎接种技术，以满足大量动物的需求。此外，兽用疫苗的生产还需考虑生产成本和动物养殖环境的实际情况，以制定合适的生产工艺和质量标准。

同时，人用疫苗的申报流程通常较为严格，包括临床前研究、临床试验、注册申请等多个阶段。首先，需要进行临床前研究，包括疫苗的安全性、有效性、稳定性等方面的评价。接着，进行临床试验，包括Ⅰ期、Ⅱ期和Ⅲ期临床试验，以评估疫苗在人类中的安全性和有效性。最后，提交注册申请，需经过审评审批合格后方能获得上市许可。而兽用疫苗的申报流程相对简化，但仍需遵循相关法规和规定。申报流程通常包括疫苗研发资料准备、临床试验、生产许可申请、注册审批等环节。在申报过程中，需要提供充分的实验数据和资料，以证明疫苗的安全性、有效性和生产过程的合规性。经过审评审批后，获得生产许可和注册证书，方可上市销售和使用。

人用疫苗与兽用疫苗在研发和生产特点以及申报流程方面存在一定的差异。这些差异主要源于接种对象、病原体特性以及疫苗类型和制备工艺的不同。在疫苗的研发、生产和申报过程中，需要针对不同特点和要求制定相应的策略和方法，以确保疫苗的安全性和有效性。

（四）研发流程概述

兽用疫苗的研发流程通常包括以下几个阶段。

1．病原体的研究与鉴定　首先需要对目标病原体进行深入研究，了解其生物学特性、致病机理和免疫机制等。这为后续疫苗设计提供了重要依据。

2．疫苗设计与筛选　根据病原体的特点，设计合适的疫苗候选物，并通过实验筛选出具有良好免疫原性和安全性的疫苗候选物。

3．实验室评价　对筛选出的疫苗候选物进行实验室评价，包括免疫原性、安全性、有效性等方面的评估。

4．临床试验　经过实验室评价后，需要进行临床试验以验证疫苗在实际应用中的效果。临床试验通常包括多个阶段，如剂量优化、安全性评估、有效性验证等。

5．生产工艺优化　在确定疫苗候选物的有效性后，需要对其生产工艺进行优化，以提高疫苗的产量和质量。

6．注册与上市　经过严格的注册审批程序后，疫苗方可上市销售。上市后仍需持续监测其安全性和有效性。

（五）兽用疫苗研发主要特点

兽用疫苗的研发与生产在维护动物健康、预防动物疾病、保障畜牧业发展以及维护人类公共卫生安全方面扮演着举足轻重的角色。兽用疫苗研发的主要特点如下。

1．针对性强　兽用疫苗的研发通常针对特定的动物疫病，这些疫病可能对畜牧业产生重大影响，如口蹄疫、猪瘟等，兽用疫苗研发的目的是预防和控制动物疾病的发生和传播。针对性的疫苗研发可以准确地针对某种特定的病原体或疾病，提供有效的免疫保护，从而阻止疾病的发生或降低疾病的流行程度。因此，疫苗的研发过程需紧密围绕目标疾病进行，以确保其能够有效地预防和控制疾病的传播。

2．安全性高　疫苗作为一种预防疾病的生物制品，其安全性直接关系到接种动物和人类的健康。如果疫苗安全性不足，可能会引发不良反应、过敏反应，甚至导致疾病的发生或传播。兽用疫苗在研发过程中，必须经过严格的安全性评估。这包括对疫苗成分的安全性分析、对动物模型的毒性测试，以及对实际使用中的安全性监控等，以确保疫苗不会对动物和人类造成危害。

3．效果稳定 兽用疫苗的效果稳定性是其质量的重要指标之一。一个效果稳定的疫苗能够在接种后长时间内保持免疫保护，从而有效预防疾病的发生。如果兽用疫苗的效果稳定，那么所需的免疫次数和频率可能会减少。这不仅可以降低动物应激和疫苗接种成本，还可以减少人力和物力的投入。疫苗应能在不同环境条件下保持其有效性，并在实际应用中提供持久而稳定的免疫保护。

4．应用广泛 兽用疫苗的应用范围广泛，不仅涉及家畜、家禽等经济动物，还包括宠物、野生动物等。因此，疫苗的研发需考虑不同动物种类的特点，以满足各种应用场景的需求。

5．技术更新快 随着生物技术的不断发展，兽用疫苗的研发技术也在不断更新。新技术的应用如基因工程、纳米技术等，为疫苗研发带来了更高的效率和更好的效果。

6．法规监管严 由于兽用疫苗涉及动物和人类的健康安全，因此其研发和生产受到严格的法规监管。这些法规通常对疫苗的研发过程、质量标准、生产流程等方面都有详细的规定，以确保疫苗的安全性和有效性。

7．社会效益大 兽用疫苗的研发不仅有助于畜牧业的健康发展，还有助于维护人类公共卫生安全。通过预防和控制动物疫病，可以减少动物疫病的传播风险，保护人类免受疾病困扰，从而产生巨大的社会效益。

（六）生产工艺要求

兽用疫苗的生产工艺要求严格，以确保疫苗的安全性和有效性。以下是一些关键要求。

1．原材料质量 疫苗生产所使用的原材料必须符合相关质量标准，避免引入污染物或杂质。

2．生产环境 疫苗生产车间必须具备洁净、无菌的环境，以防止病原体污染。

3．生产设备 生产设备应符合相关标准，能够保证疫苗的稳定性和安全性。

4．质量控制 生产过程中应建立严格的质量控制体系，对每一个环节进行监控和检测，确保疫苗质量符合标准。

5．灭菌与保存 疫苗生产过程中需要进行灭菌处理，以防止病原体残留。同时，疫苗应存储在适宜的温度和湿度条件下，以保持其稳定性和活性。

（七）兽用疫苗生产特点

1．生产成本低 考虑到畜牧业的广泛性和疫苗接种的普及性，兽用疫苗的生产成本必须控制在合理范围内。这要求疫苗生产工艺高效、原材料来源稳定且成本可控。

2．生产工艺复杂 兽用疫苗的生产需要经过一系列复杂的生物工艺过程，包括微生物培养、灭活或减毒、纯化、浓缩、佐剂添加等步骤。这些步骤需要严格的操作控制和质量控制，以确保疫苗的安全性和有效性。

3．安全性要求高 兽用疫苗是用于预防动物疾病的重要产品，因此其安全性要求非常高。生产过程中需要严格遵守相关的法规和标准，确保疫苗不会对动物产生不良反应或引发新的疾病。

4．批次稳定性要求高 兽用疫苗的生产通常采取批量生产方式，每个批次的疫苗成分和含量需要保持一致。因此，生产过程中需要严格控制各种影响因素，确保每个批次的疫苗都符合质量标准。

5．质量监控严格 兽用疫苗的生产过程中需要进行严格的质量监控，包括原材料的质量控制、生产工艺的监控、成品的质量检验等。这些监控措施能够确保疫苗的质量和安全性。

（八）质量控制与监管

质量控制与监管是确保兽用疫苗安全性和有效性的关键环节。以下是一些关键措施。

1．制定严格的质量标准 制定全面的质量标准，明确疫苗的各项指标要求，如纯度、活性、稳定性等。

2．设立专门的监管机构 设立专门的监管机构负责对疫苗研发和生产过程进行监管和审批，确保其符合相关法规和标准。

3．实施定期检查和审计 对疫苗生产企业进行定期检查和审计，评估其质量管理体系的有效性和合规性。

4．建立不良事件报告系统 建立不良事件报告系统，及时收集和处理与疫苗相关的不良反应和事件，为疫苗的安全性评估提供依据。

5．促进国际合作与交流 加强与国际疫苗监管机构的合作与交流，共同制定和完善疫苗监管标准和技术规范。

（九）技术创新与挑战

随着生物技术的快速发展，兽用疫苗研发领域也面临着许多技术创新与挑战。技术创新方面，基因工程、蛋白质工程等现代生物技术的应用为兽用疫苗的研发提供了更多可能性。例如，基因工程疫苗可以通过改变病原体的基因结构来增强其免疫原性；蛋白质工程则可以设计出具有更高稳定性和更广泛适用性的疫苗。

挑战方面，首先，疫病的多样性和复杂性使得疫苗研发具有很高的难度。其次，疫苗研发周期长、投入大，需要持续的资金支持和技术积累。此外，疫苗研发还需要面对伦理、安全等方面的挑战。

（十）未来发展趋势

随着生物技术的不断进步和畜牧业的快速发展，兽用疫苗的研发与生产将面临新的机遇和挑战。未来，兽用疫苗的发展将呈现以下趋势。

1．技术创新 基因编辑、mRNA 疫苗等新技术将为兽用疫苗的研发提供新的手段和思路，有望解决传统疫苗无法应对的疫病威胁。

2．个性化疫苗 针对不同动物、不同疫病或不同地区的疫情特点，开发个性化的疫苗产品，提高疫苗的针对性和有效性。

3．智能化生产 利用人工智能、大数据等技术优化生产工艺、提高生产效率，并确保疫苗质量和安全。

4. 国际化合作　加强与国际疫苗研发机构的合作，共同应对全球性的动物疫病威胁，推动疫苗技术的全球进步。

5. 绿色环保　注重疫苗生产过程中的环保问题，减少污染物排放，实现绿色生产。

由于诸多的原因，人们期待在不久的将来，兽用疫苗市场仍会有较快的增长。历史上传统动物疫苗主要的贡献是，控制疫病获得最大化的生产效益。在近几年，由于先进技术和畜牧业管理方式的创新，以及公众对这些技术和现代农业生产实践的深刻认识，疫苗研究飞速发展。

（1）通过化学治疗控制的疫病，逐渐被免疫接种所取代。

（2）人们认识到增加生产性能的基因操作会影响动物的生理和免疫。

（3）人们对经济动物和伴侣动物的卫生和福利的重视度增加。

（4）人们对抗原加工和识别的最新知识，以及对免疫系统有了更深刻的认识。

（5）基因操作技术有了很大的发展，人们希望通过生物技术解决目前存在的技术问题。例如，微生物生长繁殖或抗原组分纯化方面的困难。

这些研究将在以下几方面取得进展。

（1）疫苗更安全和有效。重组疫苗是由单个的免疫保护性抗原组成，而同时除去了与靶动物的免疫应答无关或有害的因素以及对靶动物无关或有害的病原体。通过增强抗原表达和配伍可获得高效的免疫。因此，这些相关抗原联合将是消灭疫病的有效的工具。

（2）对于一些主要的疫病，如乳腺炎、沙门菌病以及蠕虫病，由于还没有这些疫病的有效疫苗，因此不能通过疫苗进行预防控制。这些疫病的新疫苗的设计策略，是将抗原有选择地靶向到免疫系统的相关途径。

（3）新研制的疫苗要求具有期望的免疫期且不受母源抗体的影响。

（4）疫苗应适应种类特异的畜牧业管理体系，如研制适合的给药装置。在禽类产业和水产养殖业，应以特殊的需求为出发点，满足新的增长点。

兽用疫苗的研发与生产是一项复杂而重要的工作。通过对疫病特点的分析，以及对疫苗研发的重要性、研发流程等的深入探讨，可以更好地理解兽用疫苗研发与生产的全貌。展望未来，随着科技的不断进步和市场需求的不断变化，兽用疫苗的研发与生产将迎来更加广阔的发展空间和挑战。

二、我国兽用疫苗分类及需求

（一）分类标准与依据

兽用疫苗的分类主要依据疫苗的性质、病原体种类、免疫效果、使用方式等因素进行。按照疫苗性质可分为灭活疫苗、减毒活疫苗、亚单位疫苗、基因工程疫苗等；按病原体种类可分为病毒疫苗、细菌疫苗、寄生虫疫苗等；按免疫效果可分为预防性疫苗和治疗性疫苗；按使用方式可分为注射疫苗、口服疫苗、气雾疫苗等。

（二）兽用疫苗市场需求的现状

1. 市场需求持续增长 近年来，我国畜牧业发展迅速，养殖规模不断扩大，动物养殖密度不断提高，动物疫病的传播和防控压力也随之增加。同时，随着消费者对动物源性食品质量安全的关注度不断提高，对兽用疫苗的需求也在持续增长。据统计，我国兽用疫苗市场规模逐年扩大，已成为全球兽用疫苗市场的重要组成部分。

2. 市场需求多样化 兽用疫苗市场需求的多样化特点主要体现在以下几个方面：一是疫苗种类的多样化，包括病毒疫苗、细菌疫苗、寄生虫疫苗等；二是疫苗使用方式的多样化，包括注射疫苗、口服疫苗、气雾疫苗等；三是疫苗适用动物的多样化，包括猪、牛、羊、禽类和伴侣动物等各类动物。这些多样化的需求为我国兽用疫苗产业的发展提供了广阔的市场空间。

3. 市场竞争激烈 随着兽用疫苗市场的快速发展，越来越多的企业进入该领域。为应对疫苗生产和研发日益增长的费用，疫苗业进行了大规模的重组合并，并且寻求能给企业带来更合适的生产和研发的经济规模。同时，为了在市场中立于不败之地，企业需要不断提高产品质量、创新疫苗品种、优化服务体系等，以满足养殖户的多样化需求。

（三）影响兽用疫苗市场需求的主要因素

1. 畜牧业发展水平 畜牧业的发展水平是影响兽用疫苗市场需求的重要因素。随着畜牧业的快速发展和规模化养殖的普及，动物疫病的防控压力不断增加，对兽用疫苗的需求也随之增加。同时，畜牧业的发展也推动了兽用疫苗的技术创新和产业升级，为市场需求的满足提供了更多可能性。

2. 动物疫病流行情况 动物疫病的流行情况对兽用疫苗市场需求具有直接影响。疫病的高发期和爆发期往往会导致兽用疫苗需求的急剧增加。例如，非洲猪瘟、禽流感等疫病的流行，使得相关疫苗的市场需求大幅增加。因此，动物疫病的防控工作对于稳定兽用疫苗市场需求具有重要意义。

3. 养殖户对疫苗接种的认知程度 养殖户对疫苗接种的认知程度是影响兽用疫苗市场需求的重要因素之一。养殖户对疫苗接种的认识和理解程度越高，对兽用疫苗的需求就越大。因此，加强养殖户对疫苗接种的教育和培训，提高其对疫苗接种的认识和重视程度，是增加兽用疫苗市场需求的有效途径。

4. 兽用疫苗的质量和价格 兽用疫苗的质量和价格是影响市场需求的关键因素。高质量的疫苗能够提供更好的免疫效果，降低动物疫病的发生概率，从而赢得养殖户的信任和青睐。同时，合理的价格也是影响养殖户购买意愿的重要因素。因此，提高疫苗质量和降低生产成本是满足市场需求的关键。

（四）兽用疫苗市场需求的未来趋势

1. 市场需求将继续增长 随着我国畜牧业的持续发展和动物疫病防控工作的不断加强，兽用疫苗的市场需求将继续保持增长趋势。同时，随着消费者对动物源性食品质量安全的关注度不断提高，对高品质、高安全性兽用疫苗的需求也将不断增加。

2．市场需求将更加多样化　随着养殖业的不断发展和技术进步，养殖户对兽用疫苗的需求将更加多样化。未来，市场将需要更多具有创新性、针对性的疫苗产品，以满足不同动物、不同疫病、不同养殖模式的需求。

3．市场竞争将更加激烈　随着兽用疫苗市场的不断扩大和参与者数量的增加，市场竞争将更加激烈。企业需要在提高产品质量、创新疫苗品种、优化服务体系等方面不断努力，以增强自身的竞争力。

三、我国兽用疫苗行业现状

（一）行业概述

兽用疫苗行业是畜牧业健康发展的重要支撑，它直接关系到动物疫病的预防和控制，对于保障动物源性食品的安全、促进畜牧业的可持续发展具有重要意义。随着我国畜牧业的快速发展和规模化养殖的推进，兽用疫苗行业逐渐成为一个充满活力和潜力的产业。

（二）市场规模与增长

近年来，我国兽用疫苗市场规模持续扩大，成为全球兽用疫苗市场的重要组成部分。这一增长主要得益于畜牧业的发展、动物疫病防控意识的提高以及兽用疫苗研发技术的不断进步。据统计，我国兽用疫苗市场规模连续多年保持两位数增长，显示出强劲的发展势头。

（三）主要企业与品牌

我国兽用疫苗行业涌现出一批具有较强竞争力的企业和品牌。这些企业通过持续的技术创新和产品升级，不断提升自身实力和市场影响力。一些知名品牌已经在市场上树立了良好的口碑和形象。

（四）产品种类与应用

我国兽用疫苗产品种类繁多，涵盖了病毒疫苗、细菌疫苗、寄生虫疫苗等多个领域。这些疫苗产品广泛应用于猪、牛、羊、禽类等各类动物的疫病预防。随着养殖业的不断发展，对兽用疫苗的需求也不断增加，推动了疫苗产品的不断创新和升级。

（五）技术研发与创新

技术创新是推动兽用疫苗行业发展的关键。近年来，我国兽用疫苗行业在技术研发和创新方面取得了显著成果。通过引进国外先进技术、加强自主研发和产学研合作等方式，不断提升疫苗产品的研发水平和质量。同时，随着基因工程、细胞培养等新技术在兽用疫苗研发中的应用，疫苗产品的安全性和有效性得到了进一步提升。

（六）政策法规与监管

政策法规对于兽用疫苗行业的发展具有重要的引导和规范作用。我国政府高度重视兽用疫苗行业的健康发展，制定了一系列政策法规来加强行业监管和规范市场秩序。这些政策法规包括《兽药管理条例》《兽用生物制品管理办法》等，为兽用疫苗行业的发展提供了有力的法治保障。同时，政府部门还加强了对兽用疫苗生产、流通和使用环节的监管力度，确保了疫苗产品的质量和安全。

（七）市场竞争格局

我国兽用疫苗市场竞争激烈，企业之间竞争激烈，市场份额的争夺日益白热化。为了在市场中立于不败之地，企业需要不断提高产品质量、优化服务体系、加强品牌建设等。同时，随着市场竞争的加剧，企业之间的合作与整合也成为一种趋势。一些企业通过兼并重组、战略合作等方式，实现资源整合和优势互补，提高整体竞争力。

（八）行业发展趋势

未来，我国兽用疫苗行业将继续保持快速发展的势头。一方面，随着畜牧业的持续发展和动物疫病防控意识的提高，对兽用疫苗的需求将不断增加；另一方面，随着科技创新和产业升级的推进，兽用疫苗产品的研发水平和质量将得到进一步提升。同时，绿色环保、可持续发展等理念也将成为兽用疫苗行业发展的重要方向。企业需要紧跟时代步伐，加强技术研发和创新能力，不断提高产品质量和服务水平，以适应市场需求的变化和行业发展的要求。

我国兽用疫苗行业在市场规模、技术进步和政策法规等方面取得了显著成就，展现出广阔的发展前景。然而，面对激烈的市场竞争和不断变化的市场需求，企业需要保持创新精神，加强技术研发和品牌建设，不断提高自身实力和市场竞争力。同时，政府部门也应继续加强监管和规范市场秩序，促进兽用疫苗行业的健康发展。

四、兽用疫苗接种的效果

目前市面上的兽用疫苗在接种后普遍展现出良好的免疫效果。这主要体现在疫苗接种能够显著减少目标疫病的发病率，甚至在多数情况下能够完全防止疫病的暴发。

在市场上，兽用疫苗因其显著的防病效果而受到广大养殖户的欢迎。疫苗的使用不仅有助于保护动物健康，降低疾病带来的经济损失，还有助于提高动物产品的质量，满足市场对高品质动物产品的需求。

然而，疫苗接种也伴随着一些挑战和注意事项。例如，疫苗的不当使用可能导致免疫失败或产生不良反应。此外，疫苗的保存和运输条件也对其效果产生重要影响。因此，市场上对于兽用疫苗的评价是复杂而多元的，既看到其防病效果，也注意到其使用和管理中的风险和挑战。

接种兽用疫苗是预防动物疫病、保障动物健康、促进畜牧业发展的重要措施之一。为了确保兽用疫苗的接种效果，市场上通常采用多种方法来监测和评估，包括流行病学调查法、动物试验法以及免疫学指标法等。通过这些方法，可以观察接种疫苗后动物的发病率、病情严重程度等指标，评价疫苗的保护效果和免疫质量。兽用疫苗接种的效果及评价主要分为以下几方面。

1. 免疫效果 接种疫苗可以使动物对某种疫病产生免疫力，从而降低对这种疫病的易感性，起到预防疾病的作用。这对于保护动物健康和防止疾病的暴发非常重要。目前兽用疫苗接种的主要目标是确保动物对特定病原体的免疫能力。通过广泛接种，疫苗可以激发动物体内的免疫反应，从而产生特异性抗体，为动物提供长期或短期的保护。根据多项研究和实践经验，大多数兽用疫苗均显示出良好的免疫效果，显著降低了相关疫病的发病率。

2. 安全性评价　安全性是评价兽用疫苗质量的重要标准。目前市场上的兽用疫苗都经过了严格的安全性测试，包括急性毒性试验、重复给药毒性试验等。这些试验确保了疫苗对动物的毒性影响微乎其微，同时在规定的剂量和使用方法下不会引起严重的过敏反应或其他不良事件。通过接种疫苗预防疾病，还可以减少对抗生素的依赖，降低药物残留对环境的污染，提高动物产品的安全性。

3. 副作用观察　尽管兽用疫苗的安全性得到了广泛认可，但在实际应用中仍可能出现一些轻微的副作用，如注射部位疼痛、肿胀、发热等。这些反应通常是轻微的，并且很快就会消失。此外，少数动物可能会出现过敏反应，但这种情况极为罕见。

4. 抗体水平监测　接种疫苗后，动物的抗体水平是衡量免疫效果的关键指标。通过定期的抗体水平监测，可以评估疫苗的保护效果以及动物的免疫状态。这为养殖户提供了及时的信息，帮助他们了解何时需要补种或加强免疫。

5. 交叉保护效果　某些兽用疫苗除了能够预防特定病原体引起的疾病外，还可能对其他相关病原体产生交叉保护效果。这意味着接种疫苗的动物可能对其他相关疾病也具有一定的抵抗力。这种交叉保护效果在预防一些复杂的传染病中具有重要意义。

6. 疫苗保存稳定性　兽用疫苗的保存稳定性是确保其有效性和安全性的重要因素。疫苗需要在特定的温度条件下保存，以防止其失效或变质。现代兽用疫苗通常具有良好的保存稳定性，能够在较长时间内保持其原有的免疫效果。

7. 使用便利性　兽用疫苗的使用便利性对于其普及和应用也至关重要。现代兽用疫苗通常具有简单易行的使用方法，如皮下注射、肌内注射等。此外，许多疫苗都是多联苗或组合疫苗，可以同时预防多种疾病，大大减少了接种次数和操作成本。这些特点使得兽用疫苗在实际使用中非常方便，有助于提高养殖户的接种意愿和遵从性。

疫苗接种需要科学、合理、规范地进行，以确保疫苗的有效性和安全性。同时，也需要关注疫苗接种后的监测和评估，及时发现和处理可能出现的不良反应和问题。

五、兽用疫苗面临的形势和挑战

兽用疫苗在预防和控制动物疫病、保障畜牧业健康发展方面发挥着至关重要的作用。随着我国畜牧业的快速发展和养殖规模的不断扩大，兽用疫苗的需求和应用也越来越广泛。当前，我国兽用疫苗领域正面临着复杂的形势和多方面挑战。

（一）兽用疫苗面临的形势

1. 畜牧业发展带来的机遇与挑战　随着畜牧业的快速发展，养殖规模的不断扩大和养殖结构的优化，为兽用疫苗行业带来了巨大的市场机遇，同时也面临着养殖方式变革、疫病防控需求升级等挑战。如何适应畜牧业发展的新需求，提供更为高效、安全的兽用疫苗，是行业面临的重要课题。

2．政策环境的变化 国家对兽用疫苗行业的政策环境对行业发展具有重要影响。当前，国家对兽用疫苗行业的政策支持力度持续加大，为行业发展提供了有力保障。随着政策的不断调整和完善，企业也需要密切关注政策变化，及时调整战略和策略，以适应新的政策环境。

3．科技进步的推动 科技进步为兽用疫苗行业带来了前所未有的发展机遇。新技术、新工艺的不断涌现，为疫苗研发、生产和质量控制提供了有力支持，同时也要求企业不断提高自身的科技创新能力，以适应科技进步带来的挑战。

（二）兽用疫苗面临的挑战

1．产品质量与安全问题 产品质量与安全是兽用疫苗行业的生命线。然而，当前一些企业存在产品质量不稳定、安全隐患等问题，严重影响了行业的整体形象和市场信心。因此，提高产品质量、保障疫苗安全是行业亟待解决的问题。

2．创新能力不足 创新能力是兽用疫苗行业发展的核心驱动力。然而，当前我国兽用疫苗企业在创新研发方面还存在一定不足，如研发投入不足、研发人才短缺等。这些问题限制了行业创新能力的提升和发展空间。

3．市场竞争压力 随着市场竞争的加剧，兽用疫苗企业需要不断提高自身的竞争力。然而，一些企业在市场竞争中缺乏有效的竞争策略和手段，导致市场份额下降、盈利能力减弱。因此，如何在激烈的市场竞争中保持优势地位，是行业面临的重要挑战。

4．国际竞争与合作 随着全球化的深入发展，我国兽用疫苗行业面临着与国际同行的激烈竞争和合作机遇。一方面，国际知名兽用疫苗企业纷纷进入我国市场，加剧了市场竞争；另一方面，国际合作也为我国兽用疫苗企业提供了学习和借鉴先进经验的机会。如何在国际竞争中求得一席之地并加强与国际同行的合作，是行业的重要任务。

我国兽用疫苗行业面临着畜牧业发展、政策环境、科技进步等多方面的机遇与挑战。为了推动行业的可持续发展和提升竞争力，应增强自身能力与创新力，配合国家相关政策；加强兽用疫苗行业发展，应加强政策引导和支持力度，为兽用疫苗行业创造更加良好的发展环境；加大研发投入和创新力度，提高兽用疫苗的研发水平和创新能力；加强产品质量监管和安全保障措施，确保兽用疫苗的安全性和有效性；加强国际合作与交流，学习借鉴国际先进经验和技术成果，提升我国兽用疫苗行业的国际竞争力。以上措施的实施和政策的落实，将会使我国兽用疫苗行业迎来更加广阔的发展空间和更加美好的未来。

小 结

我国兽用疫苗研究起步较晚，经过了艰难而曲折的发展历程，凝结了几代中国兽医科学家们的辛勤劳动和心血，顽强抵抗动物疫病流行，典型成绩是消灭了牛瘟和马瘟，创制了诸多兽用疫苗制品，为今后的疫苗研发留下了丰厚、宝贵的知识财富和经验，促进我国兽用疫苗制品飞速发展和技术创新，推进动物疾病的防治，保障我国畜牧业的健康可持续发展。

复习思考题

1．总结传统兽用疫苗和新型兽用疫苗的类型和特点。

2．比较兽用疫苗生产所用动物细胞的优缺点。

3．兽用疫苗的价格相对较低，在保证兽用疫苗安全有效的前提下，如何提高兽用疫苗的生产性能并降低生产成本？

4．分析一款兽用疫苗的优势与不足之处。

5．描述兽用疫苗的使用方法和注意事项。

主要参考文献

靳莉武，张震宇，靳冬武，等．2024．MDCK 细胞无血清悬浮培养技术在流感疫苗研究与生产中的应用进展．生物技术通报，40（2）：38-47．

李真亚．2022．猪肺炎支原体传代致弱菌株的筛选及其免疫保护性评估．武汉：华中农业大学博士学位论文．

宁宜宝．2019．兽用疫苗学．2 版．北京：中国农业出版社．

Coskun O. 2016. Separation techniques: chromatography. North Clin Istanb, 3 (2): 156-160.

Kobayashi J, Akiyama Y, Yamato M, et al. 2019. Biomaterials: Temperature-Responsive Polymer. Comprehensive Biotechnology. Third Edition. Oxford: Pergamon Press.

Kobayashi J, Akiyama Y, Yamato M, et al. 2019. Biomaterials: Temperature-Responsive Polymer. Comprehensive Biotechnology. Third Edition. York:Pergamon Press.

Moo-Young M. 2019. Comprehensive Biotechnology. Amsteram: Elsevier.

Yuan H, Li N, Xun Y, et al. 2021. An efficient heparin affinity column purification method coupled with ultraperformance liquid chromatography for the quantification of native lactoferrin in breast milk. Journal of Food Quality, 2021: 0-4675343.

Zhao T, Cai Y, Jiang Y, et al. 2023. Vaccine adjuvants: mechanisms and platforms. Signal Transduct Target Ther. 8 (1): 283.

第四章　发酵工程兽用制药与生物饲料

本章数字资源

学习目标

1. 掌握发酵的概念与工艺流程，以及发酵工程中的常见兽用制药微生物及其选育与保藏方法。
2. 了解培养基的种类与组成和种子扩大培养的原理与方法。
3. 掌握微生物发酵的方式和兽用抗生素的种类及发酵工艺。
4. 熟悉固定化酶的定义及其固定方法。
5. 了解生物饲料的概念以及发酵工程在其生产中的应用。

第一节　概　　述

一、发酵的定义

发酵的英文术语是"fermentation"，最早是由拉丁语中的"fervere"一词派生而来，意思是发泡、沸涌，描述的是果汁或麦芽浸出液长期存放产生气泡的现象。后来，法国著名微生物学家路易斯·巴斯德（Louis Pasteur）通过对酵母菌乙醇发酵的研究，发现其实质是果汁或麦芽浸出液中的糖类在无氧条件下被酵母降解，在生成乙醇的同时释放了大量的二氧化碳，并将发酵定义为酵母菌在无氧条件下的呼吸过程。然而，随着科学技术的不断发展，人们对于发酵的理解和认知也发生了很大变化。从生物化学和生理学的角度来说，发酵是微生物在无氧条件下，分解各种有机物质并产生能量的过程；从微生物学的角度来说，发酵是指利用微生物在有氧或无氧条件下的生命活动大量生产或积累微生物菌体、酶类或代谢产物的过程；在工业生产领域，发酵则泛指利用生物细胞制造产品或净化环境的过程。

二、发酵类型

在发酵过程中，根据微生物的生理特性、产物种类以及经济需要等，可将发酵分为若干类型。

（1）根据发酵产物来区分，可分为：微生物菌体发酵、微生物酶发酵、微生物代谢产物发酵、微生物转化发酵、工程菌（细胞）发酵。

（2）根据发酵过程中对氧气的不同需求来区分，可分为：厌氧发酵和需氧发酵。

（3）根据培养基的物理性状来区分，可分为：液态发酵和固态发酵。

（4）根据发酵的工艺流程来区分，可分为：分批发酵、连续发酵和流加发酵等。

（5）根据发酵原料来区分，可分为：糖类物质发酵、石油发酵及废水发酵等。

三、发酵工程兽用制药的特点和发展趋势

（一）发酵工程兽用制药的特点

发酵工程是利用生物细胞的生物化学反应生产生物产品的过程，与其他化学工业的最大区别就在于它是利用生物体所进行的化学反应。目前，发酵工程在兽用制药方面已经得到了广泛应用，与其他制药方式相比，其特点主要如下。

（1）发酵的反应过程比较温和，通常在适于生命活动的常温、常压条件下进行，安全性高、条件要求相对简单。

（2）发酵生产所使用的原料来源较为广泛，且价格低廉。通常以淀粉、糖蜜或其他农副产品等生物质原料作为碳源，只需要加入少量的有机和无机氮源就可以进行反应。

（3）发酵过程是生物体通过自动调节的方式进行的，多个反应就像一个反应一样，仅在发酵罐这一单一设备中就可进行。

（4）基于生物体自身的反应机制，发酵过程能够高度选择性地对某些较为复杂的化合物进行特定部位的氧化、还原等化学反应，从而产生化学工业难以合成或几乎不可能合成的较为复杂的高分子化合物。同时，发酵过程的专一性很强，可以获得较为单一的代谢产物。

（5）微生物菌种是进行发酵的根本因素，菌种的性能是决定发酵生产水平的关键。通过自然选育、诱变、基因工程等菌种选育手段获得高生产性能的优良菌株，能够在不增加任何设备投资的情况下，提高发酵工程的生产能力，甚至获得按常规方法难以生产的产品。

（6）发酵过程是纯种培养过程，需要特别控制杂菌的产生。生产中使用的设备、管道、截门和培养基等都必须严格灭菌，通入的空气也应该进行过滤除菌，同时对设备的密封性以及取样检测等都应有严格的要求。通常情况下，杂菌特别是噬菌体污染会对发酵过程产生明显的负面影响，严重的甚至会导致整个发酵过程失败，进而造成重大的经济损失。

（7）与其他制药方式相比，发酵工程具有投资少、见效快等优点，更容易获取显著的经济效益。

（二）发酵工程兽用制药的发展趋势

现代生物技术或生物工程主要包括基因工程、细胞工程、酶工程、蛋白质工程和发酵工程等多个方面，其中，发酵工程是生物技术实现工业化生产的核心环节。经过几十年的发展和实践，当前发酵工程已经在众多领域得到了广泛应用，如农业、医药业、食品业、环境保护、资源和能源开发等。目前，在我国发酵工业的总产值约占整个国民经济的 1%，而在有些发达国家，这一比例可以达到 5%。随着生物技术的快速发展，发酵工程技术也在不断改进和提高，其应用领域也在不断拓宽，甚至有预测指出，未来将有 20%～30%的化学工艺过程会被发酵工程所取代，显示出了巨大的发展潜力。

据统计，我国每年抗生素的使用量超过 10 万吨，约占全球总用量的一半，其中，超过 50%为兽用。目前，从抗生素工业的现状来看，我国已然是一个抗生素生产大国，但从抗生素新品种的生产来看，还远不是抗生素生产强国，特别是一些高端的抗生素，或因专利

保护，或因关键技术瓶颈等原因，仍然被国外所垄断。另外，在发酵水平方面，与发达国家相比也存在一定差距。例如，在国内，青霉素的发酵水平约为 70 000U/mL，而在某些发达国家却可以达到 100 000U/mL 以上。

在兽用制药方面，我国发酵工程技术的发展仍然有很大的进步空间，一方面，应该加快对国外先进技术的引进和消化，另一方面，应该在更高水平的生产菌种选育技术、发酵工艺、产品后处理工艺等方面加强自主知识产权的储备和突破。主要包括以下几个方面。

（1）利用 DNA 重组等技术手段定向改良现有生产菌种，提高发酵水平和生产稳定性。

（2）将发酵工程与固定化技术、酶工程等相结合，对现有的发酵工程技术进行改进和完善。

（3）向容积大型化、结构多样化、操作控制自动化的方向研制和开发新型的发酵设备。

（4）选育适合不同原料和环境的高产菌种，促进农业副产物等可再生资源的有效利用。

（5）加强对发酵工程中、下游操作单元的研究。例如，细胞破碎、膜过滤、沉淀、萃取、吸附、干燥、蒸馏、结晶等。

第二节　发酵工程中的微生物

一、常见的兽用药用微生物

人类对于活菌的使用已有几千年历史，1908 年，俄国微生物学家 Metchnikoff 最先提出了细菌培养物可用于治疗疾病，并提出乳杆菌具有抑制大肠杆菌的作用。随后，抗生素的发现彻底改变了人类对抗细菌性疾病的被动局面。20 世纪 50 年代，日本研究者开发了最早的微生态制剂“乳酶生”，其主要有效成分是粪链球菌。1989 年，美国公布了双歧杆菌、芽孢杆菌、乳杆菌等 10 属 42 种微生物，宣称用这些微生物直接饲喂动物是安全的。然而到 20 世纪 80 年代中期，长期使用抗生素导致了病原微生物的耐药性增强以及药物残留等问题的出现，世界各国开始对饲用抗生素的使用加以限制。为了开展对可代替抗生素的饲料添加剂的研究，微生态制剂再次受到关注。

目前临床使用最广泛的微生态制剂是由有益活性微生物组成的细菌制品，不同于抗生素那种简单的杀死所有微生物的作用方式，其可通过调节畜禽机体正常菌群，促进肠道的消化吸收，从而对畜禽起到保健和促进生长的作用。饲用微生态制剂在进入动物体内后会与动物体内的正常菌群结合，表现出栖生、共生、竞争和吞噬等一系列复杂关系；另一方面可帮助动物免疫系统识别并抵抗致病源，激活机体免疫反应，树立肠道防线。尤其在多种动物的胃肠道疾病方面，还解决了临床上一些抗菌药物达不到治疗目的的难题。

微生态制剂常常使用一株或几株细菌制成不同的剂型，用于直接口服、拌料或溶于水中，也可局部用于上呼吸道、尿道及生殖道。对刚出壳的鸡群，通常会进行喷雾使用。我国目前多用粉剂、片剂和菌悬液，直接口服或混于饲料中。用于微生态制剂生产的菌种必须是公认的安全菌，如乳酸杆菌、某些双歧杆菌和肠球菌等。研究和生产微生态制剂的关键，就是要选出优秀的可以用于微生态制剂生产的菌种。由于菌种的优劣直接关系到微生态制剂的质量和实际使用效果，因此用于生产的菌种要经过严格的筛选与驯化以保证其可靠性。此外，还必须满足许多“基本要求”，即生物安全性、生产和加工的可能性及微生态制剂的使用和菌株保持活力所必需的条件等，这样才能用于宿主动物，也才能在宿主体内或体表发挥有益作用。农业部在2013年发布了《饲料添加剂品种目录》，其中明确了允许添加于饲料中的微生物菌种（表4-1）。目前我国应用于生产微生态制剂的菌种主要有乳酸菌、需氧芽孢杆菌、双歧杆菌、拟杆菌等几大类。

表4-1 《饲料添加剂品种目录（2013）》允许添加于饲料中的微生物

序号	微生物种类	用途
1	地衣芽孢杆菌、枯草芽孢杆菌、双歧杆菌、肠球菌、嗜酸乳杆菌、干酪乳杆菌、德氏乳杆菌乳酸亚种（原名：乳酸乳杆菌）、植物乳杆菌、乳酸片球菌、戊糖片球菌、产朊假丝酵母、酿酒酵母、沼泽红假单胞菌、婴儿双歧杆菌、长双歧杆菌、短双歧杆菌、青春双歧杆菌、嗜热链球菌、罗伊氏乳杆菌、动物双歧杆菌、黑曲霉、米曲霉、迟缓芽孢杆菌、短小芽孢杆菌、纤维二糖乳杆菌、发酵乳杆菌、德氏乳杆菌保加利亚亚种（原名：保加利亚乳杆菌）	养殖动物
2	产丙酸丙酸杆菌、布氏乳杆菌	青贮饲料、牛饲料
3	副干酪乳杆菌	青贮饲料
4	凝结芽孢杆菌	肉鸡、生长育肥猪和水产养殖动物
5	侧孢短芽孢杆菌（原名：侧孢芽孢杆菌）	肉鸡、肉鸭、猪、虾

（一）乳酸菌制剂

乳酸菌是一类可以发酵糖类且主要发酵产物为乳酸的革兰氏阳性菌，广泛地分布于动物的肠道中，是被使用最早且用途最为广泛的菌种之一。乳酸菌多为厌氧或兼性厌氧菌，在pH为3.5～4.0的酸性环境条件下仍可存活。目前用于微生态制剂的乳杆菌主要是嗜酸乳杆菌，此外还有肠球菌如粪链球菌、尿链球菌，它们的共同特征是能大量产酸，常统称为“乳酸菌”，其分解糖类产生的乳酸可以降低环境中的pH并通过生物颉颃作用抑制或阻止病原微生物的入侵和定植，维持消化道中的正常微生态平衡。同时还能提高饲料的利用率，调节机体的营养状况、生理功能、免疫反应。

我国利用粪链球菌生产“乳酶生”和用嗜酸乳杆菌配以粪链球菌、枯草杆菌制备的“抗痢灵”及“抗痢宝”，都已得到农业农村部批准投入批量生产。这三种菌互相依赖、促进增殖，其中的嗜酸乳杆菌分解糖类产生乳酸，可抑制有害微生物的生长繁殖；粪链球菌产酸快，有助于嗜酸乳杆菌的增殖；枯草杆菌则可以分解淀粉产生葡萄糖，为乳酸菌提供能源。

（二）需氧芽孢杆菌制剂

芽孢杆菌是一类革兰氏染色阳性的好氧菌，广泛分布于自然界的土壤、水和空气以及动物体的肠道中。绝大多数芽孢杆菌只能在其内部形成一个芽孢，芽孢具有细胞壁厚且含水量低的多层结构。因此，其抗逆性极强，对高温、干燥、电离辐射、紫外线及多种有毒的化学物质等均有很强的抗性。芽孢杆菌能够经代谢产生脂肪酶、蛋白酶、淀粉酶以及植酸酶等多种消化酶来提高动物生产性能。此外，芽孢杆菌能够合成多种维生素，如叶酸、烟酸及多种B族维生素。在芽孢杆菌的生长繁殖过程中还会产生乙酸、丙酸和丁酸等挥发性脂肪酸，不仅能降低机体肠道内的 pH，还可以有效地抑制肠道内病原菌的滋生，为有益乳酸菌的生长创造有利条件。

已经应用于生产的需氧芽孢杆菌主要有蜡样芽孢杆菌和枯草芽孢杆菌两类，所制成的商品制剂包括“促菌生”“调痢生”“乳康生”“止痢灵”“华星宝”“抗痢宝”“克泻灵”“增菌素”“促康生”“XA1503 菌粉”等。目前用于生产的蜡样芽孢杆菌菌株有 DM423、SA 38、N42、BC901、BNL4 和 XA1503；枯草芽孢杆菌菌株有 BNL1、BNL2、BC88625 等。该类制剂可用于治疗猪、牛、羊、鸡、鸭和兔等动物的腹泻，并有一定促生长作用。“促菌生”的菌种为土壤中分离到的无毒性需氧芽孢杆菌，对厌氧菌的生长有促进作用，该制剂是一种安全有效的微生态制剂，现已投入大量生产，并在人类医药和畜牧业上广泛应用，对婴幼儿腹泻、肠炎、痢疾均有较好的疗效，且具有预防作用。许多顽固性腹胀，经“促菌生”治疗也得到缓解。该制剂已广泛应用于预防、治疗羔羊痢疾、仔猪下痢以及雏鸡白痢，而且对雏鸡还存在一定的促生长作用。“调痢生”生产用菌种为蜡样芽孢杆菌 SA38 株。该菌株于 1982 年从健康猪肠道内分离的百余株芽孢杆菌中筛选获得。该菌株耐高温、耐高盐、不产生 B 溶血。经多项实验证明它是一株安全、无害的芽孢杆菌。由其制成的“调痢生”，对初生仔猪和雏鸡下痢、犊牛下痢、羔羊痢疾和雏鸡白痢均有良好治疗作用。

（三）双歧杆菌制剂

双歧杆菌最早是由法国科学家 Tissier 于 1899 年从母乳喂养的婴儿的粪便中分离出的一种无芽孢的厌氧革兰氏阳性杆菌，它是目前世界上最受关注的益生菌。双歧杆菌分布于人和动物小肠下段，起着维护微生态平衡的作用。作为一种肠道有益菌，双歧杆菌能够合成机体必需的维生素，促进机体对矿物质的吸收。其代谢产生的丙酸、丁酸、乙酸和乳酸等有机酸可以刺激机体肠道蠕动，防止便秘，还能够抑制肠道腐败菌的滋生，抵御外界病原菌感染，刺激机体免疫反应以及提高机体的抗病能力。当机体处于病理状态时，往往表现出双歧杆菌数量减少，当恢复到正常生理状态时，其数量又逐渐增加到原水平。因此，双歧杆菌可作为衡量机体健康状态的一个敏感指标，补充双歧杆菌则可防治某些疾病，特别是细菌性腹泻。畜牧兽医方面，利用双歧杆菌和酵母菌制成的混合制剂用于治疗奶牛腹泻有一定疗效。自健康牛阴道分离的双歧杆菌制成活菌制剂，对治疗奶牛阴道炎也有一定效果。

（四）拟杆菌制剂

拟杆菌是寄生在人和动物肠道的正常菌，在革兰氏阴性厌氧杆菌中占第一位，对动物和人体的肠道微生态平衡起着很大作用。拟杆菌能利用糖类、蛋白胨或其中间代谢物，其代谢产物包括琥珀酸、乙酸、乳酸、甲酸和丙酸等。其生长需要 5%～10%二氧化碳、氯化血红素和维生素 K 等，最适生长温度为 37℃，最适 pH 为 7.0，培养基中加 10%血清或腹水、0.02% 吐温-80、胆汁都可促进其生长。拟杆菌制剂在我国的使用尚属起步阶段。以脆弱拟杆菌、粪链球菌和蜡样芽孢杆菌制成的复合活菌制剂，在预防和治疗由沙门菌和大肠杆菌引起的雏鸡、仔猪下痢方面有较好效果。

（五）酵母菌制剂

酵母菌是一类结构简单的单细胞真核微生物，属于高等微生物的真菌类，是一种兼性厌氧菌。作为人类文明史中最早得到应用的微生物，酵母菌的蛋白质含量高，其蛋白质含量约占菌体干物质含量的32%～75%。有报道显示，每100kg干酵母所含蛋白质的量几乎等同于250kg猪肉或217kg大豆所含蛋白质的量，并且赖氨酸和色氨酸的含量都比较高。另外，酵母中淀粉酶、纤维素酶和植酸酶等酶含量丰富，可将淀粉和纤维素分解成易被消化吸收的氨基酸和小分子糖等低分子物质，促进动物对蛋白质、氨基酸及糖类的消化与吸收。

（六）其他微生态制剂

优杆菌、黑曲霉以及米曲霉也具备微生态制剂生产用菌种的基本特性。此外，噬菌体微生态制剂也可用于治疗细菌性疾病，如猪、牛、羔羊的肠毒素型大肠杆菌腹泻。其作用机理为噬菌体能与病原菌所结合的肠道细胞受体和病原菌吸附性的决定簇（如K88、K99纤毛抗原）相结合，从而降低病原菌的感染。噬菌体微生态制剂与抗生素相比其优点之一是，对噬菌体产生抗性的变异菌株，其毒力总是低于其原始菌株。从鸡的粪便饲料和污物中能分离到蛭弧菌，其可以使鸡伤寒沙门菌引起的死亡率从53%降至16%。蛭弧菌类似于噬菌体。目前，这类细菌已被成功地用于制备微生态制剂——“生物制菌王”。蛭弧菌在自然界中广泛存在，其对革兰氏阴性细菌的裂解作用非常明显，且宿主范围极广，如猪大肠杆菌、霍乱沙门菌和鸡伤寒沙门菌等。“生物制菌王”可以用于鸡、鸭、鹅、仔猪、羔羊、犊牛细菌性下痢的预防和治疗，并能促进这些畜禽的生长，无毒副作用，无残留，无抗药菌株的产生，无环境污染。

二、优良菌种的选育

在漫长的进化过程中，自然界中的微生物菌种逐渐形成了一套完善的代谢控制机制。这些微生物细胞内拥有反馈抑制、阻遏等多种代谢调控系统，能够有效地避免过量生产超出其生长和代谢需求的酶或代谢产物。这些机制的存在保证了微生物的代谢活动可以更加精确和高效地进行。自然界中获得的微生物通常不具备高的生产性能，难以适应工业化生产的要求。通过采用物理、化学或生物学以及各种工程学方法，改变微生物的遗传结构，打破其原有的代谢控制机制来获得各种类型的突变株，可以在不损及微生物基本生命活动的前提下提高现有技术的发酵水平，还可以改善产品质量，去除多余的代谢产物，使目的产物过量生产，最终实现产业化的目的。此外，菌种选育还可以研究菌种的分子生物学和分子遗传学，揭示自然现象的规律和机制。目前，诱变育种常用的方法分为三类：基因突变、基因重组和基因的定向进化。基因突变包括自然选育和诱变育种。基因重组从最初的杂交到后来的原生质体融合，以及20世纪70年代以后发展起来的基因工程技术。基因的定向进化是近年来基于基因工程技术发展起来的定向基因突变技术。从这三种技术的适用范围来看，第一种技术仍然是最简单和常用的技术。随着分子生物学技术的发展，基因工程以及建立在其基础上的基因定向进化技术将大大提高菌种选育的效率。菌种选育改良的具体目标包括以下几部分。

（1）提高目标产物的产量，生产效率和效益总是排在一切商业发酵过程目标的首位，通过改良菌种，可以增强其代谢能力、提高底物利用率及产物转化效率，从而达到更高的产量。这对于大规模工业生产来说尤为重要，可以降低成本并满足市场需求。

（2）提高产品质量，改良菌种可以优化代谢途径，在提高目标产物产量的同时减少杂质生成和副产物积累，提高产品纯度和质量稳定性，降低产物分离纯化过程的成本。这对于食品、药品等领域非常关键，确保产品的安全性和有效性。

（3）改良菌种性状，改善发酵过程，包括改变和扩大菌种所利用的原料范围、提高菌种生长速率、缩短发酵周期，保持菌株生产性状稳定、提高斜面孢子产量、改善对氧的摄取条件并降低需氧量及能耗，增强耐不良环境的能力。

（4）改变生物合成途径，以获得高产的新产品。

（一）自然选育

自然选育是指在生长过程中不经人工处理，利用微生物的自发突变对菌种进行筛选和培育，以获得适应性更强、产量更高、品质更好的发酵菌种。所谓自发突变，就是指生物在没有人工参与下所发生的那些突变。称其为自发突变，并不意味着没有诱因，在自然条件下充满宇宙的短波射线、普遍存在的一些诱变物质以及菌体代谢过程中产生的一些诱变物质（如过氧化氢等）都会使得碱基发生突变。当然这种突变率很低，据统计，碱基对发生自发突变的概率仅为 10^{-9}～10^{-8}。自发突变有两种情况，一种是生产上我们所希望看到的，或者是生产性能的提高，或者是副产物的减少等，这种突突称为正突变；另一种是我们不希望看到的，如生产性能的下降，这种突变称为负突变。正突变和负突变仅仅是微生物的个体行为，在群体中我们是观察不到的，常常观察到的现象是回复突变。所谓回复突变，是菌种经诱变后筛选的突变体遗传性能很不稳定，导致了负突变的发生。负突变的微生物个体由于生长性能的优势，在连续传代的过程中逐渐在群体中占优势，最终高产菌种性能下降。当菌种发生回复突变后，因突变株在群体越来越占优势，通过常规分离的方式常常没有机会再获得原先的优良菌种，会给生产造成巨大的损失。遇到这种情况，必须进行自然分离。在工业生产中，由于各方面的因素，生产水平的波动很大，经常从高水平批次中取样进行单菌落分离，从中挑选比较稳定的菌株，其具体步骤如下。

1）菌种采集　从不同的自然环境中采集微生物样本，包土壤、水体、动植物体内等。这些样本具有丰富的微生物资源，可以作为发酵菌种的潜在来源。

2）初步筛选　对采集到的微生物样本进行初步筛选，主要通过观察其形态、颜色和生长速度等特征来判定其是否适合作为发酵菌种。排除不符合要求的微生物。

3）发酵性能评估　从预筛选的微生物中挑选出一部分，进行发酵性能评估。通过将菌种接种到特定的发酵培养基中，观察和测试其产酶能力、产物产量、生长适应性等指标。这一步可以初步辨别菌株的发酵潜力。

4）环境适应性测试　在不同的环境条件下对筛选出来的菌株进行培养，包括温度、pH、营养源等方面的变化。通过观察其生长和发酵表现，评估菌株在不同环境下的适应性和稳定性。

5）**产物品质评价** 对所选取的菌株产生的主要代谢产物进行分析和评估，包括产物的纯度、产量、活性等方面的考察。通过这一步骤，可以确定菌株所产生的产物是否符合工业应用的需求。

6）**优化培养条件** 在有了初步选定的菌株之后，进一步优化其培养条件，包括培养基配方、培养温度、pH、培养时间等。通过不断调整这些因素，提高菌株的发酵效率和产物产量。这一步骤需要进行多次试验和优化才能得到较好的结果。

7）**大规模发酵试验** 将经过优化的菌株进行大规模发酵试验，考察其在工业化生产条件下的适应性和稳定性。同时，验证其是否能够满足商业化生产的需求，并选择最佳的培养条件和工艺参数。

此外，自然分离也是其他诱变育种工作必不可少的一个重要环节。总而言之，自然选育是一种简单易行的选育方法，它可以达到纯化菌种、防止菌种衰退、稳定生产、提高产量的目的。但是由于自然选育突变率低，很难使生产水平大幅度提高。因此经常把自然选育和其他育种方法交替使用，这样可以达到良好的效果。

（二）诱变育种

诱变育种就是以物理、化学或者生物等诱变处理手段，促使微生物的遗传物质发生突变以及菌种的遗传性状改变，然后采用简便、快速和高效的筛选方法从群体中选出具有优良性状的菌株。一般情况下微生物自发突变的突变率很低，在 10^{-8}～10^{-5} 之间，获得符合要求的突变株的可能性很小。而在人为的物理与化学诱变因素作用下，菌株的突变率得以大大提高，达到 10^{-6}～10^{-3}，比自发突变提高了上百倍，使得具有有利性状的突变株被筛选到的可能性大大增强。当前发酵工业中使用的高产菌株，大多数都是通过诱变育种而大大提高了生产性能的菌株。诱变育种除能提高产量外，还可达到改善产品质量、扩大品种范围和简化生产工艺等目的。诱变育种技术具有操作简便、速度快捷和收效显著的特点，因此至今仍然是获得高产菌株的重要手段。

诱变育种包括诱变和筛选两个部分：诱变部分包括由出发菌株开始制出新鲜的孢子悬液（或菌悬液）作诱变处理，然后以一定稀释度涂平板，至平板上长出单菌落等各个步骤。因诱变育种是使用诱变剂促使菌种发生突变，所以诱变效果与出发菌株本身的遗传背景、诱变剂的种类及剂量的选择和合理的使用方法都有密切的关系。就目前常规使用的技术来看，诱变剂分为两大类，即物理诱变剂和化学诱变剂。物理诱变主要就是各种辐射射线，如紫外线、X 射线、γ 射线、快中子、等离子等都是常用的物理诱变剂。化学诱变剂的种类有许多，但具有高效诱变作用的并不多，常用的化学诱变剂根据其作用方式不同分为以下三种类型：①与核酸碱基发生化学反应的诱变剂；②碱基类似物；③移码突变的诱变剂。诱变剂的作用是扩大基因突变的频率，因此应选择高效诱变剂，如 NTG、Co、γ 射线、紫外线（UV）等。对于野生型菌株，单一诱变剂有时能取得好的效果，但对于已经诱变过的老种，单一诱变剂重复使用后突变的效果不好，故而诱变育种中还常常采取诱变剂复合处理，使它们产生协同效应。复合处理可以将两种或多种诱变剂先后或同时使用，也可用同一诱变剂重复使用。因为每种诱变剂有各自的作用方式，引起的变异有局限性，复合处理则可扩大突变的位点范围，使获得正突变菌株的可能性增大，因此，诱变剂复合处理的效果往往好于单独处理。

筛选过程是菌种选育效率的决定性环节。尽管诱变后的细胞群体中突变频率远高于自发突变，但在总体细胞群中，突变细胞的数量依然相对较少。此外，DNA 链上的突变是随机发生的，所需要的突变株出现的频率更低，找寻特定突变型就如同在大海中捞针一般困难。因此，合理和系统的筛选方案在菌种选育中显得至关重要。虽然诱变是随机的，但选择则是有目标的。我们需要通过准确、敏感、快速的筛选检测手段，在庞大的未变异和负向变异群体中，挑选出稀少的正向突变。为了用最小的工作量，在最短的时间内获得最好的筛选效果，必须设计和采用高效的科学筛选方案和手段。为加快筛选速度，通常采用下列几种方法。

1）*平皿快速检测法*　利用菌体在特定固体培养基平板上的生理生化反应，将肉眼观察不到的产量性状转化成可见的“形态”变化，包括纸片培养显色法、变色圈法、透明圈法、生长圈法和抑制圈法等。

2）*形态变异的利用*　微生物的形态特征及生理活性状态与微生物的代谢产物生产能力存在着一定的相关性，可以利用这种对突变型的形态、色素和生长特性的了解和判断作为初筛的依据。

3）*高通量筛选*　高通量筛选方法是将许多模型固定在各自不同的载体上，用机器人加样、培养后，用计算机记录结果并进行分析，使人们从繁重的筛选劳动中解脱出来，实现了快速、准确、微量的筛选，一个星期就可筛选十几个、几十个甚至成千上万个样品。合理利用资源配置的自动筛选仪器，可以用最少的资源筛选大量的经诱变的群体。微量化仪器和自动操作系统已经用于菌种筛选。其优点是培养基可自动灌注、清洁，可在短时间内进行大量筛选，从而提高了工作效率。随后，使用机器人加样、计算机数据处理分析，筛选出所需的目的菌种。不过，自动筛选仪器的一次性设备投资费用很大，特别是机器人的使用，设备的保养费和软件开发的费用也非常昂贵。

诱变育种的整个过程主要是诱变和筛选的不断重复，直到获得比较理想的高产菌种。最后经考察其稳定性、菌种特性、最适培养条件后，再进一步进行生产性试验。目前还无法控制突变的方向，只能通过筛选的方法获得正突变的目的菌株。诱变育种技术和原生质体技术结合有时可以消除某些菌种在长期进行诱变后生长特性变差，提高进一步改造的潜力，而和自然选育结合可以稳定高产菌种的性能。

（三）杂交育种

杂交育种是指人为利用真核微生物的有性生殖或准性生殖，或原核微生物的接合、F 因子转导和转化等过程，促使两个具有不同遗传性状的菌株接合，从而使遗传物质重新组合，最终分离筛选出具有新性状的菌株。这也是一类重要的微生物育种手段，比起诱变育种，它具有更强的方向性和目的性。微生物杂交的本质是基因重组，杂交种必然包含着基因重组过程，而基因重组并不仅限于杂交的形式。然而，不同类群微生物基因重组的过程是不完全相同的。其中原核生物中的细菌和放线菌由于细胞结构相似，基因重组过程也很相似，杂交过程是两个亲本菌株细胞间接合，染色体部分转移，形成部分接合子，最后经交换、重组直至重组体的产生。真菌，如酵母菌是通过有性生殖或准性生殖来完成，后者是一种不通过有性生殖的基因重组过程，即两亲本菌丝体细胞间接触、吻合、融合产生异核体、杂合二倍体，经过染色体交换后形成重组体。

（四）原生质体融合

原生质体融合技术属于细胞工程，是现代生物技术的一个重要方面。它可将遗传性状不同的两个细胞融合为一个新细胞，通过原生质体融合进行基因重组的研究。原生质体融合技术起源于20世纪60年代，也属于基因重组技术，其原理是细胞外层的细胞壁被酶解脱壁形成原生质体后，在外力（诱导剂或促融剂）作用下，两个或两个以上的异源（种、属间）细胞或原生质体相互接触，通过膜融合、胞质融合、核融合，接着基因组之间发生接触、交换，进而发生基因组的遗传重组，最后在适宜的条件下再生出细菌细胞壁，获得重组子。该技术最先在植物细胞中发展起来，随后应用于真菌，最后又扩展到原核微生物。原生质体高频重组可以在原本很少或者不能进行遗传交换的两种不同微生物之间发生，其无需对微生物的遗传特性完全掌握，只需在了解微生物遗传性状的基础上就可实现微生物的定向育种，可以快速、高效地筛选出集合了多种正突变的优良菌株，把许多需要的性状汇集在同一个细胞里，这在很大程度上弥补了经典诱变方法的缺陷。20世纪70年代末匈牙利的Pesti首先报道了融合育种提高了青霉素的产量，之后原生质体融合技术发展成为工业育种的一项新技术，是继转化、转导和接合之后的一种更有效的转移遗传物质的手段。

原生质体融合的主要步骤为：①选择两个有不同价值的并带有选择性遗传标记的细胞作为亲本；②在高渗溶液中，用适当的脱壁酶（如细菌或放线菌可用溶菌酶或青霉素处理，真菌可用蜗牛酶或其他相应的脱壁酶等）去除细胞壁；③将形成的原生质体进行离心聚集，并加入促融合剂聚乙二醇（PEG）或通过电脉冲等促进融合；④在高渗溶液中稀释，涂在能使其再生细胞壁和进行分裂的培养基上，形成菌落后，通过影印接种法，将其接种到各种选择性培养基上，鉴定是否为阳性融合子；⑤测定其他生物学性状或生产性能。

原生质体融合与其他育种技术相比具有以下优点：能克服作物有性杂交的不亲和性，冲破种属的界限，而达到种间、属间乃至界间的融合，实现远缘杂交；重组频率高、遗传物质传递完整且不需要完全了解作用机制；避免了分离、提纯、剪切、拼接等基因操作，仪器设备简单，投资少；去除了细胞壁的阻碍，两亲株融合后整套基因组相互接触，从而可构建集双亲优良遗传性状于一体的融合子。

（五）代谢工程育种

诱变育种虽然取得了巨大成就，使微生物的有效产物成百倍甚至上千倍地增加，但是诱变育种的盲目性大，工作量繁重。近年来，随着生物化学、遗传学及分子生物学的发展，各种生合成代谢途径及代谢调节机制被阐明。人们不仅能够通过控制发酵条件去除反馈调节，使生物合成的途径朝着人们希望的方向进行，还可以根据代谢途径进行定向选育来获得各种解除或绕过了微生物正常代谢途径的突变株，从而选择性地选育得到大量累积目的产物的高产菌株。微生物细胞代谢途径中的每一步几乎都是在酶的催化下进行，也就是说代谢调节本质上是对参与各项生命活动的关键酶的调节，其包括调节酶合成数量和酶活力两个方面。对酶活力的调节属于快速调节，一般几秒至几分钟内可实现，主要通过对细胞内已经合成的酶的抑制与激活来进行。而对酶合成的调节则比较迟缓，是慢速调节，主要通过基因调控蛋白质合成来实现。因此在了解微生物代谢途径的基础上，通过代谢工程育种可以大大减少育种工作中的盲目性，提高育种效率，目前代谢工程育种已经在获取初级代谢产物的育种中得到了广泛应用，成就显著。然而，相较于初级代谢产物，次级代谢产物的产生过程更为复杂，很多代谢途径和调节机制还没有从理论上阐明，因此该方面的工作相对落后。

特定突变型的选育，可以通过改变代谢通路、降低支路代谢终产物的产生或切断支路代谢途径，使代谢流向着所需方向进行。代谢控制育种的具体方法包括以下几种。

（1）组成型突变型的选育。

（2）抗分解调节突变型选育，包括解除碳源分解调节突变型选育和解除氮源分解调节突变型选育。

（3）营养缺陷型在代谢调控育种中的应用。

（4）渗漏缺陷型在代谢调控育种中的应用，如回复突变引起的抗反馈调节突变型选育。

（5）抗反馈调节突变型育种，如耐自身代谢产物的突变型选育、抗终产物结构类似物的突变型选育和耐前体物突变型选育等。

（6）解除磷酸盐调节突变型的选育。

（7）细胞膜透性突变型的应用。

（8）其他抗性突变型选育。

（9）次级代谢产物代谢障碍突变型的应用。

除此之外，通过人为引入外源基因使原来的代谢途径向前或后延伸产生新的末端产物来扩展代谢途径以及将一系列生化反应的多个酶基因克隆到不能产生某种代谢产物的微生物中，使之获得产生新化合物的能力等也是代谢工程育种的重要方向。

（六）基因工程育种

基因工程也称遗传工程、重组 DNA 技术，是现代生物技术的核心。它是以细胞外进行 DNA 拼接、重组技术为基础，在离体条件下用适当的工具酶对所需要的某一供体生物的 DNA 大分子进行切割后，把它与载体 DNA 分子连接起来一起导入某一更易生长、繁殖的受体细胞中，让外源遗传物质在受体细胞中重组并进行正常的复制和表达，从而获得新物种的育种技术。它能创造新的物种，能赋予微生物新的功能，使微生物生产出自身本来不能合成的新物质，或者增强它原有的合成能力。基因工程主要包括以下几个步骤：①目的基因的获得。②载体的选择与准备。③目的基因与载体连接成重组 DNA。④重组 DNA 导入受体细胞。⑤重组体的筛选。基因工程早已渗入传统发酵工业领域，大大提升了发酵工业的技术水平，为这一行业带来十分可观的经济效益。基因工程在菌种选育上取得的成果令人振奋，对发酵行业的影响不可估量。诸如氨基酸、核苷酸、维生素、抗生素、多糖、有机酸、酶制剂等的生产中，均已采用重组 DNA 技术构建了重组 DNA 工程菌，有的已获准进行专门生产，如细菌 α-淀粉酶、凝乳酶、苏氨酸、苯丙氨酸等。

三、菌种保藏

在发酵工业中，获得具有良好性状的生产菌种需要付出不懈的努力。经过突变育种获得的高产菌株往往具有回复突变，即回归到野生型的倾向。因此，如何利用优良的微生物菌种保藏技术，使菌种经长期保藏后不但存活，而且保证高产突变株不改变表型和基因型，特别是不改变对初级代谢产物和次级代谢产物的高产能力，即很少发生退化，这对于菌种保藏极为重要。微生物菌种保藏的基本方法是：挑选优良纯种，最好是它们的休眠体，在低温干燥、缺氧的环境中，采用减少营养、添加保护剂或酸度中和剂等方法，使微生物生长在使其代谢不活泼、生长受抑制的环境中。

（一）菌种保藏方法

菌种保藏就是根据菌种的生理、生化特性及保藏目的不同，利用菌种的休眠体（孢子、芽孢等）或人工给微生物创造一个有利于菌体长期休眠的环境条件，如低温、干燥、隔绝空气或氧气、缺乏营养物质等，使菌种的代谢水平降低乃至完全停止，达到半休眠的状态，在一定的时间内得到保存。需要此菌种时，通过提供适宜的条件使微生物恢复活力。在发酵过程中，菌种的质量和活力直接影响着发酵的效果和产物的质量。因此，合理的菌种保藏方法是确保发酵生产顺利进行的基础。由于微生物种类繁多，涉及细菌、放线菌、酵母菌、霉菌等，其代谢特点各异，对各种外界环境因素的适应能力不一致，不同的菌种可能适用不同的保藏方法。正确的菌种保藏方法可以保证菌种的长期保存并保持其纯度和活性，只有做好菌种的保存和保藏工作，才能保证发酵菌种的长期稳定供应。菌种保藏的常用方法如下。

1．斜面低温保藏法 斜面低温保藏法是应用最早的传代培养保藏法，其操作不需特殊设备，流程相对简便，至今仍然被普遍采用。该方法利用低温对菌种的新陈代谢有抑制作用的原理进行保藏。操作方法为将菌种接种于适宜的培养基中，在最适温度下培养，随后把斜面菌种、固体穿刺培养物或菌悬液等，直接放入4～5℃冰箱中，相对湿度60%～70%的条件下保藏，保藏时间一般不超过3个月。保藏期间要注意冰箱的温度，不可波动太大，不能在0℃以下保藏，否则培养基会结冰脱水，造成菌种性能衰退或死亡。此外，每隔一定时间需要移植传代一次，定期移植的时间随微生物的种类不同而异。一般来说，不产芽孢的细菌每月移植一次，芽孢细菌每3个月移植1次，放线菌、酵母菌、霉菌和食用菌每3～6个月移植一次。值得注意的是，在菌种在长期保藏中频繁移植传代，易发生变异退化。

2．甘油悬浮保藏法 甘油悬浮保藏法是采用含10%～30%甘油的蒸馏水悬浮菌种，置于−80～−70℃温度条件下保藏，因此需要超低温冰箱。该法保藏期一般在1年以上，特别适于基因工程菌株的保藏。

3．液氮超低温保藏法 液氮超低温保藏法简称液氮保藏法，于1956年由Meryman所提出，被公认为最有效和适用范围最广的菌种长期保藏技术之一。该方法主要利用低温抑制微生物的代谢活动，通过冷冻保存液中的保护剂如10%甘油或二甲基亚砜等来保护细胞结构和功能。−130℃是一切微生物发生生物反应以及变异的终止点。微生物在−130℃以下，新陈代谢活动停止，这种环境下可永久性保藏微生物菌种。液氮的温度可达−196℃，用液氮保藏微生物菌种简单便易，但需定期向液氨罐中补充液氨，费用较高。另外，由于保藏采用低温−196～−150℃，必须按照“先慢后快”的原则进行操作。

4. 液体石蜡封藏法 液体石蜡封藏法又称矿油封存法，是一种定期移植保藏法的辅助方法。具体方法是在培养好的斜面菌种上加入灭菌后的液体石蜡，使液面高出试管斜面 1cm，然后蜡封管口，置于温度 4～15℃、干燥条件下保藏。使用时，倒去液体石蜡，用无菌水洗涤斜面菌种 1～2 次，进行接种。石蜡封存防止了培养基中水分的蒸发，隔绝了菌种与氧的接触，降低了微生物的代谢活性，保藏期可达 1～2 年。一般认为该法对于霉菌、酵母菌、放线菌、好氧细菌的保藏效果较好，而对于某些能分解烃类的菌种保藏效果不佳。

5. 砂土管保藏法 砂土管保藏法是用人工方法模拟自然环境来保藏菌种，适用于产孢子的放线菌、霉菌以及产芽孢的细菌。砂土管保藏法主要过程如下：将黄砂和泥土分别洗净、过筛后，按 3∶2 或 1∶1 的比例混合后装入小试管内，装料高度约为 1cm，间歇灭菌 2～3 次，烘干，并做无菌检查后备用。将要保存的斜面菌种刮下，直接与砂土混合；或用无菌水洗下孢子，制成悬浮液，再与砂土混合。混合后的砂土管放在盛有五氧化二磷或无水氯化钙的干燥器中，用真空泵抽气干燥后，用火焰熔封管口后放在干燥低温环境下保存，在室温或低温下可保藏 1～10 年。

6. 固体曲保藏法 固体曲保藏法是根据我国传统制曲原理加以改进的一种方法，适用于产孢子的真菌。该法采用麸皮大米、小米或麦粒等天然农产品为产孢子培养基，使菌种产生大量的休眠体（孢子）后加以保藏。该法的要点是控制适当的水分。例如，在采用大米保藏孢子时，先使大米充分吸水膨胀，然后倒入搪瓷盘内蒸 15min（使大米粒仍保持分散状态）。随后取出散团块分装于茄形瓶内，蒸汽灭菌 30min，最后抽查含水量，合格后备用。将要保藏的菌种制成孢子悬浮液取适量加入已灭菌的大米培养基中，在一定温度下培养，在培养过程中要注意翻动。待孢子成熟后，取出置冰箱保藏或抽真空至水分含量在 10%以下，放在盛有干燥剂的密封容器中低温或室温保藏，保藏期为 1～3 年。

7. 真空冷冻干燥保藏法 真空冷冻干燥保藏法简称冻干法，其原理是在低温下迅速地将细胞冻结以保持细胞结构的完整，然后在真空下使水分升华，使菌种的代谢终止并处于休眠状态，不易发生变异或死亡，因而能长期保藏。此法适用于各种微生物，将微生物细胞或孢子与保护剂混合制成悬液，与保护剂（一般为脱脂牛乳或血清等）混合，在共熔点以下预冻，然后在低于三相点压力的高度真空状态下使冰晶升华，最后达到干燥效果。大多数菌种保藏期可达 10 年以上，但需要冷冻干燥机等设备，操作复杂，菌种存活率的影响因素多，故其应用受限，目前主要在专业菌种保藏单位采用。

（二）菌种保藏注意事项

菌种保藏要获得较好的效果，应注意以下方面。

1. 菌种在保藏前所处的状态 绝大多数微生物的菌种均保藏其休眠体，如孢子或芽孢。保藏用的孢子或芽孢等要采用新鲜斜面上生长丰满的培养物。菌种斜面的培养时间和培养温度影响其保藏质量。培养时间过短，保藏时容易死亡；培养时间长，生产性能衰退。一般以稍低于最适生长温度下培养至孢子成熟的菌种进行保藏，效果较好。

2. 菌种保藏所用的基质 在保藏菌种时，选择适当的保藏培养基对于维持菌种的稳定性至关重要。保藏培养基应包含必要的营养物质，同时能够保持菌种的良好生长状态。斜面低温保藏所用的培养基，碳源比例应少些，营养成分贫乏些较好，否则易产生酸，或使代谢活动增强，进而影响保藏时间。砂土管保藏需将砂和土充分洗净，以防其中含有过多的有机物，影响菌的代谢或经灭菌后产生一些有毒的物质。冷冻干燥所用的保护剂有不少经过加热就会分解或变性的物质，如还原糖和脱脂乳，过度加热往往形成有毒物质，灭菌时应特别注意。

3．菌种保藏所处的环境条件 保藏菌种时需要注意环境因素，如温度、湿度和光照等。不同的菌株对温度的敏感性不同，因此在保藏过程中应根据菌种的特性选择合适的温度。低温冷冻保藏通常在−80℃或液氮温度下进行。除了保藏温度之外，保持适宜的湿度有助于防止菌种的脱水和死亡。一般来说，相对湿度在40%～60%之间较为理想。大多数情况下微生物对光照敏感，因此需要避免阳光直射或强烈光源的照射。这些条件应根据菌种的需求进行调整，以确保菌种的保藏质量。

4．操作过程对细胞结构的损害 冷冻干燥时，冻结速度缓慢易导致细胞内形成较大的冰晶，对细胞结构造成机械损伤。真空干燥程度也将影响细胞结构，加入保护剂就是为了尽量减轻冷冻干燥对细胞结构的破坏。细胞结构的损伤不仅使菌种保藏的死亡率增加，而且容易导致菌种变异，造成菌种性能衰退。

5．菌种保藏的管理 为了更好地管理和保护菌种资源，建立一个菌种库是非常重要的。菌种库应该有完善的记录和标签系统，以便于菌种的查询和使用。为了防止菌种的遗失和退化，需要对菌种库中菌种进行定期传代以及鉴定。此外，定期更新菌种保藏记录，包括菌种的编号、来源、保藏日期、保藏条件等信息，这样可以方便追溯菌种的历史和使用情况。

第三节 发酵设备及消毒灭菌

一、发酵设备

发酵设备是用于发酵过程的装置，广泛应用于生物技术、制药、食品和饮料等行业。发酵设备主要用于微生物培养、代谢产物生产、酶制剂生产等。发酵设备是生物发酵过程的核心，涉及复杂的工程设计和精密控制。合理选择和操作发酵设备对于实现高效、安全和经济的生产至关重要。

（一）厌氧发酵设备

厌氧发酵是在厌氧微生物（乳酸菌、酵母菌等）作用下，将有机质降解为甲烷、二氧化碳、乙醇等物质的生化过程。此过程不需要氧气参与，如乳酸杆菌生产乳酸，芽孢杆菌生产丙酮、丁醇等。值得一提的是兼性厌氧的酵母菌，其在有氧条件下，大量繁殖菌体细胞，在缺氧条件下，则进行厌氧发酵积累乙醇等代谢产物。

与好氧发酵相比，厌氧发酵具有能够在短时间内将潜在有机废物中的低品位能源转化为可直接利用的高品位能源；无须通风，设备简单，运行成本低；适于处理高浓度的有机废水或废物；能够形成性质稳定的产物等优点。同时其也有微生物生长速度慢，处理效率低；发酵设备体积偏大；发酵过程容易产生有气味的气体（硫化氢）等缺点。

厌氧发酵不需要提供氧气，因此其工艺与设备较为简单。厌氧发酵主要包括固态厌氧发酵和液态厌氧发酵两种。固态厌氧发酵是传统的厌氧发酵方式，能够因地制宜地以现有的农业副产品为原料进行发酵生产，生产设备也较为简陋。我国传统的白酒及酱油等产品的生产都是固态厌氧发酵完成的，这种方法简单易行，但是劳动强度大，不利于机械自动化操作，产品稳定性不够，微生物生长较慢，产品的产量有限。液态厌氧发酵是利用现代化发酵罐等设备，采用大剂量接种，严格控制发酵条件完成生产的方式。目前乙醇、丙酮、乳酸、丁醇和啤酒等产品均是采用液态厌氧发酵生产的。

（二）好氧发酵设备

通风发酵罐为好氧发酵罐，应具有良好传质和传热性能，结构严密，防杂菌污染，培养基流动与混合良好，良好的检测与控制装置，设备较简单，方便维护检修，能耗低等特点。常用的通风发酵罐有机械搅拌式、气升式和自吸式等，其中机械搅拌通风发酵罐应用最为广泛。

二、培养基及其灭菌

（一）培养基

培养基是指供微生物、植物、动物或动植物类器官或组织生长和繁殖用的营养物质。一般是由水、碳源、氮源、无机盐、缓冲剂、诱导剂、生长因子（氨基酸、嘌呤、嘧啶、维生素）、前体、产物促进剂和生物合成抑制剂等营养物质配制而成的营养基质。培养基提供细胞生长所需的基本营养成分，同时还调节pH、温度和其他环境因素，以创造最适合目标细胞生长的环境。

1. 培养基的分类 培养基的种类很多，分类方法也多种多样。如果根据培养基的物理状态来划分，可分为液体培养基、半固体培养基和固体培养基。其中，液体培养基是发酵工艺中最常使用的；半固体培养基则是在液体培养基中添加少量的琼脂，其主要用于微生物的分离、纯化与鉴定，以及观察微生物形态和生长特性；固体培养基则更适合于菌种和孢子的培养及保存。

根据培养基中的成分来源，可分为天然培养基、半合成培养基和合成培养基。天然培养基是指利用动物、植物、微生物等天然有机营养物质或提取物制成的培养基，如肉汤琼脂培养基、马铃薯葡萄糖琼脂培养基和大豆胰蛋白琼脂培养基等。其特点是营养丰富、价格便宜，适合于实验室使用和工业上大规模发酵。合成培养基是指化学成分完全明确的培养基，如明胶琼脂培养基和M9培养基等。合成培养基最大的优点是成分已知，具有更高的精确性和可控性，适合于实验室进行微生物营养需求、代谢和遗传分析等方面的研究使用。半合成培养基是指由天然成分和合成成分配制而成的培养基，如大肠杆菌液体培养基（LB）和酵母培养基（YPD）等。半合成培养基是天然培养基和合成培养基二者的结合，这种培养基能够更好地模拟微生物在自然环境中的生长条件，同时也能提供足够的可重复性。

2. 培养基的组成

1）水 水是微生物培养基最基本的组成成分，含量一般为70%～90%，所有微生物细胞不能脱离水而生存。在代谢过程中，水起着重要的作用。它不仅直接参与某些重要的生化反应，而且溶解参与代谢的物质，提供反应场所，使代谢反应得以顺利进行。水是微生物体内外的溶剂，微生物所需要的营养物质，也只有溶解于水后，才能被微生物很好地吸收。此外，由于水具有热传快、比热容高、热容量大等优点，所以有利于细胞温度的调节而保持微生物生活环境温度的恒定。

2）*碳源* 凡可构成微生物细胞和代谢产物中碳架来源的营养物质称为碳源。微生物细胞中碳素含量约占干物质的50%。其作用有两点：①提供细胞物质中的碳素来源。②提供微生物生长繁殖过程中所需要的能量。正因为碳素有双重作用，所以在微生物的营养需要中，对碳的需要量最大。碳源的种类很多，从简单的无机碳化合物，如CO_2，到复杂的有机碳化合物，如糖类、醇类、有机酸、蛋白质及其分解产物、脂肪和烃类等，都可以被不同的微生物所利用。大多数微生物是以有机碳化合物作为碳源和能源，而糖类则是最好的碳源，特别是葡萄糖。有些微生物能利用烃类化合物如石油作为碳源；光合细菌或植物光合细胞则利用CO_2作为碳源。

3）*氮源* 微生物生长和产物合成需要氮源。氮源主要用于菌体细胞物质（蛋白质、核酸等生物大分子）和含氮代谢物的合成。培养基中使用的氮源可分为两大类：有机氮源和无机氮源。无机氮的优点是易于被微生物吸收，所以无机氮也被称为可被迅速利用的氮源。常用的无机氮源包括各种铵盐、硝酸盐和氨水等。有机氮的来源成分较为复杂，除提供氮源外，还提供无机盐及生长因子等物质，常用的有机氮源有花生饼粉、黄豆饼粉、棉籽饼粉、玉米浆、酵母粉、鱼粉、蚕蛹粉、蛋白胨、麸皮、废菌丝体和酒糟等。高等植物和霉菌以及一部分细菌，仅能以无机氮素化合物为氮源。动物和一部分细菌，不用有机氮化合物作为氮源就不能生长。特殊的细菌，有时需要以极其特殊的氮素化合物作为唯一的氮源来进行培养。因此，根据微生物不同生长时期对氮源的需求，对于氮源往往建议采用无机氮源和有机氮源混合使用的方式。

4）*无机盐* 无机盐也是微生物生长过程中不可缺少的矿物质元素。它在微生物生命活动过程中起着重要的作用，主要表现在：①作用细胞组成成分，如磷是核酸的组成元素之一。②作为酶的组成成分或酶的激活剂，如铁是过氧化氢酶、细胞色素氧化酶的组成成分，钙是蛋白酶的激活剂。③调节微生物生长的物化条件，如细胞渗透压、氢离子浓度、氧化还原电位等。磷酸盐就是重要的缓冲剂。④作为某些自养微生物的能源。微生物需要的无机盐一般包括硫酸盐，磷酸盐，氯化物，含钾、钠、镁和铁等的化合物。从量的角度，可分大量元素和微量元素两大类。大量元素在微生物生长过程中需求量较大，一般指磷、硫、钾、镁、钙、钠和铁等，微量元素一般需求量不大，主要作为酶的辅助因子，如锌、锰、钼和钴等。

5）*生长因子* 许多微生物除了需要碳源、氮源和无机盐以外，还必须在培养基中添加微量有机营养物质才能生长繁殖或生长繁殖良好。这种微生物本身不能自行合成，但生命活动又不可缺少、必须外界添加的特殊营养物，称为生长因子。生长因子主要包括氨基酸、维生素、核苷酸和核苷、脂类等。 生长因子的精准添加对培养效果至关重要，影响细胞的增殖、分化和代谢活性。

6）*缓冲剂* 在培养基中添加某种化合物作为缓冲剂可控制 pH，或同时可作为营养源。缓冲剂的作用表现为：①维持 pH 稳定性，缓冲剂的主要作用是维持培养基的 pH 在一个稳定的范围内。pH 的波动会影响细胞或微生物的代谢活动和生长。许多生物体对 pH 的变化非常敏感，适当的缓冲剂可以防止因代谢产物积累或其他外部因素引起的 pH 波动。②优化酶活性，大多数酶在特定的 pH 范围内具有最佳活性。缓冲剂有助于维持这个最适 pH 范围，确保酶的正常功能。例如，细菌培养中常见的中性和微碱性环境可以通过缓冲剂来维持。③保护细胞结构，极端的 pH 变化可能会破坏细胞膜和蛋白质结构，导致细胞死亡或功能丧失。缓冲剂通过保持适宜的 pH，有助于保护细胞结构的完整性。④改善培养基的稳定性和长效性，添加缓冲剂可以延长培养基的有效使用时间，使其在储存和使用过程中保持稳定的 pH，从而减少频繁调整 pH 的需要，简化实验操作。

7）其他　发酵培养基除了上述水、碳源、氮源、无机盐、生长因子和缓冲剂等主要成分外，还可以根据需要添加前体、产物促进剂、生物合成抑制剂、消泡剂、抗生素、染色剂和指示剂等辅助成分，这些辅助成分除了能选择性促进或者抑制某些微生物生长满足特定试验或生产需求，还能显著改善细胞培养的效率和性能，进而提高生产效率。

3. 培养基的配制原则　培养基的配制是生物学和微生物学实验中非常关键的一步，合理地配制培养基可以确保细胞在最佳的条件下生长。虽然不同微生物的生长状况不同，且发酵产物所需的营养条件也不同，但是对于所有发酵生产用培养基的设计而言，仍然存在一些共同遵循的基本要求，如所有的微生物都需要碳源、氮源、无机盐、水和生长因子等营养成分。在小型实验中，所有培养基的组分都可以使用纯度较高的化合物即采用合成培养基；但对工业生产而言，即使纯度较高的化合物在市场供应方面能满足生产的需要，也会由于经济效益而不宜在大规模生产中应用。因此对于大规模的发酵工业生产，除考虑上述微生物需要外，还必须十分重视培养基的原料价格和来源的难易。

一般设计适宜细胞生长的培养基应遵循以下原则。①明确目标生物，不同生物对营养的需求不同，配制前需要明确目标生物。②选择合适的成分，根据目标生物选择合适的营养成分，碳源、氮源、无机盐、生长因子和缓冲剂等。③根据目标生物的需求，确定各成分的适当浓度：碳源和氮源浓度过高或过低都会影响生长，需根据实验预期进行优化；微量元素和生长因子应按需求精确添加，避免过量导致毒性或不足导致生长受限。④合理的 pH，培养基的 pH 应根据目标生物的需求进行调整：通常，细菌培养基 pH 在 6.8～7.4 之间；真菌培养基 pH 在 5.0～6.0 之间；动物细胞培养基 pH 在 7.2～7.4 之间；植物组织培养基通常 pH 在 5.5～5.8 之间。⑤灭菌处理，要获得纯培养物，必须避免杂菌污染，因此要执行严格的消毒和灭菌处理。

（二）灭菌

1. 培养基灭菌的目的和要求　灭菌的目的就是杀死一切微生物，在工业微生物培养过程中，只允许生产菌存在和生长繁殖，不允许其他微生物共存，因此所有发酵过程必须进行纯种培养。由于培养基中通常都含有营养比较丰富的物质，并且整个环境中存在大量的各种微生物，因此发酵过程很容易受到杂菌的污染，进而会产生各种不良的后果，具体包括：①由于杂菌的污染，使生物反应中的基质或产物因杂菌的消耗而损失，造成生产能力的下降。②由于杂菌所产生的一些代谢产物，或在染菌后改变了培养液的某些理化性质，加大了产物提取和分离的困难，造成产品收率降低或质量下降。③杂菌的大量繁殖，会改变培养介质的pH，从而使生物反应发生异常变化。④杂菌可能会分解产物，从而使生产过程失败。⑤发生噬菌体污染，会造成微生物细胞被裂解，而使生产失败等。

特别是在种子移植过程、扩大培养过程以及发酵前期，杂菌一旦侵入生产系统，就会在短期内与生产菌种争夺养料，严重影响生产菌正常生长和发酵作用，以致造成发酵异常。所以整个发酵过程必须牢固树立无菌观念，强调无菌操作，除了设备应严格按规定保证没有死角、没有构成染菌可能的因素外，还必须对培养基和生产环境进行严格的灭菌和消毒，防止杂菌和噬菌体的污染。

2．培养基灭菌的方法 灭菌的方法有很多种，可分为物理法和化学法两大类。物理法包括加热灭菌（干热灭菌和湿热灭菌）、过滤除菌、紫外线灭菌等。化学法主要是利用无机或有机化学药剂进行消毒和灭菌。在具体操作中，可以根据微生物的特点、待灭菌物品材料以及工艺要求来选择灭菌的方法。

1）加热灭菌 加热灭菌主要利用高温使菌体蛋白质变性或凝固、酶失活而达到杀菌的目的。根据加热方式不同，又可分为干热灭菌和湿热灭菌两类。干热灭菌主要指灼烧灭菌法和干热空气灭菌法。湿热灭菌包括高压蒸汽灭菌法、间歇灭菌法、巴氏消毒法和煮沸消毒法等。湿热灭菌时蒸汽穿透力大，蒸汽与较低温度的物体表面接触凝结为水时可释放潜热，吸收蒸汽水分的菌体蛋白易凝固。菌体蛋白的凝固温度与含水量密切相关，蛋白质含水分多者凝固温度低，如细菌、酵母菌及霉菌的营养细胞，含水量＞50%，50～60℃加热10min即可使蛋白质凝固而达到杀菌目的。蛋白质含水分较少者需较高温度方可使蛋白质凝固变性，如含水较少的放线菌及霉菌孢子，蛋白质凝固温度为80～90℃，故此温度加热30min方可杀死。细菌的芽孢不仅含水量低，且含吡啶二羧酸钙，蛋白质的凝固温度在160～170℃，干热灭菌需140～160℃维持2～3h方可将芽孢杀死；湿热灭菌需121℃维持20min。因此，一般以能杀死细菌的芽孢作为彻底灭菌的标准。

（1）干热灭菌：①灼烧灭菌法。灼烧灭菌是利用火焰直接将微生物烧死，灭菌迅速彻底，但要焚毁物体，使用范围有限。该法的使用范围：金属小用具接种前后的灭菌（如接种环、接种针、接种铲、小刀、镊子等），试管口、锥形瓶口、接种移液管和滴管外部及无用的污染物等的灭菌。②干热空气灭菌法。进行干热灭菌时，微生物细胞发生氧化，微生物体内蛋白质变性和电解质浓缩引起中毒等作用，其中氧化作用是导致微生物死亡的主要依据，该法的使用范围：常用于空的玻璃器皿（如培养皿、锥形瓶、试管、离心管、移液管等）、金属用具（如牛津杯、镊子、手术刀等）以及其他耐高温的物品（如陶瓷培养皿盖、菌种保藏用的砂土管、石蜡油、碳酸钙）等灭菌。其优点是灭菌器皿保持干燥，但带有胶皮和塑料的物品、液体及固体培养基不能用干热灭菌。

（2）湿热灭菌：①高压蒸汽灭菌。高压蒸汽灭菌是借助于蒸汽释放的热能使微生物细胞中的蛋白质、酶和核酸分子内部的化学键特别是氢键受到破坏，引起不可逆的变性，使得微生物死亡。高压蒸汽灭菌是微生物学实验、发酵工业生产以及外科手术器械准备等最常用的一种灭菌方法，一般培养基、玻璃器皿、无菌水、无菌缓冲液、金属用具、接种室的实验服及传染性标本等都可以用此法灭菌。②间歇灭菌法。间歇灭菌法又称丁达尔灭菌法，是依据芽孢在100℃的温度下较短时间内不会失去生活力而各种微生物的营养体在此温度下半小时内即被杀死的特点，利用芽孢萌发成营养体后耐热特性随即消失，通过反复培养和反复灭菌而达到杀死芽孢的目的。不少物质在 100℃以上温度灭菌较长时间会遭到破坏，如明胶、维生素、牛乳等，采用此法灭菌效果比较理想。常压蒸汽灭菌时，用普通蒸笼即可，但手续烦琐、时间长，一般能用高压蒸汽灭菌的均不采用丁达尔灭菌法。③巴氏消毒法。巴氏消毒法是以结核杆菌在 62℃条件下 15min 致死为依据，利用较低温度处理牛乳、酒类等饮品，杀死其中可能存在的无芽孢的病原菌如结核杆菌、伤寒沙门菌等，而不损害其营养和风味。一般采用 63～66℃、30min 或 71℃、15min 处理牛乳、饮料，然后迅速冷却，即可饮用。④煮沸消毒法。一般煮沸 15～30min，可杀死细菌的营养体，但对其芽孢往往需煮沸 1～2h。如果在水中加入 2%碳酸钠，可促使芽孢死亡，亦可防止金属器械生锈。

2）过滤灭菌　过滤器主要有两类：一类是绝对过滤器，过滤介质呈膜状，其滤孔比要除去的颗粒的直径小，理论上可以 100%除去微生物；另一类是深层过滤器，其孔隙的直径比要除去的颗粒的直径大，它们由锈毛、棉花、石棉和玻璃纤维等组成。绝对过滤器去除颗粒的主要机制是拦截作用，可以通过控制孔的大小来保证除去一定大小范围的颗粒。因为其有一定的厚度，所以也可通过惯性撞击、扩散和静电吸引等作用去除孔径小的颗粒，这些作用在空气过滤时格外重要。绝对过滤器的主要缺点是流动阻力会造成巨大的压力降，采用带许多褶皱的薄膜可以增大表面积，从而减小压力降。深层过滤器主要工作机制是通过惯性撞击、拦截、布朗扩散、重力沉降和静电吸引等作用除菌，从理论上讲，它不可能绝对地去除所有的颗粒。

（1）培养基的过滤除菌：对于含酶、血清、维生素和氨基酸等热敏物质的培养基，无法采用高温灭菌法，但可以通过过滤手段除去菌体。过滤介质有醋酸纤维素、硝酸纤维素、聚醚砜、尼龙、聚丙烯腈、聚丙烯、聚偏氟乙烯等膜材料，也有石棉板、烧结陶瓷、烧结金属等深层过滤材料。

（2）空气过滤除菌：绝大多数工业生产菌是好氧的，因此，在发酵过程中必须通入无菌空气来满足生产菌的生理需求。工业发酵中的空气系统通常采用过滤法去除空气中的菌体、灰尘和水分等。实验室中的超净工作台和超净室也是通过空气过滤系统送入无菌空气。

3）紫外线灭菌　辐射是能量通过空气或外层空间传播、传递的一种物理现象。借助原子或亚原子离子高速运动传播能量的称微粒辐射，其中对微生物杀菌力强的为 β 射线和 α 射线。借助波动方式传播能量的称为电磁辐射，对微生物杀菌、抑菌力强的有紫外线和 γ 射线。不同微生物对紫外线的抵抗力不同，芽孢以及霉菌孢子对紫外线抵抗能力稍强。一般打开紫外线灯照射 20～30min 即可满足灭菌要求。为了加强灭菌效果，在开紫外线灯前，可在灭菌室内喷洒石炭酸溶液，一方面使空气中附着有微生物的尘埃降落，另一方面也可杀死一部分细菌和芽孢。

4）化学药物消毒与灭菌　化学药物根据其抑菌或杀死微生物的效应分为杀菌剂、消毒剂、防腐剂三类。凡杀死一切微生物及其孢子的药物称杀菌剂；只杀死感染性病原微生物的药剂称消毒剂；而只能抑制微生物生长和繁殖的药剂称为防腐剂。但三者界限往往很难区分，化学药物的效应与药剂浓度、处理时间长短和菌的敏感性等均有关系，主要仍取决于药剂浓度，大多数杀菌剂在低浓度下只起抑菌作用或消毒作用。化学药物适于生产车间环境的灭菌、接种操作前小型器具的灭菌等。化学药物的灭菌使用方法，根据灭菌对象的不同有浸泡、添加、擦拭、喷洒、气态熏蒸等。下面介绍常用的化学灭菌药剂。

（1）高锰酸钾：高锰酸钾溶液的灭菌作用是使蛋白质、氨基酸氧化，使微生物死亡，一般用0.10%～0.25%的溶液。

（2）漂白粉：主要成分是次氯酸钙，是强氧化剂，也是廉价易得的灭菌剂。漂白粉含有效氯为28%～35%。0.5%～1.0%的漂白粉水溶液在5min内可杀死大多数细菌，5%漂白粉水溶液在1h内可杀死细菌的芽孢。

（3）乙醇：乙醇的杀菌机制是它的脱水作用、溶解细胞膜脂和进入蛋白质的肽键空间结构引起蛋白质变性。乙醇消毒的最佳浓度是70%～75%。乙醇对营养细胞、病毒、霉菌孢子均有杀死作用，但对细菌的芽孢杀死作用较差，主要用于物体表面和皮肤的消毒。

第四节　发酵工程兽用制药的过程与控制

一、种子的扩大培养

在现代发酵工业生产中，对于规模化大容积发酵而言，要获得足够数量的代谢旺盛的种子，就必须将微生物从保藏管中逐级扩大培养，因此，种子扩大培养是发酵工业的重要环节。

（一）种子扩大培养的相关概念

1．种子扩大培养　种子扩大培养是指将保存在砂土管、冷冻干燥管等保藏管中处于休眠状态的生产菌种接入试管斜面活化后，再经过扁瓶或摇瓶和种子罐逐级扩大培养，最终获得一定数量的高质量纯种的过程。其中，发酵工业所说的种子是指保藏的休眠状态的生产菌种经种子扩大培养所得的纯种培养物。

2．种龄　种龄是指微生物种子自接种培养后所经历的培养时间。通常所说的种龄是指在种子罐中培养的菌体自接入该种子罐培养到转入下一级种子罐或发酵罐时所培养的时间。在种子罐中，随着培养时间延长，菌体生物量逐渐增加，同时基质不断消耗，代谢产物不断积累直至菌体生物量不再增加，菌体趋于老化。种龄过老或过嫩，不但延长发酵周期，而且会降低发酵产量。因此，选择适当的种龄十分必要。一般情况下，以处于生命力旺盛的对数生长期的菌体最为合适。过老的种子，虽然菌体量多，但菌体老化，接入发酵罐后菌体容易出现自溶，不利于发酵产量的提高；过于年轻的种子接入发酵罐后，往往会导致延迟期增长，并使整个发酵周期延长，且产物形成时间延迟，甚至会因菌体量过少，造成发酵异常。不同菌种或同一菌种在不同发酵工艺条件下，其种龄要求不同。一般要经过多次实验，根据最终发酵产物的产量来确定最适种龄。

3．接种量　接种量是指移入的种子液体积与接种后培养液总体积的比例。接种量的大小取决于生产菌种在发酵罐中的繁殖速率。采用较大的接种量可以缩短发酵罐中菌体繁殖到达高峰的时间，使产物的合成期提前到来，因为种子液中含有大量的体外水解酶类，有利于基质的利用，促进菌体快速生长；同时种子量多，使生产菌迅速占据了整个培养环境，成为优势菌，减少了杂菌污染的概率。但是如果接种量过多，菌体往往会生长过快，培养液黏度增加，造成溶解氧不足，导致衰老细胞增加，发酵后劲不足，影响产物的合成和积累；而且有些发酵类型其接种量过大也无必要，接种量过大还会导致将菌体代谢废物过多地移入发酵罐，反而会影响正常发酵。当然，接种量过少则会延长发酵周期，形成异常形态，且易造成染菌。一般说来，接种量和培养物生长过程延迟期的长短成反比。

（二）种子扩大培养的原理及方法

种子扩大培养的原理及方法是以优质的种子在合适的时间以一定的接种量接入下一级种子罐进行扩大培养，以获得数量多、代谢旺盛、活力强的大量纯种用于后续的发酵生产。具体涉及以下方面。

1．种子应具备的条件

（1）菌种细胞的生长活力强，转种至发酵罐后能迅速生长，延迟期短。

（2）菌种生理状态稳定，如菌体形态、生长速率以及种子培养液特性等符合要求。

（3）菌体浓度及总量能满足大容量发酵罐接种量的要求。

（4）无杂菌污染，以确保纯种发酵。

（5）菌种适应性强，接入发酵罐后能保持稳定的发酵生产性能。

2．种子质量的判断方法

由于种子在种子罐中培养时间较短，可供分析的参数较少，使种子的内在质量难以控制。为了保证各级种子接种前的质量，除了规定的培养条件外，在培养过程中还要定期取样测定一些参数，来了解基质的代谢变化和菌体形态等是否正常，以确保种子质量。在发酵生产过程中通常测定的参数如下。

（1）检测种子培养液的 pH 是否在种子要求的范围之内。

（2）检测种子培养液中糖、氨基氮、磷酸盐的含量。

（3）检查种子培养液中菌体形态、浓度和培养液外观（色泽、气味、浑浊度、颗粒等）。

（4）检查有无杂菌污染。

（5）根据具体需要检测其他相关参数，如某些酶的活力、种子罐的溶氧和尾气情况等。

3．种子扩大培养级数的确定 种子罐级数是指由摇瓶培养到种子罐制备大量种子需逐级扩大培养的次数，主要取决于菌种生长速率和生长环境以及所采用发酵罐容积。一般来讲，菌种在良好的生长环境中生长越快，所需扩大培养的种子罐级数越少；而发酵罐容积越大，所需扩大培养的种子罐级数则越多。

确定种子罐级数通常需要注意的问题：种子罐级数越少越好，可简化工艺和控制，减少染菌机会；对于生长较慢的菌种，若种子罐级数太少，接种量就会偏低，则发酵时间延长，不仅降低了发酵罐生产率，而且增加了染菌机会；种子罐级数确定不仅与菌种特性及生产规模相关，而且与所选的发酵工艺条件相关。对于十分有利于该菌种扩大培养的种子罐培养条件，则其种子罐级数可能会相应减少。

4．种子扩大培养方法 种子扩大培养的过程大致可分为以下几个步骤。

（1）将砂土管或冷冻干燥管中的菌种接入斜面培养基中进行活化培养。

（2）将生长良好的斜面菌种（包括细菌、孢子或菌丝体）转接到扁瓶固体培养基或摇瓶液体培养基中进行种子扩大培养，完成实验室阶段的扁瓶孢子或摇瓶液体种子的制备。

(3)将实验室阶段扩大培养获得的扁瓶孢子或摇瓶液体菌种接入种子罐进行扩大培养，第一级种子罐称为一级种子罐，依次类推。如果一级种子罐制备的种子直接转入发酵罐进行发酵生产，则称为二级发酵，同理类推到多级发酵。在实际生产中，根据种子扩大培养级数的需要，可将一级种子再转入二级种子罐进一步扩大培养，从而完成三级发酵罐所需的种子制备；同理类推，直至在种子制备车间完成发酵罐发酵生产所需的种子扩大量。

（三）影响种子质量的主要因素及控制

良好的保藏菌种在其活化及种子扩大培养过程中不仅要继续保持其遗传特性稳定，更重要的是如何在菌种扩大培养过程中获得大量高活力的种子，以保障后续的发酵生产水平。为了对种子扩大培养过程中的种子质量实施有效控制，首先必须弄清楚影响种子质量的因素。下面将对菌种活化及扩大培养过程中影响种子质量的主要因素进行具体分析，并建立相应的控制方法。

1．菌种遗传特性 尽管用于工业发酵的生产菌种都是经过严格筛选和选育获得，其遗传稳定性良好；但是，在种子扩大培养实践中，仍需要十分注意选择合适的种子培养基和培养条件，尽量避免引起种子扩大培养过程中出现少量种子变异（自然变异或回复突变等）导致种质退化现象发生，即使是少量种子出现退化，也可能对后续发酵产生极为不利的影响。因此，一方面要经常开展菌种发酵性能评估工作，定期考察和挑选高产菌种，即在种子扩大培养前，对长期超低温保藏的菌种或短期低温保存的斜面菌种进行纯度鉴定及发酵性能评价，并及时对退化菌种进行复壮，选择具有稳定发酵生产能力的高产菌株进行保藏或扩大培养；另一方面还要在菌种活化及其扩大培养过程中十分注意培养基及各种培养条件的影响。

2．斜面培养环节的主要影响因素 斜面培养主要用于生产菌种的短期低温冷藏和活化。其中，斜面培养时间及其低温冷藏时间是主要影响因素，都对菌种活化后的种子质量有较大影响。斜面菌种保藏前的培养时间不同，菌种保藏质量差异较大。斜面冷藏时间不同对孢子的生产能力也有较大影响，通常冷藏时间越长，生产能力下降越多。此外，斜面培养基的湿度对孢子的数量和质量也有较大影响。湿度高，孢子生长慢；湿度低，孢子生长快；但湿度过低同样不利于孢子生长。例如，制备土霉素生产菌种龟裂链霉菌孢子时发现，在北方气候相对干燥地区，在含有少量水分的试管斜面培养基下部孢子长得较好，斜面上部由于水分迅速蒸发则呈干瘪状，孢子稀少；而在南方气候相对湿润的地区，由于湿度高，试管下部冷凝水多不利于孢子形成，故斜面孢子生长缓慢。

3．培养基

1）原材料的影响 发酵生产过程中，经常会出现种子质量不稳定现象。其中，一个很重要原因就是用于种子培养基的原材料来源质量波动，从而影响到种子质量。造成原材料质量波动的主要原因是其中无机离子含量发生变化，如微量元素 Mg^{2+}、Cu^{2+}、Ba^{2+}能刺激孢子的形成，而磷酸盐含量过多或很少也会影响孢子的质量，等等。

2）种子培养基组成的影响 一般来说，种子培养基皆为富营养的培养基，尤其是氮源较为丰富，以促进种子大量繁殖。但是，其中具体的碳源和氮源比例，以及氮源中的无机氮源与有机氮源的比例，甚至包括无机氮源中的铵态氮与硝态氮的比例，将因不同类型的菌种而存在一定的差异，需要通过细致的实验来评价，看哪一种比例组合更有利于获得大量高质量的种子。

3）通气与搅拌　在种子罐中培养的种子除保证供给易于利用的营养物质外，对于好氧菌而言，还应有足够的通气量，以保证菌种代谢正常，提高种子的质量。

4）培养温度　各种微生物菌种都有自己最适的培养温度，培养温度偏高或偏低都会影响微生物斜面孢子质量以及种子罐扩大培养的种子质量。培养温度偏低会导致菌种生长缓慢，而培养温度偏高则会导致菌丝过早自溶。

5）pH　各种微生物菌种生长都有其最适的 pH，包括最适的初始 pH 以及菌种扩大培养过程中 pH 最优控制。为了促进微生物菌种生长繁殖，种子扩大培养基通常需要保持适宜的 pH。选择种子扩大培养基最适 pH 的原则是在此 pH 条件下可获得最大比生长速率和大量高活力菌种。

6）杂菌污染　种子制备不仅是发酵生产过程的第一道工序，而且也是最重要工序之一。在种子扩大培养过程中若侵入了非接种的微生物杂菌污染，轻者影响产率、产物提取收得率和产品质量，重者造成“倒灌”。所以，杂菌污染不仅严重影响种子质量，还会造成严重经济损失。

二、微生物发酵方式

微生物的培养目的各有不同，有些是以大量增殖微生物菌体作为目标，有些则是希望在微生物生长的同时实现目标产物的大量积累，故发酵方式也有许多差异。不同的培养技术各有其优缺点。了解生产菌在不同的发酵培养方法下细胞的生长、代谢和产物的变化规律，将有助于发酵生产的有效控制。

（一）分批发酵

实验室或工业生产中常用的分批发酵方法是单罐深层培养法，即将培养基装进容器中，灭菌后接种开始发酵，周期是数小时到几天（根据微生物种类不同而异），最后排空容器，进行分离提取产品，再进行下一批发酵准备。中间除了空气进入和尾气排出，与外部没有物料交换。传统的生物产品发酵多采用此法，它除了控制温度、pH 及通气量外，不进行任何其他控制。分批发酵的主要特征是所有的工艺参数都随时间（发酵过程）而变化。

（二）连续发酵

在分批发酵中，营养物质不断被消耗，有害代谢产物不断积累，细菌生长不能长久地处于对数生长期。如果在反应器中不断补充新鲜的培养基，并不断地以同样速度排出培养物（包括菌体及代谢产物），从理论上讲，对数生长期就可无限延长。只要培养液的流入量等于流出量，使分裂繁殖增加的新菌数相当于流出的老菌数，就可保证反应器中总菌数量基本不变。20 世纪 50 年代以来发展起来的连续发酵就是根据此原理而设计的。

（三）补料分批发酵

在分批发酵过程中，间歇或连续地补加新鲜培养基的发酵方法，称为补料分批发酵，也称半连续发酵或流加分批发酵。此法能使发酵过程中的碳源保持在较低的浓度，避免阻遏效应和积累有害代谢产物。

（四）混菌发酵

混菌发酵也称混菌培养，是指多种微生物混合在一起共同用一种培养基进行的发酵。这种发酵由来已久，许多传统微生物工业都是混菌发酵，如酒曲的制作，白酒、葡萄酒的酿造，奶酪的制作，威士忌的发酵生产等；许多生态制剂、发酵饲料、污水处理、沼气池等也都采用混菌发酵。混菌发酵的菌种和数量都是未知的，必须通过控制培养基组成和发酵条件才能顺利进行。

三、发酵过程的中间分析项目

微生物生长是受内外条件相互作用的复杂过程，外部条件包括物理的、化学的及发酵液中的生物学条件，内部条件主要是细胞内部的生化反应。通常发酵过程的操作只能对外部因素进行直接控制，所谓控制一般是将环境因素调节到最适条件，使其利于细胞的生长或产物的生成。因此，发酵过程的操作需要了解一些与环境条件和微生物生理状态有关的信息，即需要对过程参数进行检测。

（一）温度

温度是影响有机体生长繁殖和产物生成最重要的因素之一。微生物的生长和代谢产物的合成都是在各种酶的催化下进行的，温度是保证酶活性的重要条件，因此任何生化反应过程都直接与温度有关。温度的影响是多方面的，通过影响菌体生长、代谢、产物生成而影响发酵的最终结果。

（二）pH

许多发酵过程在恒定的 pH 或 pH 小范围内进行时最为有效。培养基的 pH 在发酵过程中一般会发生变化，这是因为细胞或基质消耗会产酸或产碱。通过影响基质分解以及基质和产物通过细胞壁的运输，pH 对细胞生长及产物形成具有重要影响。因此 pH 是发酵过程中一个非常重要的因素。例如，在抗生素发酵中，即使很小的 pH 变化也可能导致产率大幅下降；在动物细胞培养中，pH 对细胞生存能力具有很大影响。

（三）溶氧

发酵液的溶氧浓度是一个非常重要的发酵参数，它既影响细胞的生长，又影响产物的生成。这是因为当发酵培养基中溶氧浓度很低时，细胞的供氧速率会受到限制。

（四）泡沫

好氧发酵过程中，泡沫的形成是有一定规律的。泡沫的多少既与通风量、搅拌的剧烈程度有关，又与培养基所用原材料的性质有关。发酵培养基中的蛋白质原料是主要的发泡物质，其含量越多越容易起泡。多糖水解不完全，糊精含量多，也容易引起泡沫的产生。培养基的灭菌方法和操作条件均会影响培养基成分的变化而影响发酵时泡沫的产生。菌体本身也有稳定泡沫的作用，发酵液的菌体浓度越大，发酵液就越容易起泡。对于发酵来说，过多的泡沫会给发酵带来很多负面的影响。如果泡沫太多而不及时消除，就会导致逃液，造成发酵液的损失。同时，泡沫使发酵罐的装料系数降低，增加了菌体的非均一性，增加了污染杂菌的机会。根据泡沫形成的原因与规律，可从生产菌种本身的特性、培养基的组成与配比、灭菌条件以及发酵条件等方面着手，预防泡沫的过多形成。

（五）CO_2

大规模发酵过程的 CO_2 气流的测量可以简单实现，这具有重要价值，也是发酵过程控制中重要的在线信息。确定产生的 CO_2 的量有助于计算碳回收。有研究者发现了生物量生长率与 CO_2 生成速率之间的线性相关性，并开发出用于估计细胞浓度的模型；也有研究者设计了简单的算法，由在线检测的尾气 CO_2 的数据来估算比生长速率。

（六）呼吸商

呼吸商是各种碳能源在发酵过程中代谢状况的指示值。在碳能源限制及供氧充分的情况下，各种碳能源都趋向于完全氧化。而当供氧不足时，碳能源不完全氧化，可使呼吸商偏离理论值。

（七）细胞浓度

菌体浓度的测定可分为全细胞浓度和活细胞浓度的测定。前者的测定方法主要有湿重法、干重法、浊度法和湿细胞体积法等；后者则使用生物发光法或化学发光法进行测定。

四、发酵过程的影响因素及控制

（一）影响发酵温度的因素与控制

发酵热是引起发酵过程中温度变化的原因。发酵热的两个主要来源为菌体利用培养基所产生的热量和机械搅拌过程转化的热能。微生物在发酵过程中产热的同时，因发酵罐壁散热、水分蒸发等也带走部分热量。因此，发酵热包括生物热、搅拌热以及蒸发热、辐射热等，代表整个发酵过程释放出来的净热量。

发酵中采用往夹套或盘管、列管中通循环水的方式控制温度。在小型发酵罐中，往往采用夹套控温，一般包含一个热水单元，通过水泵和加热水套向夹套中通入热水，以提高发酵液的温度，也包含一个冷水单元，向夹套中通入冷却水或自来水降低发酵液的温度。在大型发酵罐中，由于单位体积发酵液所对应的夹套散热面积的减少，夹套已经不能满足控温要求，一般采用盘管、列管装置进行控温。而且散热面积的减少导致辐射热减少，发酵过程中的控温主要是通入冷却循环水进行降温，很少需要加热单元。

（二）影响发酵 pH 的因素与控制

在发酵过程中，pH 变化取决于微生物种类、基础培养基的组成和发酵条件。在菌体代谢过程中凡是导致酸性物质生成或释放、碱性物质的消耗都会引起发酵液的 pH 下降；反之，凡是造成碱性物质的生成或释放、酸性物质的消耗将使发酵液的 pH 上升。

在多数情况下，为了获得最大产量，需要对发酵液中 pH 进行测量和控制。控制 pH 可以从基础培养基的配方考虑。首先应仔细选择碳源和氮源。一般说来，培养基中的碳/氮值高，则发酵液倾向于酸性，反之则倾向于碱性或中性。同时，还应注意生理酸性盐和生理碱性盐的平衡。其次可以在培养基设计的时候加入缓冲剂（如磷酸盐），制成缓冲能力强的培养基。控制 pH 第二种常用的方法是在发酵过程中加弱酸或弱碱调节 pH。一般的发酵罐都具备 pH 的检测控制系统，将 pH 控制在适当的范围。控制 pH 第三种方法是通过发酵过程的综合调控来实现。发酵过程中 pH 的变化反映了菌体的生理状况，如 pH 的上升超过最适值，便意味着菌体处于饥饿状态，可加糖调节，糖的过量又会使 pH 下降。发酵过程中如果仅用酸或碱调节 pH 不能改善发酵情况，进行补料则是一个较好的办法，既可调节培养液的 pH，又可补充营养，增加培养基的浓度，减少阻遏作用，从而进一步提高发酵产物的产率。另外，pH 还会随氧化的程度而波动，在通气充足时，糖和脂肪得到完全氧化，产物为二氧化碳和水；在通气不充足时，糖和脂肪的氧化不完全，产生有机酸类的中间产物。这些产物会使培养基的 pH 下降，因此还可以通过控制氧的供应来控制 pH。

（三）溶解氧对发酵的影响及其控制

发酵过程中溶解氧浓度的变化与菌体生长代谢状况密切相关。发酵液中溶解氧的变化是由供求关系决定的，控制溶解氧可以从氧的供应和氧的消耗两方面进行考虑。常用的方法有：提高搅拌转速、改变搅拌器直径和类型、改变挡板的数量和位置；也可以采取补水、添加表面活性剂等措施改善培养液的流变性质。

（四）泡沫对发酵的影响及其控制

在发酵过程中，为了满足好氧微生物的需求，并取得较好的生产效果，要通入大量的无菌空气，同时为了加速氧在水中的溶解度，必须加以剧烈搅拌，使气泡分割成无数小气泡，以增加气液界面。因此，发酵过程中产生一定的泡沫很正常。但是，如果泡沫太多又不加以控制，就会对发酵造成损害：首先是会造成排气管有大量逃液的损失，泡沫升到罐顶有可能从轴封渗出，增加染菌的概率；其次是泡沫严重时还会影响通气搅拌的正常进行，妨碍菌体的呼吸，造成代谢异常，最终导致产物产量下降或菌体的提早自溶。

发酵工业消除泡沫常用的方法有两种：化学消泡和机械消泡。化学消泡是一种使用化学消泡剂的消泡法，也是目前应用最广的一种消泡方法。其优点是化学消泡剂来源广泛，消泡效果好，作用迅速可靠，尤其是合成消泡剂效率高，用量少，安装测试装置后容易实现自动控制等。化学消泡的机制是当化学消泡剂加入起泡体系后，由于消泡剂本身的表面张力比较低，使气泡膜局部的表面张力降低，力的平衡遭到破坏，此处为周围表面张力较大的膜所牵引，因而气泡破裂，产生气泡合并，最后导致泡沫破裂。发酵工业常用的消泡剂主要有四类：天然油脂类；高碳醇、脂肪酸和酯类；聚醚类；硅、酮类。机械消泡是一种物理作用，靠机械强烈振动以及压力的变化，促使气泡破裂，或借机械力将排出气体中的液体加以分离回收。其优点是不用在发酵液中加入其他物质，节省原料，减少由于加入消泡剂引起污染的可能性以及后续发酵液中产物分离的困难。但其缺点是效果往往不如化学消泡迅速可靠，需要一定的设备和消耗一定的动力，而且不能从根本上消除引起泡沫稳定的因素，常见的机械消泡装置有耙式消泡浆和旋转圆板式消泡装置。

（五）CO_2 对发酵的影响及其控制

CO_2 是微生物的代谢产物，又是细胞代谢的重要指标，同时也是进行生物合成的必要物质。CO_2 对菌体的生长有直接作用，影响碳水化合物的代谢及微生物的呼吸速率。

CO_2 浓度的控制应根据对发酵的影响而定。如果 CO_2 对产物合成有抑制作用，应设法降低其浓度；若有促进作用，则应提高其浓度。通气和搅拌速率的大小，皆可调节 CO_2 的溶解度。在发酵罐中不通入空气，既可保持溶解氧在临界点以上，又可随废气排出所产生的 CO_2，使之低于能产生抑制作用的浓度。所以，通气搅拌是控制 CO_2 浓度的有效方法。此外，CO_2 形成的碳酸还可用适当的碱中和。

五、发酵终点的确定

发酵类型不同，需要达到的目标也不同，因而对发酵终点的判断标准也不同。无论哪一种类型的发酵，其终点的判断标准归纳起来有两点，即一是产品的质量，二是经济效益。对原材料与发酵成本占整个生产成本主要部分的发酵品种，主要追求提高产率、得率（转化率）和发酵系数。如果下游处理工艺的成本占生产成本的主要部分且产品价值高，则除了要求高产率和发酵系数外，还要求高产物浓度。如计算总的发酵产率，则以放罐时的发酵单位除以总的发酵时间。

六、基因工程菌的发酵

随着 DNA 重组技术的发展和完善，以基因工程菌进行高附加值产品生产的现代生物技术产业已经形成，因此基因工程菌的发酵过程优化成为一个重要的研究课题。为了获得高水平的基因表达产物，人们通过综合考虑控制转录、翻译、蛋白质稳定性及向胞外分泌等多方面因素，设计出了许多具有不同特点的表达载体，以满足表达不同性质、不同要求的目的蛋白的需要。此外，宿主系统本身的特性也是重要的研究对象。大肠杆菌具有生长快、遗传背景清楚、技术操作相对简单、大规模发酵成本低等优点，是表达外源基因应用最广泛的宿主菌之一，已用于许多具有重要应用价值的蛋白质，如胰岛素、生长激素、干扰素、白细胞介素、集落刺激因子、人血清白蛋白及一些酶类等的生产。但是由于大肠杆菌作为原核细胞系统的局限性，人们无法进行特定的翻译后修饰，特别是糖基化修饰，以及细菌中的有毒蛋白或具有抗原作用的蛋白质对产物的影响。因此，人们开始注意真核表达系统的构建，酵母是单细胞真核生物，无论在蛋白质翻译后修饰加工、基因表达调控还是生理生化特征上，都与高等真核生物相似，它本身自然分泌的蛋白质很少，如果把重组蛋白向胞外分泌将给纯化带来很大方便，因此酵母是优良的真核细胞基因表达系统，特别是近年发展的甲醇营养型酵母表达系统，其表达外源蛋白已达 200 多种。

第五节　发酵工程中的代谢调控与代谢工程

一、初级代谢与次级代谢

初级代谢产物与生物体的生长、发育和繁殖有关。初级代谢产物通常是维持正常生理过程的关键成分，因此通常被称为中枢代谢物。初级代谢产物通常在生长阶段形成，是能量代谢的结果，被认为是正常生长所必需的。初级代谢产物包括醇（如乙醇）、乳酸和某些氨基酸。在工业微生物学领域，乙醇是用于大规模生产的最常见的初级代谢产物之一。此外，主要代谢物，如氨基酸（谷氨酸和赖氨酸）是通过一种特定的细菌物种——谷氨酸棒状杆菌的大规模生产分离出来的。柠檬酸也是工业微生物学中常用的初级代谢产物，由黑曲霉产生的，是食品生产中应用最广泛的原料之一也常用于制药和化妆品行业。

次级代谢产物通常是以初级代谢产物为前体而合成的有机化合物。次级代谢产物不像初级代谢产物那样在生长、发育和繁殖中发挥作用，通常在生长末期或接近稳定阶段形成。许多已确定的次级代谢产物具有生态功能，包括防御机制，通常作为抗生素和色素。在工业微生物学中具有重要意义的次级代谢产物包括阿托品和抗生素，如红霉素和杆菌素。阿托品是一种次级代谢产物，从多种植物中提取，具有重要的临床应用价值。它是乙酰胆碱受体的竞争性拮抗剂，特别是毒蕈碱受体，可用于治疗心动过缓。在临床上红霉素是一种常用的抗生素，其抗菌谱广泛。杆菌肽来源于枯草芽孢杆菌，是自然界合成的一种非核糖体多肽合成酶，可以合成多肽，是一种常用的外用抗生素。

次级代谢产物可根据生物合成来源进行分类（图 4-1）。萜烯是从含有 5 个碳的前体[二甲基烯基焦磷酸盐（DMAPP）和二戊基焦磷酸盐（IPP）] 中分离出来的，并根据大小进一步分类。聚酮是由乙酸酯单元合成的，也被细分为几个类别。在植物中，聚酮生物合成与芳香氨基酸生物合成交叉产生苯丙类结构，如黄酮类、二苯乙烯和花青素。一些碳水化

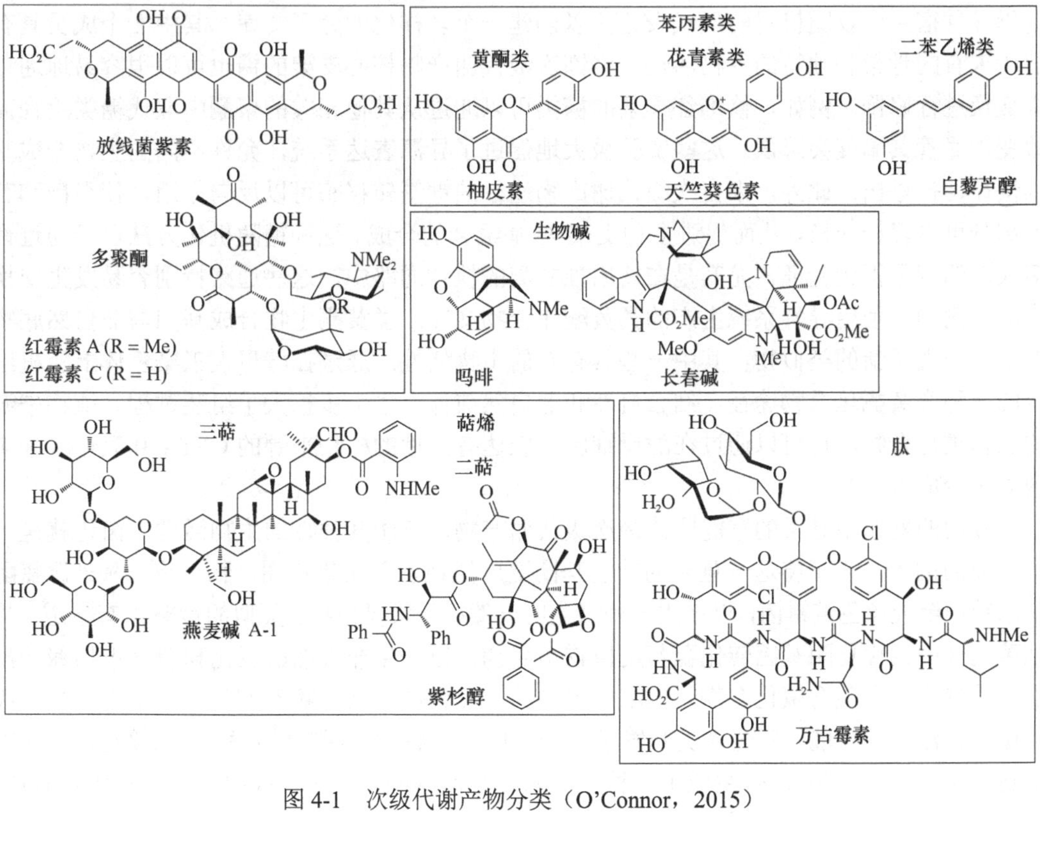

图 4-1　次级代谢产物分类（O'Connor，2015）

合物也可以归类为次级代谢产物，而次级代谢所特有的糖类往往修饰着许多次级代谢产物的核心结构。肽代谢物是利用核糖体或专用酶（非核糖体肽合成酶）从氨基酸中生成的。迄今为止，那些来自细菌的次级代谢产物是最早被发现的。真核生物中，真菌和植物被认为是次级代谢产物的多产来源。次级代谢产物也可从古菌中分离出来，但报道的例子数量相对较少，这可能是由于培养该域的许多物种尚存难度。

二、代谢产物合成调控

（一）诱变合成

当天然起始物质的生物合成被基因阻断，生物体被迫利用外源供应的前体专门进行产品生物合成时，就会产生非天然产品。这种策略被称为诱变，几十年前研究人员首次应用诱变策略于链霉菌中产生新型抗生素。这种策略至今已经应用于无数的微生物系统，并取得了巨大的成功。前体取食对植物来说是不实际的，但已有报道植物培养诱变的例子。

（二）替代代谢酶

如果下游酶能够识别非天然的中间体，酶可以在不同的途径之间交换，产生新的代谢过程，产生新的产物。最早的一个例子表明，产生放线菌素和其他几种相关芳香聚酮的菌株之间的基因转移可以用来制造放线菌素类似物。这些实验已经扩展了几十年，很大程度上是由强大的异源表达宿主促进的。在最近的一个例子中，产生芳香聚酮的真菌合成酶在酵母异种宿主中以随机对的形式表达，以创建一个多样化的分子文库，其中一个成员具有前所未有的骨架和独特的生物活性。修饰次级代谢产物核心支架的糖也可以很容易地通过酶交换进行修饰。例如，修饰红霉素的糖类可以通过从其他相关的聚酮中取代糖类途径而改变，尽管其滴度会降低。这些实验极大地促进了异源表达系统，允许不同的生物合成基因快速切换进出。此外，来自次级代谢产物途径的糖基转移酶可以反向作用，使得糖和苷元部分可以轻松交换，从而促进多种支架-糖基组合的合成。这种糖随机化方法已经通过许多成功的例子得到验证，尤其是在使用独立酶的植物通路中，这些通路特别容易发生交换反应。例如，使用异种系统生产的类黄酮化合物文库。类黄酮生物合成基因与非自然底物的组合产生了新的类似物，其中一些具有新的生物活性。通过在酵母人工染色体上随机组合的 7 种类黄酮化合物途径，结合自然和非自然前体，进一步扩大了组装过程。植物来源的三萜类化合物，也可以通过在酵母细胞内表达有活性的植物来源的 CYP450 氧化酶来实现人工合成。

专门的酶用不寻常的官能团修饰次级代谢产物，赋予其独特的生物活性，卤化就是一个重要的例子。为了将这一重要的功能基团更广泛地引入次级代谢产物，将一种外源氯酶基因转化至天蓝色链霉菌，以产生一种氯化的天然抗生素类似物。类似的策略也有报道，将细菌途径中的卤化酶基因转化至药用植物培养物，以产生非天然的氯化和溴化生物碱。虽然自然界中已发现含氟化合物，但唯一已知的天然含氟产品是氟乙酸盐。为了给聚酮次级代谢产物添加氟功能，研究人员开发了一种合成所需底物氟丙二醇辅酶 A 的途径，并成功地将其与聚酮途径相连接，生成了一种 6-脱氧红细胞内酯 b 生物合成中间体的氟化类似物。

这些例子突出了代谢工程如何采用相对罕见的化学修饰（如卤化），并将其纳入更广泛的代谢产物。代替次级代谢产物类似物，全新的化合物可以通过随机组合具有广泛来源的生物合成酶产生。这种方法在酵母宿主中得到实现，创建了一个包含70多种化合物的文库，其中大多数化合物以前未见描述。

（三）酶工程

次级代谢工程旨在提高产量、增加化学多样性和（或）产生具有增强表型的物种，这既带来了巨大的挑战，也带来了机遇。如果目标是分离次级代谢产物，那么宿主的选择是根据最高纯度的最佳滴度来确定的。另外，代谢工程可以用来改变宿主的特性，如改造植物的次级代谢可能会增加抗病能力。在这些情况下，宿主可能没有被测序，或者没有适当的遗传工具可用，虽然嵌入式调控网络可以严格和冗余地控制产品生产水平，但通常水平较低。常用的解决方案是，破坏相关调控元件或移动代谢途径的位置，突破严格的调节控制，进而提高代谢产物的产量。在合成生物学的术语中，利用异源宿主生产次级代谢产物通常是有框架的，其中一个中性的底盘可用于安装代谢部分，这些代谢部分可以快速组合以制造所需的分子。然而，在异源宿主中达到商业可行滴度的表达途径失败率很高，通常需要大量优化（和创新）才能取得成功。尽管如此，过去二十年来取得的进步表明，这种方法在利用新陈代谢方面具有巨大的潜力。异种宿主的选择在很大程度上仍然是经验性的，一般认为宿主离本地生产者越近，滴度越高，尽管也有例外。培养宿主组合，每个宿主编码最适合的代谢途径部分，也可能是一种选择。青蒿素的生产是一个成功的异源生产平台的范例，从酿酒酵母宿主中提取的半合成青蒿素已达到足以实现商业化的滴度。然而，值得注意的是，天然生产青蒿素的植物黄花蒿（*Artemisia annua*）仍然是该化合物的重要来源，这表明天然生产来源也可以是高效的生产平台。青蒿素的例子还揭示了一个成功的代谢工程项目可能引发的社会问题，如目前尚不清楚发展中国家种植黄花菊的农民的经济利益将如何受到另一种青蒿素生产来源的影响。尽管存在这些挑战，次级代谢工程仍会使这些高价值的复杂分子得到更广泛的应用。

三、定向发酵

研究发酵方法的主要目标之一是控制或管理微生物的代谢作用，以便在最经济的投资下获得最高的产率，即定向代谢。预先设置物理和代谢条件，与未应用这些“控制”的过程相比，能获得更高的发酵效率。所采用的物理控制包括氧气、温度、pH等。

（一）氧气

微生物发酵过程中，多数为好氧发酵，如氨基酸、柠檬素和大部分抗生素发酵。而有些微生物发酵过程属于厌氧，但该微生物的生长过程则是需氧过程，如乙醇和啤酒的发酵。在液体深层好氧发酵过程中，必须不断供给无菌空气并将空气中的氧溶解到发酵液中，才能满足微生物生长繁殖和代谢产物合成的需要，因此，溶解氧对发酵的影响分为两个方面：一是溶解氧浓度影响与呼吸链有关的能量代谢，从而影响微生物生长；二是溶解氧直接参与并影响产物的合成。

溶解氧对微生物自身生长的影响，根据对氧的需求，微生物可分为兼性好氧微生物、厌氧微生物和好氧微生物。兼性好氧微生物的生长不一定需要氧，但如果在培养中供给氧，则菌体生长更好，如酵母菌。典型如乙醇发酵，控制分两个阶段，初始提供高氧气浓度进行菌体扩大培养，后期严格控制氧进行厌氧发酵。兼性好氧微生物能耐受环境中的氧，但它们的生长并不需要氧，这些微生物在发酵生产中应用较少。对于厌氧微生物（如产甲烷杆菌、双歧杆菌等），氧的存在则可对其产生毒性，此时能否将氧限制在一个较低水平往往成为发酵成败的关键。而对于好氧微生物（如霉菌），则是利用分子态的氧作为呼吸链电子系统末端的最终电子受体，最后与氢离子结合成水，完成生物氧化作用同时释放大量能量，供细胞的维持生长和代谢使用。由于不同好氧微生物所含的氧化酶体系的种类和数量不同，在不同环境条件下，各种需氧微生物的需氧量或呼吸程度不同。同一种微生物的需氧量也随菌龄及培养条件的不同而不同。一般幼龄菌生长旺盛，其呼吸强度大，但由于种子培养阶段菌体浓度低，总的耗氧量也比较低；在发酵阶段，由于菌体浓度高，耗氧量大；生长后期的菌体的呼吸强度则较弱。

溶解氧对发酵产物的影响，对于好氧发酵来说，溶解氧通常既是营养因素，又是环境因素。特别是对于具有一定氧化还原性质的代谢产物的生产来说，氧的改变势必会影响到菌株培养体系的氧化还原电位，同时也会对细胞生长和产物形成产生影响。例如，在氨基酸发酵过程中，其需氧量的大小与氨基酸的合成途径密切相关。根据发酵需氧要求不同可分为如下三类：第一类包括谷氨酸、谷氨酰胺、精氨酸和脯氨酸等谷氨酸系氨基酸发酵，它们在菌体呼吸充足的条件下，产量最大。如果供氧不足，氨基酸合成就会受到强烈抑制，大量积累乳酸和琥珀酸；第二类包括异亮氨酸、赖氨酸、苏氨酸和天冬氨酸，即天冬氨酸系氨基酸发酵，供氧充分可达到最高产量，但供氧受限，产量受到的影响并不明显；第三类包括亮氨酸、缬氨酸和苯丙氨酸发酵，仅在供氧受限、细胞呼吸受到抑制时，才能获得最大的氨基酸产量，如果氧气充足，产物形成反而受到抑制。因此，在氨基酸发酵过程中，应根据氨基酸合成的具体需要确定溶解氧水平。

（二）温度

微生物的生长繁殖和代谢产物的合成都是在各种酶的催化下进行的，温度是影响酶活性的主要因素，因此，温度对发酵过程会产生重要影响。温度对发酵过程的影响体现在两个方面：一是温度对微生物的生长产生影响，二是温度对微生物代谢产物合成产生影响。在发酵生产中，要根据微生物的特性和发酵工艺要求提供合适的培养温度，才能保证发酵的正常进行。

温度对微生物生长的影响，微生物的生命活动可以看作是一系列连续进行的酶催化反应，温度因影响酶的活性而影响微生物的生长和繁殖。一般来说，微生物对低温的适应能力要强于对高温的适应能力。在低温环境中，微生物生长缓慢或受到抑制；在高温环境中，微生物细胞蛋白质会受热而变性，酶活性也易遭破坏，故微生物容易衰老甚至死亡。微生物的生长阶段不同，温度对其影响不同，而且在不同的温度范围内，温度对微生物的影响也不相同。一方面，在最适生长温度范围内，微生物的生长速度会随温度升高而加快，此时如果升高培养温度，可以缩短微生物的生长周期。另一方面，不同生长阶段的微生物对温度变化的反应也不一样，如处于延迟期的细菌对温度的反应十分敏感。若将细菌置于最适生长温度附近，可以缩短其生长的延迟期；若将细菌置于低于最适温度的环境中，细菌的延迟期则会延长。处于对数生长阶段的微生物，在其最适生长温度范围内，提高培养温度将有利于微生物的生长。如果温度偏离微生物的最适生长温度范围，微生物的比生长速率则会迅速下降。

温度对微生物发酵过程的影响体现在几个方面。第一，由于温度对微生物的生长产生影响，因此温度升高，微生物的生长和代谢速度会加快，发酵产物会提前生成。但温度过高可能会造成酶的受热失活，微生物菌体容易过早衰老和自溶，从而缩短发酵周期，降低发酵产量。第二，温度会影响某些微生物的生物合成方向。

（三）pH

微生物生长和产物合成都有其 pH 范围。多数微生物生长都有最适 pH 范围及其变化的上下限，上限都在 8.5 左右，超过此上限微生物将无法忍受而自溶。一般认为，菌体内的 pH 在中性附近，大多数微生物生长适应的 pH 跨度为 3～4，其最佳生长 pH 跨度为 0.5～1。不同微生物的生长最适 pH 范围不一样。细菌和放线菌的最适 pH 为 6.5～7.5，所能忍受的 pH 上下限为 8.5 和 5.0；酵母生长的最适 pH 为 4.0～5.0，所能忍受的 pH 上下限为 7.5 和 3.5；霉菌的最适 pH 为 5.0～7.0，所能忍受的 pH 上下限为 8.5 和 3.0。pH 对微生物生长和产物合成的影响主要有以下几个方面。

1．影响酶的活性 微生物的生命活动由一系列酶催化的反应组成，当环境 pH 抑制菌体内某些酶的活性时，就会阻碍菌体的代谢过程。

2．影响微生物细胞膜的电荷状态 pH 影响微生物细胞膜所带的电荷，进而影响跨膜 pH 梯度，从而改变细胞膜的通透性，影响微生物对营养物质的吸收和代谢产物的排出，进一步影响微生物的生理作用和生长繁殖。

3．影响培养基中某些组分和代谢产物的解离 环境 pH 影响培养基和代谢产物中许多两性物质如蛋白质等物质的解离，进而影响微生物对这些组分的吸收和利用。

4．影响微生物的生物合成方向 发酵液的 pH 变化往往引起菌体代谢途径的改变，对微生物的生物合成方向产生影响，从而使代谢产物的产量发生改变。例如，在谷氨酸发酵过程中，当 pH 处于中性和微碱性时，谷氨酸产生菌积累谷氨酸，而在酸性 pH 条件下则生成谷氨酰胺。

在发酵过程中，通过对上述物理条件控制取得了良好的定向发酵效果，然而当没有简单的技术路线来预先指导物理条件的控制时，或者所需发酵产物是很复杂的生物合成作用的结果（在代谢途径中可能具有某些“支点”）时，除了物理因素外，需要采用代谢控制达到定向发酵的目标：在发酵过程中添加一种特殊的参与构成所需产物的化合物到生长培养基中；添加特殊抑制剂、一般抑制剂或“代谢毒物”到正在生长和代谢的菌体细胞中，以消除次要产物的产生和直接促进所需产物的合成；添加“特殊诱导剂”到生长培养基中，使菌种产生代谢物所需的酶大大增加；调节微生物生长所需的培养基的组分，从而有利于所需产物的产生。

四、代谢工程

代谢工程指利用基因工程技术，定向地对细胞代谢途径进行修饰、改造或扩展、构建新的代谢途径，以改变细胞原有代谢特性，并与细胞基因调控、代谢调控及生化工程相结合，提高目的代谢产物活性或产量，或合成新的代谢产物的工程技术领域。代谢工程被广泛用于生产能源、化学品、食品、饲料和药物等多个领域。代谢工程使细胞成为细胞工厂面临诸多挑战，因为细胞中含有复杂的代谢网络，并且代谢通路之间受到精细调控，细胞为了抵抗外界干扰，通过复杂的代谢网络维持细胞代谢平衡。

如果没有分子生物学，代谢工程就不会有今天的地位。分子生物学是现代生物技术的核心，有着众多的应用：在植物科学领域，它们能够在作物中引入新的、有用的性状，如抗旱和耐盐；在医学领域，它们有助于识别疾病的潜在基因，并促进基因治疗的发展；在环境应用中，它们被用于降解顽固性化合物。在微生物界，代谢工程和相关工业生物技术应用的中心目标是化学和燃料产品的过度生产，这些产品要么是生物体本身的，要么是通过其他物种代谢通路新合成的。这样，微生物就变成了一个“化学工厂”，通过其众多的天然和非天然酶来执行新的生物化学反应。这种方法与传统的化学过程有许多相似之处。例如，就像化学转化是由化学计量学、动力学和热力学决定的一样，微生物途径也是由组成酶的这些物理参数决定的。与识别化学过程中限速步骤的必要性类似，代谢工程的中心目标也是分析生化反应网络中的瓶颈。两者之间的一个关键区别是，虽然克服限速步骤的方法在化学上是有限的，但有分子生物学工具，包括基因缺失和过表达，可以专门针对瓶颈酶来提高整体细胞生产力。

许多科学家和工程师经常问的一个问题是:“为什么要用微生物而不是化学来进行这些反应？”答案在于酶具有独特的能力，能够以高特异性进行复杂的化学反应。因此，细胞催化过程将是制造更复杂分子（如药物、维生素、蛋白质、益生菌和其他类似化合物）的首选方法。生物技术可以在几个步骤中制造大多数产品，化学方法则需要更长的合成路线，包括一系列不可避免的保护-去保护步骤，以实现相同的目标。生物技术可能具有优势的第二类应用是可持续生产，这需要使用可再生原料。糖，作为一种主要的原料，往往是高度反应性的，试图用有机化学技术来修饰它们通常会产生许多副产物。另一方面，这些可再生化合物是大多数微生物的完美底物。借助分子生物学和代谢工程的力量，糖可以以高收率和高特异性转化为目标产品（有机酸、醇、生物聚合物、溶剂和许多其他化学产品）。相应地，这些应用激起了人们对代谢和微生物细胞工程的极大兴趣。

代谢工程的重点应用是生物合成，但应该指出的是，代谢工程的方法几乎适用于所有生物技术领域。例如，同位素示踪剂的明智选择和标记代谢物的分析确定了缺氧条件下癌细胞中三羧酸反向循环的功能。这一发现对人类对癌症代谢及治疗的理解产生了深远的影响。在植物科学中，将功能未知的基因转移到酵母细胞中，并表征微生物的代谢步骤，导致了葫芦素合成新途径的阐明，该途径被植物用于防御害虫。类似的策略也被用于鉴定天然合成的高效除草剂。这些例子展示了代谢工程工具的广泛应用，毫无疑问，这些工具将在未来得到更进一步的应用。

代谢工程已经成为开发能够从可再生资源高效生产化学品和材料的工程微生物菌株

的必要技术和使能技术。通过与最近在系统生物学、合成生物学和进化工程领域开发的工具和策略相结合，代谢工程研究的范式发生了转变，允许其在系统水平上对细胞调节和代谢网络进行更快速、全面和复杂的工程，因此被称为系统代谢工程。由于这些进步，实现了越来越多的代谢工程生产应用，如生物基化学品、燃料和材料的生产，高产量工程细胞株的筛选（图 4-2）等，使我们能够走向可持续的生物经济，并帮助我们实现可持续发展目标。

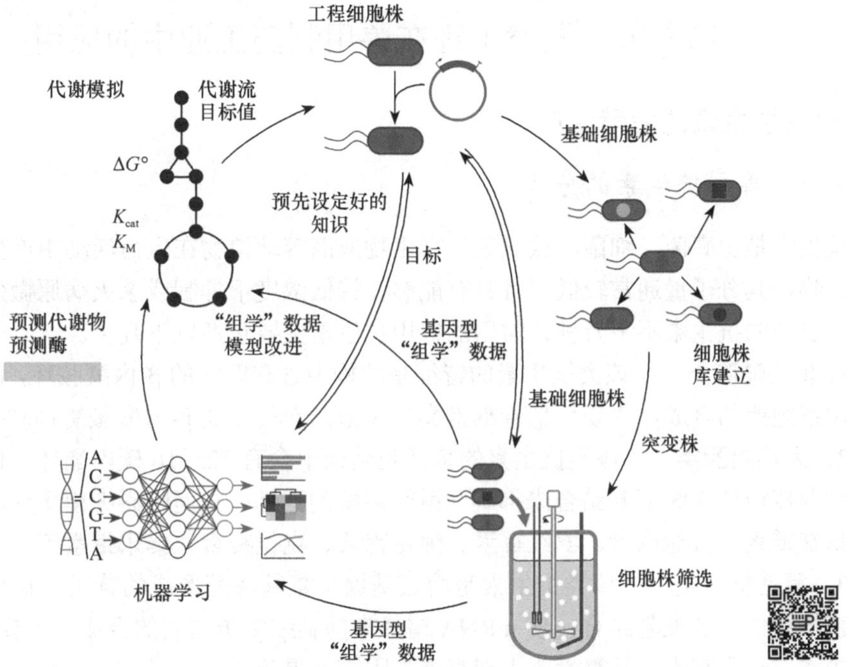

图 4-2 利用代谢工程学构建高产量工程细胞株（Sang et al.，2021）

无论是建立新的和概念验证的工程工具，还是开发新的和有用的微生物生物技术，应用大肠杆菌一直是开展代谢工程和其他相关研究最常用的宿主微生物之一。人们对大肠杆菌作为代谢工程和合成生物学的主要研究对象的偏爱源于它的几个优势特征，如快速生长、完善的培养技术、有关大肠杆菌的所有学科（包括遗传学、生物化学和生理学）的丰富知识，以及无数遗传信息的可用性其他工程工具和策略，这些工具和策略是通过一个多世纪以来的广泛研究和发展而积累起来的。这样的知识库使得设计具有理想表型的工程大肠杆菌的合理方法成为可能。此外，这些知识还可以为更好的代谢工程建立复杂的策略，从而在很大程度上加快了整体菌株开发过程，降低了开发成本，特别是工业应用成本。例如，阐明参与细胞氨基酸生物合成的复杂基因调控网络，通过应用有针对性的放松管制策略，对能够过量生产氨基酸的工程大肠杆菌菌株的发展作出了重大贡献。先进的 DNA 组装方法具有快速、可靠、标准化、模块化和高通量自动化等特点，使得在大肠杆菌中组合构建多基因通路成为一项简单的任务。此外，各种全基因组操作技术已被开发用于快速和多重基因的删除、插入、替换，甚至上调和下调。具有代表性的技术有多元自动化基因组工程（multiplex automated genomic engineering，MAGE）、成簇规律间隔短回文重复（clustered regularly interspaced short palindromic repeat，CRISPR）并伴有 CRISPR 激活和干扰的基因编辑技术，以及合成小调控 RNA，这些技术对于大肠杆菌和其他微生物的系统代谢工程必不可少。另一方面，随着组学数据的不断增加，尤其是大肠杆菌的组学数据，生物信息学支持的各种系统生物学工具和策略（基因组尺度代谢网络重建与建模、通量平衡分析等）已被开发并与代谢工程相结合，促进了高性能菌株的开发。综上所述，许多代谢工程工具和策略都是利用大肠杆菌建立的，使大肠杆菌成为最受欢迎的微生物细胞工厂之一。

第六节　发酵工程在兽用制药工业中的应用

一、兽用抗生素的发酵生产

（一）兽用抗生素的分类

抗生素是由真菌、细菌、放线菌等微生物或高等动植物在生命活动中产生的一类次级代谢产物，其分子量通常较低，且具有能够在较低浓度下抑制或杀灭病原微生物的活性。目前，已知的抗生素不下万种，常用的兽用抗生素主要包括以下几类。

1. β-内酰胺类　该类抗生素的特征是结构中含有四元的 β-内酰胺环，作用机制是抑制细菌细胞壁的合成，主要包括青霉素类、头孢菌素类以及 β-内酰胺酶抑制剂类等。

2. 大环内酯类　该类抗生素的特征是结构中含有 12～16 碳内酯环，作用机制是通过与细菌核糖体 50S 亚基结合来抑制肽酰转移酶的活性，从而阻碍细菌蛋白质的合成，主要包括红霉素、吉他霉素、罗红霉素、阿奇霉素、克拉霉素、泰乐霉素等。

3. 氨基糖苷类　该类抗生素是由氨基糖与氨基环醇形成的苷类，作用机制是通过与细菌核糖体 30S 亚基结合，使 mRNA 错译来抑制细菌蛋白质的合成，主要包括链霉素、庆大霉素、卡那霉素、新霉素、大观霉素、阿米卡星等。

4. 四环素类　该类抗生素的特征是结构中含有并四苯骨架，作用机制是通过阻止氨酰-tRNA 与细菌核糖体 30S 亚基的结合来抑制肽链的增长，进而影响细菌蛋白质的合成，主要包括四环素、土霉素、金霉素、多西环素等。

5. 氯霉素类　该类抗生素的化学结构含有对硝基苯基、丙二醇和二氯乙酰胺 3 个部分，作用机制是通过与细菌核糖体 50S 亚基结合，阻断肽酰转移酶的作用，进而抑制细菌蛋白质的合成，主要包括氯霉素、甲砜霉素等。

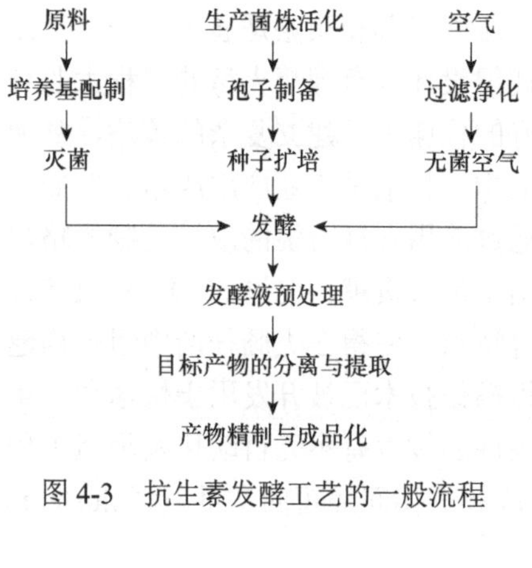

图 4-3　抗生素发酵工艺的一般流程

（二）抗生素发酵的一般工艺

1. 抗生素的发酵工艺流程　目前，大多数抗生素主要通过微生物发酵法进行生物合成，也有少数可通过化学合成法进行生产，或在生物合成的基础上通过化学或生化方法进行改造来获得。现代抗生素发酵生产的工艺大体相同，其一般工艺流程如图 4-3 所示。

2. 发酵工艺控制　抗生素是微生物的次级代谢产物，其发酵过程一般包括初级代谢产物中间体的产生和抗生素的合成两个阶段。因此，相较一般的微生物发酵，抗生素发酵工艺的控制具有其特殊性：①需要通过通气和搅拌为抗生素发酵过程提供所需的氧气。②在发酵的不同阶段需要对温度进行严格控制。③抗生素发酵过程的不同阶段对 pH 的要求也不同，前期 pH 以适合生产菌株的生长为主，中后期则需要适合抗生素的合成。④发酵过程需要根据不同阶段的需求对底物的浓度进行控制，主要包括碳、氮、磷等元素以及前体等。⑤抗生素发酵过程中还应该注意对发酵液泡沫和黏度的控制，以及发酵终点的判断和异常发酵的处理等。

3．抗生素的提取和精制 为了获取符合标准的抗生素，还应该对发酵产物中的抗生素进行提取和精制。由于不同抗生素的理化性质和生物学特性并不相同，因此，不同抗生素的分离纯化工艺还应该根据其各自的特征进行合理的设计。常用的分离提取方法包括吸附法、沉淀法、溶剂萃取法、离子交换法等；而抗生素的精制和成品化则可采用复盐沉淀、交换树脂脱色、活性炭脱色、结晶、重结晶等方法。

（三）青霉素的发酵

青霉素是人类第一个工业化生产的抗生素，也是β-内酰胺类抗生素的典型代表。目前，青霉素及其半合成抗生素早已被广泛地应用于临床，是产量最大、用途最广的抗生素，并且在很多感染性疾病的治疗过程中仍然被作为首选药物。以下将以青霉素为例对抗生素的发酵过程进行简单介绍。

1．生产菌种 青霉素的生产菌种产黄青霉，按照菌丝的形态可以分为丝状菌和球状菌。目前全球用于生产青霉素的高产菌株，大都是由一株产黄青霉 WisQ176 经不同途径改良得到。

2．生产培养基

碳源：淀粉水解糖或葡萄糖。

氮源：花生饼粉、玉米浆、棉籽饼粉等，同时补加无机氮源。

无机盐：硫、磷、钙、镁、钾等盐类，由于铁离子对青霉菌有毒害作用，其浓度应严格控制在 30μg/mL 以下。

前体：苯乙酸或苯乙酰胺，每次加入量小于 0.1%，以减少对青霉菌的毒性。

3．发酵工艺

（1）工艺流程如图 4-4 所示。

（2）种子制备。首先利用琼脂斜面对保藏的孢子进行活化，然后接种到大米或小米固体培养基上制得米孢子，最终经一级种子罐和二级种子罐培养后获得生产种子，要求菌丝稠密粗壮，结团少，有中空小泡。在最适生长条件下，达到对数生长期时菌丝体量的倍增时间为 6～7h。

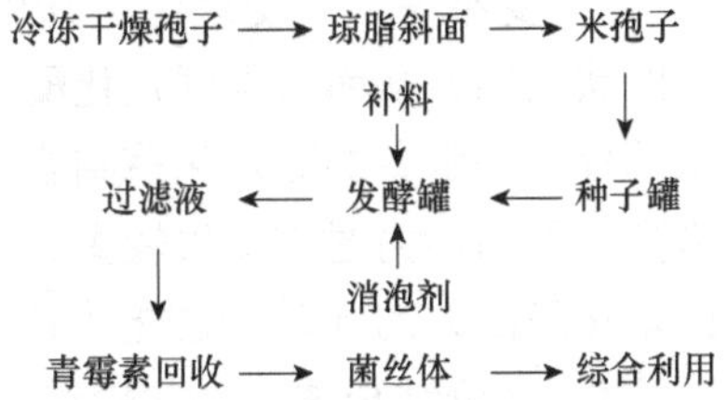

图 4-4 青霉素的发酵工艺流程

（3）发酵过程控制。青霉素的发酵产率受多方面因素的影响，主要包括 pH、溶解氧、温度、碳氮含量等环境因素，以及菌丝的浓度、生长速度、形态等生理因素。在青霉素的发酵过程中，应对这些因素进行严格控制。例如，发酵过程中需连续补加葡萄糖和硫酸铵以及前体物质苯乙酸盐，并且还应在不同时期针对补糖率进行分段控制。

（4）青霉素的提取和精制。目前，工业上青霉素的提取方法主要是溶剂萃取法。该方法的原理是，基于青霉素游离酸易溶于有机溶剂而青霉素盐易溶于水的特性，在酸性条件下将青霉素转入有机溶剂中，调节 pH，再转入中性水相，反复几次萃取后，即可实现对青霉素的提取和浓缩。

二、固定化酶兽用制药

（一）酶的固定方法

固定化酶是指通过物理或化学方法将酶固定于载体上制成的仍具有催化活性且可以重复使用或连续使用的酶及其衍生物。基于不同的种类、应用目的、使用环境等，酶的固定方法也多有不同。通常，根据结合反应的类型不同，可以将酶的固定方法分为吸附法、包埋法、交联法、共价结合法等。

1. 吸附法 吸附法是利用各种固体吸附剂将酶吸附在其表面从而使酶固定的方法。该方法操作简单且反应条件温和，包括物理吸附法和离子吸附法两种。前者是利用氢键、范德瓦耳斯力、疏水键等物理作用力将酶固定于载体上的方法。常用载体主要有活性炭、氧化铝、多孔玻璃、多孔陶瓷、硅藻土、硅胶、淀粉、纤维素等。该方法的优点是酶活不易被破坏，缺点是酶与载体的结合不牢固，易脱落。后者是通过静电作用将酶固定于含有离子交换基团的水不溶性载体上的方法。常用载体主要有 DEAE-纤维素、DEAE-葡聚糖凝胶、CM-纤维素、IRC-50 等。该方法的作用特点与物理吸附法类似，但结合力较强。需要注意的是，离子吸附法受 pH、离子强度等因素的影响较大，在使用该方法时需要对这些条件进行严格控制。

2. 包埋法 包埋法是将聚合物的单体与酶溶液混合，再借助聚合助剂进行聚合反应，从而使酶被包埋在聚合物的网状结构之中实现固定化的方法。常用的包埋材料有淀粉、明胶、胶原、海藻酸、聚丙烯酰胺、聚乙烯醇等。该方法一般不需要与酶蛋白的氨基酸残基进行结合反应，很少改变酶的活性中心和高级结构，因此通常可以得到酶活回收率较高的固定化酶。同时，包埋法具有操作简便、吸附容量大等优点。不足之处在于，该方法只适用于小分子底物或产物的酶。

3. 交联法 交联法是利用双功能试剂或多功能试剂，使酶分子之间发生交联后形成网状结构，从而获得固定化酶的方法。常用的交联剂有戊二醛、苯二异氰酸酯等。该方法的优点是制备的固定化酶结合牢固，可长时间重复使用，缺点是由于交联反应条件比较激烈，酶的活力通常损失较大。因此，通常将该方法与吸附法、包埋法结合使用，在保证固定化酶活力的同时，也能兼具良好的结合效果。

4. 共价结合法 共价结合法是通过共价键将酶分子的非必需基团与载体材料的活性功能基团进行结合，从而实现对酶进行固定的方法。常用载体主要有琼脂糖凝胶、葡聚糖凝胶、纤维素、氨基酸共聚物等，可形成共价键的酶分子基团主要有氨基、羟基、羧基、巯基、酚基等。该方法的优点是酶与载体结合牢固、不易脱落，制备的固定化酶稳定性好，可长时间重复使用。不足之处在于，操作复杂，制备过程中反应条件激烈，酶的活性损失较大。

5. 交联酶聚集体 交联酶聚集体是将酶蛋白先沉淀后交联形成的水不溶性的固定化酶。最常用的交联剂是戊二醛。该方法的优点包括操作简便、制备的固定化酶稳定性高、不易被破坏、成本低廉、单位体积活性大、应用范围广等。

6. 定向固定化法 酶的定向固定化是指将酶的特定位点与载体连接，使酶在载体表面照设定的位置进行排列的方法。目前，常用的定向固定化方法主要有两类：一类是基于抗体与抗原、亲和素/链霉亲和素与生物素、组氨酸标签与 Co^{2+}/Ni^{2+}之间亲和作用的非共价定向固定化方法；另一类是通过半胱氨酸残基上的巯基与载体相互作用的共价定向固定化方法。该方法可以充分显露酶的活性中心，使酶保持较高的酶活和稳定性。不足之处主要在于，过程复杂，操作难度大等。

7. 共固定化法 共固定化法是将不同的酶同时固定于同一载体上的方法。其优点主要包括能充分挥发不同酶之间的协同作用，具有良好的稳定性和转移性，且催化效率更高。

（二）固定化酶在兽用制药中的应用

固定化酶既能有效保持酶的催化特性，又能克服游离酶的许多不足，主要体现在以下方面。①固定化酶极易与底物和产物分开，便于产物的分离回收。②固定化酶可在长时间内进行连续反复使用。③固定化酶的稳定性相对较高。④酶的反应过程更容易被控制。⑤固定化酶更适合多酶反应。基于此，固定化酶已经在医药、食品、环保、农业、能源等诸多领域得到广泛应用。

在兽用制药方面，固定化酶的优势也越来越明显。例如，青霉素 G 酰化酶，既能催化青霉素水解生成半合成 β-内酰胺类抗生素的重要中间体 6-氨基青霉烷酸（6-APA）和 7-氨基脱乙酰氧基头孢烷酸（7-ADCA），也能催化 6-APA 或 7-ADCA 与侧链缩合，生成新的含有不同侧链基团的青霉素或头孢霉素。每年，由青霉素 G 酰化酶催化制备的 6-APA 多达 20 000t，是一种重要的工业催化剂。在工业生产中，通常会利用吸附法、包埋法、共价结合法、交联法等方法对青霉素 G 酰化酶进行固定化，不仅能够在保持其催化特性的同时，显著提高操作稳定性和可重复性，还能够极大降低生产成本，对于半合成 β-内酰胺类抗生素的工业生产意义重大。

第七节 发酵工程在生物饲料工业中的应用

在现代农业与生物科技的交汇点上，发酵工程作为驱动力量，正逐步渗透并革新着生物饲料工业的格局。深入剖析发酵工程技术如何在生物饲料的开发与优化中扮演核心角色，揭示其背后的科学原理与应用潜力，将为实现饲料产业的生态友好与高效利用开辟新径。生物饲料作为连接初级农产品与畜牧业的关键纽带，其品质直接关系到食品链的安全与健康。随着对可持续发展需求的日益增长，传统饲料生产模式面临的资源约束与环境压力亟待破解。正是在这样的背景下，发酵工程凭借其在微生物转化方面的独特优势，为生物饲料的创新提供了无限可能。从微生物菌种的筛选与驯化，到精准调控发酵条件以最大化目标产物的产出，再到这些富含益生菌、酶制剂及微生物代谢产物的生物饲料产品对提升动物消化吸收能力、增强免疫力的实际效益，每一环节都彰显了发酵工程的深刻影响。

一、生物饲料概述

生物饲料（biological feed），作为现代农业与畜牧业可持续发展的重要组成部分，是指以国家相关法规允许使用的饲料原料和饲料添加剂为对象，通过基因工程、蛋白质工程、酶工程和发酵工程等生物技术手段，利用微生物工程发酵开发的新型饲料产品总称（姜锡瑞，2016），包括发酵饲料、酶解饲料、菌酶协同发酵饲料和酶制剂、维生素、氨基酸、酸味剂等饲料添加剂。生物饲料通过应用现代生物技术手段，旨在提高饲料的有效性和功能性，同时促进资源的高效循环利用，减少对环境和粮食的压力。

随着全球人口增长和对食品需求的增加，饲料行业面临着提高生产效率与保障食品安全的双重挑战。生物饲料的兴起，正是对这一挑战的积极响应。它利用自然界中微生物的代谢活动，将一些原本难以消化或利用率低的原料转化为易于吸收的营养物质，如蛋白质、脂肪、碳水化合物以及多种微量营养素。此外，生物饲料本身无毒副作用，无残留，具有预防动物疫病、改善动物健康的作用，还通过生物转化过程产生有益的生物活性物质，如益生元、益生菌、抗菌肽等，这些都有助于增强动物免疫力、改善肠道健康，从而减少对抗生素的依赖。

相比于饲料原材料，生物饲料通过微生物发酵，可以降解抗营养因子，如植酸、非淀粉多糖等，同时增加饲料中蛋白质、维生素和矿物质的有效性，从而提高营养价值。此外，生物饲料能够利用农业废弃物、副产品（如豆粕、玉米秸秆）甚至工业废弃物作为发酵底物，从而实现资源的高效利用。同时，减少对传统粮食作物的依赖，减轻对土地和水资源的压力，降低养殖业废弃物带来的环境污染，具有环境保护作用。生物饲料富含的活性物质能改善动物消化道微生态平衡，提高免疫力，减少疾病发生率，促进动物健康。长期来看，尽管初期投入可能较高，但生物饲料能显著提高动物生产性能，降低医疗成本，保障食品安全，具有良好的经济效益和社会效益。

当前，生物饲料的研发正朝着更加精细化、个性化的方向发展，力求根据不同动物种类、生长阶段的需求定制化生产。同时，随着基因编辑、合成生物学等先进技术的融合，未来生物饲料有望实现更高效、更环保的生产方式。然而，技术标准化、监管政策的完善以及公众对生物技术接受度的提升，仍是该领域面临的挑战。生物饲料不仅是畜牧业现代化转型的关键推手，也是实现全球农业可持续发展的有效途径，其深入研究与广泛应用对于构建更加绿色、健康的养殖体系具有重要意义。下面主要对发酵饲料原料生产，酶制剂、维生素、氨基酸及酸味剂等饲料添加剂的发酵生产分别进行介绍。

二、发酵饲料原料生产

生物发酵饲料（bio-fermented feed）是一类以微生物为发酵菌种，将饲料原料中的营养物质（蛋白质和脂肪等）作为底物，通过微生物代谢活动转化为集生物活性类小肽、氨基酸和活性益生菌等为一体的饲料（孙中华等，2023）。发酵饲料原料生产是发酵工程在生物饲料工业应用中的一个核心环节，它通过微生物发酵技术，将原本营养价值较低或存在抗营养因子的原料转化为适口性好、营养价值高的生物饲料。下面将深入探讨发酵饲料原料生产的科学基础、关键技术及其实现的生态与经济效益。

（一）微生物选育与发酵机制

发酵饲料原料生产首先涉及微生物菌种的精心选育，理想菌种需具备高效转化底物、耐受发酵条件、产生活性代谢产物等特性。常见的发酵菌株包括乳酸菌、酵母菌、芽孢杆菌等，它们不仅能分解纤维素、半纤维素等难消化成分，还能产生丰富的B族维生素、有机酸及有益菌群，提升饲料的整体营养价值。

（二）发酵原料及其预处理

发酵原料广泛多样，涵盖农业废弃物（如稻草、麦秸）、食品加工副产品（果渣、豆粕），以及特选植物材料等。发酵原料的预处理步骤在发酵饲料原料生产过程中至关重要，主要包括粉碎、浸泡、热处理等，旨在提高原料的可及性，降低抗营养因子，为微生物创造有利的发酵环境。

（三）发酵条件控制

发酵条件的精确控制是确保产品质量和产量的关键，包括温度、pH、氧气供应及接种量的调节。适宜的发酵条件能够促进目标微生物的生长繁殖，优化代谢产物的形成，同时抑制有害微生物的活动。

（四）发酵产物的品质与安全性

发酵结束后，产物需经过严格的品质检验，包括检测发酵产物的营养成分、微生物组成、毒素残留及感官特性等，确保符合饲料安全标准。此外，发酵过程中的生物活性物质，如酶制剂、益生菌等，对增强动物消化能力和免疫功能具有显著效果。

（五）生态与经济效益

发酵饲料原料生产不仅提升了原料的利用价值，减少了资源浪费，还通过减少对化学添加剂的依赖，促进了环境友好型畜牧业的发展。此外，其生态循环的特性有助于构建可持续的农业生产体系，同时，经济效益体现在降低饲料成本、提升养殖效率及增强产品市场竞争力等方面。

总而言之，发酵工程应用于生物饲料原料生产中，通过微生物的神奇转化，为解决饲料资源短缺、提高饲料品质及促进农业可持续发展提供了创新路径。随着生物技术的不断进步和发酵工艺的持续优化，发酵饲料原料生产将在保障全球食品安全和促进绿色畜牧业转型中发挥越来越重要的作用。

三、酶制剂饲料添加剂的发酵生产

酶制剂作为生物饲料工业中的重要添加剂，通过提高饲料的消化吸收效率、优化营养物质的利用，显著增强了动物的生长性能与饲料转化率。下面将详述酶制剂饲料添加剂的发酵生产过程，涵盖微生物菌种的选择与优化、发酵工艺的精准控制、产物提取纯化及质量控制等关键环节，展现其在生物工程技术支撑下的创新与应用。

（一）微生物菌种的选择与优化

酶制剂生产始于高效产酶微生物的筛选与驯化。常用的生产菌种包括但不限于枯草芽孢杆菌、黑曲霉、毕赤酵母等，这些微生物能够分泌多种具有生物催化活性的酶类。通过遗传改良与分子生物学技术，如基因重组与表达，进一步优化菌种的产酶性能，实现特定酶种的高效表达。

（二）发酵工艺的精准控制

发酵工艺是酶制剂生产的核心，涉及发酵条件的精细控制，包括培养基配方、pH、温度、溶解氧水平及发酵时间等。依据不同酶类的最适发酵条件，采用连续发酵、分批发酵或补料分批发酵策略，以最大化酶活产量。例如，在α-淀粉酶的生产中，前期注重菌体生长，后期则需调整碳氮比以促进酶的合成。

（三）产物提取与纯化技术

发酵完成后，酶制剂的提取与纯化对于保证产品质量至关重要。常用方法包括离心、过滤去除菌体，以及通过盐析、吸附、超滤、层析等技术分离纯化酶蛋白，去除杂质，提高酶制剂的纯度与稳定性。现代技术如膜分离技术的应用，提高了提取效率，降低了能耗。

（四）质量控制与酶活测定

酶制剂的质量控制覆盖了生产全过程，确保最终产品符合饲料安全与使用标准，包括酶活单位测定、微生物污染检测、热稳定性及储存稳定性评估等。酶活测定采用国际标准方法，如 FIP 单位或 IU（国际单位），确保酶制剂的活性量化准确可靠。

（五）应用前景与挑战

酶制剂饲料添加剂的发酵生产不仅提高了饲料利用率，还促进了环境的可持续性，减少了畜牧业给环境造成的负担。然而，面对不断变化的市场需求与环境因素，持续的技术创新、成本控制及环境影响评估，是该领域面临的长期挑战。未来，通过精准发酵策略、酶工程的进一步发展，以及酶制剂在特殊动物营养、替代抗生素应用等方面的研究，酶制剂饲料添加剂的应用潜力将进一步释放，为生物饲料工业的绿色发展贡献力量。

四、维生素饲料添加剂的发酵生产

维生素作为必需的微量营养素，在促进动物生长发育、增强免疫力和维持生理功能方面发挥着不可替代的作用。发酵工程在维生素饲料添加剂的生产中展现了其独特的价值，通过微生物发酵技术高效合成多种维生素，不仅提高了生产效率，还实现了环境友好和资源的可持续利用。下面将深入探讨维生素饲料添加剂的发酵生产工艺、关键技术和质量控制措施等。

（一）微生物发酵技术的优势

与传统的化学合成相比，微生物发酵生产维生素具有诸多优势。①微生物能够直接利用简单碳源和氮源，通过自身代谢途径合成维生素，过程更为经济环保。②发酵法能生产出结构更为纯净、生物利用度更高的维生素产品，更适合动物营养需求。③发酵过程易于调控，可针对不同维生素的合成需求，筛选或改造特定的高产菌株，实现定向增产。

（二）关键维生素的发酵生产

维生素 B 群：包括维生素 B_2（核黄素）、维生素 B_{12}、泛酸、生物素等，这些维生素由多种细菌和真菌发酵生产。例如，利用棉阿舒囊霉（*Ashbya gossypii*）或枯草芽孢杆菌（*Bacillus subtilis*）发酵生产维生素 B_2，通过基因工程改造可提高产量和纯度。

维生素 C（抗坏血酸）：尽管维生素 C 主要通过化学合成获取，但也有通过微生物发酵生产的案例，如使用氧化葡萄糖酸杆菌等微生物，通过一系列生物转化步骤间接合成。

（三）发酵工艺优化

发酵工艺的优化是提高维生素产量和降低成本的关键。这包括培养基配方的调整、发酵条件（如温度、pH、溶解氧浓度）的控制，以及发酵周期的管理。采用连续发酵或补料分批技术，结合在线监控和反馈控制系统，可实现发酵过程的精确控制，提高维生素的产率和质量。

（四）提取与纯化技术

维生素的提取与纯化是后续加工的重要步骤。通常采用沉淀、萃取、色谱分离等方法去除杂质，获得高纯度产品。例如，采用离子交换树脂纯化维生素 B_{12}，或通过反渗透和超滤技术浓缩和净化发酵液。

（五）质量控制与安全性评估

维生素饲料添加剂的生产必须严格遵守相应的质量标准和安全法规。这包括对最终产品的理化性质、微生物指标、重金属残留，以及潜在的污染物进行检测。同时，建立完整的生产记录和追溯体系，确保每一批次的产品均符合饲料安全标准。

微生物发酵技术在维生素饲料添加剂生产中的应用，不仅提升了生产效率和产品品质，也为解决资源和环境问题提供了创新方案。随着生物技术的不断进步，特别是基因工程、代谢工程等生物技术的深入应用，发酵生产维生素饲料添加剂的效率和范围将持续扩大，为保障动物健康、促进畜牧业可持续发展作出更大贡献。

五、氨基酸饲料添加剂的发酵生产

氨基酸作为构成蛋白质的基本单元，对动物生长发育至关重要。在生物饲料工业中，氨基酸饲料添加剂通过发酵工程生产，不仅能满足特定营养需求，还能提高饲料的利用率和动物的生产性能。下面将详细介绍氨基酸发酵生产的科学原理、工艺流程、关键技术和质量控制措施等，展现其在现代畜牧业中的重要作用。

（一）氨基酸的重要性与需求

氨基酸按其在动物体内是否能自行合成分为必需氨基酸和非必需氨基酸。必需氨基酸需通过饲料摄入，对动物生长至关重要。通过添加特定氨基酸，可平衡饲料中的氨基酸组成，避免限制性氨基酸造成的营养失衡，提高饲料的营养价值和利用效率。

（二）发酵生产原理

氨基酸的发酵生产主要依赖于特定微生物的代谢途径。利用选育或基因工程改造的微生物菌株，如谷氨酸棒杆菌、大肠杆菌等，能够在特定条件下高效合成目标氨基酸。这些微生物能够将廉价的碳源（如葡萄糖、淀粉水解物）和氮源（如氨水、尿素）转化为特定氨基酸，并通过调节发酵条件（如 pH、温度、溶解氧浓度）优化生产过程。

（三）工艺流程

菌种选育与扩培：选择或构建高效产氨基酸的菌株，通过液体深层培养进行菌种扩增。

发酵：将扩培后的菌液接种到配制好的发酵培养基中，在控制的条件下进行发酵，其间监测并调整发酵参数。

提取与精制：发酵结束后，通过离心、过滤等物理方法分离菌体，采用等电点沉淀、离子交换、结晶等技术从发酵液中提取纯化氨基酸。

干燥与包装：将提纯后的氨基酸通过喷雾干燥或冷冻干燥制成粉状产品，最后进行质量检测并包装。

（四）关键技术

菌种改造与代谢工程：利用基因工程技术，改造菌株的代谢途径，提高目标氨基酸的合成效率，降低副产物生成。

发酵条件自动化控制：采用先进的生物反应器和自动化控制系统，精确控制发酵过程中的各项参数，以达到最大生产效率。

下游处理技术优化：开发新型分离纯化技术，提高氨基酸回收率，降低成本，减少环境污染。

（五）质量控制与安全性

确保氨基酸饲料添加剂的纯度、稳定性和无害性是生产中的关键。通过严格的质量管理体系，对产品进行多项检测，包括但不限于氨基酸含量、微生物指标、重金属残留及其它污染物测试，确保产品符合国家及国际饲料添加剂安全标准。

氨基酸饲料添加剂的发酵生产技术，凭借其高效、环保的特点，已成为满足现代畜牧业对精准营养需求的重要手段。随着生物技术的不断进步和发酵工艺的持续优化，氨基酸的发酵生产将更加高效、经济，为推动畜牧业可持续发展作出更大的贡献。

六、酸味剂饲料添加剂的发酵生产

酸味剂作为一类重要的饲料添加剂，通过改善饲料适口性、促进消化吸收、调控肠道健康等作用机制，在生物饲料工业中扮演着不可或缺的角色。发酵工程为生产高效、环保且成本效益高的酸味剂提供了技术支撑。下面将深入探讨酸味剂饲料添加剂的发酵生产原理、优势菌种、发酵条件优化、产品质量控制及在动物营养中的应用效果等。

（一）酸味剂的功能与重要性

酸味剂饲料添加剂主要通过降低胃肠道 pH，创造不利于病原微生物生长的环境，同时刺激消化酶的活性，促进营养物质的吸收。常见的酸味剂包括乳酸、乙酸、柠檬酸等有机酸，它们不仅能提高饲料转化率，还能增强动物免疫力，减少抗生素使用，符合绿色养殖的发展趋势。

（二）发酵生产原理

酸味剂的发酵生产基于自然界中某些微生物（如乳酸菌、醋酸菌等）的代谢活动，这些微生物能够将简单碳水化合物转化为相应的有机酸。通过选择适宜的微生物菌株，控制发酵条件，可以定向生产特定种类和浓度的酸味剂。

（三）优势菌种与选育

乳酸菌：是最常用的酸味剂生产菌种，能够高效产生乳酸，同时具有益生特性，对动物肠道健康有益。

醋酸菌：用于乙酸的生产，对抑制霉菌生长、延长饲料保质期有显著效果。

基因工程菌株：通过基因工程技术，改造现有菌株或构建新的生产菌株，以提高酸的产量和纯度，降低生产成本。

（四）发酵条件优化

碳源与氮源选择：根据目标酸的类型选择合适的碳源，如葡萄糖适合乳酸发酵，而乙醇则适用于乙酸发酵；适量的氮源有助于菌体生长。

pH 控制：合理调控发酵过程中的 pH，既可促进产酸，又可避免过酸环境抑制菌体生长。

温度与氧气供应：针对不同菌种设定最适生长温度，并保证足够的氧气供应（或厌氧条件，如乳酸发酵），以维持高效代谢。

发酵时间与产物积累：适时终止发酵，防止过度发酵导致产品质量下降。

（五）质量控制与安全性

确保酸味剂产品的纯净度、稳定性及无有害残留是至关重要的。通过原料筛选，发酵过程监控，终端产品的化学分析（如酸度测定、杂质检测），微生物检测等多环节质量控制措施，保障产品的食品安全性。

（六）应用效果与展望

酸味剂饲料添加剂在实际应用中显示出提高饲料利用率、增强动物健康、减少疾病发生率的明显效果。随着对发酵工艺的深入研究和新型菌种的开发，未来酸味剂的生产将更加高效、定制化，满足不同动物品种、生长阶段的具体需求，进一步促进生物饲料工业的绿色发展。

综上所述，发酵工程在酸味剂饲料添加剂的生产中展现了其独特的优势，不仅提升了产品质量，还促进了生态友好型畜牧业的发展。随着科技的进步，这一领域的潜力将得到更充分的挖掘和利用。

小　结

发酵工程是生物技术实现工业化生产的核心环节，被广泛应用于兽用制药、生物饲料等众多领域。优良的菌种是发酵工业生产的前提，主要通过自然选育、人工诱变、基因工程等手段获取菌种。对于规模化大容积发酵而言，适宜的发酵设备和培养基能够为微生物提供合适的生长环境和条件，发酵设备的类型、培养基的成分和配比等都会对发酵产物的积累产生巨大影响，因此，在发酵生产过程中必须要重视发酵设备和培养基的选择。同时，微生物种子的数量和状态也会对发酵生产产生明显影响，想要获得足够数量且代谢旺盛的种子，需要将微生物种子从保藏管中逐级扩大培养，因此，种子的扩大培养也是发酵生产的一项重要环节。对于兽用制药和生物饲料来说，发酵的目的产物主要是微生物的代谢产物或酶类，甚至是微生物菌体本身，因此，在发酵生产中还应该根据实际需求对发酵过程进行调节。

复习思考题

1. 简述发酵的类型及其在兽用制药方面的应用特点。
2. 简述优良菌种的选育方法及各自的主要步骤。
3. 培养基灭菌有哪些方法？每种方法的适用范围如何？
4. 温度对微生物发酵有何影响？什么原因造成发酵温度升高？如何选择发酵温度？
5. 泡沫对发酵有何影响？如何控制发酵液泡沫？
6. 简述 pH 对微生物生长和产物合成的影响。
7. 酶的固定化方法有哪些？各自具有哪些优缺点？
8. 简述氨基酸发酵生产的原理、工艺流程以及关键技术。

主要参考文献

陈坚，堵国成．2012．发酵工程原理与技术．北京：化学工业出版社．

程备久．2003．现代生物技术概论．北京：中国农业出版社．

程兆康，杨金山，吕敏，等．2022．我国畜禽养殖业抗生素的使用特征及其环境与健康风险．农业资源与环境学报，39（6）：1253-1262．
高磊章，金利群．2016．青霉素 G 酰化酶的固定化研究进展．发酵科技通讯，45（1）：55-60．
郭葆玉．2011．生物技术制药．北京：清华大学出版社．
韩北忠．2013．发酵工程．北京：中国轻工业出版社．
韩德权，王莘．2013．微生物发酵工艺学原理．北京：化学工业出版社．
姜锡瑞，霍兴云，黄继红，等．2016．生物发酵产业技术．北京：中国轻工业出版社．
孙科，董玉玮．2022．生物发酵工程．哈尔滨：黑龙江大学出版社．
孙中华，吴鑫，谢开来，等．2023．生物发酵饲料对断奶仔猪生长性能、炎症信号和肠道菌群的影响．畜牧与兽医，55（7）：38-45．
陶永清，王素英．2014．发酵工程．北京：中国水利水电出版社．
汪钊．2013．微生物工程．北京：科学出版社．
王岁楼，王艳萍，姜毓君．2013．食品生物技术．北京：科学出版社．
韦革宏，史鹏．2021．发酵工程．北京：科学出版社．
徐莉，侯红萍．2010．酶的固定化方法的研究进展．酿酒科技，（1）：86-89，94．
杨生玉，张建新．2013．发酵工程．北京：科学出版社．
余冲，孙秀丽，王东旭，等．2021．酶固定化载体及固定化方法最新研究进展．广东化工，48（2）：60-62，78．
张嗣良．2013．发酵工程原理．北京：高等教育出版社．
O'Connor S E. 2015. Engineering of secondary metabolism. Annu Rev Genet，49:71-94.
Sang Y L, Jens N, Gregory S. 2021. Metabolic Engineering: Concepts and Applications. Weinheim: Wiley.

第五章　兽用蛋白质药物的化学修饰

本章数字资源

学习目标

1. 掌握蛋白质修饰剂聚乙二醇的特点。
2. 熟悉蛋白质化学修饰的特点。
3. 了解兽用蛋白质的应用与创新。

第一节　概　　述

一、兽用蛋白质药物化学修饰简介

在细胞内，当蛋白质的翻译过程完成后，需要通过修饰的方式为蛋白质附加上一些特殊的官能团，使其能够完成其生物学功能。生物蛋白质的翻译后修饰极大地增加了蛋白质结构的种类及功能。常见的翻译后修饰类型包括通过共价键添加一个活性基团或一个生物大分子（又称作生物交联）、断裂化学键去掉一些基团或结构域，以及断裂蛋白质中存在的二硫键。常见的修饰反应有：磷酸化、糖基化、甲基化等。这些反应在信号转导、物质传递、异源识别等生理过程中具有重要的作用。模拟细胞内的蛋白质化学修饰是一种有效的研究蛋白质结构和功能的方法。早期，Fraenkel-Conrat 课题组在通过化学修饰研究保持蛋白质生物活性的特定氨基酸残基方面做了很多尝试，其中一些实验方法沿用至今。近几十年中，涌现出一些新的方法，包含一些基于常见氨基酸和非标准氨基酸的化学修饰。这些新的方法极大推动了蛋白质的化学修饰在蛋白质结构功能方面和应用领域的研究。

多肽、蛋白质作为药物，已广泛应用于疾病治疗。然而，蛋白质具有抗原性，异体蛋白注入体内会引起抗体产生，通过抗原抗体反应被清除，无法发挥其功能。某些具有治疗前景的多肽、蛋白质，由于在体内循环半衰期过短而无法达到预期的治疗效果。解决这一问题的一个有效途径是对蛋白质（多肽）进行化学修饰，如使用聚乙二醇（PEG）和葡聚糖等修饰剂。这种方式能够延长蛋白质的半衰期，使其更好地发挥作用。

蛋白质的免疫原性主要由其分子上特定的抗原决定簇决定。这些抗原决定簇是蛋白质分子表面的特定区域，能够被免疫系统识别并引发免疫应答。当蛋白质作为异体蛋白进入宿主体内时，免疫系统可能将其识别为外来物质，并产生针对其抗原决定簇的抗体，从而引发免疫反应。

为了减少蛋白质的免疫原性，可以采用化学修饰的方法。这种方法涉及使用线性、亲水性高分子与蛋白质的非必需基团进行共价结合。这种结合形成了一种“屏蔽”效应，使得蛋白质分子表面的抗原决定簇不再容易被免疫系统识别，从而降低了蛋白质的免疫原性。

化学修饰方法的优点在于，它不依赖于免疫系统来消除异体蛋白，因此不会引发免疫反应导致的蛋白质清除。此外，由于高分子的遮蔽作用，蛋白质在体内的稳定性也得到了提高，因为它们不易被蛋白酶降解。蛋白酶是一类能够分解蛋白质的酶，而修饰后的蛋白质由于其分子量增大和结构改变，不易被这些酶所降解。此外，蛋白质被修饰以后，其分子量大大提高，不易被肾小球过滤。肾小球过滤是指血液中的小分子物质通过肾脏的滤膜进入尿液的过程，而大分子蛋白质通常无法通过这个滤膜。因此，修饰后的蛋白质在血液循环中的半衰期会明显延长。

总的来说，通过化学修饰手段减少蛋白质的免疫原性，不仅可以提高蛋白质在体内的稳定性，延长其半衰期，还可以减少不必要的免疫反应，对于药物开发和生物技术应用具有重要意义。

在化学修饰蛋白质以降低其免疫原性的过程中，选择合适的修饰剂至关重要。目前，应用最广泛的修饰剂是 PEG。它每个分子中都含有一个羟基，该羟基的反应活性相对较低，因此在实际应用中，通常需要对 PEG 进行预活化处理，以提高其与蛋白质的偶联效率。预活化可以通过引入反应性更高的官能团来实现，如活性酯或异氰酸酯。这样可实现减少对蛋白质过度修饰或损伤的同时，进行有效的偶联反应。PEG 的优势在于其良好的生物相容性、低毒性以及能够显著增加蛋白质分子的水溶性和稳定性。此外，PEG 化后的蛋白质通常显示出较长的循环半衰期，有助于减少频繁给药的需求。

除了 PEG，多糖类修饰剂也广泛应用于蛋白质修饰，包括葡聚糖、右旋糖酐、聚蔗糖、淀粉等。它们通过与蛋白质分子上的官能团反应，形成稳定的共价键，从而达到屏蔽抗原决定簇的目的。多糖类修饰剂通常具有良好的生物降解性，可以在体内逐渐分解，减少长期累积的风险。此外，多糖类修饰剂还可以增加蛋白质的水溶性和稳定性，有助于改善蛋白质的理化性质。

同源蛋白质及人工合成的多肽类也是常用的修饰剂。例如，同源白蛋白和聚丙氨酸可以作为修饰剂，与目标蛋白质结合，形成稳定的复合物。这些修饰剂通常具有与目标蛋白质相似的序列，可以提高结合的特异性和亲和力。

长链脂肪酸类和聚烯烃基氧化物等修饰剂也在某些情况下被使用。它们通过与蛋白质分子上的官能团反应，形成稳定的共价键，从而改变蛋白质的物理化学性质，有利于提高蛋白质、多肽类药物与细胞的亲和性，促进细胞对药物的吸收。修饰到蛋白质上的脂肪酸还可遮蔽多肽分子的酶结合位点，延缓或抑制水解酶对药物的破坏作用，延长药物的体内作用时间。

在选择修饰剂时，必须考虑其与蛋白质分子上的偶联基团的反应活性。蛋白质分子上常用的偶联基团包括氨基、巯基与羧基。这些基团能够与修饰剂中的相应官能团发生反应，形成稳定的共价键。例如，氨基可以与修饰剂中的羧基反应，而巯基可以与修饰剂中的醛基或酮基反应。

值得注意的是，具有羟基的修饰剂，如 PEG，由于其羟基的反应活性相对较低，因此在实际应用中，往往需要对修饰剂进行预活化处理。

二、修饰剂

根据化学修饰剂与蛋白质之间反应的性质不同，修饰反应主要分为酰化反应、烷基化反应、氧化还原反应、芳香环取代反应等类型。一般地说，选择蛋白质修饰剂要综合考虑如下一些问题：蛋白质的种类和修饰位点；修饰剂对氨基酸残基的专一性如何；期望的修饰度是多少；在给定的操作条件下，反应是否需要可逆修饰剂的水解稳定性和反应活性；修饰剂与蛋白质连接键的稳定性；修饰后蛋白质的构象是否基本保持不变；修饰后是否需要进一步分离；是否适合于建立快速方便准确的分析方法；修饰剂的合成是否简便经济；修饰剂是否价廉易得等。

现在已有多种类型药用蛋白质常用修饰剂被研制出来，主要包括乙酰咪唑、卤代乙酸、*N*-乙基马来酰亚胺、碳二亚胺、焦碳酸二乙酯、四硝基乙烷、*N*-卤代琥珀酰亚胺、乙二酸/丙二酸共聚物、羧甲基纤维素、聚乙烯吡咯烷酮、乙烯/顺丁烯二酰肼共聚物、多聚唾液酸、聚氨基酸、葡聚糖、环糊精、PEG等，其中以PEG类修饰剂应用最广。

PEG作为一种多功能的修饰剂，在药物递送、生物医学和化学工程领域有着广泛的应用。PEG的分子量从几百到数十万不等，其中500到20 000的分子量范围适用于大多数修饰应用。PEG的物理化学性质使其成为理想的修饰剂，它不仅在水中和大多数有机溶剂中具有良好的溶解性，而且在生物体系中表现出低毒性和免疫原性。此外，PEG的生物相容性已经得到了FDA的认可，这使得它在医疗和制药领域的应用尤为广泛。

PEG分子末端的两个羟基是其化学活性的关键所在，它们可以通过多种化学反应与蛋白质或其他生物大分子进行共价结合。在实际应用中，甲氧基聚乙二醇（mPEG）及其衍生物因具有较高的稳定性和易于操作而被广泛使用。mPEG衍生物可以是线形的，也可以是星形或梳形的，不同的结构形式可以提供不同的物理化学性质和功能。

蛋白质的氨基端通常是PEG修饰的首选位点，因为氨基的亲核性使得它能够有效地与PEG的活性基团反应。此外，蛋白质表面的其他官能团，如羧基、硫醇基等，也可以作为PEG修饰的潜在位点。通过选择合适的反应条件和保护策略，可以实现对蛋白质的特定位点修饰，从而调控蛋白质的生物活性、稳定性和药代动力学特性。

市场上有许多种类的PEG修饰剂可供选择，它们之间在反应性、纯度和成本等方面存在差异。因此，在选择PEG修饰剂时，需要综合考虑其应用目的、预期效果以及经济性等因素。此外，随着生物技术和化学合成技术的不断进步，新型的PEG修饰剂和修饰策略不断涌现，为蛋白质工程和相关领域的发展提供了新的机遇。

除了聚乙二醇（PEG）和多糖类修饰剂外，还有一些其他常见的蛋白质修饰剂，它们在蛋白质化学修饰中也发挥着重要作用。

1．马来酰亚胺（MAI） MAI是一种常用的交联剂，可以与蛋白质的氨基酸残基发生反应，形成稳定的共价键。它常用于蛋白质的交联和固定化。

2．*N*-羟基琥珀酰亚胺（NHS）活性酯 NHS活性酯是一种常用的活化试剂，可以与蛋白质的氨基酸残基反应，形成稳定的酰胺键。它常用于蛋白质的偶联和标记。

3．磺基化试剂 磺基化试剂可以与蛋白质的氨基酸残基反应，形成稳定的硫醚键。它常用于蛋白质的修饰和功能化。

4．生物素-链霉亲和素系统 生物素和链霉亲和素是一对高亲和力的结合伴侣，可以用于蛋白质的标记和分离。生物素可以与蛋白质的氨基酸残基反应，而链霉亲和素则可以与生物素结合，形成稳定的复合物。

5. 荧光染料　如异硫氰酸荧光素（FITC）、四甲基罗丹明-5 (6)-异硫氰酸（TRITC）等荧光染料可以与蛋白质的氨基酸残基反应，使蛋白质发光，便于实验观察和检测。

6. 放射性同位素　如碘-125、氚等放射性同位素可以用于蛋白质的标记和定位研究。

7. 金属离子　如镍离子、铜离子等金属离子可以与蛋白质的氨基酸残基反应，形成稳定的配位键。它们常用于蛋白质的分离和纯化。

在蛋白质化学修饰中，还有一些其他天然或合成的多肽类可以作为修饰剂，多肽的化学修饰主要有 2 种途径：第一种是通过有机合成的手段对氨基酸进行修饰以获得一些非天然氨基酸，随后将修饰后的非天然氨基酸引入多肽中；第二种途径是直接在多肽骨架上进行位点选择性的修饰，以获得修饰多肽。它们具有特定的功能和应用。

1. 谷胱甘肽　谷胱甘肽是一种天然存在的三肽，它可以作为还原剂，在蛋白质修饰中用于维持还原环境，防止氧化应激。

2. 四肽类　如 TAT（来源于 HIV-1 的转录激活因子）和 penetratin 等四肽可以作为细胞穿膜肽，帮助蛋白质跨越细胞膜，进入细胞内部。

3. 细胞色素 c　作为一种小蛋白，细胞色素 c 在某些情况下可以作为蛋白质修饰剂，用于模拟细胞信号传递过程中的电子传递。

4. 抗生素肽类　如万古霉素（vancomycin）和泰乐菌素（tylosin）等抗生素肽可以作为蛋白质修饰剂，利用其与细菌细胞壁的相互作用，影响细菌的生长和生存。

5. 合成多肽类　根据特定的设计，可以合成一系列具有特定功能的多肽，如细胞信号转导肽、酶底物模拟肽、抗体结合片段等。这些合成多肽可以用于蛋白质的靶向修饰，调控蛋白质的活性或功能。

6. 蛋白质片段　来自其他蛋白质的片段，如抗体的 Fc 片段或其他蛋白质的活性区域，可以作为修饰剂，用于蛋白质的定向修饰或构建多功能蛋白复合体。

这些多肽类修饰剂在蛋白质化学修饰中的应用取决于它们的特定功能和作用机制。在选择修饰剂时，需要考虑其与目标蛋白质的相互作用方式、稳定性，以及可能对蛋白质结构和功能产生的影响。此外，合成多肽类修饰剂的设计和合成也需要高度的专业知识和技术支持。

不同修饰剂各有其特点和应用范围，可以根据具体的实验需求和目的选择合适的修饰剂进行蛋白质修饰。在实际应用中，还需要考虑修饰剂的选择性、稳定性、生物相容性以及可能带来的副作用等因素。

三、修饰策略

根据待修饰氨基酸残基的不同，蛋白质的化学修饰主要有以下 4 种：氨基（$—NH_2$）、巯基（—SH）、羧基（—COOH）和苯羟基（ph-OH）的修饰。

1. 氨基修饰反应　*N*-羟基琥珀酰亚胺酯（NHS 酯）在生理 pH 条件下只有数小时的半衰期，其水解程度随 pH 的增加而增加。在 pH7.0（0℃）时，半衰期通常为 4～5h，pH8.0（25℃）时降至 1h，而在 pH8.6（4℃）时，半衰期仅为 10min。因此，NHS 酯试剂应在使用之前制备，以避免水解。异硫氰酸试剂可以直接与胺基发生反应，但硫醇和异硫氰酸酯之间的硫代氨基甲酰基会逐渐降解并再生出游离的异硫氰酸酯，继续与

Lys 残基反应形成稳定的共轭物。因此，异硫氰酸酯-赖氨酸加合物可作为鉴定异硫氰酸酯靶分子的稳定标记物。

2. 巯基修饰反应 Cys 强亲核巯基侧链是选择性修饰的靶标。虽然 Cys 的天然丰度相对较低，但是可以通过人工方式在某个位点引入单一的 Cys，从而扩大了该类反应的应用范围。在 pH6.5～7.5 范围内，马来酰亚胺反应对巯基是特异的。据报道，pH7.0 时，马来酰亚胺与巯基的反应是以与胺反应的 1000 倍的速率进行。当 pH 高于 8.5 时，水解速率增大会导致反应效率降低。

3. 氨基和巯基修饰反应间的竞争关系 氨基与巯基修饰反应之间的竞争关系会影响到修饰反应的选择性。这是因为大多数修饰反应的化学机制都属于双分子亲核取代反应；其反应速率主要取决于离去基团离开的能力和进攻基团的亲核能力。氨基与巯基对于同一修饰试剂均具备亲核进攻的能力，而且亲核能力相近。为了解决这一问题，通常需要利用 Cys 的低丰度与反应介质的 pH 以及不同的空间位阻对 pK_a 的影响来改变反应位点的选择性。

4. 羧基和苯羟基的修饰反应 化学修饰在实验室中存在很多操作上的限制，如在水溶液中，羧酸官能团的亲核性非常弱，发生亲核加成时性质不活泼。因此，两个步骤使得修饰反应过程变得复杂，且产率降低。反应体系中若存在伯胺（由于 N 端的存在等原因，往往难以避免）就使得修饰反应变得难以控制。针对苯羟基，金属催化的反应并不总是与蛋白质相容，每次都需要确定适合的金属离子浓度以保证快速反应，同时保持靶蛋白的生物功能。反应环境的 pH 也是选择修饰反应类型的重要影响因素之一。羧基重氮乙酰基反应的最佳 pH 约为 5.0，但对于许多蛋白质，此 pH 超出其生理酸碱耐受度，故而难以维持其生理功能。同时，Lys 也可以与重氮乙酰基团反应，故该反应的区域选择性较差。

综上，每种化学修饰方法都有各自的优势和局限性。因此，在确定修饰反应前，需要综合考虑修饰剂、反应缓冲液、反应 pH 等参数。

四、兽用蛋白质药物化学修饰的前景

（一）应用前景

兽用蛋白质药物是一类重要的兽医药品，在动物疾病治疗和预防方面具有广泛的应用前景。随着生物技术的不断发展，蛋白质药物的种类和功能也在不断扩展和完善。化学修饰作为一种强大的生物工具，为蛋白质药物的设计和应用提供了更多的可能性。以下是关于兽用蛋白质药物化学修饰前景的几点分析。

1. 提高稳定性 蛋白质药物在体内的稳定性是影响其疗效和安全性的关键因素。通过化学修饰，可以改善蛋白质药物的稳定性，使其更适用于动物体内的环境。例如，通过糖基化、酰基化等修饰，可以增加蛋白质药物的热稳定性和抵抗蛋白酶降解的能力。

2. 增强靶向性 提高药物的靶向性可以减少副作用并提高疗效。通过化学修饰，可以设计出针对特定动物物种或组织的蛋白质药物。例如，利用抗体-药物偶联物（ADC）技术，可以将药物直接输送到肿瘤细胞，提高治疗效果并降低对正常组织的毒性。

3. 扩展治疗领域　随着对动物疾病机制的深入了解，新型蛋白质药物的开发成为可能。化学修饰技术可以帮助设计出针对新型靶点的蛋白质药物，扩展治疗领域。例如，针对动物病毒性疾病、自身免疫疾病等新型治疗靶点的蛋白质药物正在研究和开发阶段。

4. 促进药物开发　化学修饰技术的进步为蛋白质药物的设计和开发提供了更多的工具和方法。通过高通量筛选、计算机辅助设计等技术，可以加速新型蛋白质药物的发现和优化。此外，合成生物学的发展也为生产新型蛋白质药物提供了新的途径。

5. 面临挑战　尽管化学修饰技术为兽用蛋白质药物的开发提供了许多机遇，但仍面临一些挑战。例如，修饰后的蛋白质药物可能会引起免疫反应，限制其在某些动物中的应用。此外，化学修饰可能会改变蛋白质药物的生物活性和药代动力学特性，需要进行详细的评估和优化。

（二）注意事项

在兽用蛋白质药物的化学修饰过程中，有几个特别的注意事项需要考虑，以确保药物的有效性和安全性。

1. 物种差异　不同动物物种之间的生理和解剖学差异可能影响蛋白质药物的代谢和分布。在进行化学修饰时，需要考虑到这些差异，选择合适的修饰策略，以确保药物在目标动物体内的有效性和安全性。

2. 免疫原性　蛋白质药物可能被宿主动物识别为外来物质，从而引发免疫反应。在进行化学修饰时，应尽量减少药物的免疫原性，如通过选择非免疫原性的修饰基团或者优化药物的结构。

3. 稳定性　蛋白质药物在储存和运输过程中可能会因温度、pH等环境因素而降解。化学修饰可以用来提高蛋白质药物的稳定性，但需要确保修饰后的药物在预期的储存和运输条件下能够保持稳定。

4. 药效学和药代动力学　化学修饰可能会改变蛋白质药物的药效学和药代动力学特性，如吸收、分布、代谢和排泄。在进行化学修饰时，需要评估这些变化对药物疗效和安全性的影响，并进行适当的调整。

5. 法规要求　兽用蛋白质药物的开发和注册需要遵守相关的法规要求。在进行化学修饰时，必须确保所有的修改都符合法规要求，并在注册申请中提供充分的数据支持。

6. 成本效益　化学修饰过程可能会增加生产成本。在进行化学修饰时，需要权衡其对药物性能的提升和增加的成本，以确保药物的市场竞争力。

7. 环境安全性　在进行化学修饰的过程中，需要考虑反应副产物对环境的潜在影响，并采取相应的措施来减少这些影响。

8. 技术挑战　化学修饰过程可能面临技术挑战，如反应条件的优化、产物的纯化和质量控制等。需要具备相应的技术能力和设备支持来解决这些问题。

通过考虑以上注意事项，可以在开发兽用蛋白质药物的过程中，更有效地利用化学修饰技术，从而提高药物的疗效和安全性，满足市场需求。

总之，随着生物技术的不断进步，兽用蛋白质药物化学修饰的前景广阔。通过克服现有挑战并充分利用其优势，有望开发出更加高效、安全和靶向性强的兽用蛋白质药物，为动物疾病的治疗和预防提供更多选择。

第二节　聚乙二醇化修饰

一、可作为修饰剂的聚乙二醇

聚乙二醇（polyethylene glycol，PEG）是一种高分子聚合物，是具有羟基的线性或支链聚合物，分子量范围从几百至几万不等，并且会随着分子量不同而具有不同的属性，分子量在 700 以下的 PEG 室温下为液体，而分子量大于 1000 的 PEG 则呈现出固体的形式。PEG 是由环氧乙烷通过阴离子聚合过程制备的，其反应是通过氢氧化物离子对环氧环的亲核攻击引发的，并根据反应的进程数制备不同分子量的 PEG 产物。

聚乙二醇化（PEGylation）最初是由 Davis 和 Abuchowski 于 1970 年提出的，通过 PEG 修饰使得白蛋白与过氧化氢酶的半衰期延长。此后，对生物制品的聚乙二醇化逐渐演变得丰富多样。聚乙二醇化制剂主要具有以下三点优势。

第一，PEG 化修饰增加了药物分子的溶解性。对 PEG 的研究表明，每一个乙二醇亚基都与两个或三个水分子紧密相连。这也就意味着对于同等分子量大小的蛋白质分子，PEG 具有更好的水溶性，因此 PEG 也经常被用于增加较难溶解的蛋白类药物的溶解性，能够大幅度提高药物分子在体内的溶解度并改变药物的主要存在形式，同时由于 PEG 化表面的相斥作用降低了多聚体的形成从而提高了药物分子的稳定性。

第二，PEG 能够降低药物分子的免疫原性。由于 PEG 为亲水性极强的大分子，并且本身免疫原性极低，所以 PEG 会在药物分子表面形成一层亲水的屏蔽层，减少体内对异源药物分子的免疫识别，减少针对药物分子的抗体产生，从而提高药物分子在体内的存续时间，这种效果对于体内代谢降解酶对作用位点的识别也具有同样的屏蔽效果。

第三，PEG 能够增加药物分子的水化半径来减小肾脏对于药物分子的清除率。分子量 20 000 以下的 PEG 分子主要通过肾脏系统排出，但当分子量更高时，则通过粪便排出。通过将药物分子 PEG 化的方法，能够显著降低药物的肾脏清除率，提高药物分子的体内利用效率。

此外，根据 PEG 本身的分子形式可以分为线性与支链的修饰方式；而根据 PEG 与蛋白质分子中结合的极性氨基酸种类又可分为巯基修饰、氨基修饰、羧基修饰与羟基修饰；根据不同蛋白质携带的不同残基可进行不同种的修饰。由于蛋白质分子中普遍存在较多游离的氨基残基（一般利用蛋白质分子中的赖氨酸侧链氨基与蛋白质氮末端残基），并且氨基基团具有较高的亲和活性，故氨基修饰是使用最多的修饰方法之一。

二、修饰策略

（一）随机修饰

PEG 的随机修饰是一种常用的蛋白质修饰方法，其基本原理是利用 PEG 的活性基团与蛋白质上的多个活性位点发生反应，从而在蛋白质表面引入 PEG 链。这种修饰方式可以增加蛋白质的水溶性、稳定性和减少免疫原性，同时也可以改善蛋白质的药物递送性能。在进行 PEG 的随机修饰时，通常需要考虑以下几个关键因素。

1. 蛋白质的性质　了解蛋白质的氨基酸序列、二级结构、三级结构和四级结构，以及其活性位点的位置和性质，有助于选择合适的 PEG 修饰剂和反应条件。

2. PEG 的分子量和官能团　选择合适的 PEG 分子量和官能团对于修饰效果至关重要。一般来说，较小的 PEG 分子量对蛋白质结构的影响较小，但过小可能无法达到预期的修饰效果。而较大的分子量则可能导致蛋白质结构的过度膨胀或聚集。此外，不同的官能团具有不同的反应活性和选择性，需要根据蛋白质的性质选择合适的官能团。

3. 反应条件　反应条件如 pH、温度和时间等都会影响修饰效果。需要通过实验优化这些条件，以获得最佳的修饰效果。

4. 修饰程度的控制　通过控制 PEG 的浓度和反应时间等参数，可以调节蛋白质上 PEG 链的密度和长度，从而控制蛋白质的物理化学性质和生物活性。

5. 后续处理　修饰后的蛋白质可能需要去除未反应的 PEG 和其他副产物，以及进行必要的纯化和分析等步骤。

6. 生物相容性和安全性　选择生物相容性好的 PEG 修饰剂，并确保修饰后的蛋白质符合相关法规要求，以确保其在临床应用中的安全性。

7. 成本效益　在满足实验要求的前提下，选择性价比高的 PEG 修饰剂和优化的实验条件，以降低实验成本。

PEG 的随机修饰可能会影响蛋白质的功能。蛋白质的功能通常依赖于其特定的三维结构，而 PEG 修饰可能会引起蛋白质结构的变化。这种影响可以是正面的，也可以是负面的，具体取决于多种因素。

1. 修饰位点　蛋白质上的某些区域对其功能至关重要，如果 PEG 修饰发生在这些关键位点，可能会导致蛋白质活性丧失。

2. 修饰程度　适度的修饰可能有助于稳定蛋白质结构或防止其聚集，而过度修饰可能导致蛋白质结构破坏。

3. PEG 链的长度和密度　较长的 PEG 链或高密度的修饰可能会阻碍蛋白质与其他分子的相互作用，从而影响其功能。

4. 蛋白质的柔性　PEG 修饰可能会增加蛋白质的柔性，这在某些情况下可能有利于其功能，但在其他情况下可能会导致功能丧失。

5. 蛋白质的环境　蛋白质在不同的生理环境中可能表现出不同的稳定性和活性，PEG 修饰可能会改变这些环境条件，从而影响蛋白质的功能。

因此，在进行 PEG 修饰时，需要仔细考虑这些因素，并通过实验来评估修饰对蛋白质功能的影响。通常，通过优化修饰条件和选择合适的 PEG 类型，可以使对蛋白质功能的负面影响最小化，同时实现预期的修饰效果。

综上，可以选择合适的 PEG 修饰剂和优化的实验条件，实现对蛋白质的有效修饰，同时保持其稳定性和生物活性。在实际操作中，可能需要根据具体的蛋白质和修饰目的进行调整和优化。

（二）定点修饰

PEG 的定点修饰是一种精确的蛋白质工程技术，它允许在蛋白质的已知功能位点引入 PEG 链，从而改变蛋白质的物理化学性质，如溶解性、稳定性和免疫原性，而不显著影响其生物活性。这种方法对于开发新型治疗剂和生物医学应用至关重要。

定点修饰的优势包括以下方面。

1. 保持功能活性 通过选择蛋白质上非关键的氨基酸残基进行修饰，可以最大限度地保留蛋白质的原有功能。

2. 提高稳定性 PEG 链可以提供保护层，减少蛋白质在极端环境下的降解，提高其热稳定性和化学稳定性。

3. 减少免疫原性 修饰可以降低蛋白质被免疫系统识别的概率，减少不良免疫反应。

4. 改善药代动力学特性 通过改变蛋白质的分子大小和电荷，可以影响其在体内的分布、代谢和排泄。

定点修饰面临的挑战如下。

1. 精确性 需要高度精确地识别和修饰蛋白质上的特定氨基酸残基，这要求有高分辨率的结构信息和高效的化学合成方法。

2. 选择性 蛋白质上可能有多个相似的氨基酸残基，选择性地修饰目标残基而不影响其他相似残基是一大挑战。

3. 反应条件 需要优化反应条件，以确保修饰效率和产物的纯度，同时避免对蛋白质结构造成不必要的损伤。

定点修饰的方法如下。

1. 基因工程方法 利用基因工程技术在蛋白质序列中引入特定的氨基酸残基，这些残基可以作为 PEG 修饰的锚点。

2. 化学合成方法 通过化学合成的方式，在蛋白质的特定位置引入反应性的官能团，然后与 PEG 链进行反应。

3. 生物正交反应 利用生物正交反应，如点击化学，在蛋白质上引入反应性基团，然后与 PEG 链快速且特异性地反应。

定点修饰的应用如下。

1. 药物开发 通过定点修饰，可以设计新型的生物药物，如抗体-药物偶联物（ADC），这些药物结合了药物的疗效和抗体的靶向性。

2. 诊断 修饰后的蛋白质可以用于开发新型的诊断试剂，如用于酶联免疫吸附试验（ELISA）和生物传感器的诊断试剂。

3. 治疗 修饰蛋白质可以用于治疗各种疾病，如癌症、自身免疫疾病和遗传病。

总之，PEG 的定点修饰是一种强大的工具，为蛋白质工程和生物医学应用提供了新的可能性。通过不断的技术创新和实验优化，定点修饰的方法将更加精确和高效，为未来的生物医药发展开辟新的道路。

第三节　糖基化修饰

一、可作为修饰剂的糖

新型的聚合物主要分为合成高分子可降解聚合物和天然高分子聚合物。前者主要包括聚酯、聚原酸酯和聚酸酐等共聚物，与 PEG 相比，合成的新型聚合物具有更好的生物相容性和可降解性，部分聚合物还具有靶向性和缓释给药的特性。天然高分子聚合物主要指天然活性多糖，如右旋糖酐、透明质酸、壳聚糖和聚唾液酸等。作为一类重要的生物大分子物质，多糖不仅来源丰富、安全低毒，而且具有多样化的结构、独特的生物可降解性和药理作用，已经被证明适合用于蛋白质药物的结构修饰。

多糖通常指 10 个以上的单糖以糖苷键连接而成的高分子聚合物，广泛存在于动物、植物和微生物中。与 PEG 相似，高分子质量的多糖通过化学键与蛋白质药物相连，可以增加蛋白质药物的流体力学半径，延长体内半衰期；多糖含有的大量羟基及氨基、羧基等亲水基团可以在蛋白质表面形成水化层，稳定蛋白质的三维立体结构，避免蛋白质遭受周围温度、酸碱以及蛋白酶的影响而变性，提高其稳定性；长链多糖覆盖在蛋白质表面可屏蔽蛋白质的抗原决定簇，从而降低其免疫原性。

此外，多糖作为修饰剂还具有许多独特的优点：①糖链上含有丰富的活性基团，经功能化或化学改性后，能够选择性地与蛋白质药物的特定氨基酸残基共价结合，修饰效率较高。②多糖生物大分子通常免疫原性较低，在人体内可被多种酶缓慢降解，不会在体内长期蓄积，还有望开发为具有缓释功能的药物载体。③细胞膜表面表达多糖的特异性受体，多糖与蛋白质药物偶联能够实现靶向给药。④许多天然多糖具有抗肿瘤、增强免疫力等药理活性，因此多糖对蛋白质药物的修饰有可能整合两者的药理活性，从而提高药物的疗效。

二、修饰策略

1．*N*-糖基化　通常指糖链共价连接在蛋白质的天冬酰胺（Asn）的氨基酸侧链处，糖链与 Asn 残基的连接发生在 3 个残基的特殊识别序列处（Asn－X－Ser/Thr，其中 X 为除 Pro 和 Asp 以外的任何氨基酸）。*N*-糖链分为 3 种：高甘露糖型、复杂型和混合型。所有的 *N*-糖链都有一个相同的五糖核心结构，由 2 个 *N*-乙酰葡萄糖胺连接 3 个甘露糖组成。这类糖基化修饰由 *N*-乙酰氨基葡萄糖转移酶参与完成。在该酶作用下，将供体 UDP-*N*-乙酰氨基葡萄糖的 *N*-乙酰葡萄糖胺（GlcNAc）转移到甘露糖。

2．*O*-糖基化　一般由多糖与丝氨酸（Ser）、苏氨酸（Thr）、羟赖氨酸、羟脯氨酸残基上的羟基氧连接形成的，其糖链多数为 *N*-乙酰半乳糖胺、*N*-乙酰葡萄糖胺、岩藻糖。*O*-糖基化没有一种确定的核心结构，最常见的是由 *N*-乙酰半乳糖胺与丝氨酸或苏氨酸残基的羟基氧连接，再加上不同数量的单糖分子延伸而成。

3．*C*-糖基化　*C*-糖基化是由甘露吡喃糖基与色氨酸吲哚环的 C2 通过 C－C 键连接而成。这种修饰需要特定的氨基酸基序 Trp－X－X－Trp、Trp－X－X－Cys、Trp－X－X－Phe，X 为任意氨基酸，修饰位置都是第一位的色氨基酸残基，这种糖基化修饰比较少见。

国内外对糖基化的研究主要集中在*N*-糖基化和*O*-糖基化，主要利用不同的糖基供体来使反应进行得更顺利。因此，通过研究具体的修饰过程进而选择合理的糖基供体是实验的关键。

第四节　乙酰化修饰

一、乙酰化修饰的蛋白质类型

乙酰化修饰是一种常见的蛋白质翻译后修饰方式，涉及多种蛋白质类型。乙酰化修饰主要发生在蛋白质的赖氨酸残基或蛋白质N端，其中赖氨酸乙酰化是一种可逆的动态修饰过程。乙酰化修饰可以影响蛋白质的稳定性、酶活性、亚细胞定位和与其他翻译后修饰的串扰，以及控制蛋白质-蛋白质和蛋白质-DNA相互作用等。

二、修饰策略

1．调控乙酰化酶和去乙酰化酶的表达和活性　乙酰化修饰通常由组蛋白乙酰化酶（histone acetyltransferase，HAT）或组蛋白去乙酰化酶（histone deacetylase，HDAC）调控，其中HAT催化乙酰化反应，而HDAC催化脱乙酰化反应。HAT和HDAC的表达异常或活性失调会导致细胞中乙酰化水平的改变，从而影响乙酰化修饰的效果。

2．调控乙酰化位点的可达性　组蛋白和非组蛋白可以调控乙酰化位点的可达性，进而影响乙酰化修饰的程度和位置。例如，某些蛋白质可以通过改变自身的三维结构，使得原本不易被乙酰化酶访问的位点变得可及，从而接受乙酰化修饰。

第五节　磷酸化修饰

一、磷酸化修饰的蛋白质类型

根据被磷酸化的氨基酸残基不同，可将磷酸化蛋白质分为4类，即*O*-磷酸盐蛋白质、*N*-磷酸盐蛋白质、酰基磷酸盐蛋白质和*S*-磷酸盐蛋白质。*O*-磷酸化在酸性条件下非常稳定，因此在细胞生物学和磷酸化蛋白质组学中研究广泛。而由于*N*-磷酸化不稳定，其检测极具挑战性。加之催化*N*-磷酸化的蛋白激酶和蛋白磷酸酶的缺乏进一步限制了它的研究。其他两类磷酸化（*S*-磷酸化和酰基磷酸化）的研究报道则少之又少。磷酸化最常发生在丝氨酸上，其次是苏氨酸和酪氨酸。

二、修饰策略

O-磷酸盐是通过羟氨基酸的磷酸化形成的，如丝氨酸、苏氨酸或酪氨酸，羟脯氨酸或羟赖氨酸的磷酸化仍不清楚；*N*-磷酸盐是通过精氨酸、赖氨酸或组氨酸的磷酸化形成的；酰基磷酸盐是通过天冬氨酸或谷氨酸的磷酸化形成；而*S*-磷酸盐是通过半胱氨酸的磷酸化形成。

第六节　蛋白质的化学修饰在兽用制药工业中的应用

一、PEG 修饰

自 Davies 1977 年首次用 PEG 修饰牛血清白蛋白（BSA）以来，PEG 修饰技术广泛应用于多种蛋白质和多肽的化学修饰。有研究使用 PEG 修饰技术对纯化后的 BSA 进行改良，发现聚乙二醇修饰对牛血清白蛋白的二级结构和三级结构均没有影响，且 PEG 修饰对 BSA 有着降低免疫原性的作用。BSA 会导致异种生物产生过敏反应，甚至死亡，但随着 PEG 修饰倍数的增大，其安全性有了明显的提高，且蛋白质的浓度越低，修饰度越高，安全性越高。PEG 修饰增加药物流体动力学体积，延长重组蛋白药物的血浆半衰期。

二、磷酸化修饰

磷酸化修饰在药物研发中有广泛的应用前景。首先，磷酸化修饰位点可以作为药物靶点的选择标准，特定的磷酸化位点与疾病相关的信号通路紧密相关。例如，非洲猪瘟蛋白 pB318L 通过与 STING 的跨膜区相互作用抑制 STING 定位在高尔基体，从而抑制下游 TBK1 和 IRF3 的激活，抑制 I 型 IFN 的产生。因此，针对这些位点进行药物开发有望提高治疗效果。其次，磷酸化修饰可以作为药物疗效评估的生物标志物，通过检测磷酸化修饰的变化可以评估药物的治疗效果和预后。猪生长激素（rGH）诱导 CMT-U335 犬乳腺肿瘤细胞中转录因子 Stat5a 和 Stat5b 酪氨酸磷酸化，使得癌症细胞增殖下降。

三、糖基化修饰

有研究表明，猪肠黏液中的血管紧张素转化酶（ACE）被糖基化后用于治疗高血压。在兽药领域，糖基化修饰的研究和应用主要集中在提高疫苗佐剂的效果和改善药物的稳定性等方面。黄病毒 E 蛋白 N 糖基化不但可以维持抗原构象，屏蔽潜在的中和表位，而且还与病毒的感染性及毒力紧密相关，因此，可以利用 N 糖基化修饰研发新型黄病毒疫苗，针对抗体药物 N 糖基化结构进行糖工程改造制备糖链优化的抗体药物，可以进一步提高药物疗效。

这些研究表明，糖基化修饰在兽药领域具有潜在的应用价值。然而，目前关于糖基化修饰在兽药中具体应用的详细信息仍然有限，需要更多的研究来探索其潜力和优化应用策略。

小　结

兽用蛋白质药物化学修饰是提升药物性能的有效手段，尤其是 PEG 修饰，在提高稳定性和降低免疫原性方面表现突出。尤其是在近几十年中，涌现出一些新的方法，包含一些在体内和体外基于常见氨基酸和非标准氨基酸的化学修饰。这些新的研究方法极大地推动了蛋白质化学修饰领域和蛋白质结构功能方面的研究，为新型药物的开发和应用提供了有效支持。

蛋白质的化学修饰主要分为氨基修饰、巯基修饰、羧基和苯羟基修饰。选择合适的修饰策略和技术参数对于确保修饰效果至关重要。随着研究的深入和技术的进步，这一领域有望为动物疾病治疗提供更加安全有效的解决方案。

复习思考题

1．什么是蛋白质的化学修饰？其基本特点是什么？
2．试述糖基化修饰的特点。
3．聚乙二醇化修饰的特点是什么？
4．蛋白质的化学修饰在兽用制药上的应用有哪些？

主要参考文献

高鑫，刘纯慧．2018．天然多糖作为蛋白质药物化学修饰剂的研究进展．生命的化学，38（4）：515-523．

姜忠义，高蓉，许松伟，等．2001．蛋白质的化学修饰研究进展．现代化工，8：25-28．

刘晓红．2023．非洲猪瘟病毒 pB318L 蛋白抑制Ⅰ型干扰素的分子机制．北京：中国农业科学院硕士学位论文．

潘昱婷，贾仁勇．2019．黄病毒 E 蛋白 N-糖基化研究进展．中国预防兽医学报，41（8）：864-867．

邱基程，杨宇欣，张璐，等．2024．质谱技术在兽用治疗性蛋白药物表征和定量分析上的应用．中国畜牧兽医，6：2319-2329．

王东，杨欢，王瑞辉，等．2019．蛋白质的化学修饰策略．武汉大学学报（理学版），65（4）：390-400．

王梦然．2023．基于丝氨酸及其衍生物的多肽修饰方法研究，兰州：兰州大学博士学位论文．

王珊珊，牛晓霞，王颖，等．2022．重组蛋白长效化策略．药物生物技术，29（3）：291-299．

王树歧，金晶，马淑哲．1998．蛋白质的化学修饰与生化药物．中国生化药物杂志，5：224-227．

王树歧，赵秋宇，王波，等．1996．PEG_2 修饰 ^{125}I-L-天冬酰胺酶在小鼠体内的分布与代谢．药物生物技术，1：18-21．

吴稷．1995．蛋白质的 PEG 化．生物工程进展，4：48-51．

谢芳朱，欣华，邢自力，等．2002．药用蛋白质的化学修饰．生命的化学，6：544-547．

许杨．2018．发展蛋白质修饰新方法用于蛋白质-聚合物偶联研究．合肥：中国科学技术大学博士学位论文．

杨文妍，王佳怡，林凤娇，等．2024．调控蛋白磷酸化修饰的小分子设计策略．药学学报，59（11）：2912-2925．

Abuchowski A, McCoy J R, Palczuk N C, et al. 1977. Effect of covalent attachment of polyethylene glycol on immunogenicity and circulating life of bovine liver catalase. Journal of Biological Chemistry, 252 (11): 3582-3586.

Abuchowski A, van Es T, Palczuk N C, et al. 1977. Alteration of immunological properties of bovine serum albumin by covalent attachment of polyethylene glycol. Journal of Biological Chemistry, 252 (11): 3578-3581.

Bektas M, Rubenstein D S. 2011. The role of intracellular protein *O*-glycosylation in cell adhesion and disease. J Biomed Res, 25 (4): 227-236.

Bertozzi C R, Kiessling L L. 2001. Chemical glycobiology. Science, 291 (5512): 2357-2364.

Bilbrough T, Piemontese E, Seitz O. 2022. Dissecting the role of protein phosphorylation: a chemical biology toolbox. Chem Soc Rev, 51 (13): 5691-5730.

Bruno B J, Miller G D, Lim C S. 2013. Basics and recent advances in peptide and protein drug delivery. Ther Deliv, 4 (11): 1443-1467.

Chattopadhyay S, Sen G C. 2014. Tyrosine phosphorylation in Toll-like receptor signaling. Cytokine Growth Factor Rev, 25 (5): 533-541.

Diallo I, Sere M, Cunin V, et al. 2019. Current trends in protein acetylation analysis. Expert Rev Proteomics, 16 (2): 139-159.

Drazic A, Myklebust L M, Ree R, et al. 2016. The world of protein acetylation. Biochim Biophys Acta, 1864 (10): 1372-1401.

Eyetech Study Group. 2002. Preclinical and phase 1A clinical evaluation of an anti VEGF pegylated aptamer (EYE001) for the treatment of exudative age-related macular degeneration. Retina, 22 (2): 143-152.

Fraenkel-Conrat H, Olcott H S. 1948. The reaction of formaldehyde with proteins; cross-linking between amino and primary amide or guanidyl groups. J Am Chem Soc, 70 (8): 2673-2684.

Ginn C, Khalili H, Lever R, et al. 2014. PEGylation and its impact on the design of new protein-based medicines. Future medicinal chemistry, 6 (16): 1829-1846.

Inada Y, Furukawa M, Sasaki H, et al. 1995. Biomedical and biotechnological applications of PEG-and PM-modified proteins. Trends in Biotechnology, 13 (3): 86-91.

King C M, Glowinski I B. 1983. Acetylation, deacetylation and acyltransfer. Environ Health Perspect, 49: 43-50.

Kolate A, Baradia D, Patil S, et al. 2014. PEG—a versatile conjugating ligand for drugs and drug delivery systems. Journal of Controlled Release, 192: 67-81.

Langer C J. 2004. CT-2103: a novel macromolecular taxane with potential advantages compared with conventional taxanes. Clinical Lung Cancer, 6: S85-S88.

Lindmark T, Nikkila T, Artursson P. 1995. Mechanisms of absorption enhancement by medium chain fatty acids in intestinal epithelial Caco-2 cell monolayers. J Pharmacol Exp Ther, 275 (2): 958-964.

Mejía-Manzano L A, Vázquez-Villegas P, González-Valdez J. 2020. Perspectives, tendencies, and guidelines in affinity-based strategies for the recovery and purification of PEGylated proteins. Advances in Polymer Technology, 2020: 6163904.

Munro S. 2001. What can yeast tell us about N-linked glycosylation in the Golgi apparatus? FEBS Lett, 498 (2-3): 223-227.

Muralidhar P, Babajan S, Bhargav E, et al. 2017. An overview: protein and peptide based drug delivery. Int J Pharm Sci Rev Res, 2 (1): 169-178.

Narita T, Weinert B T, Choudhary C. 2019. Functions and mechanisms of non-histone protein acetylation. Nat Rev Mol Cell Biol, 20 (3): 156-174.

Okahata Y, Mori T. 1997. Lipid-coated enzymes as efficient catalysts in organic media. Trends in Biotechnology, 15 (2): 50-54.

Omboni S, Volpe M. 2019. Angiotensin receptor blockers versus angiotensin converting enzyme inhibitors for the treatment of arterial hypertension and the role of olmesartan. Adv Ther, 36 (2): 278-297.

Pasek M A. 2020. Thermodynamics of prebiotic phosphorylation. Chem Rev, 120 (11): 4690-4706.

Prescher J A, Dube D H, Bertozzi C R. 2004. Chemical remodelling of cell surfaces in living animals. Nature, 430 (7002): 873-877.

Romero J M, Carrizo M E, Montich G, et al. 2001. Inactivation and thermal stabilization of glycogenin by linked glycogen. Biochem Biophys Res Commun, 289 (1): 69-74.

Sehon A H. 1991. Suppression of antibody responses by conjugates of antigens and monomethoxypoly (ethylene glycol). Advanced Drug Delivery Reviews, 6 (2): 203-217.

Shindo S, Kakizaki S, Sakaki T, et al. 2007. Griebenow, Modulation of protein biophysical properties by chemical glycosylation: biochemical insights and biomedical implications. Cell Mol Life Sci, 64 (16): 2133-2152.

Shindo S, Kakizaki S, Sakaki T, et al. 2023. Phosphorylation of nuclear receptors: Novelty and therapeutic implications. Pharmacol Ther, 248: 108477.

Trevino L S, Weigel N L. 2013. Phosphorylation: a fundamental regulator of steroid receptor action. Trends Endocrinol Metab, 24 (10): 515-524.

van Garderen E, Swennenhuis J F, Hellmén E, et al. 2001. Growth hormone induces tyrosyl phosphorylation of the transcription factors Stat5a and Stat5b in CMT-U335 canine mammary tumor cells. Domest Anim Endocrinol, 20 (2): 123-135.

Visentin R, Pasut G, Veronese F M, et al. 2004. Highly efficient technetium-99m labeling procedure based on the conjugation of *N*-[*N*- (3-diphenylphosphinopropionyl) glycyl] cysteine ligand with poly (ethylene glycol). Bioconjugate Chemistry, 15 (5): 1046-1054.

Yadav D, Dewangan H K. 2021. PEGYLATION: an important approach for novel drug delivery system. Journal of Biomaterials Science, Polymer Edition, 32 (2): 266-280.

Zhang X, Wang H, Ma Z, et al. 2014. Effects of pharmaceutical PEGylation on drug metabolism and its clinical concerns. Expert Opinion on Drug Metabolism & Toxicology, 10 (12): 1691-1702.

第六章　微生物转化与兽用化药

本章数字资源

学习目标

1. 了解微生物转化与兽用化药之间的关系。
2. 掌握微生物转化反应的类型。
3. 熟悉微生物转化应用案例的原理。

第一节　概　　述

一、微生物转化的发展

微生物转化（microbial transformation）是指微生物通过其代谢酶将底物转化为高活性产物的化学反应过程，这些酶既是微生物生命活动所必需的，同时也作为催化剂帮助完成特定的化学反应。1864 年，巴斯德（Pasteur）发现醋酸杆菌能将乙醇转化为乙酸，开创了微生物转化用于化学合成的先河。1933 年，赖希施泰因（Reichstein）利用弱氧化醋酸杆菌将 D-山梨醇转化为维生素 C 的中间体 L-山梨糖，这使得维生素 C 的总产率显著提高，也使人们认识到微生物转化在制药工业中的潜力。20 世纪 50 年代，研究人员利用黑根霉（*Rhizopus nigricans*）和紫罗兰犁头霉（*Tieghemella orchidis*）等微生物对甾体化合物进行结构改造，取得了里程碑式的成果，为甾体药物合成奠定了基础，并推动了微生物转化在大规模工业化生产中的应用。近年来，随着生物技术的快速发展，微生物转化在有机合成反应中的应用日益广泛，特别是在制药工业中展现出巨大潜力。同时，海洋资源的开发带来了大量具有高催化活性的海洋微生物，为微生物转化提供了新的机遇。展望未来，酶工程、基因工程、各种组学以及合成生物学等技术的快速发展，将大幅提高微生物转化的效率和经济性，并使得多步化学反应在同一工程菌中完成成为可能，从而在药物合成方面开辟出更为广阔的前景。

二、微生物转化的反应类型及应用实例

自微生物转化成功应用于维生素 C 和甾体类药物中间体的工业生产以来，这类转化反应被广泛应用于抗生素、维生素、氨基酸和葡萄糖等药物的生产及天然产物的结构修饰。所生产的化合物涵盖脂环类、萜类、甾体类、芳香类、杂环类、生物碱类、核酸类等多种类型，微生物转化的反应类型已经达到 200 多种。以下介绍几类主要的微生物转化反应类型及其应用实例。

（一）氧化反应

氧化反应是微生物转化中最常见的一类反应，具体类型包括单一氧化、羟化、环氧化、脱氢以及氮和硫杂基团的氧化反应。以下列举两个典型的应用实例。

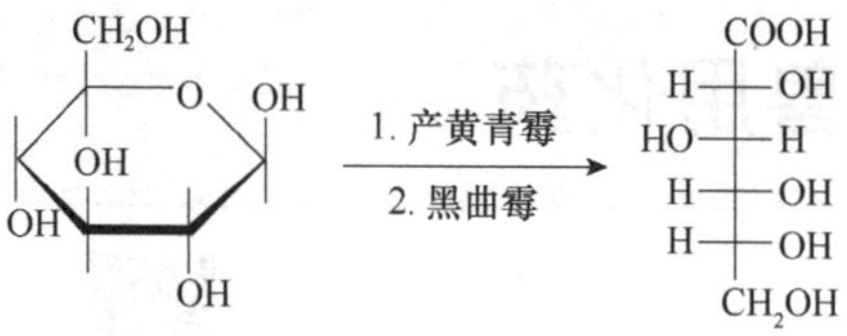

葡萄糖　葡糖酸

图 6-1　葡萄糖的微生物氧化反应

1．葡糖酸的制备　葡糖酸毒性极小，其盐常用于医疗和制药，如葡糖酸亚铁和磷酸葡糖酸亚铁用于治疗贫血。葡糖酸可以通过次氯酸盐氧化葡萄糖或电解氧化制备，但微生物转化法的成本较低，因此工业生产主要采用微生物氧化法（图 6-1）。

2．氮杂基团的氧化　微生物能够将氨基氧化为硝基，如氯霉素的微生物氧化反应（图 6-2）。

图 6-2　氯霉素的微生物氧化反应

（二）还原反应

微生物的还原反应能够将多种醛还原为相应的醇，其中一个优势是可以制备具有光学活性的仲醇。单酮、双酮、三酮以及带有羟基或卤素取代的酮基化合物也能通过微生物还原。此外，还原反应还包括加氢反应和氮杂基团的还原反应，如组氨醛的微生物还原（图 6-3）。

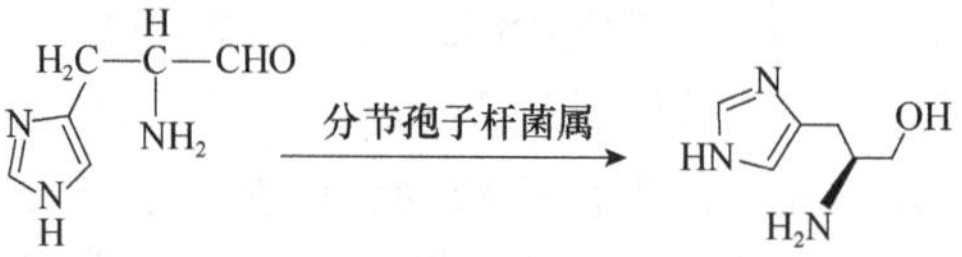

组氨醛　组氨醇

图 6-3　组氨醛的微生物还原反应

（三）水解反应

微生物催化的水解反应种类繁多，涉及碳酸酯和内酯的水解、醚的开裂、苷的水解、硫酸基团的水解脱胺等化学过程（图 6-4）。

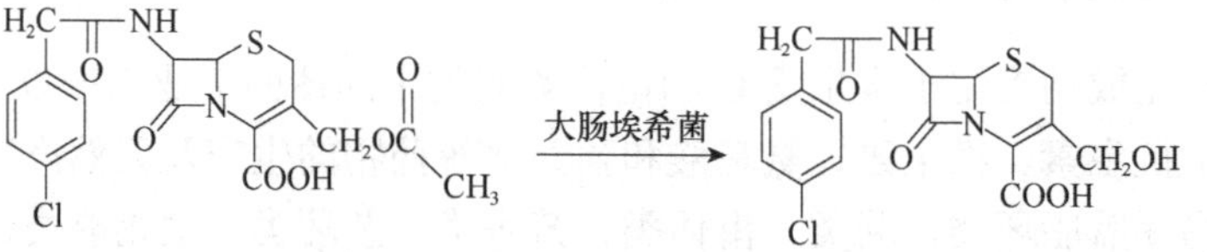

7-对氯苯乙酰头孢菌素C　7-对氯苯乙酰-3-脱乙酰-头孢菌素C

图 6-4　酯的水解

（四）缩合反应

缩合反应也是微生物转化中的重要类型，如麻黄碱的制备。通过化学方法，以苯或苯甲醛为原料合成麻黄碱会产生两种立体异构体，即（−）-麻黄碱和无药效的（＋）-麻黄碱，操作复杂且产率较低。然而，通过微生物转化，以苯甲醛和乙醛缩合生成中间体 1-苯基-1-羟基丙酮（图 6-5），再与甲胺缩合，用活性铝还原，以铂为接触剂，可以直接得到活性成分（–）-麻黄碱。

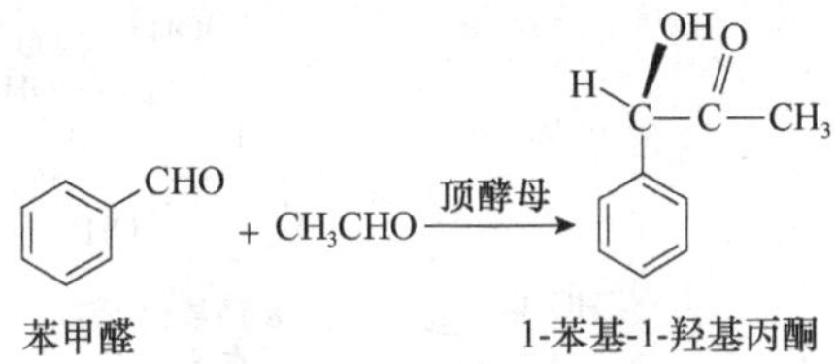

图 6-5　微生物转化法制备麻黄碱中间体 1-苯基-1-羟基丙酮

（五）其他

除了上述几类主要反应，微生物转化还包括其他反应类型，如胺化反应（图 6-6）、羟化反应、环化反应、酰基化反应、脱羧反应（图 6-7）和脱水反应等。

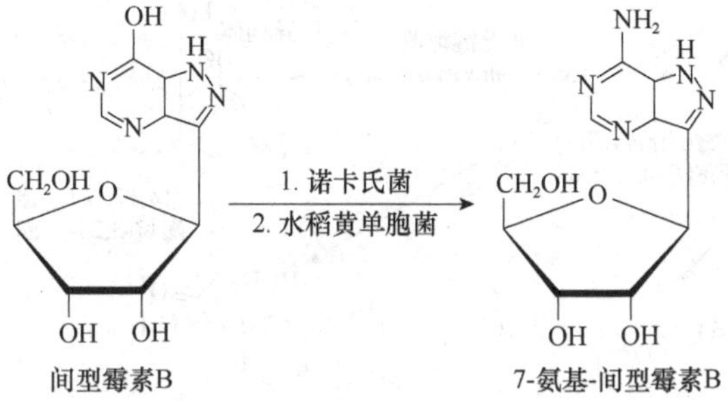

图 6-6　间型霉素 B 的微生物胺化反应

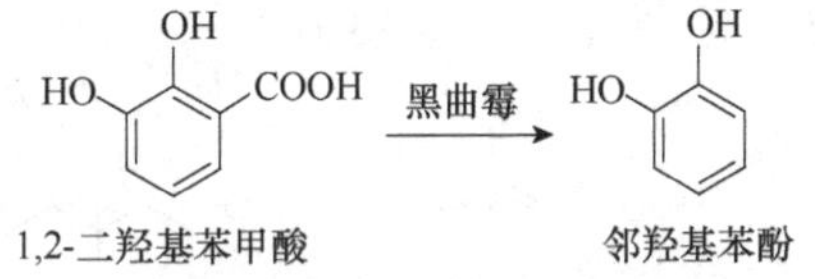

图 6-7　二羟基苯甲酸的微生物脱羧反应

三、微生物转化反应的特点

微生物转化相比化学工程制药具有多种优势，如发酵工艺成熟、设备简单、成本低、操作条件易于控制且便于工业规模化应用。其反应具备温和的操作条件，避免高温高压及复杂酸碱工艺，降低成本并改善劳动条件；酶反应的专一性使其可使用粗组分原料，降低了对原料精制的要求；酶反应易于通过酸碱调节、温度或金属离子进行控制，便于生产中的过程调节；酶无毒、无臭、无味，适用于食品和医药工业。此外，固定化酶技术的发展实现了反应的连续化，降低生产成本；微生物繁殖快、酶种类丰富，且通过突变可提高酶的活性；许多化学方法难以实现的反应，微生物转化可一步或多步完成。然而，微生物转化仍面临技术难题，如酶的多样性导致副产物多、纯化困难，以及微生物代谢系统对底物的过度降解影响产率。通过分子生物学技术改造酶以提高底物选择性，并结合固定化细胞、静息细胞转化、原生质体转化等新技术，可逐步解决这些问题，使微生物转化的应用前景更加光明。

第二节　微生物转化的研究现状

一、甾体药物的微生物转化

微生物转化在甾体药物的工业生产中具有重要作用，人们对甾体的微生物转化研究较为深入，利用来源广泛的甾体原料成功合成了一系列活性化合物（图 6-8）。甾体药物工业仅次于抗生素工业，其微生物转化技术是目前最重要且最成熟的生物转化技术之一。

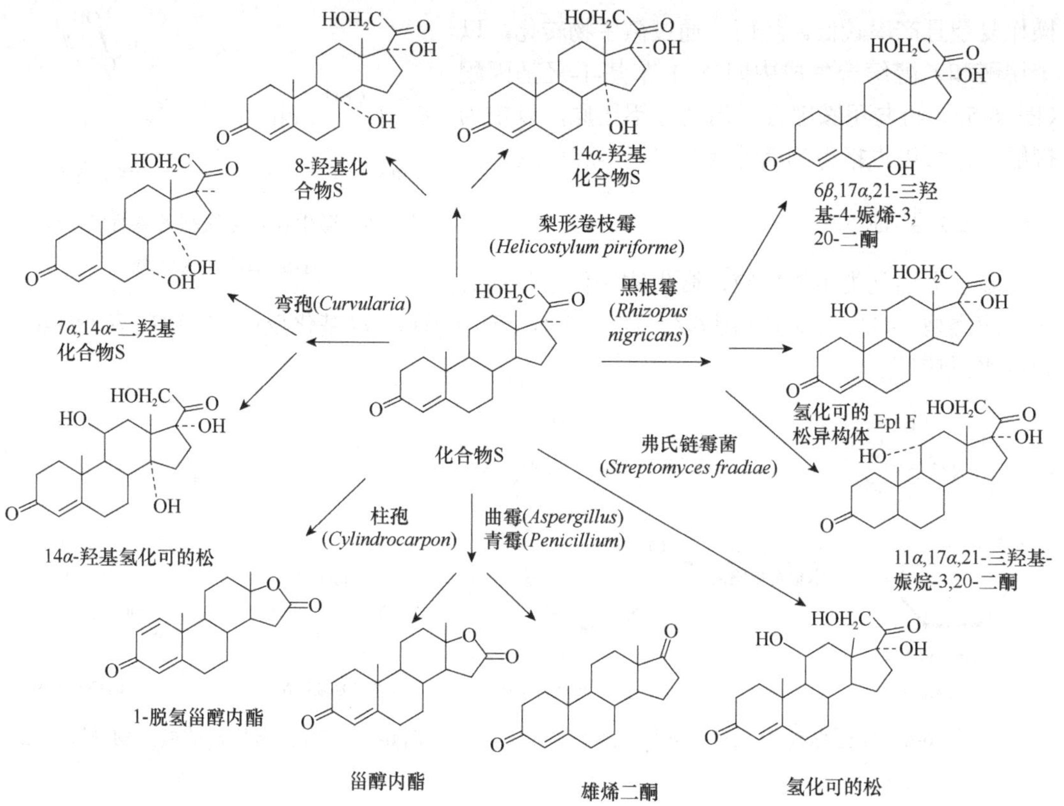

图 6-8　化合物 S 的微生物转化

（一）甾体的简介

甾体化合物，又称类固醇化合物，是一类在生物体中广泛分布的重要内源性物质，存在于动植物及微生物中。人体内的多种激素，包括皮质激素、雌激素、雄激素及孕酮等，都属于甾体化合物。这些激素在临床上被广泛应用于抗炎治疗及激素替代疗法。甾体化合物具有由 4 个环组成的环戊烷多氢菲母核（图 6-9），其中 C10 和 C13 位含有角甲基，C3、C11、C17 位可能含有羟基或酮基，A、B 环上可能含有双键。不同甾体分子在各位点上的独特羟基或酮基带来了天然甾体化合物与药用甾体化合物在活性上的巨大差别。例如，强心药地高辛（digoxin）在洋地黄植物中的含量极低，洋地黄植物中含量较多的成分为无效且有毒的洋地黄毒苷，二者仅在 C12 位存在羟基的差别（图 6-10）；可的松类抗炎激素的卓越抗炎活性则是由于在甾体母核 11 位上引入了一个氧原子（图 6-11）。

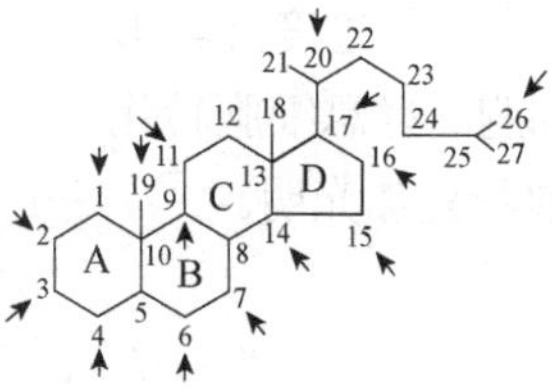

图 6-9　甾体羟化碳位置

甾体激素药物在临床上应用广泛，但由于甾体化合物中含有多个不对称中心，化学合成难度大，利用化学方法改造天然甾体化合物以生产甾体药物存在步骤多、收率低、成本高且不适用于工业化大生产等问题。目前，国内外生产甾体类药物多采用半合成工艺，即首先从天然产物中获取含有基本骨架的化合物作为原料，如洗羊毛废水中的胆固醇、造

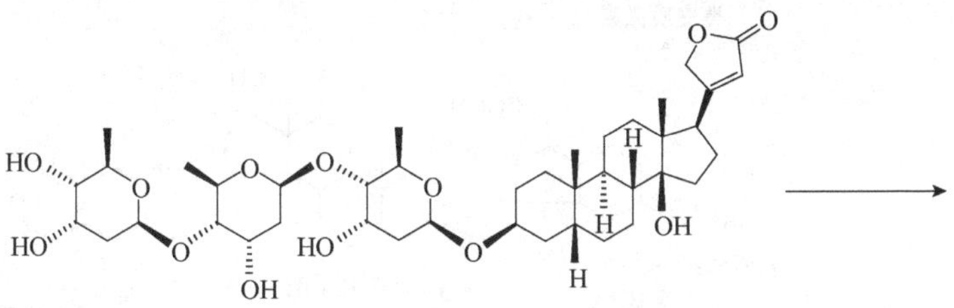

洋地黄毒苷

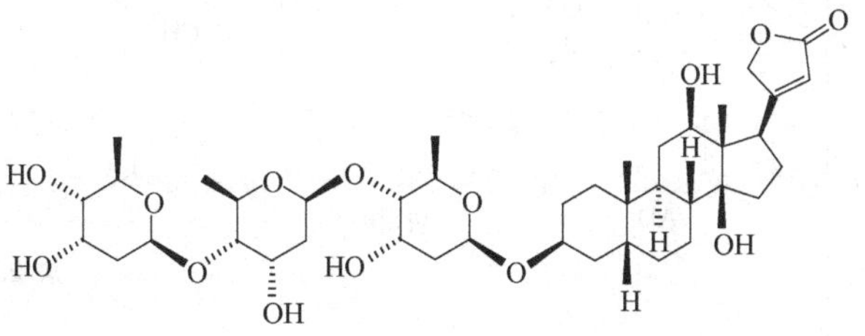

地高辛

图 6-10　洋地黄毒苷转化为地高辛

纸废液中的谷固醇、食用油精炼副产物中的豆甾醇，再对这些价廉易得的甾醇原料进行适当的微生物转化，生成关键中间体并最终用于甾体药物的生产。微生物转化几乎能够作用于甾体分子骨架的每一个位置，许多化学方法难以实现或需要多步反应的过程，利用微生物可通过简单几步便完成（图 6-12）。

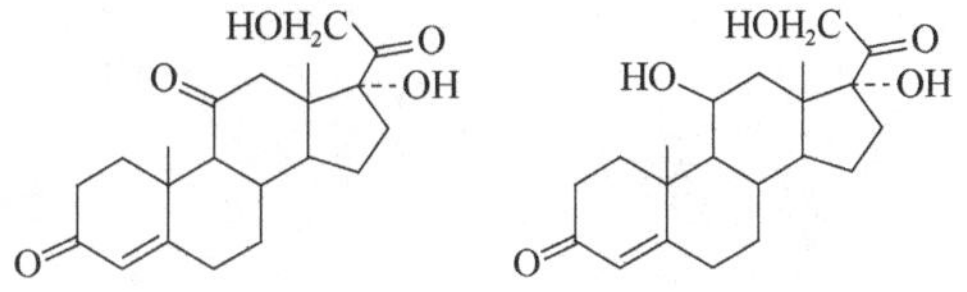

可的松　　氢化可的松

图 6-11　可的松与氢化可的松

近年来，通过应用酶抑制剂、生物阻断突变株以及细胞膜通透性改变等，成功制备了雄甾-1,4-二烯-3,17-二酮（androsta-1,4-diene-3,17-dione，ADD）、雄甾-4-烯-3,17-二酮（androst-4-ene-3,17-dione，AD）和 3-氧联降胆甾-1,4-二烯-22-酸（3-oxobisnorchola-1,4-diene-22-oic acid，BDA）等几个关键中间体，使得复杂的天然资源经过几步转化即可合成各类性激素和皮质激素。随着现代生物技术的发展，结合微生物转化新技术（如固定化细胞、原生质体转化、双水相转化、混合培养转化及超临界流体等）的应用，甾体药物工业获得了蓬勃的发展。

（二）微生物甾体转化反应的特点

不同于常规的发酵过程，甾体药物不溶于水且对终产物的位点改造要求极高，因此在微生物转化过程中，菌体的专一性和有效性以及甾体底物的水相溶解性等问题成为影响转化率的重要因素。目前采用的两阶段发酵和两相发酵方法较好地解决了这些问题。

1. 两阶段发酵（two-stage fermentation）　为了获得足够的转化酶，首先应保证菌体充分生长。两阶段发酵将微生物生长和甾体转化分开进行：先在生长阶段培养微生物，累积转化酶，然后在转化阶段利用这些酶改造甾体分子。然而，微生物的生长条件与酶的最适条件可能不一致，因此需要了解菌体产酶的最适条件，以便实现最佳的发酵结果。例

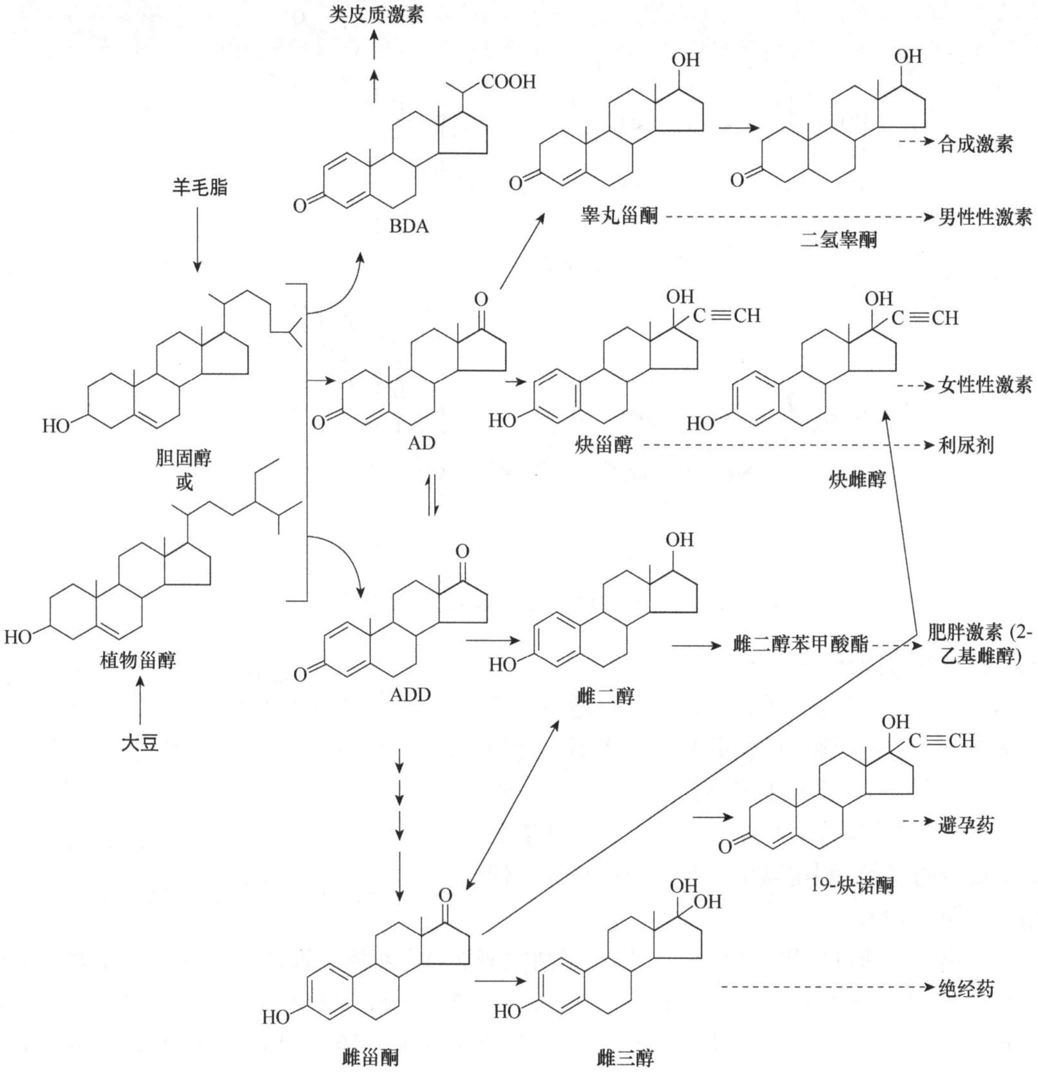

图 6-12　从天然资源制备各种甾体激素药物

如，用犁头霉（*Absidia* sp.）对 RS-21 醋酸酯进行 11β 羟化时，在静止期早期的菌丝体中副产物较少，酶活性高；而使用新月弯孢霉（*Curvularia lunata*）则在 48h 衰老菌体中酶活性最高。通过控制转化反应中的 pH、温度，以及使用酶的激活剂和抑制剂，可以提供酶促反应的最适条件。例如，在羟化反应中，不同的酶具有不同的最适 pH，通过调控 pH 可控制酶的活性，改变产物的比例。此外，在转化液中加入适量的抑制剂（如 0.05%的 $CoSO_4$）也可以有效抑制降解酶的活性，从而提高目标产物的积累。

还可以通过在发酵过程中分阶段依次加入不同的菌体，使第一阶段产生第二阶段的底物，减少中间产物分离步骤，简化工艺，缩短生产周期，提高收率。例如，采用具有 C1,4 脱氢能力的节杆菌（*Arthrobacter* sp.）AX86 和具有 11α-羟化能力的犁头霉 A28 配合，先将底物加入节杆菌发酵液中进行脱氢反应，待反应进行到一定程度时，再加入犁头霉菌丝体继续羟化反应。

2. 两相发酵（two-phase fermentation） 两相发酵利用生长好的微生物进行转化，一般有两种方式：一是将甾体直接加入生长好的菌液中，称为分批培养转化法；二是将生长好的菌体重新悬浮在缓冲液或水中，再加入甾体底物进行转化（图 6-13）。由于甾体化合物难溶于水，转化反应以水相和固相的两相状态进行，因此底物的物理状态和投料方式会影响转化效果。例如，用棕曲霉进行黄体酮的 11α-羟化时，需先将黄体酮用有机溶剂溶解后投加，但投料浓度过高可能引起有机溶剂对菌体的毒害。为解决这一问题，可在双水相体系中利用分枝杆菌进行胆固醇侧链降解制备 AD 和 ADD，使用聚乙二醇或聚乙烯吡咯烷作为富集菌体的相，显著提高转化效率。此外，通过超声粉碎底物使其变成细微颗粒后投加，也可避免溶剂的毒性问题；或使用吐温-80 类非毒性表面活性剂分散不溶性底物，亦能达到良好效果。

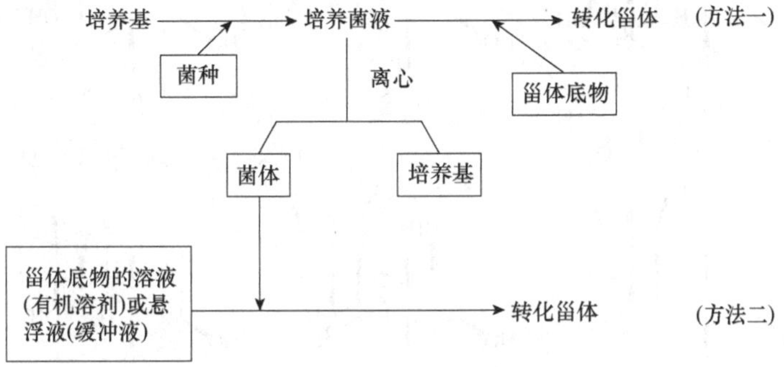

图 6-13 底物加入的两种方法

（三）甾体微生物转化反应主要类型及机制

目前，微生物转化几乎可以对甾体母核的每个位置进行修饰，其中多个位点的羟化反应在甾体药物的合成中具有重要意义。

1. 羟化反应 羟化反应是甾体转化中最重要的反应之一。微生物对甾体的羟化位点众多，尤其是 C9α、C11α、C11β、C14α、C15α、C16α、C16β、C17α、C19α 角甲基和边链 C26 位的羟化较为重要。利用微生物进行甾体羟化显著影响着甾体药物的多样性和活性。例如，通过刺囊毛霉对蟾毒灵的转化，可以得到 C7β、C12β、C16α 位等多个羟化产物（图 6-14）。

微生物羟化反应通常依赖于细胞色素 P450 酶系。细胞色素 P450 作为末端氧化酶，需要分子氧并与 NADPH 依赖的脱氢酶相连接，通过电子传递来完成氧化反应。在羟化过程中，羟化过程中的氧原子来源为空气中的氧气，因此工业生产中使用黑根霉转化甾体时需保证充分供氧（图 6-15）。

1）C9α 羟化 C9α 羟化是甾体药物合成中的关键中间步骤，因为在 C9 位置引入羟基后，容易在 C9 和 C10 之间引入双键，进一步可引导 C11β 羟基的引入。例如，醛固酮拮抗剂 9α,11β-环氧甾体的合成使用了简单棒状杆菌（*Corynebacterium simplex*）对 17β-羟基-3 氧代孕甾-4-烯-21-羧酸-γ-内酯进行 C9α 羟化；此外，重要中间体 9α-羟基-雄甾-4-烯-3,17-二酮的制备也采用了 C9α 羟化（图 6-16）。另一方面，C9α 羟化在甾体边链降解中具有重要作用，抑制 9α 羟化酶的活性可以防止甾体母核的破裂，保障边链降解的选择性。

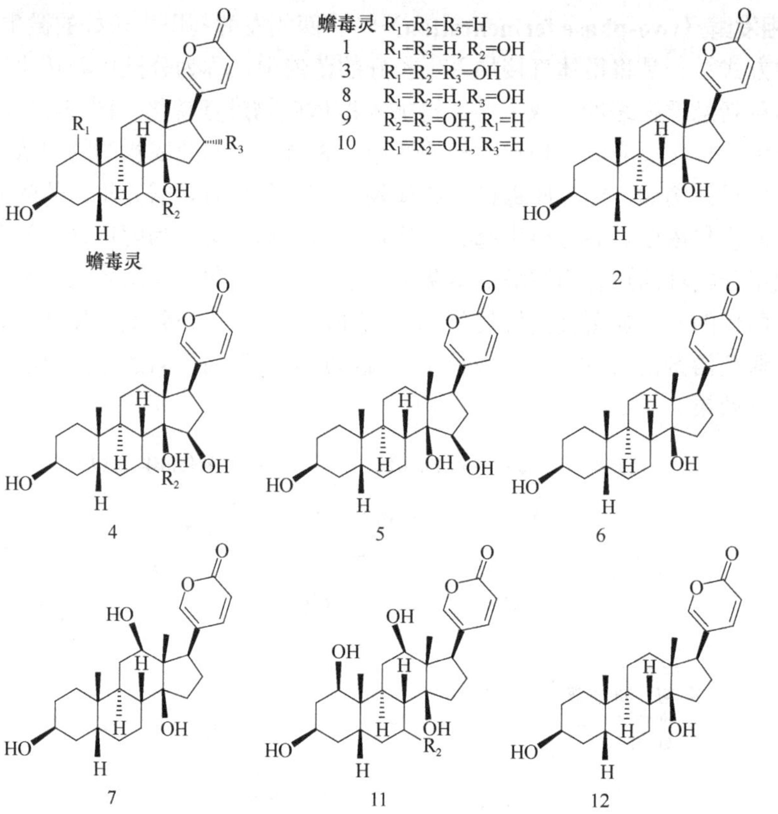

图 6-14　刺囊毛霉生物转化蟾毒灵的系列产物

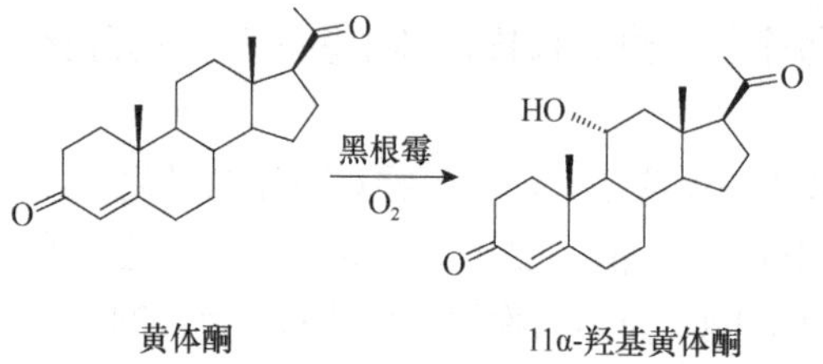

图 6-15　黑根霉转化黄体酮生成 11α-羟基黄体酮

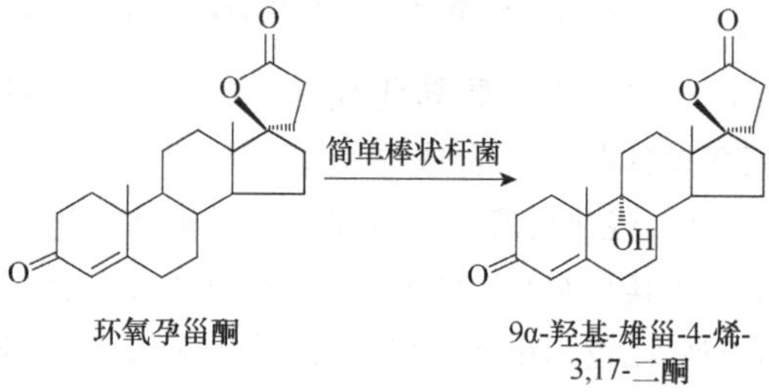

图 6-16　甾体的 C9α 羟化

2）C11α 羟化　C11α 羟化是最早应用于工业生产的微生物转化反应之一，其成功替代了化学合成中的困难步骤，广泛用于皮质激素类药物的合成，且所得产物具有显著的抗炎活性。例如，避孕药去氧孕烯（desogestrel）的关键中间体是 19-去甲基-13-乙基-雄甾-4-烯-3,17-二酮的 C11α 羟基化合物。使用金龟子绿僵菌（*Metarhizium anisopliae*）对该化合物进行 C11α 羟化（图 6-17），克服了化学合成的难点，简化了合成路线并减少了副反应。

3）C11β 羟化　与 C11α 羟化类似，C11β 羟化也广泛用于甾体激素的生产。例如，新月弯孢霉对底物的结构变化具有较高耐受性，可以对多种甾体进行 C11β 羟化。1992 年，俄罗斯学者研究了在 β-环糊精存在下新月弯孢霉对化合物 S 的 C11β 羟化反应（图 6-18），氢化可的松的产量达到了 70%～75%。此外，短刺小克银汉霉（*Cunninghamella blakesleeana*）、

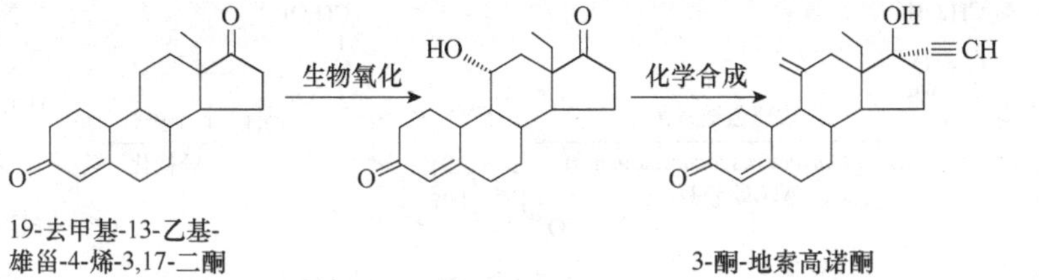

图 6-17　去氧孕烯的半合成

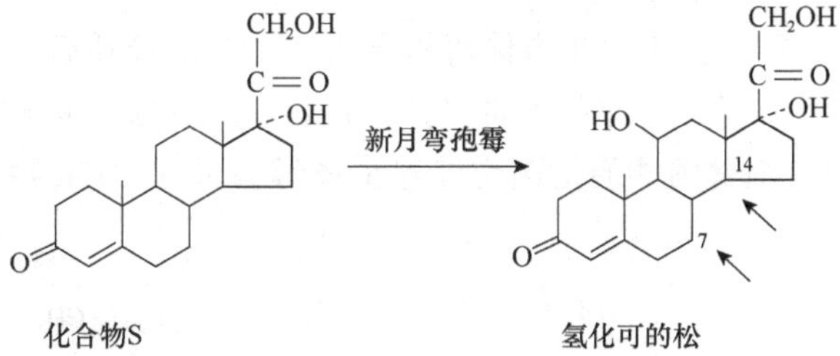

图 6-18　新月弯孢霉对化合物 S 的 C11β 羟化

弗氏链霉菌（*Streptomyces fradiae*）、犁头霉及一些极毛杆菌也能进行 C11β 羟化。

微生物羟化反应具有高专一性和多样性，使其在甾体药物合成中具有重要地位，并能够通过简单的反应步骤生成多种关键中间体，显著降低生产成本和复杂度。

4）C15α 羟化　　C15α 羟化在甾体药物合成中也是重要的转化步骤。例如，研究人员使用雷斯青霉（*Penicillium raistrickii*）对 19-去甲基-13-乙基-雄甾-4-烯-3,17-二酮（GD）进行 C15α 羟化，其衍生物是口服避孕药孕二烯酮（gestodene）生产的重要中间体（图 6-19）。通过将雷斯青霉 477 固定在海藻酸钙凝胶中制成固定化细胞，研究人员实现了连续 40d 的 10 批生产，且生产后将固定化细胞再生于营养培养基中，其 15α 羟化活性完全恢复。此外，研究表明，在 β-环糊精存在下进行 15α 羟化反应，与使用甲醇作为溶剂相比，无论使用游离细胞还是固定化细胞，转化率均有所提高。这是因为 β-环糊精不仅作为碳源被真菌利用，还能提高甾体底物的溶解度，从而增强反应效率。

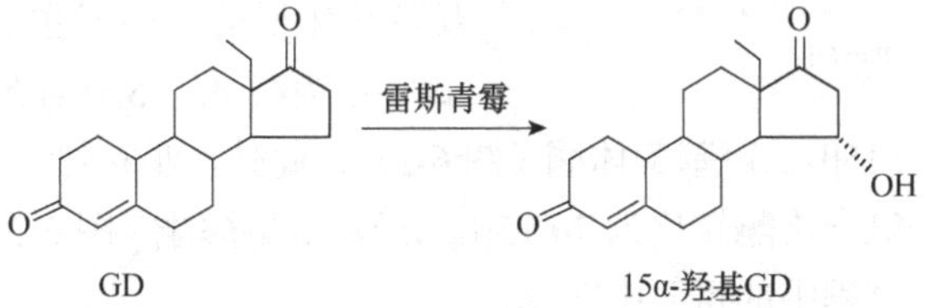

图 6-19　雷斯青霉对 GD 的 C15α 羟化

5）C16α 羟化　　除 C11 位的羟化外，C16α 羟化也是皮质甾体药物合成中的重要反应之一。目前，C16α 羟化通常采用放线菌进行生物转化，导入 C16α 羟基后可减少电解质的影响，同时保持抗炎和糖代谢的作用。例如，高抗炎活性的 9α-氟氢可的松（图 6-20）和 9α-氟甲去氢氢化可的松在进行 C16α 羟化后，依然保持了显著的抗炎和消炎作用，但显著降低了其钠潴留的副作用。

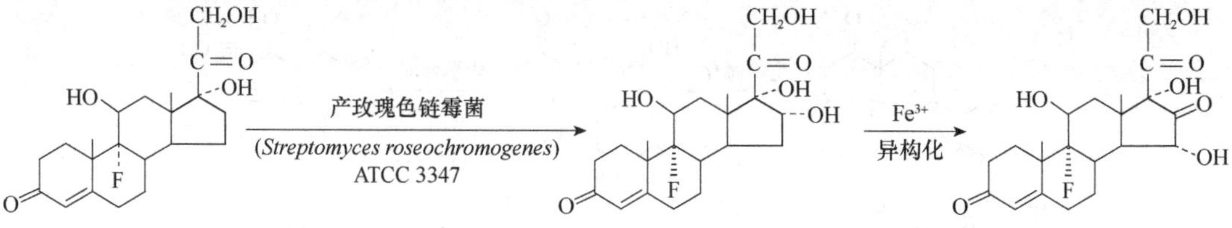

9α-氟氢可的松　　9α-氟-16α-羟基-氢化可的松　　副反应产物

图 6-20　甾体的 C16α 羟化

6）C17α 羟化　　研究表明，在甾体母核上引入 C17α 羟基后，可以增强皮质甾体药物的抗炎和糖代谢作用。例如，绿色木霉（*Trichoderma viride*）能够对黄体酮进行 C17α 羟化（图 6-21）。此外，孢囊菌和瘤孢菌也能对甾体母核进行 C17α 羟化，从而显著提高药物的生物活性。

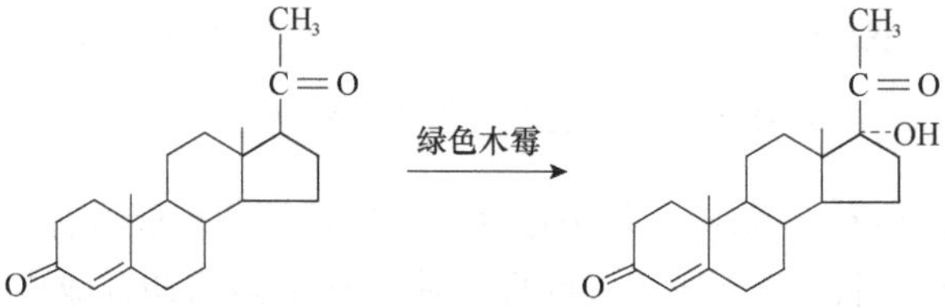

黄体酮　　17α-羟基黄体酮

图 6-21　绿色木霉对黄体酮的 C17α 羟化

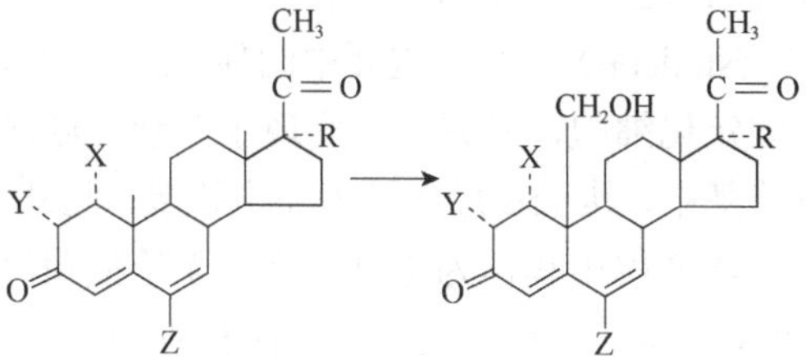

图 6-22　甾体的 C19α 羟化

X 及 Y 表示 H 或 CH_3；Z 表示 H、F、Cl 或 CH_3；R=OH

7）C19α 羟化　　C19α 羟化产物（图 6-22）是制备 19-失碳甾体化合物的重要中间体。19-失碳甾体相较于原甾体具有更显著的生理活性，如 19-失碳孕甾酮比孕甾酮的活性高 4～8 倍。因此，C19α 羟化是提高甾体药物活性的重要步骤之一。

8）双羟基化　　目前，甾体母核常见的双羟基化反应一般发生在 C7 和 C15 位置。例如，共头霉属（*Syncephalastrum*）的某些菌株可以将黄体酮转化为 7α,15β-二羟基黄体酮（图 6-23）。此外，亚麻刺盘孢（*Colletotrichum lini*）的羟化酶系统可以将去氢表雄酮转化为 7α,15β-二羟基雄烯醇酮（图 6-24），这一产物是口服避孕药屈螺酮炔雌醇合成过程中的重要中间体。

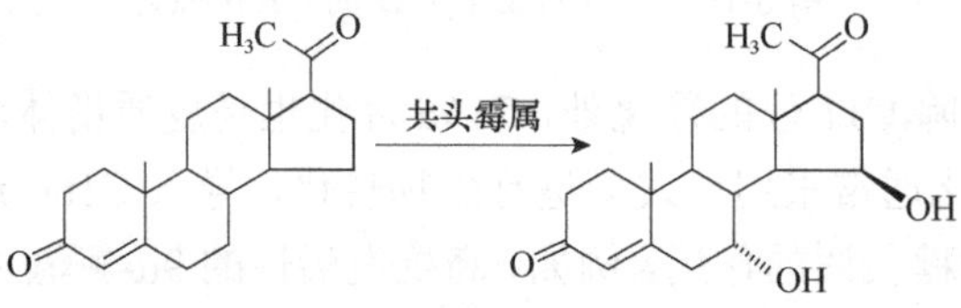

黄体酮　　7α,15β-二羟基黄体酮

图 6-23　黄体酮的双羟基化

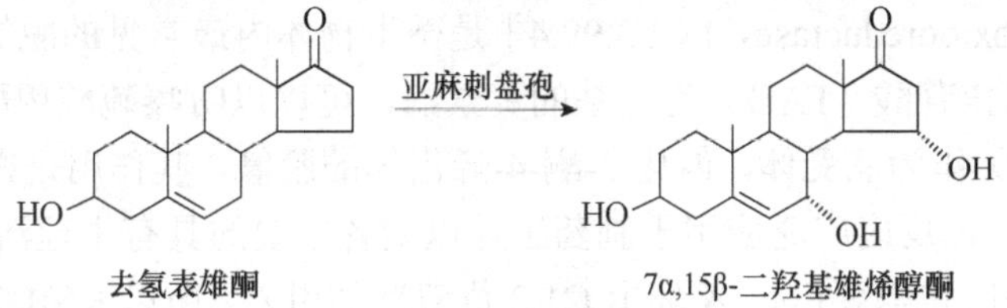

图 6-24　7α,15β-二羟基雄烯醇酮的转化

2. 氧化反应

1）羟基转化为酮基　羟基转化为酮基是甾体药物合成中的常见反应，通常发生在 C3 和 C17 位。例如，C3β 或 C3α 羟基可转化为 C3 酮基，C17α 羟基则可转化为 C17 酮基，这些转化在甾体药物的结构修饰中具有重要作用。

2）环氧化反应　环氧化反应通常发生在 C9,11 和 C14,15 位置，属于微生物转化中与羟化反应相关的修饰。具有 11β-羟化能力的微生物，如新月弯孢霉或短刺小克银汉霉，可以将 17α,21-二羟基-4,9 (11)-孕甾二烯-3,20-二酮转化为 9β,11β-环氧化合物（图 6-25），实现甾体母核结构的进一步改造。

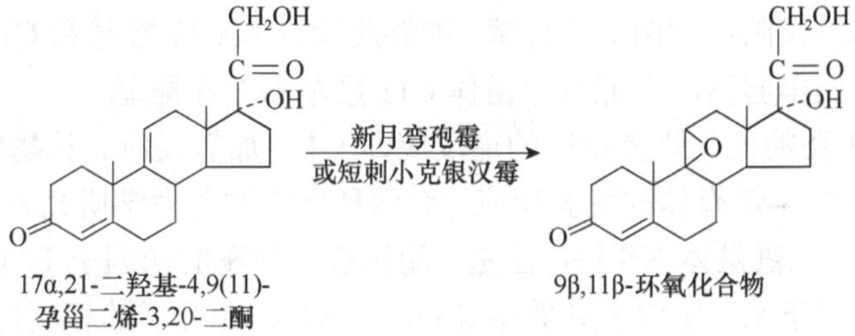

图 6-25　甾体的 9β,11β-环氧化

微生物的环氧化反应常发生在羟化反应之后，如使用能产生 9α-羟基的诺卡菌可将 $\Delta^{9(11)}$ 甾体化合物转化成 9α,11α-环氧化合物。产生 11β-羟基的新月弯孢霉也可将 Δ^{11} 甾体化合物转化成 11β，12β-环氧化合物。

3. 脱氢反应　在皮质甾体类药物的母核 C1,2 位置导入双键能够显著提高其抗炎活性。例如，Reichstein 化合物 S（RS）经过犁头霉的转化，得到氢化可的松和表氢化可的松，抗炎活性显著增加。由于动物体内缺乏相应的酶，甾体激素类化合物的 C1,2 脱氢反应无法在体内自然发生，但通过体外的 C1,2 脱氢修饰，可以获得更高效的甾体药物，这也是人工改造药物的典型例子。例如，醋酸脱氢可的松是通过在醋酸可的松的 C1,2 位导入双键，其抗炎作用比后者增加了 3～4 倍（图 6-26）。此外，皮质酮和氢化可的松的 C1 位脱氢衍生物（泼尼松和泼尼松龙）具有更强的抗过敏和抗炎活性，并且副作用显著降低。传统上，化学脱氢反应一般采用二氧化硒进行脱氢，但这种方法易残留少量对人体有毒害的硒，难以除尽。相比之下，微生物脱氢不仅高效，而且无毒，目前已成为甾体抗炎激素药物合成中的关键步骤。

一般情况下，细菌的脱氢能力比真菌强，如棒状杆菌属中的节杆菌和分枝杆菌脱氢活力较强。3-甾酮-Δ^1-脱氢酶（3-ketosteroid-Δ^1-dehydrogenase）、KSIDH［4-ene-3-oxo-steroid：

(acceptor) -1-ene-oxidoreductase，ECI.3.99.4] 是微生物体内最常见的脱氢酶。KSIDH 是一种以黄素腺嘌呤二核苷酸（FAD）为辅基的黄素酶，可以以吩嗪硫酸甲酯（PMS）或 2,6-二氯靛酚（DCPIP）作为氢受体，催化 3-酮-4-烯甾体的脱氢，其作用是在 3-甾酮的 A 环上引入 C1,2 位双键。该反应广泛应用于制药工业以制备重要的具有生理活性的甾体化合物，由于自体母核降解时也需要甾体 A 环上 C1,2 位双键的引入，所以 KSIDH 同时也是甾体母核降解的关键酶。

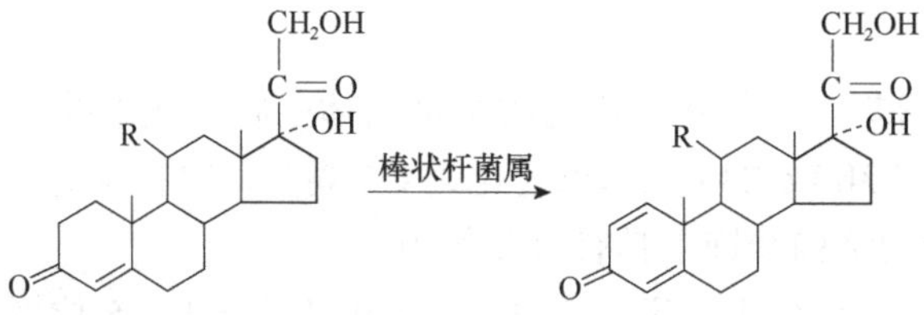

图 6-26　甾体的微生物脱氢反应

根据能否利用 C11 取代甾体（如氢化可的皮质酮），可以将 KSIDH 分为两类：第一类主要来源于一些革兰氏阳性细菌如节杆菌，能够脱除甾体 C11 羟基和 C11 酮基生成不饱和键；第二类来源于假单胞菌，不能脱除甾体 C11 羟基和 C11 酮基。

此外，KSIDH 还能催化脱氢反应的逆反应即 C1,2 加氢反应。该酶的氢化活性对底物的特异性类似于 3-酮-4-烯甾体的脱氢反应，对两种反应的动力学研究表明，其反应按乒乓机制进行（图 6-27），氢供体 KSⅠH_2 首先与酶结合，使酶的辅因子 FAD 还原，然后脱氢产物从酶分子上解离下来，让位于氢受体 KSⅡ，KSⅡ在酶分子的相同部位进行加氢反应。

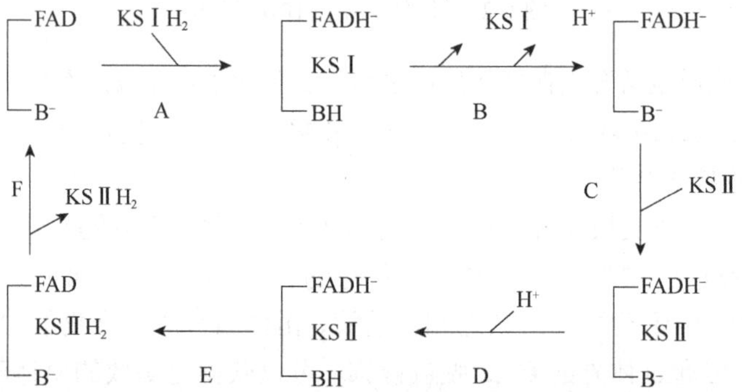

图 6-27　KSIDH 的脱氢和加氢反应

KSⅠH_2. 3-酮-4-烯甾体，KSⅠ相应的 3-酮-1,4-二烯甾体；KSⅡH_2. KSⅡ另一种 3-甾酮。
A. 脱氢；B. 产物解离，质子从氨基酸残基(BH)上释放；C～F. 氢化反应过程

4. 甾体边链降解　目前，各类具有生理活性的甾体药物的基本母核通常通过从高等植物和动物中的天然甾体化合物中降解边链、去除冗长的侧链而得到（图 6-28）。然而，化学方法切断甾体边链缺乏专一性，产率较低（约为 15%），且用于制备甾体药物的天然原料，如薯蓣皂苷元（占约 60%）和甾醇（占约 15%）等，供应有限，因此寻找新的资源

和方法显得尤为重要。

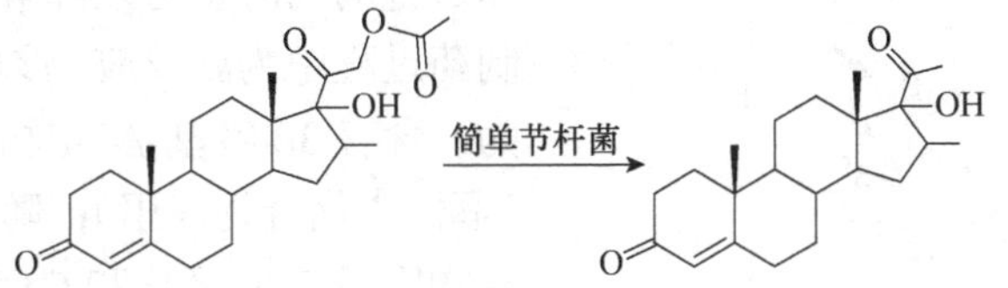

图 6-28　简单节杆菌转化甾体边链的降解

我国毛纺工业发达，胆固醇和β-谷固醇的来源非常丰富，且油脂工业的废水和下脚料中也含有这些物质。通过微生物转化降解这些原料的边链，可以获得雄甾-1,4-二烯-3,17-二酮（ADD）、雄甾-4-烯-3,17-二酮（AD）和 3-氧-联降胆甾-1,4-二烯-22-酸（BDA）等重要中间体，再以这些中间体为基础可以制备各种甾体激素类药物。微生物降解方法不仅专一性高、产率高，而且原料来源广泛，是甾体激素类药物合成中极具前景的方法。

研究发现，许多微生物都能够将甾醇类化合物作为碳源利用，可以将甾体母核环戊烷多氢菲和边链完全氧化为 CO_2 和水。Whitmarch 在 1964 年研究诺卡菌变株代谢胆固醇时就提出了边链降解机制；1968 年 Sih 对胆固醇代谢进行了全面的解释，阐明了胆固醇的微生物降解途径。甾醇边链的微生物降解机制（图 6-29）与脂肪酸的β氧化途径相似。胆固醇的边链降解途径始于 C27 羟化，再通过氧化形成 C27 酸，然后β氧化后先失去丙酸、乙酸，最后脱去丙酸，形成 C17 酮化合物。

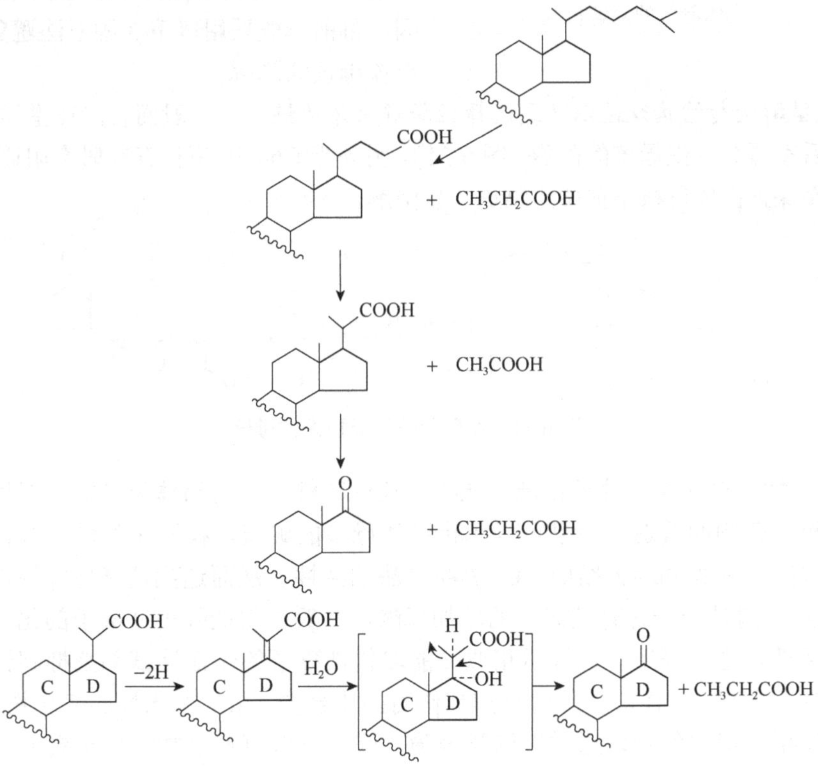

图 6-29　甾醇边链的微生物降解机制

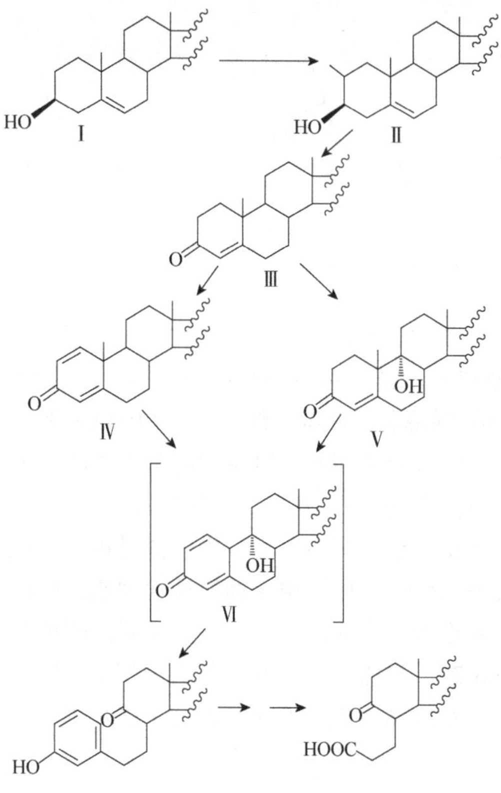

图 6-30　甾体母核的降解机制

边链降解的另一个问题是，微生物降解甾体边链的同时也可以降解甾体母核，而后者在制药过程中为副反应。该反应的机制（图 6-30）为：含有 3β-羟基-Δ^5 结构的甾醇首先被氧化为 3-酮-Δ^4 化合物（Ⅲ）；随微生物种类不同，化合物Ⅲ经 C9α 羟化和 C1,2 脱氢或先经 C1,2 脱氢再经 C9a 羟化形成化合物Ⅵ；化合物Ⅵ发生 A 环芳构化同时 B 环开裂，最终导致甾体母核完全降解为 CO_2 和 H_2O。该过程的关键酶是 9α-羟化酶（9α-hydroxylase）和 C1,2 脱氢酶（KSIDH）。如果在微生物降解过程中设法控制氧化边链酶、9α-羟化酶、C1,2 脱氢酶，就能够获得 AD、ADD、9α-羟基 AD（Ⅴ）和 BDA 等重要中间体用于制备甾体类药物，而这也正是甾体药物中间体研究领域中被广泛关注和研究的问题。

鉴于微生物选择性降解甾体边链在生产过程中的重要性，而甾体母核的降解又是导致底物的损失和边链降解产物产量下降的重要原因，目前一般采用以下 3 种方法避免微生物对甾体母核的降解。

1）*对甾醇进行结构改造以达到选择性降解甾体边链*　一般而言，在甾体的 A 环形成芳香核后不再会发生母核的破裂（图 6-31）。另外当 C6β-19 氧桥存在时会阻碍 C1,2 双键导入，从而保护甾体母核不被微生物进一步降解。

图 6-31　A 环芳香核保护甾体母核

2）*在酶抑制剂存在下对甾体进行选择性边链降解*　对甾体母核的选择性边链降解不仅方便甾体药物的改造，而且可以防止甾体母核的破裂。在微生物转化过程中抑制甾体母核降解的关键酶 9α-羟化酶或 C1,2 脱氢酶的活性，从而达到选择性降解甾醇边链的目的。9α-羟化酶是一个含有铁离子的单加氧酶，一般选用能除去铁离子的化学络合物来抑制该酶活性，也可采用一些性质相似又能取代铁离子的无活性试剂来抑制该酶活性。表 6-1 列出了几类对甾体母核降解有抑制作用的化合物。虽然亲水性的络合物对 9α-羟化酶有抑制作用，但它们难以通过细胞膜屏障，因此一般可通过加入青霉素或表面活性剂等来改善细胞膜通透性，使这些亲水性络合物通过细胞膜屏障。另外，由于采用亲脂性有机树脂能吸附抑制剂同时不影响络合铁离子的作用，因此可以用于减轻对转化菌株的毒性。

表 6-1　几类对甾体母核降解有抑制作用的化合物

作用机制	化合物
Fe^{3+}络合剂	2,2′-双联吡啶、1,10-二氮杂菲、8-羟基喹啉、5-硝基-1,10-二氮杂菲、二苯基硫卡巴腙、二乙基硫氨基甲酸酯、异烟酰肼、邻苯二胺、4-异丙基-芳庚酚酮
取代铁的金属离子	Ni^{2+}、Co^{2+}、Pb^{2+}
阻碍巯基功能	SeO_3^{2-}、AsO_2^-
氧化还原染料	亚甲蓝、刃天青

3）应用分子生物学技术筛选选择性降解甾体边链的菌株　近年来，分子生物学技术在甾体转化中大量应用。采用紫外线、*N*-甲基-*N*′-亚硝基胺等诱变剂，通过诱变技术筛选可以得到生化阻断突变株。由于生化阻断突变株中酶的缺损，可选择性降解甾体边链而不降解甾体母核，且可以大量积累所需要的中间体。例如，研究人员将分枝杆菌原始菌株进行诱变得到突变株 *Mycobacterium* sp. NRRL B-3683，无须加入抑制剂便能有效积累 ADD；而进一步诱变分离后得到菌株 *Mycobacterium* sp. NRRL B-3805，由于缺乏 C1,2 脱氢酶而能有效积累 AD。Wovcha 等将偶然分枝杆菌（*Mycobacterium fortuitum*）ATCC 6842 和草分枝杆菌（*Mycobacterium phlei*）UC3533 诱变后，得到的 *M. fortuitum* NRRL B-8153 和 *M. phlei* NRRL B-8154 能对甾醇进行选择性边链降解，产物是 ADD 和 AD 的混合物。

菌种诱变技术常被用来改造菌株以获得所需化合物，但由于突变菌种不稳定和（或）转化率低等，因而在制药工业上该技术具有一定的局限性。随着基因工程的发展，人们已大量采用基因工程的手段改造菌株，使之稳定高效地积累所需化合物——甾体药物中间体。例如，研究人员应用基因同源重组技术，对上平红球菌（*Rhodococcus erythropolis*）SQ1 菌株改造，特异性地使编码 KSIDH 的基因 *ksdD* 断裂，再通过一系列培养后得到基因缺失突变株 RG8，RG8 不能在以 AD 和 9α-羟基 AD 为唯一碳源的培养基上生长，但却能生长于以 ADD 为唯一碳源的培养基上，说明 RG8 完全丧失 Δ^1-脱氢酶活性，将该菌株用于甾醇降解就能有效积累中间体 AD 和 9α-羟基 AD。

二、苷类药物的微生物转化

苷类（glycoside）又称配糖体，是植物体和中草药中最重要的活性成分之一。苷的种类繁多，但许多糖苷类化合物本身可能无活性，只有去掉糖链、释放苷元才能发挥药效作用。利用微生物转化的方法处理此类药物，通过修饰结构及活性位点，可获得新的活性化合物用于新药开发。

（一）皂苷的微生物转化

皂苷（saponin）是一类由三萜或甾体结构与糖基结合形成的苷类化合物，目前已鉴定出 1000 余种。皂苷通常并非直接活性物质，只有在肠道内源性细菌的代谢作用下，脱除糖基后才能转化为高活性化合物。由于皂苷结构复杂，利用微生物转化技术进行体外脱糖基反应具有较高的适用性。然而，微生物转化在皂苷类化合物中的应用仍处于初级阶段，已研究的皂苷水解酶仅十余种，与庞大的皂苷家族相比数量有限。因此，亟需对更多皂苷糖基水解酶及其相应的产酶微生物进行深入研究。

1. 人参皂苷的微生物转化　目前研究较多的皂苷之一是人参皂苷。人参作为滋补强身的药材，在我国和东亚地区已有数千年的应用历史，其主要活性成分便是人参皂苷。人参皂苷 Rga 和 Rh2 是人参中最重要的次级代谢产物，具有多种药理活性。目前，从人参全草及其加工品（如红参、生晒参和白参）中已分离出 40 余种人参皂苷，按其皂苷元的结构不同，分为三种类型：人参二醇型（A 型）、人参三醇型（B 型）和齐墩果酸型（C 型）。其中，A 型和 B 型皂苷均为四环三萜皂苷，而 C 型皂苷是齐墩果酸型五环三萜的衍生物（图 6-32）。

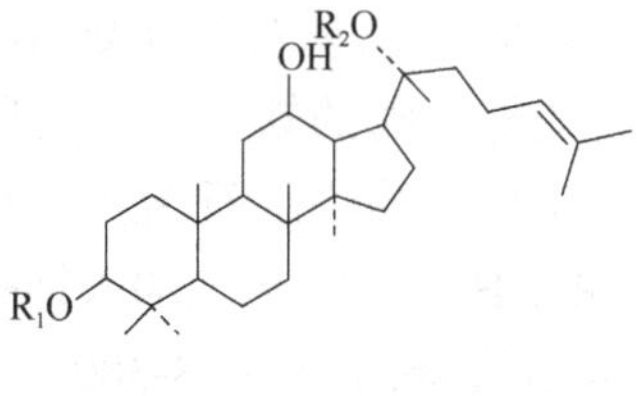

A型：20(*R*)-原人参二醇类皂苷

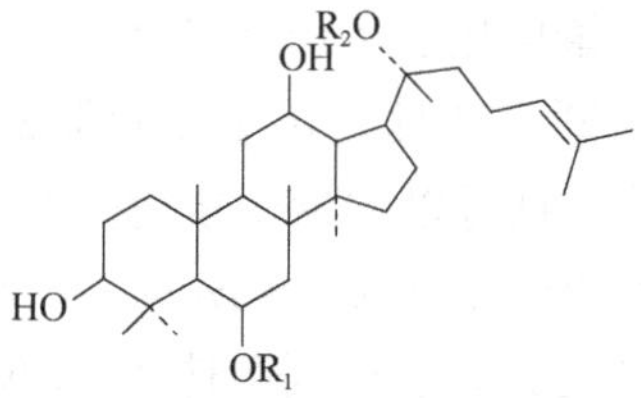

B型：20(*R*)-原人参三醇类皂苷

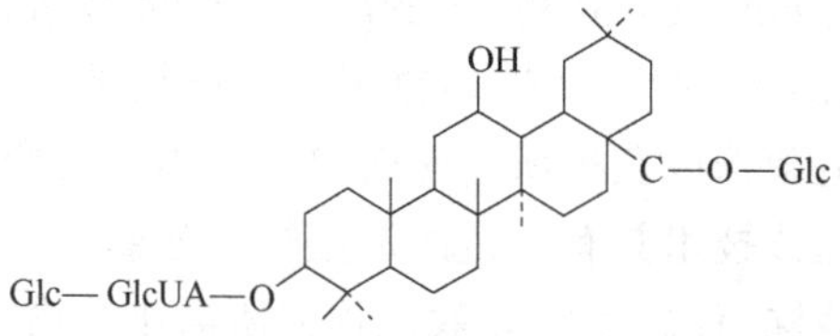

C型：人参皂苷Ro (Glc. 葡萄糖基；GlcUA. 葡萄糖醛酸)

图 6-32　几种人参皂苷元的结构

此外，在人参中天然含量极低的 Rg、Rhz、C-K 及原人参二醇均具有较高的抗肿瘤活性。这些稀有人参皂苷多由水解人参皂苷的糖苷键得到（图 6-33），通过微生物转化法制备这些稀有人参皂苷具有重要的应用价值。研究者分离和提纯了来源于霉菌、链霉菌、酵母、担子菌的微生物培养物，得到了多种人参皂苷糖苷酶（表 6-2），发现这些酶对苷元和糖基的位置选择性很高，但对糖基种类选择性低，能水解多种糖基。

2. 其他皂苷类的微生物转化　与人参皂苷类似，其他皂苷类也多通过微生物皂苷酶的转化作用产生高活性的次级代谢产物。皂苷中糖链分子量的高低与其生物活性之间有着密切联系，如白头翁皂苷酶、柴胡皂苷酶、朱砂根皂苷酶都可以全部或部分水解底物皂苷上的糖基，具有反应条件温和、副产物少、产物得率高的优点，使定向生产某一种皂苷成为可能。

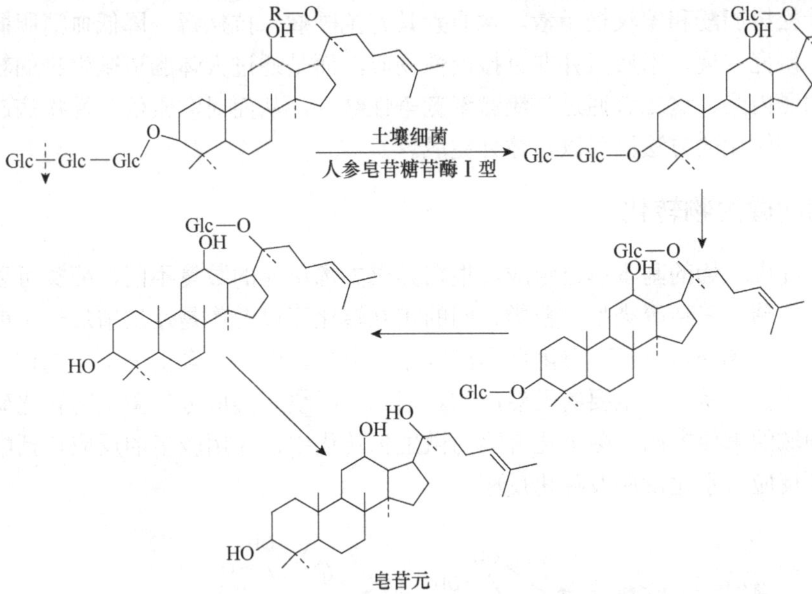

图 6-33　人参皂苷糖苷酶的酶反应式

表 6-2　人参皂苷糖苷酶的种类

酶种类	M_r（$\times10^4$）	水解皂苷糖苷键位置	水解的糖配基
人参皂苷酶Ⅰ	3.4～5.9	C3	葡萄糖、木糖
	5.1～8.0	C20	阿拉伯糖
人参皂苷酶Ⅱ	6.6～7.0	原人参二醇皂苷（PPD）C20	葡萄糖、木糖
人参皂苷酶Ⅱ-2	8.6	原人参三醇皂苷（PPT）C20	阿拉伯糖、葡萄糖
人参皂苷酶Ⅲ	3.4	C3	3-*O*-葡萄糖基
人参皂苷酶Ⅳ	5.3～7.8	C6	鼠李糖、葡萄糖

（二）非皂苷类的苷类微生物转化

非皂苷类的苷类主要包括苯丙素类、香豆素类、木质素类、黄酮类、低萜类及生物碱，它们的结构比皂苷简单，发展较快。其中较为重要的化合物为黄酮类和木质素类的苷类。目前已发展出橙皮苷酶、柚皮苷酶、黄酮苷酶等数十种苷元小于 15 个碳原子的小分子苷酶，这些苷酶的 DNA 同源性高，可归为同一类苷酶家族。

1. 黄酮苷类　组成黄酮苷的糖类主要有单糖类、双糖类、三糖类、酰化糖类等。而在黄酮苷中最常见的为 O-苷，此外还有在 C6 和（或）C8 位连接糖的 C-苷。通过去除母核上的侧链糖基，可使产物的活性及水溶性发生显著变化。近年来，对黄酮苷的微生物转化研究已取得大量进展，如 β-葡糖苷酶对大豆异黄酮糖基的水解、鼠李糖苷酶对槲皮苷及芦丁的水解、利用糖苷酶将高糖基淫羊藿水解为低糖基淫羊藿等。值得注意的是，有些糖苷酶对黄酮苷母环结构具有很强的选择性，但对底物连接方式的选择性却很低，表现出高活性及独特的水解活性。

2. 木质素苷类　木质素也叫木酚素，是以 2,3-二苯基丁烷为骨架的酚类复合物，主要有开环异落叶松树脂酚和罗汉松脂素。木质素具有抗肿瘤、抗病毒、降低血清胆固醇及雌激素样作用。研究发现，木质素并非直接活性物质，而是通过人体肠道微生物的转化作用生成肠二醇和肠内酯，这二者通过与雌激素竞争性结合，从而对激素依赖性疾病起治疗作用。通过微生物转化的方法已可以在体外完成。

三、萜类药物的微生物转化

萜类分子由异戊二烯的基本单位组成，根据异戊二烯单元的数量不同，萜类可以分为单萜、倍半萜、二萜、三萜等类型。萜类之间的相互转化可以看作是逐次增加一个或多个异戊二烯基本单位（图 6-34）。萜类化合物在自然界中分布广泛，含量丰富，结构多样，且具有较强的成药性，是一类重要的天然产物。因此，围绕萜类成分的微生物转化研究成为微生物转化领域的重要方向。萜类化合物的微生物转化中，应用较多的反应包括酯化反应、闭环与开环反应、水化反应及羟化反应。

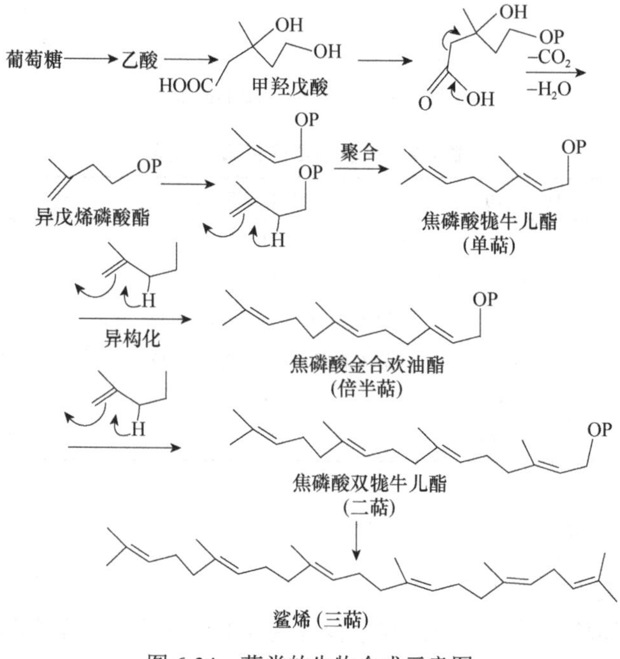

图 6-34 萜类的生物合成示意图

1. 酯化反应 单萜中的几种短链脂肪酸酯，如牻牛儿醇乙酸酯和香茅醇乙酸酯等广泛应用于医药工业。例如，人苍白杆菌的羧酸酯酶能水解 L-薄荷醇乙酸酯而对其光学异构体无作用，但由于酯酶的酶制剂纯化相当困难，目前仅有少数作用于单萜的酯酶被纯化，故直接采用微生物转化的方法受到广泛重视。

2. 闭环与开环反应 单萜可分为无环、单环及双环，而通过微生物转化的方法可以实现单萜的闭环或开环。例如，香茅醛可由指状青霉环化成为长叶薄荷醇和异构长叶薄荷醇；里那醇可由灰葡萄孢菌（*Botrytis cinerea*）等转化为里那醇的氧化物。

3. 水化反应和羟化反应 很多萜类都含有不饱和双键，在水化酶的催化下可以引入羟基，得到所需化合物。而羟化反应是二萜的主要反应类型，常见转化二萜羟化反应的微生物及其底物见表 6-3。二萜中可以引入羟基的位点较多，因此利用微生物转化可以得到不同羟化位点的高活性化合物。

表 6-3　转化二萜羟化反应的常见微生物及其底物

二萜类化合物	转化菌
candicandiol	毛霉
cyanthiwigin B	链霉菌 NRRL5690
cupressic acid	类球形链霉菌
dehydroabietanol	禾谷镰刀菌
5-episinuleptolide	毛霉
gelomulide G	黑曲霉、雅致小克银汉霉
南洋杉酸	黑曲霉、刺孢小克银汉霉
异甜菊醇	刺孢小克银汉霉
jatrophone	黑曲霉
mulin-11,13-dien-20-oic acid	毛霉
mulin	刺孢小克银汉霉、灰色链霉菌
截短侧耳素	刺孢小克银汉霉
ribenone	毛霉
stemodin	毛霉、维氏核盘菌、黑曲霉、球孢白僵菌、米根菌
stemarin	毛霉、维氏核盘菌、黑曲霉、球孢白僵菌
stemodane	刺孢小克银汉霉、毛霉、米根菌
stemarane	刺孢小克银汉霉、黄孢原毛平革菌
solidagenone	黑曲霉、新月弯孢霉
香紫苏醇	亚麻镰孢菌、匍枝根霉
trachyloban-19-oic acid	匍枝根霉
雷公藤甲素	短刺小克银汉霉
雷公内酯酮	黑曲霉
teideadiol	毛霉

四、合成生物学中的微生物转化研究

作为第三代生物技术革命的代表，合成生物学是一种利用生物系统、生物体或其代谢产物来生产或改造产品或过程的技术应用，旨在在特定用途下实现目标功能。应用模块化和工程设计原理，合成生物学在基因及基因组水平上对生物系统进行改造或创建，从而合成目标化合物或新的分子。“合成生物学”一词最早由法国物理化学家 Stephane Leduc 在 1911 年所著的《生命的机制》（*The Mechanism of Life*）中提出，但由于当时生物学研究水平的限制，该学科未能得到发展。近年来，随着基因组学和蛋白质组学等技术的快速发展以及基因工程技术的成熟，大量基因的具体功能被揭示，为微生物转化研究带来了全新契机，使合成生物学技术能够理性地改造生物元件。

作为一门新兴学科，合成生物学正在逐渐重塑药物发现领域。几千年来，天然产物一直是人类药物的主要来源，如抗生素、萜类化合物、菲醌类化合物等。在长期的进化过程中，这些天然产物的化学结构和功能得以选择与优化，具备了与特定靶点专一性结合的能力和良好的生物活性，因此可以直接用于疾病治疗。抗生素是过去一个世纪内发现和开发最成功的药物之一，微生物的次级代谢产物经过系统的筛选，被用于抗生素的开发。抗生素天然产物的标志是其化学多样性和复杂性，这种多样性基于核心结构（如多肽、聚酮、糖类、生物碱或萜烯主干）的化学骨架，并通过异构化、外消旋化、还原和氧化、基团转移等反应进一步修饰，从而合成复杂的天然产物。尽管天然产物在药物和抗生素发现方面表现出优异的历史记录，但其鉴定、纯化、合成和规模化生产仍存在技术挑战。

合成生物学的兴起为药物发现和生产提供了巨大机会。在合成生物学中，具有特定功能的 DNA 序列组成最简单的生物部件，不同功能的生物部件按一定顺序组合成复杂的生物组件，然后在合适的生物工具中合成目标或新化合物。例如，在新抗生素生物合成中，通过将编码核心骨架（如多肽、聚酮）和各种剪切酶的基因作为生物部件，组装成编码特定化合物的生物组件后，利用适当的宿主（如细菌或酵母）共同表达，即可产生目标药物（图 6-35）。

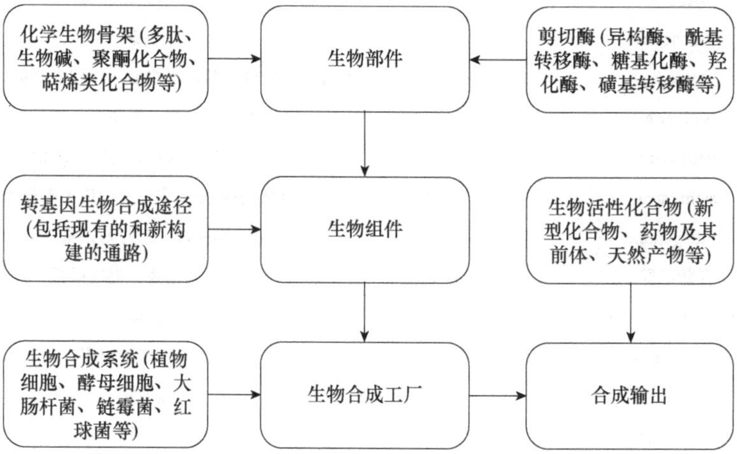

图 6-35 合成生物学设计合成天然产物或目标化合物的示意图

合成生物学的研究还注重微生物的开发和利用。微生物培养和操作相对简单，合成生物学通过指导和改造微生物来实现药物的高效生产，相比于传统化学合成法，利用重组微生物菌株的大规模发酵不仅成本低，且环境污染小，能够为天然化合物库的高通量筛选提供有力支持。在合成生物学中，常采用的技术手段包括对生物合成基因簇的突变、异源表达生物合成基因簇，以及重组结构域或模块等。合成生物学的快速发展为药物发现和生物合成带来了前所未有的机遇。

（一）对生物合成基因簇实施突变

通过同源重组技术敲除或替换微生物次级代谢产物生物合成基因中特定的结构域，可以获得产生新化合物的突变菌株。这些改变可以发生在化合物生物合成基因簇的某个结构域，也可以同时影响多个结构域，从而在化合物生物合成过程的多个步骤中造成催化活性的缺失或催化方式的改变，导致次级代谢产物的多样性显著增加。

例如，在对红霉素生物合成基因簇的改造过程中，研究人员利用雷帕霉素聚酮合成酶（RAPS）的相关结构域替换 6-去氧红霉素内酯合成酶（DEBS）中的部分结构域，或者替换 RAPS 模块 1 中的脱水酶/烯酰还原酶/酮基还原酶结构域（rapDH/ER/KR1），或者直接敲除酮基还原酶结构域。结果发现产物母核的支链发生了多种变化，最终获得了 100 余种修饰在 6-去氧红霉素内酯的 2、3、4、5、10 和 11 位上的新型红霉素类似物。这些改造展示了通过结构域的敲除和替换来丰富次级代谢产物多样性的重要性，也为合成生物学应用于天然产物的创新提供了强有力的工具。

（二）异源表达生物合成基因簇

通过向常见天然产物生产菌株（如酵母、大肠杆菌、链霉菌属、红球菌属和假单胞菌属等）中插入构建的异源表达基因簇，可以构建出能够合成全新产物的菌株。合成生物学的这一策略已被成功应用于复杂天然产物的生物合成，其中吗啡和丹参酮的合成是典型案例。

吗啡是一种阿片受体激动剂，属于苄基异喹啉类生物碱，常用于治疗急性疼痛、慢性疼痛及癌症晚期疼痛等。由于医疗领域对吗啡的需求量极大，传统生产方式需要每年种植约 10 万公顷的罂粟以提取约 800t 的阿片类化合物，才能满足临床需求。吗啡是罂粟的次级代谢产物，其天然合成过程复杂，包括 33 步反应，涉及 3 个模块：①蔗糖→葡萄糖→L-酪氨酸；②L-酪氨酸→*S*-牛心果碱；③*S*-牛心果碱→*R*-牛心果碱→吗啡，过程中涉及几十种酶。2015 年，斯坦福大学的 Smolke 团队利用酵母宿主，通过合成生物学方法合成了每步反应的关键酶及相关体系，在酵母中构建出阿片类生物碱的生物合成完整通路，成功生产了蒂巴因和氢可酮，并实现了由蒂巴因到吗啡的转化，这一研究标志着合成生物学在微生物复杂代谢通路改造中的重要突破。

丹参酮是从中药丹参中提取的脂溶性菲醌活性成分，具有抗菌、消炎、活血化瘀、促进伤口愈合等多种药理作用。目前丹参酮主要从丹参中提取获得，但由于丹参生长周期长且提取步骤复杂，影响了其进一步开发利用。我国学者致力于解析丹参酮的生物合成途径并实现了异源生产，通过功能基因组学方法首次克隆了合成丹参酮前体次丹参酮二烯所需的酶 SmCPS 和 SmKSL，并在大肠杆菌中进行了代谢途径重构，使次丹参酮二烯的产量达到 2.5mg/L。研究人员通过设计模块组合方式，进一步优化了合成过程中的酶（包括 SmCPS、SmKSL、法尼基焦磷酸合酶、香叶基香叶基焦磷酸合酶及甲羟戊酸还原酶），使次丹参酮二烯的产量提高到 365mg/L。此外，通过对丹参酮合成途径的比较转录组学研究，鉴定出 6 个与次丹参酮二烯生物合成相关的细胞色素 P450 基因，其中 SmCYP76AH1 酶催化次丹参酮二烯转化为铁锈醇，并成功在酿酒酵母中实现异源表达。进一步研究推测，铁锈醇经脱氢形成隐丹参酮后，在还原酶的催化下形成丹参酮。这些研究为丹参酮生物合成下游途径的解析及微生物合成丹参酮（图 6-36）奠定了基础。

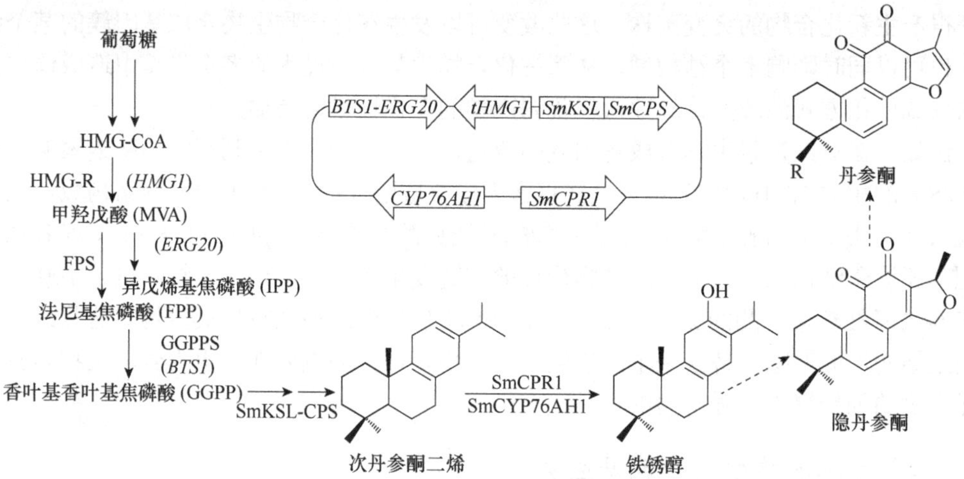

图 6-36　丹参酮合成生物学研究过程

（三）重组结构域或模块

除了替换或敲除生物合成基因簇中对应酶的某个结构域或模块的基因片段外，通过将各种合适的结构域或模块进行组合，也可以产生与原产物结构差异显著的新化合物。例如，将来源于红霉素、格尔德霉素（geldanamycin）以及雷帕霉素等合成酶中具有不同功能的模块随机组合后，研究人员成功合成了预期的聚酮类化合物库。

总之，合成生物学是实现化合物多样性的重要新途径，为新药开发和生产提供了创新手段。相比于传统的化学方法，组合生物合成技术可使酶精确催化特定底物的特定位点，减少了副产物的生成并具有更高的选择性。随着生物信息数据库的不断充实和新型基因工程操作技术的改进，合成生物学在新药研发和医疗领域的应用将愈加重要，极大地推动医药工业的发展。

第三节　微生物转化在兽用制药工业中的应用

在过去的几十年中，微生物转化技术在有机化学合成领域中的尝试不仅使理论研究获得广泛开展，在实际应用方面也取得了巨大进步。许多化学合成工艺十分复杂的药物、食品添加剂、维生素、化妆品和其他一些精细化工产品合成过程中的某些重要反应，现在已经能够用微生物或酶转化技术替代。目前，微生物转化除了在甾体药物中应用外，也已经广泛应用于中药和其他药物的研究领域，还为中药现代化发展提供了新途径和新方法，并且在天然活性物质的研究和手性药物等研究领域也显示出其无可比拟的优势。

一、微生物转化在兽用甾体药物合成中的应用

微生物转化在甾体药物合成中的应用是微生物转化反应的应用研究中开展最早和最广泛的领域。以前单纯采用化学方法改造不同的天然甾体化合物，往往合成步骤多，收率低且价格昂贵，而且某些反应甚至无法用化学方法进行。自从微生物转化反应用于生产后，

一般以化学与微生物转化反应相结合来生产甾体药物。现以糖皮质激素类及性激素类药物为例，介绍微生物转化在甾体药物合成中的应用。

（一）糖皮质激素类药物

1．结构和种类　糖皮质激素（glucocorticoid）属甾体化合物，由肾上腺皮质分泌，包括氢化可的松和可的松等。其基本结构见图 6-37，在化学结构上的特征是甾体母核 C 环的 C11 上有酮基（如可的松）或羟基（如氢化可的松），在 D 环的 C17 上有 α-羟基。这类激素对糖代谢的作用较强，而对水、盐代谢的作用较弱，所以称为糖皮质激素。同时这类激素又有显著的抗炎作用，故又称为甾体抗炎药。

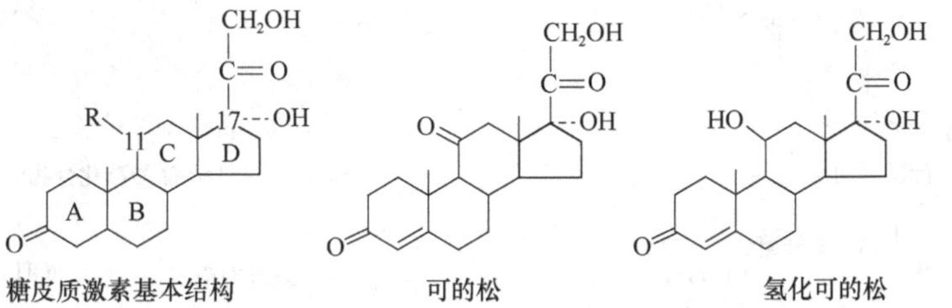

图 6-37　糖皮质激素类药物基本结构

糖皮质激素自 1948 年用于治疗急性风湿病以来，其治疗范围迅速扩展到许多疾病，至今已有 70 多年的应用历史。一般生理情况下分泌的糖皮质激素（生理剂量）主要影响正常物质的代谢过程，当超过生理剂量达药理剂量时，除可影响物质的代谢外，还具有抗炎、免疫抑制、抗病毒和抗休克等药理作用。

2．合成　工业上生产糖皮质激素类药物的起始原料通常采用薯蓣皂素，经降解为化合物 S（compound S）后，再结合化学和微生物转化方法来生产（图 6-38）。

醋酸可的松的生产最初采用从薯蓣皂素经黄体酮的十四步合成法，即由薯蓣皂素经开环、氧化、消除、水解等生成中间体黄体酮，再利用黑根霉在黄体酮 C11 位上引入羟基，再经氢化、氧化、还原、羟化、乙酰化、脱氢等反应得到醋酸可的松。我国黄鸣龙等于 1958 年用黑根霉使 16α,17α-环氧孕甾-4-烯-3,20-二酮（16α、17α-环氧黄体酮）氧化引入 C11 羟基，从而成功研究出从薯蓣皂素合成可的松的七步合成法路线，这是我国第一个用于甾体药物生产的微生物合成。目前，醋酸可的松的生产通常采用从薯蓣皂素合成化合物 S 的路线：由薯蓣皂素经开环、氧化、水解等生成化合物 S，利用黑根霉在化合物 S 上导入 C11 羟基，再经乙酰化、氧化得到醋酸可的松（图 6-38A）。

由醋酸可的松 1,2 位去氢即制得醋酸泼尼松，其抗炎作用增加 3～4 倍，而钠潴留副作用减少。早期的脱氢方法是用二氧化硒氧化法，收率较低，约为 65%，并且产品中含有微量硒不易除尽，影响质量。我国于 1969 年采用微生物方法脱氢（简单节杆菌脱氢），将收率提高到 88%（图 6-38B）。可的松与泼尼松的 C11 位上的酮基需转化为羟基，生成氢化可的松和泼尼松龙后才能发挥作用，此反应主要在肝进行，所以严重肝功能不全者不宜用氢化可的松和泼尼松龙。1950 年，Wendler 等用化学合成法合成氢化可的松；1952 年，Collingsworth 又用微生物氧化法从化合物 S 制备氢化可的松。以醋酸酯化合物 S 为底物，

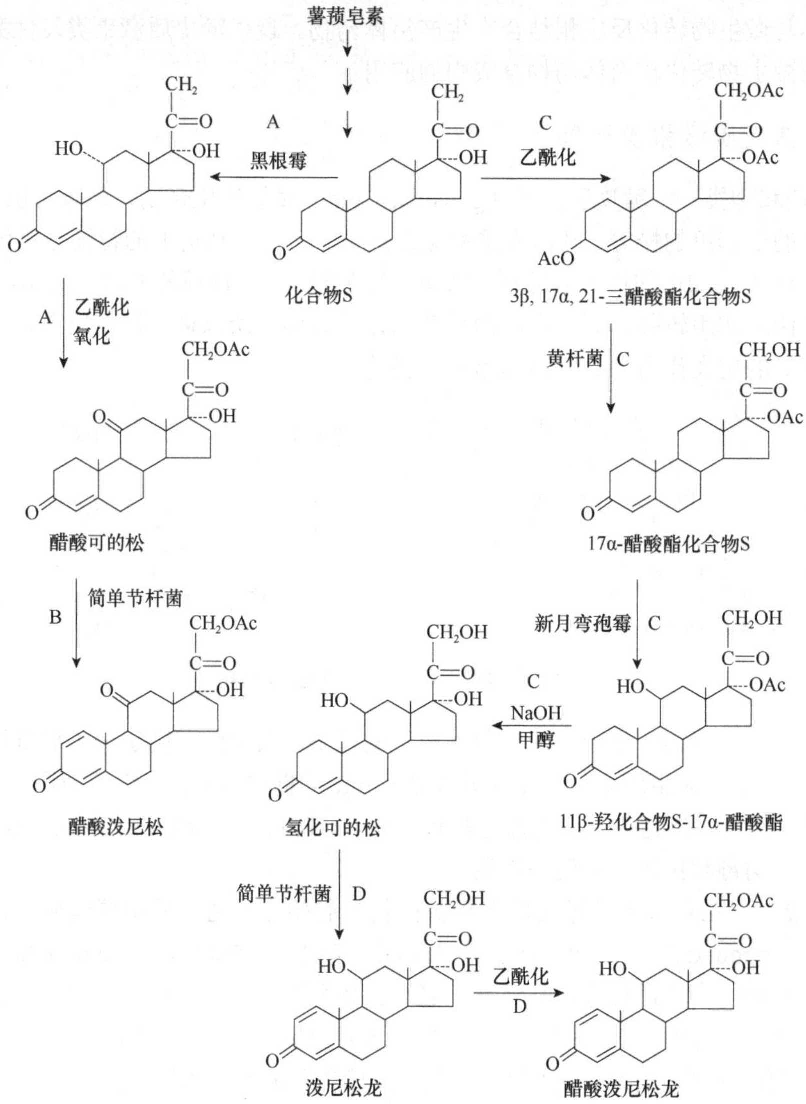

图 6-38　糖皮质激素类药物的合成

由新月弯孢霉转化，在 C11 位引入羟基得到氢化可的松，但往往会有 14α-羟基副产物产生。如果采用 17α-醋酸酯化合物 S，因立体位阻可阻止 14α-羟基副产物的产生。其生产路线是将化合物 S 乙酰化得到 3β，17α，21-三醋酸酯化合物 S，经黄杆菌水解得 17α-醋酸酯化合物 S，再经新月弯孢霉转化得到 11β-羟化合物 S-17α-醋酸酯，将其溶解于甲醇后，加入 NaOH 使 17α-醋酸酯水解即可得氢化可的松，产率可到 70%左右（图 6-38C）。氢化可的松在简单节杆菌作用下 C1,2 脱氢得泼尼松龙，再经乙酰化得到醋酸泼尼松龙（图 6-38D）。

醋酸地塞米松系高效皮质激素之一，具有剂量小、药效高的优点，其抗炎作用是氢化可的松的 30 倍以上。该生产工艺中的 $\Delta^{1,4}$ 脱氢采用了简单节杆菌和诺卡菌菌种混合物同时接种于培养基中，30℃培养 48h 后加入双酯化合物，转化 70h，一步微生物氧化可取代化学合成法中的水解、氧化、上溴、脱溴、脱氢五步反应，使收率显著提高。所得的 $\Delta^{1,4}$ 脱氢物，经溴羟环氧上氟，制得醋酸地塞米松。其新老工艺对照见图 6-39。

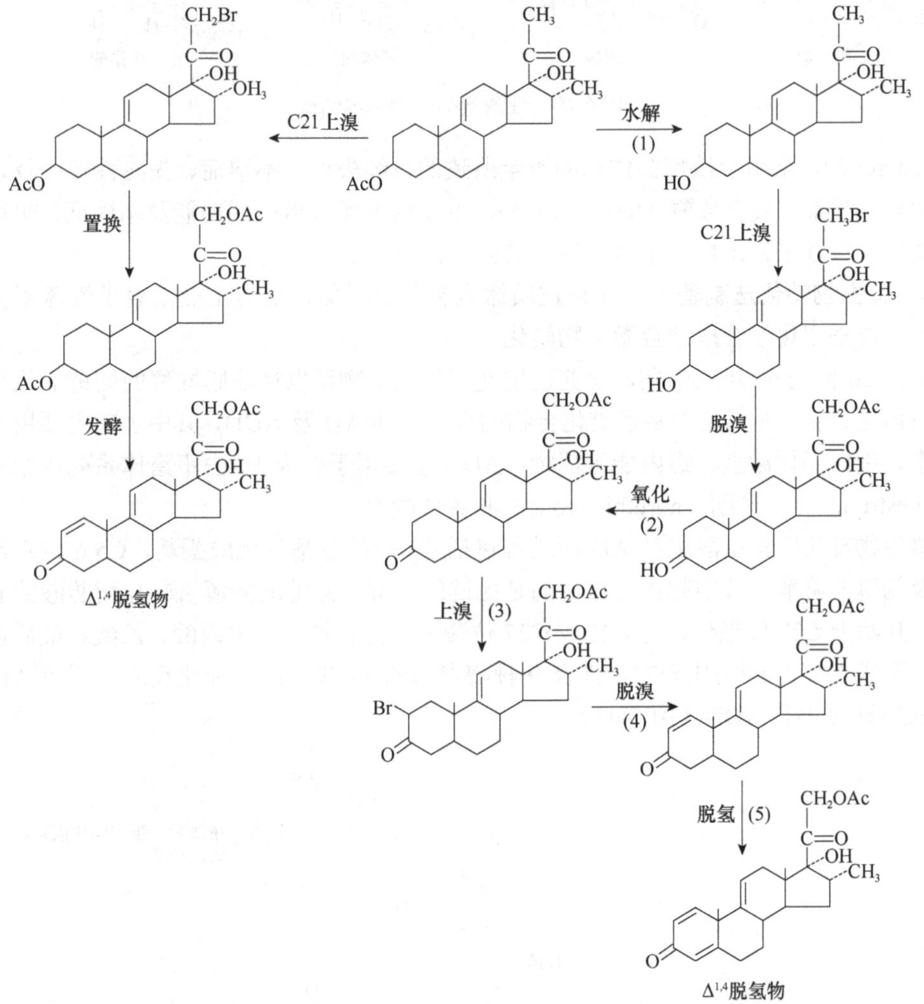

图 6-39　醋酸地塞米松新老工艺对照

（二）性激素类药物

1．结构和种类　性激素主要包括雌激素（estrogen）、雄激素（androgen）和孕激素（progestogen），由性腺分泌，能够促进性器官的发育、成熟、副性征发育及增进两性生殖细胞的结合和孕育，同时还具有一定的调节代谢作用。其母核结构为甾体母核环戊烷多氢菲，结构变化主要发生在 C1 与 C2 之间的化学键、C3 的酮基或烯醇基、C10 及 C17 的取代基团中（图 6-40）。

临床上，雌激素常用来治疗女性性功能疾病、更年期综合征、骨质疏松以及作为口服避孕药，如雌二醇（estradiol）、曲美孕酮（trimegestone）主要用于妇女绝经后综合征，炔雌醇（ethinylestradiol）现已成为口服避孕药中最常用的雌激素组分。孕激素主要有黄体酮

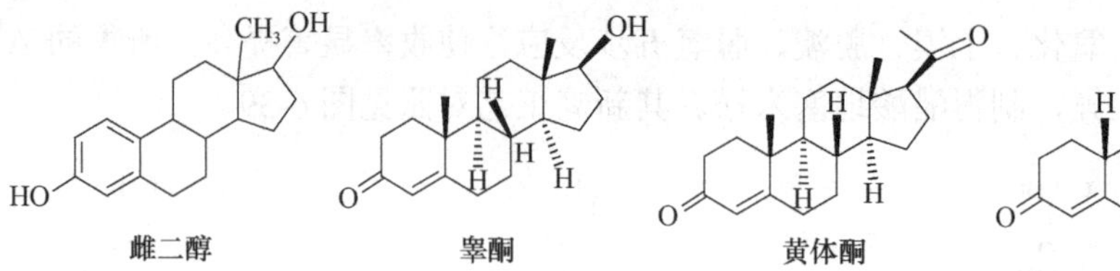

图 6-40　性激素类药物基本结构

（progesterone），常用于治疗黄体功能不全所致的月经失调、不孕症、先兆性流产及习惯性流产等。雄激素主要有睾酮（testosterone），主要用于保持男性性功能及副性征，也可用于治疗功能失调性子宫出血、子宫肌瘤、贫血、营养不良等疾病。

2．微生物转化法制备　与糖皮质激素类药物类似，目前工业上对于性激素类药物的生产主要采用化学合成结合微生物转化。

早在 20 世纪 60 年代中期，研究已发现某些微生物可以切除胆固醇的侧链而成功得到合成甾体化合物，尤其是性激素类化合物的重要前体 AD 及 ADD，其中 AD 主要用来生产雄激素、蛋白同化激素、螺内酯等药物；ADD 主要用于合成 19-去甲甾体系列雌激素，如雌酮（estrone）、炔诺酮（norethisterone）和黄体酮等。

微生物转化降解甾醇生产 AD 的过程包括 C3 位的羟基氧化成酮基，C5,6 位双键的氢化以及侧链的降解。其中起决定作用的是侧链的降解。侧链的降解机制与脂肪酸的 β 氧化相似，开始于 C27 位羟化，再氧化成 C27 位羧酸，再 β 氧化失去丙酸、乙酸，最后再失去丙酸，形成 C17 位酮基化合物，涉及 9 种酶参与的 14 步连续的催化反应，而后 AD 进行 C1,2 脱氢即可得到 ADD（图 6-41）。

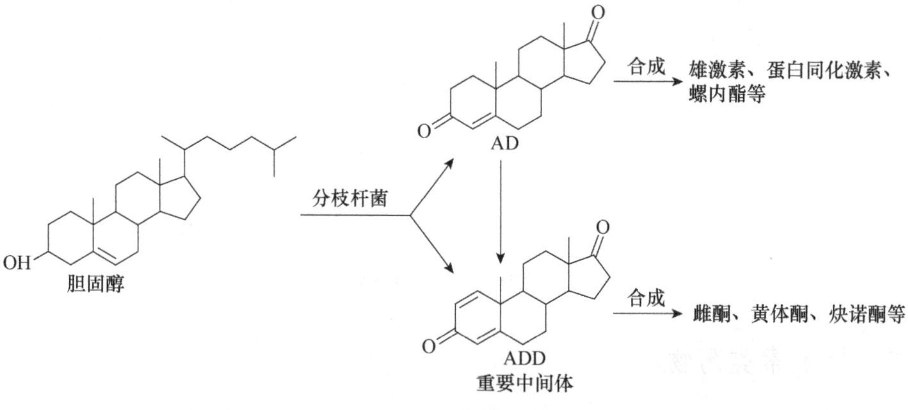

图 6-41　性激素类药物的微生物转化过程

二、微生物转化与兽用中药现代化

中药是中华民族 5000 年文化积淀的一份宝贵遗产和瑰宝。在数千年的中医理论发展中，中药无论从数量种类还是配方应用等方面均发生了多次质的飞跃。但在近代，我国在中药研究及工业化方面的发展较慢。特别是我国加入世界贸易组织（WTO）以后，中药现代化已经成为我国新药研制和走向世界的必由之路。若想使中药实现现代化，打开国际市场，就必须在中药研究中应用新技术和新手段，其中微生物转化技术就是重要途径之一。微生物具有丰富而强大的酶系，微生物转化可用完整的微生物细胞或从微生物细胞中提取的酶作为生物催化剂，具有较强的立体选择性，且能完成一些化学合成难以进行的反应。微生物转化技术为中药的研究提供了多种技术手段。

（一）微生物转化技术对中药研究和生产的意义

与传统生产方式相比，应用微生物转化技术进行中药研究和生产具有以下优点。

1．保护中药活性成分免遭破坏　与传统中药提取工艺（如煎、煮、熬、炼、蒸、浸等）相比，微生物转化在常温常压等较为温和的条件下进行，可以最大限度地保护中药中的活性成分，特别是对敏感的芳香类挥发油和维生素等活性成分更能有效加以保护。

2．为中药活性成分结构修饰提供新途径　近年来，利用微生物作为反应器进行中药活性成分的转化和生物合成，已逐渐成为获取中药活性成分的新途径。通过对中药中的有效成分进行修饰，可以获得更有效的成分以提高治疗效果。例如，淫羊藿苷具有增强内分泌、促进骨髓细胞 DNA 合成和骨细胞生长的作用。研究表明，低糖基淫羊藿苷和淫羊藿苷元的活性显著高于原淫羊藿苷，通过曲霉属真菌产生的诱导酶水解淫羊藿苷，可以高效制得低糖基淫羊藿苷或淫羊藿苷元。

3．加深对中药作用机制的认识　中药的化学成分多种多样，当作为药物应用时，必须与消化道中的肠道菌群相互作用。一些中药成分可以被人体直接吸收，而另一些则需要经过人体消化酶或肠道菌的代谢才能被吸收。通过研究肠道菌对中药成分的转化作用，可以开发出可被人体直接利用的中药制剂（如注射剂），满足特定的用药需求，提高中药的使用价值。

4．有利于发现新的先导化合物和开发中药新药　通过多种不同催化功能的酶体系对中药化学成分进行转化，可以产生新的天然化合物库，结合高效快速的药物筛选手段，有助于发现新的先导化合物。例如，传统中药雷公藤中的活性成分是雷公藤内酯，经过短刺小克银汉霉 AS3.970 转化 5d 后，经色谱分离获得了 4 个新化合物，且这些化合物均对人肿瘤细胞株具有细胞毒作用。

5．有利于提高中药现代化水平　利用微生物转化技术来生产发酵中药具有较高的技术水平，通过在人为控制条件下进行药材（或有效成分）的生产，可以显著提高生产率，并确保所得产物的质量稳定。此外，这种方式便于制剂化，符合国际标准，有助于提升我国中药的现代化水平。

综上所述，微生物转化技术在保护中药活性成分、提供结构修饰新途径、加深对药理的理解、发现新的先导化合物和提高现代化水平等方面具有重要优势，为中药研究和生产带来了广阔的发展前景。

（二）微生物转化中药的途径

微生物在生产过程中会产生各种酶，这些丰富而强大的酶系能够将药物成分分解和转化为新的活性成分，从而产生新的药效。其转化途径主要包括：微生物通过代谢将中药中的有效成分转化为新的化合物；微生物产生的某些次级代谢产物本身即是功效良好的药物；

次级代谢产物与中药中的某些物质发生反应，形成新的化合物；在中药的特殊环境中，微生物可能改变自身代谢途径，形成新的活性物质或改变活性成分的比例；微生物分解有毒成分，降低药物的毒副作用。利用微生物转化技术炮制中药，能够显著改变药性、提高疗效、降低毒副作用、扩大适应证，相较于传统的物理和化学炮制手段更具优势。

三、微生物转化在兽用天然药物开发中的应用

我国是天然药物生产和应用大国，近年来随着基因工程、细胞工程、酶工程技术的不断发展和完善，微生物转化技术有了突飞猛进的发展，已经成为现代生物工程技术的重要组成部分。鉴于微生物转化产品的形成过程更接近或等同于自然界产物，FDA将这类产品列入天然产品，这为微生物转化及天然发酵产物的市场化提供了一个很好的软环境。微生物转化技术具有其他一般方法无法比拟的优势，可以为开发新药、提高药物疗效、降低药物毒副作用的研究提供新的手段。

（一）微生物转化技术在抗癌药物生产中的应用

一些抗癌药物发挥药效的天然活性成分往往含量低、结构复杂、合成困难，如紫杉醇、三尖杉酯碱、喜树碱、美登木素等的含量都在万分之几或更低。从野生植物中寻找原料难以满足工业生产的需要，人工栽培也存在成本高、周期长、产量难以保证等问题。而在植物中往往还存在一些生源关系相近或结构类似的化合物，利用微生物转化技术把这些类似物转化成高活性的目标化合物，不但可以大大提高生物资源的利用率，而且能够保护我们赖以生存的自然环境。

1. 紫杉醇　紫杉醇（taxol）是20世纪60年代后期科学家从太平洋紫杉即红豆杉树皮中提取的一种具有特殊骨架的二萜类生物碱，具有特殊抗肿瘤作用，对卵巢癌、乳腺癌、肺癌、食管癌、前列腺癌及直肠癌等有特效，此外在类风湿关节炎、脑卒中、阿尔茨海默病的治疗上也有较好疗效，被誉为天然产物研究领域的重大发现。由于紫杉醇在天然红豆杉中的含量很低，加上红豆杉资源本身亦非常匮乏，限制了紫杉醇的进一步开发和应用，寻找紫杉醇的新来源已成为当务之急。自20世纪80年代末以来，研究人员相继进行了化学合成紫杉醇、利用红豆杉细胞培养技术生产紫杉醇等技术方法的研究，但仍存在产率比较低的问题。

1993年，研究人员用从短叶红豆杉韧皮部中分离到的一种紫杉真菌生产紫杉醇，其药效与植物性紫杉醇相似，但产率较低，仅为24～50ng/L。从此开始了利用植物的内生真菌发酵生产紫杉醇的研究。除了短叶红豆杉外，云南红豆杉、西藏红豆杉、南方红豆杉等红豆杉植物内生真菌发酵生产紫杉醇的研究均有报道。

除了利用微生物发酵法生产紫杉醇外，近年来利用微生物转化法生产紫杉醇也受到关注。微生物转化法不仅可以用于紫杉醇的合成，而且可以对紫杉醇结构类似物进行基团修饰以获得更高活性的化合物。例如，在云南红豆杉中除含有紫杉醇外，还含有一系列结构相似的紫杉烷，如7-表-10-去乙酰基紫杉醇（7-epi-10-deacetyl-taxol）和1β-羟基巴卡亭Ⅰ（1β-hydroxybaccatin-Ⅰ）等，特别是1β-羟基巴卡亭Ⅰ具有独特的4β,20-环氧骨架，是云南红豆杉中含量较多的紫杉烷。我国研究人员从云南红豆杉中分离到3株内生真菌：甲小孢霉（*Microsphaeropsis onychiuri*）、毛霉属（*Mucor* sp.）和交链格孢菌（*Alleraria alternate*）。

其中 *M.onychiuri* 和 *Mucor* sp. 能将 7-表-10-去乙酰基紫杉醇选择性地水解或异构化生成 10-去乙酰基巴卡亭Ⅴ、10-去乙酰基紫杉醇和 10-去乙酰基巴卡亭Ⅲ。而 *A. alternate* 能将 1β-羟基巴卡亭Ⅰ转化为 5-去乙酰基-1β-羟基巴卡亭Ⅰ、13-去乙酰基-1β-羟基巴卡亭Ⅰ和 5,13-双去乙酰基-1β-羟基巴卡亭Ⅰ。这些转化产物都可以成为半合成紫杉醇或紫杉醇类似物的起始原料，如 Denis 等成功地在用 10-去乙酰基巴卡亭Ⅲ半合成紫杉醇过程中，得到比紫杉醇活性更高、水溶性更好的多西他赛（docetaxel）。另外，也有报道真菌刺孢小克银汉霉（*Cunninghamella echinulatla*）、雅致小克银汉霉（*C. elegans*）和黑曲霉（*Aspergillius niger*）对紫杉烷的选择性去乙酰化、羟化和环氧化等。

近年来，研究人员对紫杉醇的生物合成途径进行了深入探索，发现紫杉醇的生物合成主要涉及三步：即上游由甲基赤藓糖醇磷酸（methylerythritol phosphate，MEP）通路形成异戊基焦磷酸盐；然后经过经典萜类异生途径形成紫杉二烯（taxadiene）；而紫杉二烯在细胞色素 P450 介导的氧化酶、羟化酶的作用下最终形成紫杉醇。通过优化异戊二烯生物合成途径（萜类生物合成途径），使生物表达朝着紫杉二烯的方向进行，并抑制其主要副产物吲哚的生成，这样采用大肠杆菌即可大量发酵生产紫杉醇的关键性前体化合物紫杉二烯，然后利用酶工程或微生物转化将紫杉二烯羟化，即可得到紫杉醇，使紫杉醇的大量生产获得关键性突破（图 6-42）。随着基因工程和其他生物技术的发展，相信在不久的将来，人们有望利用微生物来解决紫杉醇的来源危机。

2．喜树碱　珙桐科落叶植物喜树的果实中含有喜树碱（camptothecine，CPT）、羟喜树碱（hydroxycamptothecine，HCTP）、去氧喜树碱、甲氧基喜树碱等多种结构类似的生物碱。喜树碱类生物碱是唯一有选择性抑制 DNA 拓扑异构酶作用的植物抗癌药，已成为继紫杉醇之后第二个由植物衍生的重要抗癌药物。经动物药理和临床肿瘤实验结果证明，10-羟基喜树碱（羟喜树碱）比喜树碱具有更好的治疗效果和更低的毒副作用，但在该植物中生物碱含量为万分之几，且以喜树碱为主要成分，10-羟基喜树碱仅占 12 万分之一，依靠天然资源提取分离费时、费力且浪费资源。

早在 1977 年，中国科学院上海药物研究所的研究人员就从 150 株真菌中筛选得到曲霉 T-36 菌株，能有效地在喜树碱的 10 位上引入羟基生成 10-羟基喜树碱（图 6-43），为解决资源问题开辟了新路。另外，还可以利用微生物中的脱烷基化酶、羟化酶等使甲氧基喜树碱、去氧喜树碱转化成喜树碱、羟喜树碱。

（二）微生物转化青蒿素的研究

青蒿素（artemisinin）是我国学者在 20 世纪 70 年代初从黄花蒿中分离得到的抗疟有效单体，是含有过氧化基团的新型半萜内酯化合物。青蒿素是由我国科学家自主研究开发并在国际上注册的药物，是目前世界上最有效的治疗脑型疟疾和抗氯喹恶性疟疾的药物之一。世界上青蒿素药物的生产主要依靠我国从野生黄花蒿中直接提取，但野生资源已经远远不能满足世界范围内对青蒿素原料日益增长的需求。研究表明青蒿素的活性与其分子的极性相关，许多科研工作者都试图通过结构改造来提高药物疗效，以提高青蒿素的资源利用率。迄今已制备了数百个青蒿素的衍生物，但由于青蒿素的有效活性基团过氧桥不稳定，使得对青蒿素结构改造无法在酮基以外的部位进行，目前可用的化学改造方法都停留在对酮基的还原及对羟基的取代反应方面。

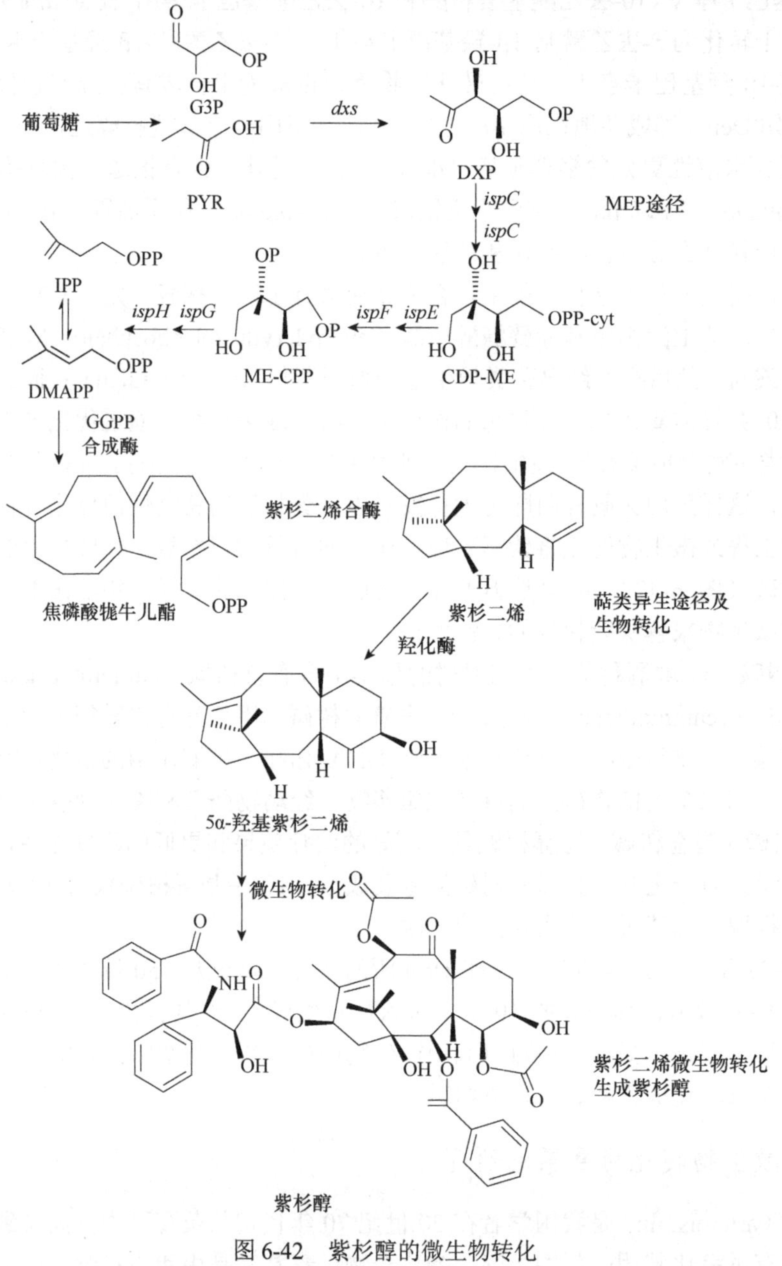

图 6-42　紫杉醇的微生物转化

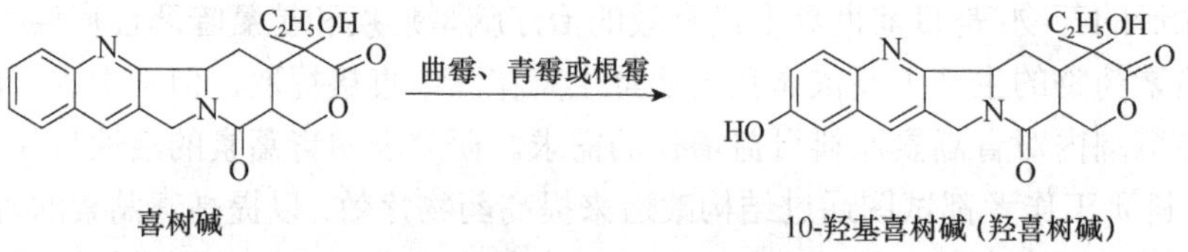

图 6-43　喜树碱的微生物羟化反应

近年来，国内外研究人员试图利用微生物转化方法对青蒿素结构的其他部位进行改造。如国内研究者采用灰色链霉菌（*Streptomyces griseus*）ATCC 13273 转化青蒿素，得到一个新的衍生物 9α-羟基青蒿素。该化合物的结构与用化学改造方法所得到的衍生物结构不同，即羟基取代基不是在 12 位，而是在 9 位，体外抗疟活性研究表明，9α-羟基青蒿素具有较强的抗疟活性。果德安等采用华根霉（*Rhizopus chinensis*）和雅致小克银汉霉（*Cunninghamella elegans*）对青蒿素进行转化（图 6-44），得到 3 个衍生物：去氧青蒿素（deoxyartemisinin），3α-羟基去氧青蒿素（3α-hydroxydeoxyartemisinin）和 9β-羟基青蒿素（9β-hydroxyartemisinin）。其中，去氧青蒿素，3α-羟基去氧青蒿素由于过氧键的断裂而丧失抗疟活性。

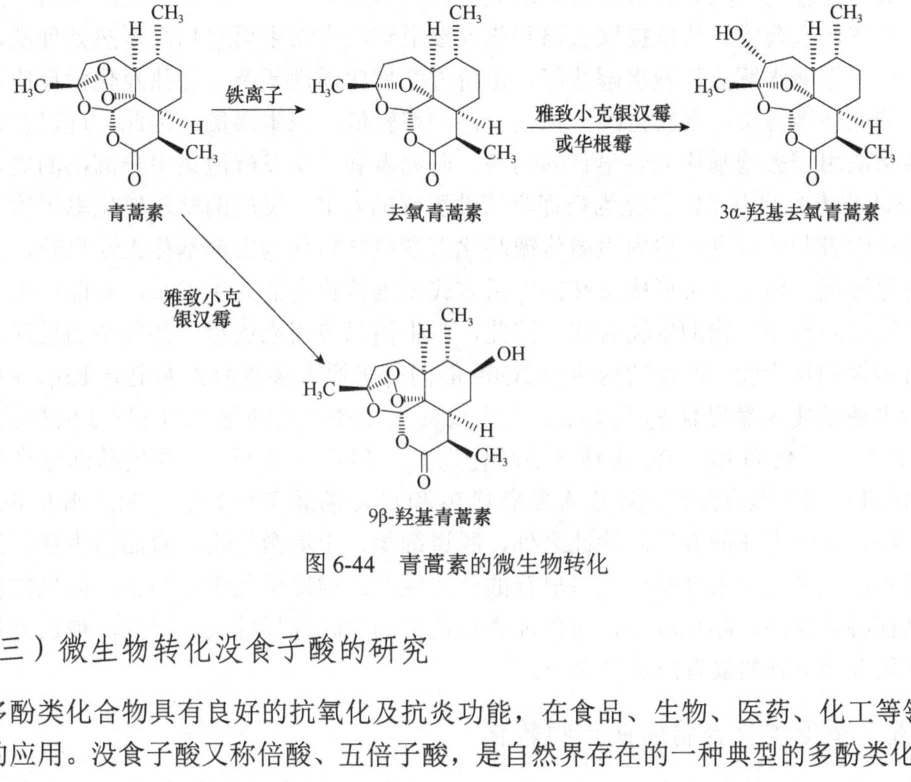

图 6-44　青蒿素的微生物转化

（三）微生物转化没食子酸的研究

多酚类化合物具有良好的抗氧化及抗炎功能，在食品、生物、医药、化工等领域有广泛的应用。没食子酸又称倍酸、五倍子酸，是自然界存在的一种典型的多酚类化合物，主要用于药物、染料、墨水制造，也用作食品抗氧化剂、防腐剂、金属提取剂、紫外线吸收剂、消毒剂、止血收敛剂、显影剂、化学试剂、泥浆流化剂和葡萄生长剂等。目前，工业生产上主要是以从五倍子、刺云实中所提取的单宁酸为原料，采用酸法、碱法水解制取没食子酸。尽管该方法产量高，但是其具有污染严重、设备易腐蚀等缺点，严重制约了没食子酸的大规模生产。而采用微生物转化法降解单宁酸制备没食子酸，依靠一些微生物连续或在底物诱导下产生的单宁酶来降解单宁酸，具有效率高、环境污染小、对设备几乎无腐蚀等优点，成为国内外学者的研究热点。曲霉和青霉是研究最为深入的单宁酶产生菌，已被广泛应用于微生物转化法生产没食子酸的研究中，其中黑曲霉可在培养基中不存在单宁酸的情况下连续产生单宁酶，并可以耐受高达 20%的单宁酸而不影响酶的产生和菌株的生长。

（四）微生物转化人参皂苷的研究

皂苷类化合物具有调节中枢神经系统功能、抗肿瘤、抗炎、抗过敏、抗病毒、降低胆固醇及心血管活性等药理作用。人参皂苷（ginsenoside）是“百草之王”人参的主要活性成分，具有抗肿瘤、抗衰老、软化血管、抗炎、神经保护、保肝等作用，在功能性食品、传统医药、化妆品等行业应用广泛，具有极高的经济价值。

目前已鉴定出一百余种人参皂苷，其中糖基化人参皂苷 Rb_1、Rb_2、Rc、Rd、Re 和 Rg_1 为人参中主要皂苷类成分，占人参皂苷成分的 80%左右。去糖基化人参皂苷包括 Rh_1、Rh_2、F_2、Rg_3、C-K 等，在人工栽培的人参中含量很低，是主要糖基化人参皂苷的代谢产物。去糖基化人参皂苷更容易被血液吸收，具有更好的药理活性和药用价值，是治疗癌症的潜在候选药物。传统提取去糖基化人参皂苷的方法主要包括高压热处理法、硫黄熏蒸法、化学酸水解法、碱水解法等，传统方法程序烦琐复杂，加热及化学反应过程缓慢，易造成环境污染，且获得终产物较少，产率较低，成本昂贵。因此，现已开发出微生物转化法用于去糖基化人参皂苷的制备。研究者利用从发酵泡菜中分离出的类消化乳杆菌 LH4 将人参皂苷 Rb_1 转化为药理学活性更强的 C-K，反应的摩尔转化率可达 88%。近年来有学者利用改良桔梗内生菌将糖基化人参皂苷转化为去糖基化人参皂苷，由于特殊的生存环境，内生菌可形成特殊的生活方式来维持稳定的共生关系，并能产生各种胞外酶进行次级代谢产物的生物合成。因此，内生菌已被用来进行一些复杂的反应，以获得更有活性的化合物。改良的内生菌 JG09 能同时将原人参二醇人参皂苷 Rb_1、Rb_2、Rc 水解为去糖基化人参皂苷 F_2 和 C-K，其主要转化途径涉及消除 C20 和 C3 的糖基部分，Rb_1 去糖基后转化为 Rd，Rd 去糖基后转化为 F_2，然后 F_2 消除 C3 的糖基部分产生化合物 C-K（图 6-45）。该方法转化产生人参皂苷 F_2 和 C-K 的最高产率达到 94.53%和 66.34%，是传统物理化学方法的数倍。除此之外，肠道细菌、土壤微生物、食品微生物、贝氏拟青霉菌等已经被用于去糖基化人参皂苷的转化生产。相比于化学法制备，微生物转化法转化过程特异性高，副反应少，在保证高转化率的同时选择性大大提高，被认为是制备去糖基化人参皂苷的最有效途径之一。

（五）黄酮类化合物的微生物转化

黄酮类化合物泛指 2 个具有酚羟基的苯环通过中央三碳原子相互连接而成的一系列化合物。黄酮类化合物广泛存在于植物体内，在植物生命过程的各阶段以及抗病虫害中均起着重要的作用。葛根中提取的葛根素具有扩张冠状动脉、降血压、降血脂、保护心肌及抗氧化、抗血栓形成、改善微循环等多种活性，临床可用于心、脑血管疾病的治疗，但其因水溶性和脂溶性差而限制了它的应用。利用微生物将其羟化为 3′-羟基葛根素，或者糖基化得到 α-葡萄糖基-（1→6）葛根素和 α-麦芽糖基-（1→6）葛根素，均显著提高了溶解度及活性。

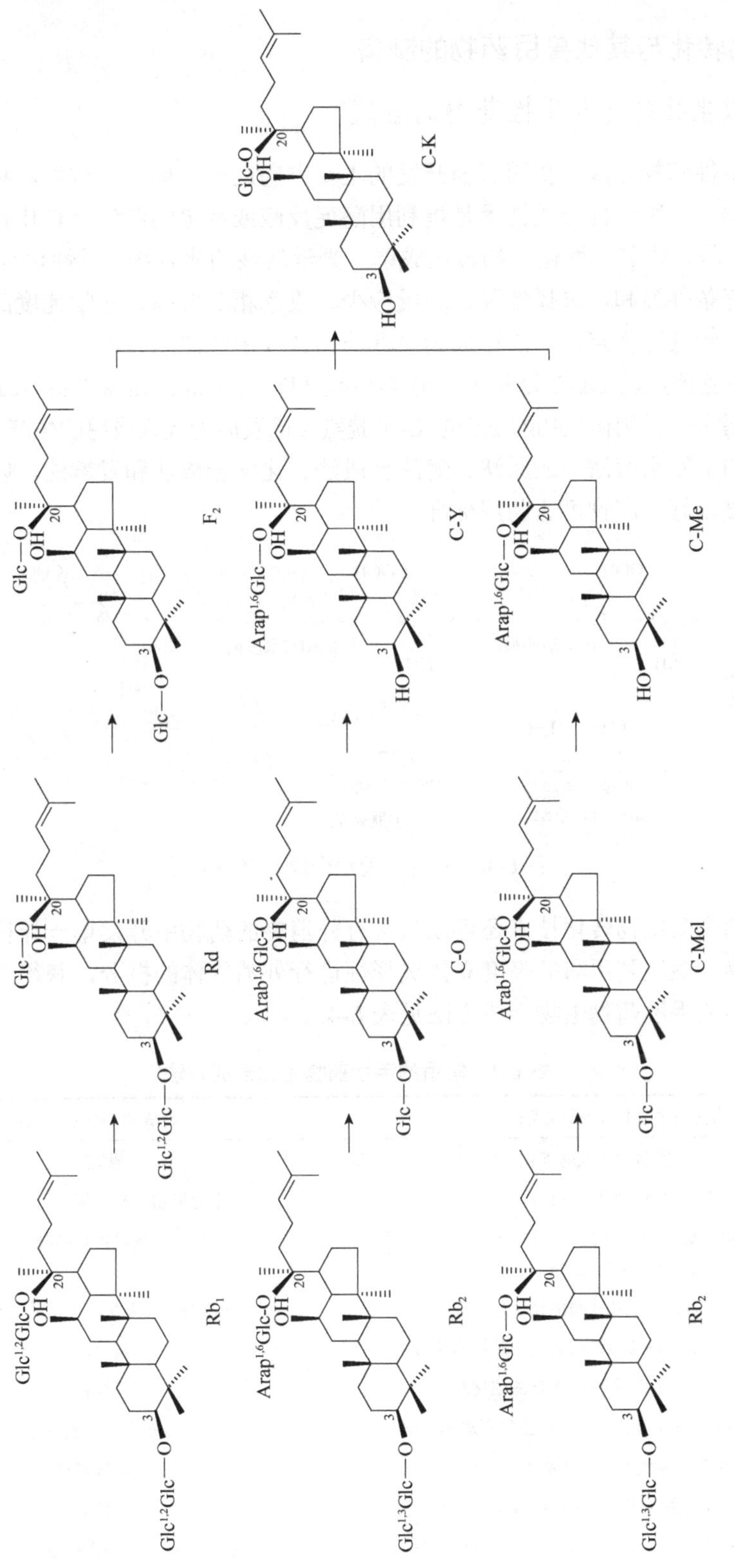

图 6-45　稀有人参皂苷的微生物转化

四、微生物转化与其他兽用药物的制备

（一）微生物转化与手性药物的合成

当前，手性药物已成为我国新药开发的主要方向之一，单一异构体药物将逐渐占据药物的主要市场。生物手性合成技术是指利用酶促反应或特定的微生物转化技术将化学合成的外消旋体、前体或前手性化合物转化成单一光学活性的化合物（手性化合物）。由于生物合成反应具有条件温和、选择性强、副反应少、收率相对较高、光学纯度高、环境污染较少和生产成本较低等优点，目前已成为手性药物合成中的热门技术。

利用假单胞菌，以 DL-2-氨基噻唑啉-4-羧酸（DL-2-amino-thiazoline-4-carboxylic acid，DL-ATC）为原料，采用微生物酶法合成 L-半胱氨酸已发展为较为成熟的生产工艺（图 6-46）。相比于以前的毛发水解法、还原法、酶法合成法、化学合成法和发酵法，以野生型菌株进行的发酵环境友好，产物可达药用标准。

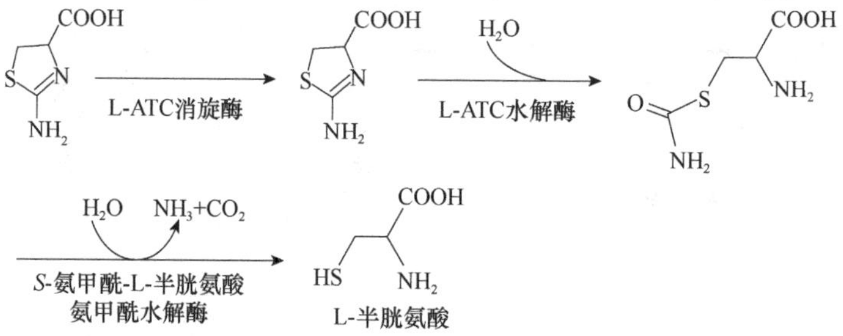

图 6-46　微生物酶法合成 L-半胱氨酸

另外，利用微生物转化技术还可以从含有外消旋的药物中开发单一异构体药物，即拆分手性化合物。该法利用酶的高度立体选择性进行外消旋体的拆分，获得纯的光学活性物质。目前常用的手性药物生物合成方法见表 6-4。

表 6-4　常用的手性药物生物合成方法

常见的微生物和酶转化法	合成的部分手性药物
酮洛芬烷基酯微生物或酶催化水解	酮洛芬
不对称醇类的酶法拆分	索他洛尔、硝苯洛尔、依那普利
光学活性 3-羟基吡咯烷二酮的合成（脂肪酶参与 3-位羟基酯碳酰青霉烯类化后水解）	碳酰青霉烯类
手性羧酸类化合物微生物或酶催化氧化合成法	布洛芬、萘普生、酮洛芬、比洛芬
酶法或微生物还原法制备含羟基的亚磺酰基氨基化合物	索他洛尔
R-酮洛芬和 *S*-酮洛芬的制备（酯水解酶催化水解）	酮洛芬
光学活性 3-甲基-2-苯基丁胺的制取（微生物不对称水解）	布洛芬、酮洛芬
1,4-苯并二蒽烷-2-羧酸酯酶法对映体选择性水解	多沙唑嗪
光学活性酰胺的制备（腈的微生物或酶催化水解）	阿替洛尔
光学活性 α-（羟基苯基）链烷酸的合成（酶催化水解）	拟交感神经药物、糖尿病药物和血管紧张素转化酶抑制剂
酶法 D,L-α-氨基酸的拆分	L-α-氨基酸

（二）微生物转化与 HMG-CoA 还原酶抑制剂的制备

高胆固醇血症与动脉粥样硬化、冠心病等心血管疾病之间存在明显的相关性。抑制肝过多的胆固醇合成已被证明是防治心血管疾病的一种有效途径。胆固醇合成从乙酰辅酶 A 开始，经过 30 个步骤最终合成胆固醇。其合成途径如图 6-47 所示。

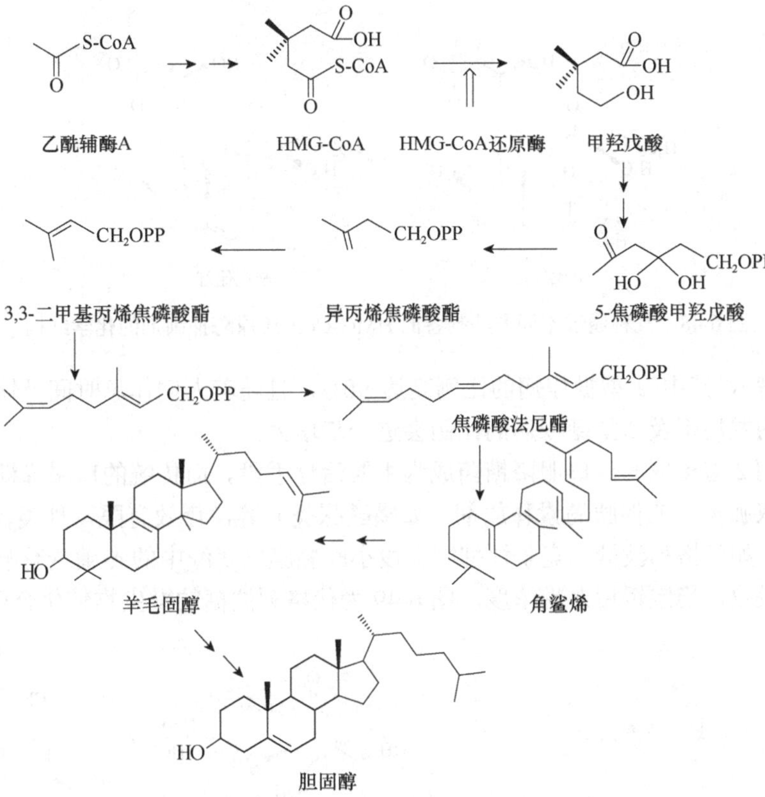

图 6-47　胆固醇的生物合成过程

此过程中，β-羟-β-甲戊二酸单酰辅酶 A（HMG-CoA）还原酶是肝内合成胆固醇的限速酶之一，抑制此酶活性，能有效地减少或阻断体内胆固醇的合成，而达到防治高胆固醇血症及心血管疾病的目的。自 1976 年第一个 HMG-CoA 还原酶抑制剂美伐他汀（mevastatin）问世以来，他汀类药物发展迅速，目前已成为治疗高胆固醇血症的首选药物。图 6-48 介绍了几种通过不同方法制得的 HMG-CoA 还原酶抑制剂。研究表明 HMG-CoA 还原酶抑制剂分子结构上都有 3,5-二羟基庚酸，该基团是与 HMG-CoA 还原酶反应的作用位点，为必需的药效基团。研究人员在此基础上采用化学及微生物转化的方法对其结构进行改造，以得到效果更好的新衍生物。然而化学方法步骤多，难度大，且回收率低，成本高，微生物转化则逐渐成为此类新药开发的重要手段。

（三）微生物转化与 α-葡糖苷酶抑制剂的制备

糖尿病是由人体代谢失调引起的内分泌疾病，分为 1 型（胰岛素依赖型）及 2 型（非

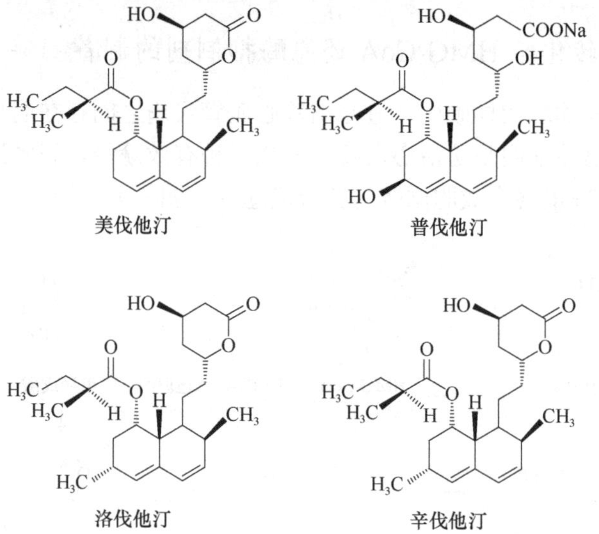

图 6-48　几种通过不同方法制备的 HMG-CoA 还原酶抑制剂的化学结构

胰岛素依赖型），其中 2 型糖尿病的比例高达 90%，且随着人们作息时间及饮食习惯的变化，糖尿病的发病率及 2 型糖尿病的比例会进一步增大。

对于早期 2 型糖尿病，口服降糖药成为主要治疗手段。而传统的口服降糖药如胰岛素增敏剂（如双胍类）或促胰岛素释放剂（如磺酰脲类）等，疗效有限，种类较少。α-葡糖苷酶抑制剂，如伏格列波糖，竞争性抑制上段小肠黏膜刷状缘中的 α-葡糖苷酶，阻断葡萄糖的消化与吸收，稳定饭后血糖浓度。图 6-49 为伏格列波糖的微生物转化合成过程。

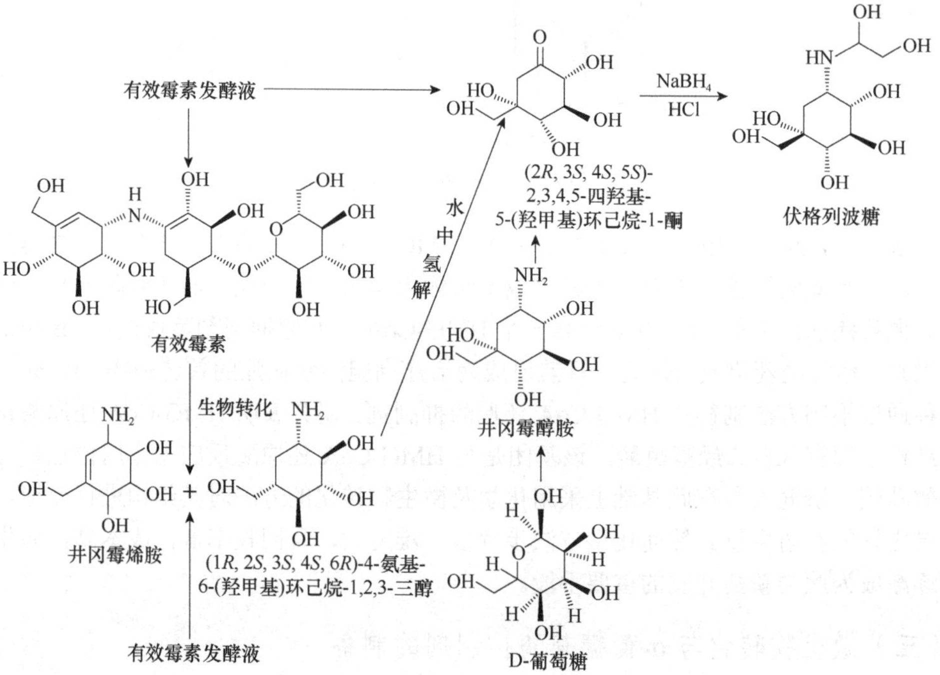

图 6-49　伏格列波糖的微生物转化合成过程

小　结

微生物转化是生物技术制药的一项重要技术，包括羟化反应、氧化反应、还原反应、水解反应、缩合反应等多种类型的化学反应。相对于有机合成反应，微生物转化反应具有反应条件温和、反应专一、容易调节、反应可连续化及产物安全等优点，因而越来越多地被应用于甾体药物生产、抗肿瘤药物的生产、手性药物的生产、天然产物的转化及中药现代化。

甾体在各种生命活动中起着重要的作用，甾体药物工业也是目前仅次于抗生素工业的第二大药物生产工业，而微生物转化对甾体的选择性羟化、氧化、脱氢及边链降解反应已成为甾体药物生产中不可或缺的重要步骤。

现代生命科学的迅速发展，使药物的研发、生产进入了组学时代，给微生物转化也带来了革命性的变革，通过对生物合成基因簇实施突变、异源表达生物合成基因簇及重组结构域或模块等技术对微生物进行组合改造，简单几步即可获得一系列微生物转化产物。

复习思考题

1．什么是微生物转化？其基本特点是什么？
2．试述甾体药物微生物转化的特点。
3．微生物转化甾体羟化的机制是什么？
4．思考如何利用微生物转化大量获得低成本紫杉醇。
5．试述组合生物合成中所需要采用的技术手段及基本过程。

主要参考文献

金凤燮．2009．天然产物生物转化．北京：化学工业出版社．

Guo J, Zhou Y J, Hillwig M L, et al. 2013. CYP76AH1 catalyzes turnover of miltiradiene in tanshinones biosynthesis and enables heterologous production of ferruginol in yeasts. Proc Natl Acad Sci USA, 110 (29): 12108-12113.

Kunakom S, Eustáquio S. 2019. Natural products and synthetic biology: where we are and where we need to go. mSystems, 4 (3): e00113-119.

Ottesen A, Young R, Gifford M, et al. 2014. Multispecies diel transcriptional oscillations in open ocean heterotrophic bacterial assemblages. Science, 345 (6193): 207-212.

Park B, Hwang H, Lee I, et al. 2017. Evaluation of ginsenoside bioconversion of lactic acid bacteria isolated from kimchi. J Ginseng Res, 41 (4): 524-530.

第七章　生物技术兽用中药

本章数字资源

学习目标

1. 了解生物技术与兽用中药的关系。
2. 掌握生物技术在兽用中药创制中的应用。
3. 熟悉发酵工程的原理与应用。

第一节　概　　述

一、中药资源与兽用中药

（一）兽用中药资源利用历史悠久

我国将中药资源应用于动物养殖和疾病诊疗具有悠久的历史，从唐代的《司牧安骥集》到明代的《元亨疗马集》《本草纲目》等著作中就记载了很多兽用中药及其临床使用等方面的内容。考证并确定历代本草所收中药材的原植（动）物品种，可如实反映用药历史的真实情况和不同历史时期药物品种的变迁情况，对正确地继承前人药物生产和临床用药经验具有现实意义。

据考证，中兽医药与中医药几乎同时诞生，发祥于中华大地，通过不断的吸收与融合得到持续发展。原始人最初在集体狩猎或寻找食物的过程中，由无意误食到有意尝试，逐渐认识到药物与食物的不同，因药物能纠正人体疾病偏向的状态，从而积累了一些植物药的知识，故有了《淮南子·修务训》中“神农……尝百草之滋味……一日遇七十毒”的记载，生动地说明了药物起源的情况，简而言之“药食同源”。神农氏既为药物的始祖，也是人类农耕的始祖。为进一步满足生存的需要，人类除了制造工具来狩猎捕鱼，还开始驯化野生动物为家畜，为了保障被驯养动物的繁衍，人类把已知的药物知识用于家畜的疾病防治，也就导致了兽用中药的起源。《司牧安骥集》里“昔神农皇帝，创置药草八百余种，流传人间，救疗马病”，即是将神农尝百草，以疗百病之说移于兽医，同时说明兽药也起源于神农时代，可说与人药同源，从后世《神农本草经》中的药多为人畜通用也可证实。中药资源被广泛应用于促进动物生长及疾病防治，应用对象以马、猪最多，其他还包括牛、羊、鸡、鸭、鱼、驼等动物，主要功效是疫病治疗、健脾开胃及促生长等。历史上随着生产力水平的不断提高，兽用中药资源的种类和数量都在不断增加，与人药资源基本一致，且以野生资源为主，基原种类混杂、药材产地多。从先秦到明清，我国的中兽医药得到持续蓬勃发展，涌现出一大批中兽医药典籍，记载了大量防治动物疾病的兽医临床处方与兽用中药资源，如战国时期的《山海经》收录了一百多种人畜通用药物。元代卞宝著《痊骥通玄论》，共收载了药物 250 种，是我国最早的“兽医中药篇”。明代喻本元、喻本亨兄弟集历代中兽医学之所长著成的《元亨疗马集》（附牛驼经），为中兽医古籍中流传最广、最受人珍视的兽医学典籍。该著作中列举了 200 多种兽用中药，且在 400 多个经验良方中涉及中药400多种，不仅使古代的马病治疗达到了一个新的高度，而且为兽用中药的临床使用作出了典范。

（二）兽用中药资源的现代发展

新中国成立以后，中药资源领域发生了巨大变化，最显著的特点是药材来源由野生转为栽培，药材种类显著增加，药材基原明确及产区发生明显变化等。国家很重视中兽医药行业的发展，经过多年努力，兽用中药得到良好的传承和发展。1956年国务院《关于加强民间兽医工作的指示》拨云见日；1965 年农业部制定的《兽医药品规范》（草案）为兽药国家标准发展奠定了基础，从1978年版《兽药规范》开始，至第六版《中国兽药典》（2020年版二部）共收载药材539种（饮片626种）、植物油脂和提取物22种；1987年农业部开始组织兽用中药新药审评，截至目前已批准多种一类新药。2004年农业部442号公告发布的《中兽药、天然药物分类及注册资料要求》，除规定中兽药注册要求，还将天然药物与其并列，拓展了兽用中药资源的研究方向。2023年《植物提取物类饲料添加剂申报指南》发布，将进一步加快兽用中药资源利用开发。

（三）兽用中药资源创新利用的意义

中药资源是国家战略资源，是集生态资源、医疗资源、经济资源、科技资源以及文化资源为一体的特殊资源，是中医药事业发展和保障人类及动物健康的重要物质基础。兽用中药行业作为中医药行业的一个重要组成部分，是一个资源依赖型的产业，兽用中药资源是兽用中药行业发展的物质基础。虽然我国中药资源种类比较丰富，但大部分为人用中药。据统计，目前兽用中药资源仅1000余种，种类及资源存量有限，而作为畜牧养殖行业的重要投入品，兽用中药的成本是决定其市场成败的关键。某些企业为了解决中药资源供不应求的问题，降低生产成本，采取“药材以次充好、药渣或伪品投料、降低处方投料量、非法添加化学药物”等违法手段，扰乱了市场秩序，不利于兽用中药行业的健康发展。

二、生物技术与中药材生产

由于历史文化、地理环境和社会发展水平不同等多种原因，各地区的中药资源开发利用程度和应用范围存在着很大的差异，形成了具有不同内涵、相对独立又相互联系的3个部分，即中药材、民间药和民族药。中药材指在汉族传统医术指导下应用的原生药材，用于治疗疾病。这些药物中，植物性药材占大多数，使用也更普遍，所以古来相沿把药学叫作“本草学”。已记载的中药材3000多种，常用中药材800多种。用中药材治疗各种牲畜疾病，是我国的优势，不但疗效确切，而且产品中无残留，符合环境保护要求和绿色食品的标准。

（一）中药材基原

1. 中药材基原的定义　中药材基原定义为药材来源，指的是中药材的科属种，通常包括中药材的科名、植（或动、矿）物名称、拉丁学名和药用部位。植物类中药材在《中国药典》一部占大多数，其多基原和同基原多药用部位品种数量远多于动物类中药材，而矿物类中药材无基原一说。

2．中药材来源与基原的关系　《中国药典》收载中药材的基原为其药材所涉及基原植物的数量。只有 1 个基原植物的称为单基原品种，而具有 2 个及以上基原植物的称为多基原品种。例如，中药材人参来源于五加科植物人参（*Panax ginseng* C.A.Mey）的干燥根和根茎，为单基原品种，中药材大黄来源于蓼科植物掌叶大黄（*Rheum palmatum* L）、鸡爪大黄（*Rheum tanguticum* Maxim.ex Balf）或药用大黄（*Rheum officinale* Baill）3 个品种的植物干燥根和根茎，为多基原品种。药典日益重视品种的规范，提倡药材的一物一名，以促进中药资源的科学开发利用和确保其临床的安全有效。单基原中药材品种如因资源不足而难以满足临床需求，则需要寻找疗效相同或相似的其他基原的中药材品种，促使多基原品种的产生（如川贝母）；反之，多基原品种如发现不同基原品种疗效相异，则删减其基原品种或分列为不同中药材，导致多基原品种的减少。

3．中药材基原鉴定方法　中药材基原鉴定的基本概念是：应用植物、动物或矿物的形态学和分类学知识，对中药材的来源进行鉴定，确定其正确的动植物学名、矿物名称，以保证应用品种准确无误的一种方法。这是中药鉴定工作的基础，每一种药材都有准确的学名。因此，为了保证中药材每味品种的真实准确性，有利于临床用药的安全有效，进行基原鉴定是相当必要的。中药材基原鉴定的方法主要有原植物鉴定法、性状鉴定法、显微鉴定法、理化鉴定法、生物鉴定法，简称为传统的“五大鉴定法”。中药材 DNA 条形码分子鉴定法为现代新型的基原物种鉴定方法。

（二）道地药材

道地药材，又称为地道药材，是优质中药材的代名词，是指药材质优效佳，这一概念源于生产和中医临床实践，数千年来被无数的中医临床实践所证实，是源于古代的一项辨别优质中药材质量的独具特色的综合标准，也是中药学中控制药材质量的一项独具特色的综合判别标准。通俗地认为，道地药材就是指在一特定自然条件和生态环境的区域内所产的药材，并且生产较为集中，具有一定的栽培技术和采收加工方法，质优效佳，为中医临床所公认。

1．道地药材的定义　道地药材是指经过中医临床长期应用优选出来的，产在特定地域，与其他地区所产同种中药材相比，品质和疗效更好，且质量稳定，具有较高知名度的中药材。

许多道地药材都有着悠久的应用历史，即便是新兴药物，也必定经过了较长时期的临床检验，才能够获得普遍认可。黄璐琦院士提出道地药材的认证标准为“三代本草、百年历史”。道地药材在医疗实践中发挥了优良的功效，获得了较高的知名度。

2．道地药材的特性　道地药材必然具有良好的临床疗效，从而得到医家的广泛赞誉；而药材经营者为了营销药材，也会广而告之，令这类疗效卓著的药材家喻户晓。道地药材的出产，具有明显的地域性特点，这种地域性，或体现在药材对于特定产区的独特依赖性，或体现为其产地形成了独特的生产技术，为他处所不及，或是在出产地传承着精湛的加工工艺，其他地域的技艺无法取代，或是药材在特定产区的产量长期保持稳定，占据着药材交易的主流地位。

3. 道地药材的分布　我国地域辽阔，不同地区生态环境差别大，经过长期的生产实践，各个地区都形成了一批适合本地条件的道地药材，我国主要道地药材产区分布可根据行政区划进行划分。关药产区：东北地区，以人参、鹿茸等著名。北药产区：河北、山东等，以北沙参、山楂等著名。怀药产区：河南，以怀地黄、怀山药等著名。浙药产区：浙江，以白术、杭白芍等著名。江南药产区：淮河以南各省份，以安徽亳菊、江苏苏薄荷等著名。川药产区：四川，以冬虫夏草、附子等著名。云、贵产区：云南、贵州，以三七、天麻等著名。广药产区：广东、广西等，以槟榔、砂仁等著名。西药产区：西安以西地区，以秦归、西牛黄等著名。藏药产区：青藏高原，以冬虫夏草、麝香等著名。

4. 品牌与特色药材的培育　中药材道地药材分布，除了以大区域进行道地药材划分外，还有省份区域的道地药材的品牌培育，如“浙八味”“四大怀药”“八大祁药”等。随着中药材产业的发展，全国各地为了推进中药材产业在产业扶贫、乡村振兴中的作用，在传统道地药材生产的基础上，结合大宗药材的生产，推出中药材品牌战略，陆续推出以省份简称＋品牌的数量为主要形式的各省份的包括道地药材、品牌药材和特色药材的中药材区域公共品牌。湖南省于2013年推出“湘九味”中药材品牌，经过6年的遴选与培育，2019年确定“湘莲、玉竹、百合、黄精、山银花、茯苓、枳壳（实）、杜仲、博落回”9个中药材品种入选“湘九味”名录，其中博落回作为兽用中药与饲料添加剂原料来源的品种入选名录。近些年来，各省份相继推出的区域公共品牌有山西省“十大晋药”（黄芪、党参、连翘、远志、柴胡、黄芩、酸枣仁、苦参、山楂、桃仁），广西壮族自治区“桂十味”[肉桂（含桂枝）、罗汉果、八角、广西莪术（含桂郁金）、龙眼肉（桂圆）、山豆根、鸡血藤、鸡骨草、两面针、广地龙]，福建省“福九味”（建莲子、太子参、金线莲、铁皮石斛、薏苡仁、巴戟天、黄精、灵芝、绞股蓝），江西省“赣十味”[枳壳、车前子、江栀子、吴茱萸（中花）、信前胡、江香薷、蔓荆子、艾、泽泻、天然冰片（龙脑樟）]，云南省“十大名药材”（三七、天麻、滇重楼、铁皮石斛、灯盏细辛、茯苓、当归、云木香、草果、白及），陕西省“十大秦药”（子洲黄芪、宝鸡柴胡、洋县元胡、商洛丹参、汉中附子、略阳杜仲、宁陕天麻、宁陕猪苓、澄城黄芩、佛坪山茱萸和略阳黄精并列第十），安徽省“十大皖药”（霍山石斛、灵芝、亳白芍、黄精、茯苓、宣木瓜、菊花、丹皮、断血流、桔梗），黑龙江省“龙九味”（刺五加、五味子、人参、西洋参、关防风、赤芍、火麻仁、板蓝根、鹿茸），浙江省“新浙八味”（铁皮石斛、衢枳壳、乌药、三叶青、覆盆子、前胡、灵芝、西红花），辽宁省“辽药六宝”（人参、鹿茸、辽五味、辽细辛、哈蟆油、关龙胆），湖北省“荆楚药材”（蕲春蕲艾、英山苍术、罗田茯苓、利川黄连、麻城菊花、潜江半夏、京山乌龟、通城金刚藤、巴东玄参、南漳山茱萸），甘肃省“十大陇药”（当归、党参、黄芪、大黄、甘草、枸杞、板蓝根、柴胡、红芪、半夏），吉林省“首批道地药材优势品种”[人参、鹿茸、哈蟆油、西洋参、五味子、平贝母、天麻、（北）苍术、细辛、淫羊藿]。其他省份如宁夏、山东、贵州也推出了重点发展的优势品种或重点品种名录。

（三）生物技术辅助中药材生产

中药材生产中应用的生物技术包括植物组织培养、基因工程、细胞工程、酶工程和分子标记技术等。例如，植物组织培养技术用于石斛、人参等的快速繁殖，建立无性繁殖系并诱导分化植株；基因工程技术可将抗病虫害基因导入植物培育新品种；细胞工程技术用于濒危药材如冬虫夏草的细胞培养，获取次级代谢产物；酶工程技术用于改造传统加工工艺，提高生产效率和产品质量；分子标记技术用于中药材的品种鉴定和质量控制，确保药材的真实性和有效性。这些技术的应用有效解决了中药材生产中资源短缺、品质下降、生产效率低等问题，推动了中药材生产的现代化和可持续发展。

三、兽用中药生产成本

生物技术在兽用中药生产中的应用具有复杂的关系，既可能降低生产成本，也可能在某些情况下增加成本。一方面，生物技术的应用可以提高兽用中药的生产效率和质量，从而在一定程度上降低生产成本。例如，合成生物学技术能够通过基因编辑改造工程菌底盘细胞，定向创制含药物活性成分高的新药材，或优化生物大分子代谢通路，提高药物疗效。此外，生物技术还可以通过精准诊断和个性化治疗方案的开发，减少不必要的药物使用，间接降低养殖成本。另一方面，生物技术的研发和应用初期往往需要较高的投入，包括设备购置、技术研发和人员培训等，这可能会导致生产成本的上升。然而，从长远来看，随着技术的成熟和规模化应用，这些成本有望逐渐降低，并通过提高产品质量和市场竞争力，带来更大的经济效益。

四、中药材与代谢工程技术

代谢工程技术利用分子生物学原理和基因工程技术，对细胞代谢网络进行精确设计和改造，通过对细胞代谢途径的修饰、改造或扩展，改变微生物原有的代谢或调节系统，从而提高目标产物的代谢活性或产量，甚至赋予细胞新的代谢能力。该技术在药物生产、生物燃料制造、食品工业、环境修复和生物材料合成等多个领域有着广泛应用，如提高抗生素产量、优化生物燃料生产、生产食品添加剂、处理污染物和合成生物降解塑料等，为生物制造、可持续能源和环境保护等领域提供了新的解决方案，推动了相关领域的技术创新和发展。

代谢工程技术在中药材生产领域已有诸多应用，尤其在提升有效成分产量、保护濒危药材资源及优化生产工艺等方面展现出显著潜力。主要体现在以下几个方面。

1. 中药材有效成分的生物合成　通过改造微生物或植物细胞的代谢途径，实现中药材活性成分的高效生产。例如，利用基因编辑技术改造酵母或大肠杆菌的代谢通路，使其能够合成青蒿酸（青蒿素前体），显著提高产量并降低对天然植物资源的依赖；优化酵母的异源合成途径，实现皂苷类化合物的规模化生产；通过调控植物细胞培养中的关键酶基因，增强次级代谢产物的合成能力。

2. 濒危中药材替代品的开发　针对穿山甲、麝香等濒危动物药材，代谢工程技术被用于开发人工替代品。例如，通过微生物发酵工程合成麝香酮，已成功替代天然麝香并广泛应用于中成药生产；利用代谢工程调控胆汁酸代谢途径，实现牛黄活性成分的体外合成。

3. 提升中药材生产效率与纯度　通过 CRISPR 技术敲除竞争代谢路径的基因，使微生物集中资源合成目标产物，显著提升产率；在微生物生产丹参酮时，通过动态调控代谢通量，减少中间产物的积累，提高终产物的纯度。

4. 合成新型药用衍生物　代谢工程结合合成生物学，可设计新型代谢通路以生产传统中药材中罕见的活性衍生物。例如，通过引入外源酶基因，对黄酮类化合物进行羟基化或糖基化修饰，增强其药理活性；将不同物种的代谢模块整合到同一宿主中，生产具有协同药效的复合成分。

5. 结合代谢组学优化生产流程 代谢组学技术与代谢工程结合，可动态监测中药材生产过程中的代谢变化，指导工艺优化。例如，通过代谢流分析追踪关键中间产物的通量变化，调整发酵条件以提升目标产物合成效率；利用质谱成像技术定位生产过程中可能产生的毒性副产物，并通过基因编辑阻断相关通路。

代谢工程技术为中药材生产提供了从资源保护到高效合成的系统性解决方案，尤其在濒危药材替代和活性成分规模化生产领域具有不可替代的优势。随着合成生物学与人工智能技术的融合，未来有望实现更智能化的代谢网络设计与调控。

五、中药材栽培

随着我国养殖及兽药行业的发展，中药越来越得到人们的重视和认可。传统中药材一般为在特定自然条件、生态环境的地域内所产的药材，因生产较为集中，栽培技术也有一定的讲究，好的栽培技术生产的药材品质佳、疗效好。目前，中药材栽培研究主要集中在药用植物资源中，动物养殖方面的研究不系统，下面主要对中药材的栽培研究进行描述。

（一）中药材规范化生产和发展趋势

中药材 GAP 是《中药材生产质量管理规范》的简称，是从保证中药材质量出发，控制影响药材生产质量的各种因子，规范药材各生产环节乃至全过程，以达到药材“真实、优质、稳定、可控”的目的。

随着“回归自然”的世界思潮和中医药“治未病”、防治重大疑难病症的独特优势，国际上逐渐开放了中医药市场，制定了相关的草药管理办法。中药产品在基础研究、剂型、质量控制等诸多方面都比较落后，而国际市场对于中药质量的要求愈加严格。为保证中药产品安全、有效、质量可控，促进中药标准化、国际化，亟需建立健全中药质量控制方法和标准。中药材生产管理规范是中药质量控制的第一步，国际上正在积极探索“良好农业规范”的实施。

（1）国际药用植物种植和采集质量管理规范（GACP）。在中药材产业走向世界的进程中，国际国内都制定了相关标准来规范草药的种植，以确保产品的安全性和可靠性。目前国际上药用植物种植领域的 GACP，主要针对药用植物的特点，对其种植、采收、初加工、包装、运输、设备以及人员等提出了规范，以达到用于药品的栽培植物优质安全可控的目的。GACP 与我国中药材 GAP 意义基本等同。由于文化和历史的差异，不同地区制定草药种植标准的政策差异很大。①欧盟 GACP 指南旨在解决与药用植物的生长、收集和初加工相关的问题，并遵守当地良好生产实践原则和其他相关法律要求。它涵盖与农业生产和野生药用植物/草药收集有关的具体问题。该文件现行仍然是 2006 年版本。②世界卫生组织 GACP 指南包括了药用植物的种植和野生草药采集两部分，对药用植物的鉴定、栽培所用繁育材料、生产环节控制及野生药用植物采集许可、技术方法等各方面情况进行了详细的规范。各国在使用中可以根据实际情况对该指南进行调整。③日本厚生省药物局全面参考

WHO 的 GACP 制定了“药用植物栽培及质量评价”。日本津村株式会社根据日本 GACP 制定了相关标准，它的特点是关键环节重点把控、生产操作规程相对简便易行。其认证属于商业许可，具有显著的市场经济特征。④美国 GACP 指导植物或作物的种植者、收集者和加工者，确保消费品中使用的草药原料得到准确鉴定，不掺入可能造成公共健康风险的污染物，并完全符合质量标准。

（2）危害分析与关键控制点（HACCP）管理体系。HACCP 是经过证实的、以预防为基础的产品安全管理体系，可以广泛应用到从原材料生产加工、配送到使用等各环节。近年来，HACCP 已成为国际上公认的质量风险管理体系，主要对产品中微生物、化学和物理危害进行安全控制。联合国粮食及农业组织（FAO）和 WHO 20 世纪 80 年代后开始大力推荐这一安全管理体系。HACCP 在制药行业的应用不及在食品行业广泛，正处于研究和推广阶段。我国药品企业还没有实施 HACCP 认证，但部分营养、保健品企业已通过了 HACCP 认证。由于国际上的倡导和 HACCP 在食品行业取得的显著成效，HACCP 体系在药品中应用的理论研究已经涉及种植、生产、流通等各领域。

（二）中药材栽培发展趋势

随着全民健康意识的不断增强，食品药品安全特别是原料质量保障问题受到全社会高度关注，中药材在中医药事业和健康服务业发展中的基础地位更加突出。2018 年，黄璐琦院士依据中药材发展现状和生产实际，首次提出了中药材生产“有序、安全、有效”的发展目标，即依据中药材道地性，全面优化全国中药材生产布局；推进生态种植，防止有害物质产生和污染，强化绿色安全生产，保障药材质量安全和环境生态安全；在兼顾药农经济效益的基础上，以提高中药的临床疗效为导向引导中药材生产，强调过程管控。为实现这一目标，同时建议以科技创新驱动中药材栽培生产“八化发展”：产地道地化、种源良种化、种植生态化、生产机械化、产业信息化、产品品牌化、发展集约化、管理法制化。

中药材“八化发展”在近年来取得了显著成效，主要体现在道地药材生产基地建设、种质资源保护与新品种选育、生态种植模式推广、农业机械化推进、信息化平台建设、品牌建设与保护、产业链整合以及法律法规完善等方面。例如，甘肃省发布了当归、党参、甘草等 5 个药材产地初加工的质量标准与加工技术规范，推动了道地药材的规范化生产；选育了天麻优良品种‘林麻 1 号天麻’，并认定了一批优质、高产、抗病性强的良种和新品种，为产业化发展提供了良种保障；提出了“拟境栽培”等生态种植理论和技术体系，推广了林下种植、间作、套作、轮作等生态种植模式，提高了中药材的产量和品质，同时保护了生态环境；在多个地区实现了中药材种植、采收等环节的全程机械化生产，显著提高了生产效率，降低了人工成本；构建了全国统一的中药材生产供给和市场需求信息数据系统，推进了信息化管理；发展了品牌农业，培育了知名品牌，建立了道地药材品牌目录制度，提升了产品的市场竞争力；通过整合产业链资源、优化生产流程、降低成本等方式，实现了产业的集约化发展；建立健全了中药材生产的法律法规和标准体系，加强了质量监管和市场秩序规范，确保了中药材生产的各个环节有法可依、有章可循。这些成效不仅提升了中药材的品质、产量和市场竞争力，还保障了药材的质量安全和生态环境安全，为中药材产业的可持续发展奠定了坚实基础。

（三）种植制度与土壤耕作

1. 种植制度　中药材种植制度是指一个地区或生产单位的中药材组成、配置、熟制与种植方式的综合。包括确定种什么药用植物、各种多少、种在哪里，即作物布局问题；复种或休闲问题；采用什么样的种植方式，即单作、间作、混作、套作或移栽；不同生长季节或不同年份中药材的种植顺序如何安排，即轮作或连作问题等。

2. 土壤耕作　土壤耕作是农业生产最基本的农业技术措施。它对改善土壤环境，调节土壤中水、肥、气、热等肥力因素之间的矛盾，充分发挥土地的增产潜力起着主要作用。因此，为了使药用植物持续增产，提高经济效益，必须掌握耕作的基本原理和各项耕作措施，因地制宜地制定与种植制度相适应的土壤耕作制度。

（四）田间管理

1. 间苗、定苗　中药材的种子具有成熟度不一致的现象，播种时常加大播种量，易造成出苗后密度大，因此，必须及时间苗。间苗在子叶出土后3～5d内进行，除去过密、瘦弱和有病虫的幼苗。幼苗长到10cm高左右，及时定苗，留苗密度视品种和苗情长势灵活掌握，适当密植是增产的关键。

2. 施肥　中药材生长发育需要多种营养元素，氮、磷、钾三元素需要量大，不同种类药材喜肥的规律也不同，施肥的总原则是：1～2年生及全草类药材，苗期应多施氮肥，促茎叶生长，中、后期追施磷、钾肥。多年生及根和地下茎类药材，整地时要施足有机肥，生长期需追3次肥，第1次在春季萌发后，第2次在花芽分化期，第3次在花后果前，冬季进入休眠前还要重施越冬肥。

3. 灌溉与排水　一般中药材在生育前期和后期需水较少，生育中期生长旺盛，需水多，需水临界期多在开花前后，但不同种类的药材也有区别，瓜类的需水临界期在开花成熟期，禾本科如薏苡在拔节期，黄芪在幼苗期。耐旱力强的中药材有知母、甘草、红花、黄芪等，如果适时灌溉能促进产量大幅度提高。药材幼苗期根系不发达，最易遭受旱害，要小水勤浇，保持土壤湿润。根及根茎类的药材，最怕田间积水和土壤水分过多。土壤中水多气少，根的呼吸作用减弱，影响生育，易死亡，所以，在雨季一定要注意田间排涝。

4. 株型调整　可人为调整生长发育速度，提高田间通透性，使植株发育健壮，通过抑制无效器官生长，促进商品部位发育壮大并提高品质。草本类药材的株型调整主要有摘心、打杈、摘蕾、摘叶、修根等；木本类的有整形、修剪。生长调节剂也可在药材上试验应用，通过化控手段，可以延长地上茎叶寿命，促进地下根及茎生长，打破种子休眠，调控花芽生长等。

（五）病虫草害防治

1. 病害　兽用中药药材资源在生长发育过程中受到微生物的侵染或不良环境条件的影响，而呈现出枯萎、腐烂、斑点、粉霉、溃疡、脱落等病变现象。药用植物病害是一个动态的病理过程。药用植物病害的症状包括病状（植株受病后本身的异常表现）、变色（局部或全株失去正常的绿色）、斑点（组织细胞受破坏而死亡，形成各式病斑）、腐烂（组织细胞受破坏和分解可发生腐烂）、萎蔫（水分运输受到影响导致叶片枯黄、萎凋，土壤缺水或病原侵害）、畸形（增生性病变或抑制性病变，病原菌在病部表面产生的菌体，是植物感染病害的标志之一）。病害对植物的影响包括影响根对水分和养分的吸收，茎对水分和养分的运输和贮藏，叶的光合作用和呼吸作用，严重时导致死亡。主要病原分非侵染性病原和侵染性病原（病原生物），非侵染性病原包括温度、湿度、光照、土壤和空气中的成分、药害等。温度过高导致日灼病、低温导致冻害，干旱引起药用植物凋萎或死亡、水涝导致根部缺氧烂根，光照不足导致光合作用不足、过强会灼伤植株。病原性真菌、病原性细菌、病原性病毒、植物寄生线虫、寄生性种子植物为侵染性病原。

2. 虫害　虫害对中药材种植产生重要影响，重要虫害种类主要有蚜、蚧、螨类等刺口器害虫，地上部咀嚼口器害虫，钻蛀型害虫，某些蛾类和地下害虫几类。蚜虫吸食药用植物液汁，造成黄叶、皱缩叶及花果脱落，有些还是病原病毒的传播媒介；地上部咀嚼口器害虫有黄凤蝶、菜青虫、尺蠖等，咀嚼药用植物的叶、花、果实，造成孔洞或被食成光秆；钻蛀型害虫危害重，防治难度大，造成经济损失大；某些蛾类如天牛钻蛀药用植物枝干，造成髓部中空，或形成肿大结节和虫瘿，影响输导功能，造成枝干易折断，生长势弱，严重可致死亡，有些直接蛀食药用部位，危害巨大，是主要防范对象；地下害虫危害地下部分，生活在土壤里，如蛴螬、蝼蛄、金针虫、地老虎等，主要危害嫩芽、未出土的种子、根部、地下茎等。

3. 综合防治　预防为主，综合治理；减少农药污染，发展绿色中药材。主要方法有加强检疫、农业防治、生物防治、物理防治和化学防治等措施。植物检疫、动物检疫是防止病原传播的重要途径。农业防治措施有合理的轮作和间作、耕作破坏越冬巢穴减少越冬病虫源，除草、修剪和清洁田园，调节播种期，合理施肥（钾肥可增强抗病性，偏施氮肥影响大），选育抗病虫品种。生物防治是指应用某些有益生物（天敌）及其产品或生物源活性物质消灭或抑制病虫害的方法，包括以虫治虫——捕食型、寄生型，以微生物治虫，抗生素和交叉保护等措施。物理防治是指利用光、温度、电磁波、超声波、性诱剂等对害虫进行捕杀。化学防治是指利用高效、低毒、低残留的化学药物对害虫进行捕杀，化学药物的使用要以对症施药、适时施药、适量施药、科学混配农药为原则。

六、中药材产地初加工与仓储

（一）中药材产地初加工概述

1. 中药材产地初加工定义　随着中医药和中兽医药产业的快速发展，中药材（包括人用和兽用）原料来源由野生采收转变为人工种植生产，并且随着中药材需求量的增大，中药材种植朝着规模化、规范化方向发展。中药材生产环节也变得越来越细，中药材产地初加工也成为中药材生产的专业化环节。中药材产地初加工是中药材生产中的一个环节，是指将产地收获的鲜药材初步加工为干燥的商品药材（包括原药材和产地片）的过程。初加工包括：拣选、分级、清洗、切制、特殊处理（蒸、煮、烫、撞、揉搓、剥皮、发汗等）、干燥、包装、储藏等环节。

2. 中药材产地初加工定位　中药材产地初加工在中药材产业中具有重要地位，是中药农业与中药工业的衔接点，也是中药品质溯源的重要保障。中药材产地初加工的定位如图 7-1 所示。

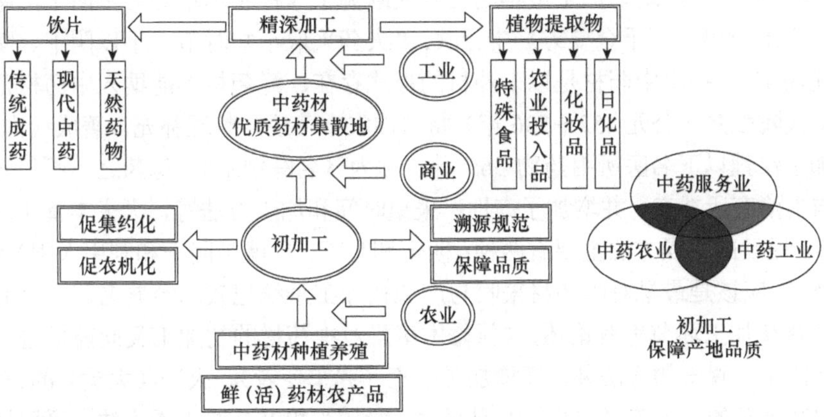

图 7-1　中药材产地初加工定位

3. 产地初加工工艺环节　中药材产地初加工根据药材品种不同、用药部位不同、性状不同、所含物质基础不同等，其初加工艺环节也不同，主要包括拣选、分拣、清洗、蒸煮烫、撞、揉搓、剥皮、发汗、熏蒸、干燥、去芯等环节。

（二）初加工发展历程

1. 鲜药材的应用　中药材初加工是中药材生产阶段，为中药饮片炮制、药剂生产提供商品药材不可缺少的重要环节，是一门独特的传统技术。它是在中医药理论指导下，对作为中药材来源的药用植物、动物、矿物进行采收、加工处理的技术。早期文献称之为“采造”“采治”“采取”，现代文献一般称之为“采制”“采集”“加工”。

鲜药材应用是中国传统医药的最早应用方式，初加工与饮片炮制是中药商业流通的技术产物。鲜药材是指未经任何可能导致药材成分改变或损失处理的“原生药材”，在药材采收后即使用的中药原料，在国内外均有悠久的应用历史。神农尝百草，始有医药，其实就是“鲜药材”，因此，药材鲜用是我国中医药起源的用药方式，并贯穿于中医药学的整个发展过程。在民间常用的 2000 多种中草药中，有近 1/3 在传统用法中是以“鲜”为主的。《神农本草经》中的“生者尤良”，此“生”字乃指“鲜”。《金匮要略》百合地黄汤用生地汁益心营，清血热；《时病论》用鲜石斛、鲜生地、鲜麦冬、参叶清热保津，用鲜芦根凉解里热，用鲜菖蒲祛热宣窍。新中国成立前后，北京四大名医尤为推崇以鲜药治病，处方中常有 2 或 3 味鲜药，疗效甚佳。国外对鲜药的研究报道很多，对鲜药的化学成分、药理等方面研究较深入，采用鲜药作为原料，获得了不少专利，开发了一些高水平的鲜药制剂。

2. 初加工方法的发展　中药材的产地初加工是中药材生产与品质形成的重要环节。长期的生产实践和经验积累形成了独具特色、内容丰富、较为系统的中药材产地初加工方法和技术体系。传统的中药材初加工方法包括拣选、清洗、切片、蒸、煮、烫、硫熏、撞、揉搓、剥皮、发汗、杀青、干燥等，其中干燥是中药材产地初加工过程中的重要环节。除少数鲜用的中药材外，鲜药材采收后，除去泥沙及非药用部位，均需经过一定的方法干燥加工成干药材，此过程伴随着化学物质的生物转化和化学转化，进而形成中药材的药性和品质，才能生产出合格的中药材商品。传统的干燥方法通常有晒干、阴干和烘干等方法。

1）干燥工艺　产地初加工最早的历史文献见于《神农本草经》：“阴干、曝干、采造时日、生熟土地所出”。《千金要方》中记载：“夫药采取不知时节，不以阴干、曝干，虽有药名，终无药实”，指出中药材是以干药材的形式存在，鲜药材不能纳入中药材范畴；到了南北朝，梁代陶弘景（公元452～536年）将《神农本草经》整理补充，著成《本草经集注》一书，增加了汉魏以下名医所用药物365种，称为《名医别录》。每药之下不但对原有的性味、功能与主治有所补充，并增加了产地、采集时间和加工方法等，大大丰富了《神农本草经》的内容。提及的干燥方法主要有两种：阴干和曝干，也就是阴干和利用太阳光进行晒干。《神农本草经》应该是最早对中药材采收与产地初加工系统记载的经典名著。以后历代本草典籍中对药材初加工环节都有论述，《新修本草》对中药材的初加工又向前推进了一步，不仅记载了除阴干、曝干的方法外，还增加了晒干（赤车使者）、火干（大黄）的方法。《新修本草》中记载大黄的初加工“二月、八月采根、火干”提及新的干燥方法：采用烘干方式进行干燥，并记载不同产地初加工方法有不同：“西川阴干者胜。北部晒干，亦有火干者，皮小焦不如，而耐蛀堪久”，谨案中指出：“大黄性湿润，而易壤蛀，火干乃佳。二月、八月日不烈，恐不时燥，即不堪矣”，以及对不同干燥方法对药材质量的影响进行了阐述。并开始记载为了便于干燥和保存，采取一些除干燥外的新的初加工方法，如槟榔加工有记载：“槟榔，茾者极大，停数日便烂。今入北来者，皆先灰汁煮熟，仍火熏使干，始堪停久”，为了便于干燥，对槟榔先进行煮熟，再进行干燥；《本草纲目》记载玄参初加工：“凡得玄参后，需用蒲草重重相隔，入甑蒸两伏时，晒干用”，介绍到多环节的初加工工艺：蒸烫和干燥，认识到不同药材特性，采取不同初加工方法利于药材干燥，初加工干燥方法逐步丰富起来。

2）发汗工艺　经过长期的生产实践和经验积累，中药材的采收与初加工方法不断丰富并形成一定的体系，如发汗、蒸煮烫灭酶、熏制、熏硫等工艺应用到生产中来。例如“发汗”工艺，只有在近代相关书籍中才能找到中药材“发汗”加工的相关记载，近代本草著作中多种中药材有相关记述，2020年版《中国药典》规定玄参、杜仲、茯苓、厚朴、续断等多种药材采用“发汗”工艺进行产地加工。在《中草药初加工技术》中，大黄、川芎、天麻、何首乌、藿香、栀子、石斛等也有采用“发汗”工艺进行初加工的记载。药材“发汗”的方法已形成普通发汗和加温发汗两种类型。普通发汗法：将鲜药材或一定程度失水药材进行堆置，必要时尚需进行覆盖，促其发热，以使其内部水分向外扩散，形成“发汗”的征象。此法简便，应用广泛，玄参、地黄、丹参、板蓝根、大黄、续断、白芍、黄芪、薄荷等均属此列。加温发汗法：将鲜药材或一定程度失水药材实施增温措施后，进行密闭堆积使之“发汗”；如皮类药材厚朴、杜仲用沸水烫淋数遍加热，然后堆积发汗；云南及其周边地区在茯苓的产地加工过程中，先将柴草烧热，相间铺放茯苓，再盖草密闭促其“发汗”。前者称“发水汗”，后者谓“发火汗”。

3）杀青工艺　蒸煮烫“杀青”工艺也是初加工中的一种特殊工艺，考证文献，“杀青”一词始见于汉代刘向《别录》，文见《初学记》卷二十，又见《太平御览》卷六〇六引《风俗通》：“刘向《别录》‘杀青’者，直治竹作简书之耳。新竹有汁，善朽蠹，凡作简皆于火上炙干之。陈楚年间谓之‘汗’，‘汗’者，去其汁也。吴越曰‘杀’，‘杀’亦治也”。所以“杀青”

亦称“汗青”或谓之“汗简”。宋应星《天工开物》杀青中第十三项下纸料中释：“所谓杀青，以斩竹得名；汗青以煮沥得名，简即已成纸名。乃煮竹成简，后人遂疑削竹片以纪事，而又误疑韦编为皮条穿竹札也”。明代许次纾《茶疏》中炒茶记载：“生茶初摘，香气未透，必借火力以发其香，然性不耐劳，炒不宜久。多取入锅，则手力不匀，久于锅中，过熟而香散矣，甚且枯焦”。其中，岕中制法载“岕之茶不炒，甑中蒸熟，然后烘焙。缘其摘迟，枝叶微老，炒不能软，徒枯碎耳”。我国在12世纪末已发明炒茶、杀青制法，现时炒青制法均以此为规范。

近现代医学专著对中药材“杀青”的概念未见系统论述，但前人在收集整理中药材加工相关著述中已认识到不同类型药材加工过程中蕴含“杀青”的相关内容，采用适宜的“杀青”工艺和技术方法对药材品质的形成具有重要影响。“杀青”是指通过一定的方法和条件将采收获得的生物体或组织器官中相关酶系等灭活，以保持加工产品的良好品质。在中药材初加工中，干燥前的蒸、煮、烫工艺就是属于“杀青”工艺，《本草纲目》记载玄参初加工：“凡得玄参后，需用蒲草重重相隔，入甑蒸两伏时，晒干用”，文中所介绍的入甑蒸两伏时可以说是中药材“杀青”的雏形。现代研究表明，“杀青”是利用高温迅速破坏鲜药中的各类酶活性，抑制相应化学成分的酶促氧化反应及水解反应等。杀青过程产生的热化学变化可去除新鲜生物体或鲜活药用部位具有的不适气味，促进含有的低沸点芳香类物质挥发减少或消失，以改善药性；有利于促进芳香醇类等物质转化形成中药特有的药香气味和形色，达到形成其性状、提高其品质和利于临床疗效的目的。现代“杀青”技术除了蒸煮烫工艺外，已得到快速的发展，形成了蒸汽杀青、微波杀青、热风杀青等多种工艺。

4）*熏硫工艺*　中药材采用硫黄熏蒸，习称“打硫”，即将硫黄燃烧，以其产生的烟雾熏蒸中药用以养护、悦色等为目的的操作方法。硫黄熏蒸不是以中药材便于干燥为目的，而是为了干燥后中药材品相和便于养护为目的。在众多中药材初加工从业人员的观念中，硫黄熏蒸中药材的方法是一种古老的方法，自古就有的工艺。通过查阅医学典籍发现，硫黄熏蒸中药材的历史并不久远，在《神农本草经》《新修本草》等著作中未见中药材熏硫的记载，《本草纲目》中有提及使用硫黄杀虫的记载：“牡丹，惟取红白单瓣者入药。其千叶异品，皆人巧所致，气味不纯，不可用……凡栽花者，根下着白蔹末辟虫，穴中点硫黄杀蠹，以乌贼骨针其树必枯，此物性，亦不可不知也”，但不是用硫黄进行牡丹花的干燥时的熏蒸。首次记载产地初加工使用硫黄熏蒸为《温县志》记载，山药原来成品是毛条，1900年郑门庄人（现为河南省焦作市温县温泉镇郑门庄）郑国通在无意中发明了光山药加工技术，才出现光货，该书比较明确记载了山药产地初加工使用硫黄熏蒸。山药产地初加工“…净水浸泡、熏、靠晾、搓拨成形，切头打光，即为成品药材（也称成货或光货）……”。1930年近代药物学家陈仁山整理编辑出版的《药物出产辨》记载当时有山药、百合、平贝母、花粉、桔梗、葛根等药物使用硫黄熏蒸。1936年王雪轩等编著的《鉴选国药常识》首次明确中药白及、党参、黄芪、紫草、贝母、平贝母、象贝、银耳“防蛀、佳色”有使用硫黄熏蒸的记载。新中国成立后，中药材熏硫工艺范围得到了扩大，1957年中国药材公司出版的《中药材养护工作手册（初稿）》明确罗列了69种中药材可采用硫黄熏蒸养护，1965年出版的《中药材养护知识》提到168种中药材使用硫黄熏蒸进行养护。

3. 快速发展期　中药材产业发展到近代，生产方式已由传统的采摘野生药材向人工种植方向转变，特别是20世纪后期到21世纪，中药材种植朝着规模化种植发展，初加工环节从种植环节逐渐脱离出来，形成一个独立的生产环节，传统的初加工工艺与技术已不能满足现代中药材生产的需要，初加工环节朝着产地化、规模化、专门化、机械化、规范化方向发展。

1）*初加工产地化*　中药材生产模式由野生采收向人工种植转变，药农零星种植向药企＋专业合作社＋农户模式转变，中药材的采收时间集中，采收量剧增，传统的作坊式加工已不能满足产业的需求，中药材还具有普通商品不具备的特点，一是保鲜时间短，二是采收后鲜药材在贮藏过程中品质有可能发生变化。《中药材保护和发展规划（2015—2020年）》指出“推进中药材产地初加工标准化、规模化、集约化，鼓励中药生产企业向中药材产地延伸产业链，开展趁鲜切制和精深加工。提高中药材资源综合利用水平，发展中药材绿色循环经济。突出区域特色，打造品牌中药材”，“培育150家具有符合《中药材生产质量管理规范（试行）》（GAP）种植基地的中药材产地初加工企业，培育50家中药材产地精深加工企业”，中药材初加工向产地化发展，在种植产区建立初加工基地已是中药材初加工的趋势，在单品种种植区域建设初加工基地，如温县的山药初加工基地、湖南山银花初加工基地（隆回小沙江）。中药材产地初加工的好处主要体现在以下几个方面：一是及时加工能保障中药材品质，大量研究证明大多数中药材鲜活状态品质较优，即“鲜者尤良”；二是及时加工能避免远距离运输造成的不必要损失，同时还可以大大减轻运输压力；三是能有效解决药农中药材卖难问题，稳定和提高农民种植、养殖的积极性，使企业有了稳定的原料来源，同时也保证了农民的产品有稳定的销售渠道和稳定的收入，从而有效地保护农民利益；四是能大量吸收当地农村富余劳动力就近就业，从而有效地增加农民收入，同时还可以提高农民素质，减少远距离异地打工的离乡之苦，促进社会的和谐与稳定；五是能有效延长当地的农业产业链，把产品优势变为产业优势和经济优势，从而调整和改善当地的经济结构和产业结构，促进区域间经济的协调发展，缩小经济发达地区与落后地区的差别，防止加工企业过分集中在沿海发达地区而造成的环境压力和资源的浪费。

2）*初加工规模化*　中药材初加工由以前的药农野生采收和小规模种植后进行小作坊式加工转向规模化种植和规模化初加工，中药材产业进入21世纪后得到规模化快速发展，规模化种植促进了初加工规模化发展。从事产地初加工企业纷纷建立现代化的初加工基地，如保和堂（焦作）制药有限公司建有全国最大的山药机械化加工基地，日加工能力达2万吨山药。几乎每个大宗、道地药材都建有或正在建设规模化的初加工基地。

3）*初加工专门化*　中药材初加工和种苗繁育、生产管理、病虫害防治、采收等一样，在中药材产业中都是中药材种植环节，但随着中药材产业发展，初加工规模加大，初加工环节逐步从种植环节中脱离出来，形成了产地初加工独立环节，并且社会资本进入该环节中，建立初加工基地，使产地初加工成为前接中药材种植，后接饮片加工和精深加工的中间环节。在社会分工中，形成了专门化的中药材产地初加工产业。大量的药企和社会资本纷纷在产地建立初加工基地，从事单品种的中药材初加工，药农和合作社负责中药材种植，初加工企业负责中药材的初加工。例如，中国汉广集团2018年在全国中药材大宗品种的道地产区建有38家初加工基地。

4）*初加工机械化*　从中药材初加工的发展历史可以看出，中药材初加工经历自然条件（太阳光、自然风）—原始烘干（燃煤、木材）—热风循环干燥（小型机械）—多种干燥方法（现代干燥设备）—机械化干燥—自动化初加工发展。规模化种植生产模式导致原有的小作坊的烘干方式已不能满足生产需求，同时原始的燃煤烘烤造成中药材的安全、卫生问题，精确的初加工工艺（稳定的温度、湿度等）相比原始粗放的燃煤烘干来说，生产的中药材质量相对稳定，也提升了产品质量，一大批机械化初加工设备引入中药材产地初加工生产中来，清洗设备、净制设备、分选设备、蒸煮设备、干燥设备、色选设备等在中药材初加工中广泛应用。机械化初加工已逐渐替代小作坊的人工初加工，从而提升了初加工效率、降低生产成本、保障了中药材的质量和稳定性。

5）*初加工规范化* 《中药材生产质量管理规范》（GAP）第五章“采收与初加工”中标明了初加工在中药材生产中的地位仅是中药材种植生产中的一个步骤，并且强调一般不改变原有产地加工方法。中药材生产者甚至科研工作者对初加工的重要性认识不足，大多停留在中药材干燥的层面，没有认识到初加工的规范对中药材质量的重要影响，甚至《中国药典》中对中药材初加工的规定也非常简单，大多是以“干燥”进行描述，而无具体的干燥工艺。导致在生产中初加工非常随意，一药多法的现象也非常常见。往往是中药材种植规范化而初加工随意化，形成中药材相比鲜药材质量下降，相同产地中药材质量不稳定的现象。随着初加工朝专门化、产地化、规模化方向发展，规范的产地初加工技术也变得越来越重要，因此在科研工作者、企业、政府的共同推动下，越来越多的品种开始制定产地初加工技术规程的地方标准、团体标准、企业标准。2017 年 11 月，由中国中药协会主办、汉广集团承办的中国中药协会团体标准《中药材采收与产地初加工技术通则》及《白芷等 3 种中药材采收与产地初加工技术规范》（以下简称《通则》和《规范》）标准审查会在北京召开。《通则》的提出主要针对长期以来中药材采收与加工行业规范空白的现状，目前中药材采收与初加工多以药农小作坊式加工为主，存在着无规范采收、经验性加工、随意性包装、家庭式储存等情况，尚无统一的标准化的采收加工技术规范。《通则》的提出有利于中药材规模化种植和产地工业化加工的发展，对保证中药材质量有着不可或缺的作用。同时大宗道地药材生产区也在不断制定中药材产地初加工技术规程的地方标准，到 2023 年已发布知母、连翘、地黄、半夏、柴胡、石斛、白芍、丹参、何首乌、牡丹皮、玫瑰花、金银花、秦艽、银杏叶、远志、百合、黄连、白术、卷丹等近 100 个品种的中药材产地初加工技术的地方标准，大大推动中药材初加工朝规范化生产方向发展。

（三）中药材仓储

仓储是中药材物流的核心环节。仓储组织方式、企业主体、仓库设施水平以及仓储管理直接关系到中药材流通中的品质保障。

1. 仓储现状 目前，中药材没有集中仓储。绝大部分中药材分别储存在药农与市场商户的民房里，少量的中药材集中储存在仓库。中药材分散的仓储组织方式，不仅影响仓储效率，更主要的是不便监管，不利于现代仓储设施与技术的推广与应用，不能保证中药材在储存期间的质量安全。

2. 中药材仓库设施 目前绝大多数的中药材仓库是常温的平房库或民宅，也有少量的阴凉库、冷库，专业化仓库主要集中在甘肃陇西，大部分属于 20 世纪六七十年代建造，陈旧落后。从目前情况看，大部分中药材仓库不能满足中药材储存的需要，无法保障中药材储存中的安全，容易导致中药材的霉变与虫蛀，严重影响着药材的质量。

3. 中药材仓储管理 在信息化管理方面，专业市场均没有使用信息系统，近几年新建产地市场使用信息系统的较多。随着药材经营企业、饮片生产企业规模的提升，使用信息系统的比例也随之提高。

在仓库温湿度控制方面，商户采取的温湿度控制措施比较传统，设施上均采用空调，在方式上采用通风、翻垛。在仓储管理制度方面，专业市场制度不健全，新兴产地市场配有各项管理制度；具有仓储管理制度的商户与不具有仓储管理制度的商户各占一半；种植基地（合作社）以及药材经营企业、饮片生产企业均具有较完善的管理制度。

第二节 中药材种质创新

一、中药资源收集、鉴定与评价

中药材具有道地性的特点，因此中药材种质资源的收集与中药材资源分布密切相关。中药材种质资源收集方法根据表现形态及材料类型等进行分类，且包括初步整理与种质资源信息收集等。中药材种质资源收集形式以实地收集为主，可根据实际条件情况选择委托收集或邮寄收集等形式。

（一）收集原则

中药材种质资源收集以加强种质资源保护、促进种质资源合理利用为根本原则，收集数量应当以不影响原始居群的遗传完整性及其正常生长为标准。中药材种质资源每个收集点收集的数量和类型应具有代表性。中药材应根据物种的特点选择适合的表现形态及材料类型进行种质资源收集。禁止大量收集列入国家重点保护野生植物名录的野生种、濒危稀有种和保护区、保护地等的种质资源。针对具有特殊价值（如生态价值）的种质资源应根据当地该居群的生物量等条件综合考虑后进行收集工作。

（二）收集方法

中药材种质资源的收集根据表现形态与材料类型来确定收集数量、时间及要求，详细收集数量与要求见表 7-1。

表 7-1 中药材种质资源收集数量及要求

资源类型	分类明细	收集种类与数量	收集时间	收集要求
表现形态分类	种子	小粒种子（千粒质量＜20g）100g 以上	种子成熟后	一般按千粒质量的大小确定种子收集数量，珍稀名贵等特殊特色物种根据实际情况确定收集量
		中粒种子（千粒质量 20～100g）12 000 粒以上		
		大粒种子（千粒质量 100～400g）5000 粒以上		
	种苗等无性繁殖活体材料	50～100 株	适宜移栽成活的生长期	注意保土保湿措施以保证成活率
	离体材料	少量，以含顶端分生组织的器官培养物以及胚性培养物为首选	全生育期	收集遗传稳定性强、再生能力强、成活率高的组织材料

续表

资源类型	分类明细	收集种类与数量	收集时间	收集要求
表现形态分类	药材样本	500g	药材采收期	特殊药材适量减少收集量
	植物标本	3～5份	花、果跨度期	保证植物各部位完整
	DNA样本	5～10g（以干品计）	营养生长期	茎叶类样本为首选，DNA提取质量浓度＞50ng/μL，纯度（A_{260}/A_{280}）为1.8～2.0
	基因及基因组	DNA片段、基因组reference文件、注释gff文件、功能注释文件等	全生育期	注意数据准确性与完整性
材料类型分类	野生资源	根据资源分布与资源量确定收集数量，一般山区不同收集点相距50km以上，草原不同收集点相距100km以上	适宜移栽成活的生长期	多以县为收集单位，收集时需考虑居群代表性
	常规栽培种	50～100株以上	适宜移栽成活的生长期	以产地为收集单位
	驯化种、选育品种、品系及特异繁殖材料	50～100株以上	适宜移栽成活的生长期	以品种品系为收集单位，特异繁殖材料以性状等特异特征而定

种质资源的收集多以地理地域分类（县乡等）为收集单位，野生种质资源需考虑收集单位内居群的分布与数量等。种质资源收集的数量没有明确的限定，与资源分布及蕴藏量相结合，同时考虑收集样本的代表性。

（三）信息收集

中药材种质资源收集后，需对每一份种质资源的信息进行收集与登记。建立悬挂或张贴标识，以及详细的资源信息表格，对收集的种质资源进行信息收集。信息收集主要包括资源编号、药材名称、植物名称、采集时间、采集地点（详细到村，含GPS信息）、采集数量、采集人等，对采集地的气候及土壤条件等信息进行简单记录，并对资源及生境进行多方位拍照。中药材种质资源实行统一的编号制度，同一收集点的不同类型种质资源代码不同以作区分，国家中药材产业技术体系遗传改良研究室种质资源收集与评价岗位对种质资源的编号规则为：药材首字母缩写＋收集省份首字母缩写＋收集时间（年月日）＋资源数量编号＋种质资源类型代码，其中省份首字母缩写海南为HI、河北为HE、河南为HA、陕西为SN、澳门为MO、香港为HK；种质资源类型代码中活体资源为HT、腊叶标本为LY、种子样本为ZZ、药材样本为YC、茎叶部位标本为JY。例如，甘肃收集的甘草种子样本，可编号为GCGS20191220001ZZ。

（四）中药材种质资源鉴定

中药材种质资源鉴定是资源评价和利用的前提。中药材种质资源鉴定方法与药用植物、中药材及饮片等的鉴别方法相同，包括传统的性状鉴别、显微鉴别、薄层鉴别、理化鉴别，以及现代分子生物学技术鉴别，如蛋白质电泳以及各种分子标记技术。大部分中药资源是独具特色的植物资源，中药性状鉴别是体现中药的整体质量控制指标之一。中药显微鉴别，特别是随着现代显微技术的发展，在中药定性、定量及定位等方面均有突出的作用。中药薄层鉴别以及理化鉴别均是利用中药化学成分差异及其性质进行鉴别，是中药特色鉴别方法。随着分子生物学技术的发展，目前中药材物种间的鉴别基本可以实现，但同一物种不同地域或来源的种内鉴别仍是技术难点与研究热点。

（五）中药材种质资源评价体系

当前中药材种质资源评价体系研究仍处于初级阶段。农作物种质资源评价指标相对较少，其指标信息规范处理、数据标准制定及评价体系等基本完善。中药材种质资源评价指标类型复杂多样，主要包括表型性状（包含农艺性状等）、药材性状、遗传特性及环境因素等部分（表 7-2）。

表 7-2　中药材种质资源评价体系指标信息

指标类型	指标分类	指标因素	测定方法
表型性状	外观性状	株高、株幅、叶长、叶宽、叶形、叶序、分枝数、茎叶颜色、茎秆形状、根长、根直径、根形、根颜色、花序、花色、果实颜色、果实形状大小、种子颜色、种子形状大小等农艺性状	目测/测量
	抗性性状	抗逆（抗旱、抗涝、抗寒、耐盐、耐瘠等）、抗病、抗虫等	目测/测量
	物候期	萌芽期、花期、成熟期、采收期等	目测
	生活周期	1 年生、2 年生、多年生	目测
药材性状	外观性状	药材大小、形状、颜色、表皮特征、质地、断面特征、断面颜色等	目测/测量
	成分含量	指标性成分含量	HPLC 等
	经济性状	药材产量、种子产量、千粒质量、发芽率等	数据统计
遗传特性	遗传差异	基因差异、表观遗传差异等	分子标记及基因组、转录组分析
环境因素	生态气候因子	温度、湿度、光照、降水量、风速等	数据统计
	地理因素	地理位置、地形、地势、居群生境、植被等	数据统计
	土壤因素	土壤类型、微量元素含量、pH 等	数据统计

通过对中药材种质资源的表型性状、药材性状、遗传特性及环境因素等数据进行汇总，同时进行数据标准化与结构化，建立系统的数据分析模型与评价模式，综合分析各指标数据的差异性与相关性，建立系统科学的中药材种质资源评价体系。

二、杂交育种

杂交育种是通过人工杂交，将 2 个或 2 个以上的亲本优良性状通过交配集中在一起，继而从分离的后代群体中经过人工选择和培育，最终获得新品种的育种方法。杂交育种包括有性杂交和无性杂交，但常常采用的是有性杂交。杂交育种方法在药用植物资源中的利用也较多。在农作物上杂交育种是十分有效的育种方法，在药用植物上应用杂交育种同样十分有成效。

杂交育种首先是亲本选择。选择的原则是，双亲必须具有较多的优点、较少的缺点，且优缺点要尽量达到互补，并且亲本之一最好是当地的优良品种。其次是杂交方式的选择，有简单交杂、复合杂交或回交等方式，实际工作中应该根据育种目标和亲本的特点来确定采用何种杂交方式。简单杂交是两个遗传不同的品种进行杂交，可以综合双亲的优点，简便，收效快，应用广泛。复合杂交是由两个以上品种的杂交，即甲×乙杂交获得杂种一代后，再与丙杂交，能综合多数亲本的优良性状。回交是由杂交获得的杂种，再与亲本之一进行杂交，更容易见成效。

三、倍性育种

倍性育种包括单倍体育种和多倍体育种。单倍体育种是单倍体培养技术与育种实践相结合所形成的一种新的育种方法，具有迅速获得纯系、克服远缘杂种不孕、提高育种效率及选择效率等优点。我国早在20世纪70年代就开始进行花药培养，利用单倍体育种技术已育成了许多品种或品系，而在药用植物方面虽还没有实用性成果，但也做了不少工作，如地黄、枸杞、乌头、贝母、人参、百合等均获得了单倍体植株，为进一步育种打下了基础。多倍体是指染色体组的数目在3（$3n$）或3以上（$>3n$）的个体。由于多倍体植物较二倍体有更强的适应性和可塑性，20世纪30年代，随着秋水仙碱在诱导染色体加倍上获得成功，掀起了多倍体育种的热潮。药用植物多倍体具有生物产量高、抗逆性强、某些药用活性成分含量增加以及可孕性低等特点，目前已经人工加倍成功的植物有牛膝、菘蓝、宁夏枸杞、百合、胜红蓟等数十种。

四、诱变育种

诱变育种是利用物理或化学等方法处理目标植物，使其遗传物质发生突变后，在其中筛选出符合育种目标的突变植株，进而获得植物新品种的方法，包括辐射诱变、航天诱变和化学诱变等方法。

（一）辐射诱变

辐射诱变包括外照射和内照射。外照射指被照射的种子、球茎、鳞茎、插穗、花粉、植株等所受的照射来自外部的某一辐射源。目前外照射常用的是X射线、β射线、快中子或热中子。外照射方法简便安全，可大量处理，所以广为采用。内照射一般采用^{32}P、^{36}S、^{14}C等放射性元素的化合物通过浸泡种子或枝条，注射入植物的茎秆、枝条、芽等部位，施入土壤或饲养法引入植物体内。该方法在试验过程中需要做好防护工作，预防放射性同位素的污染，且处理后的材料在一定时间内带有放射性。

（二）航天诱变

航天诱变育种是利用宇宙飞船、返回式卫星等方式将诱变材料送入太空，利用太空复杂的电磁环境、微重力、真空以及射线处理搭载的生物材料，诱导其发生变异，并从突变材料中筛选有益变异进行良种选育的一种方法。与常规育种相比，航天育种具有变异幅度大、变异频率高、有益变异高、植株损伤轻、育种周期短及稳定等特点，其中最重要的是可以获得一些在陆地常规育种中难以实现的稀有突变。自1987年我国开始药用植物航天育种研究以来，已对丹参、柴胡、穿心莲等近百种药用植物开展航天诱变育种工作，为药用植物有效成分代谢、生长发育、遗传变异等方面的深入研究提供了很好的材料。

（三）化学诱变

化学诱变用化学诱变剂处理植物材料，以诱发遗传物质的突变，从而引起形态特征的变异，然后根据育种目标，对这些变异进行鉴定、培育和选择，最终育成新品种。化学诱变剂的种类包括烷化剂、核酸碱基类似物、丫啶类、无机类化合物、简单有机类化合物、异种 DNA、生物碱等。一般采用浸种法、涂抹法、滴液法、注入法、熏蒸法、施入法。化学诱变剂处理只能使后代产生某些变异，还要经过几个世代的精心选育，才能从中选出优良的变异。例如，使用氨磺乐灵、甲基硫磺乙酯（EMS）、秋水仙素 3 种化学诱变剂诱导穿心莲种子，为穿心莲的良种选育提供了一系列突变育种材料。

五、现代生物技术育种

1．体细胞杂交育种 植物体细胞杂交是依据植物细胞全能性将细胞融合技术和植物组织培养技术相结合而发展起来的一项植物育种技术。植物体细胞杂交首先要将两种异源植物体细胞除去细胞壁，制备出完整的有活力的原生质体，然后通过刺激使两种异源原生质体融合成具有生物活性的杂种细胞，进而将组织培养成杂种植株，并进行优良性状植株的选择与繁育。植物体细胞杂交包括一系列相互依赖的步骤，即原生质体的制备、原生质体的融合、杂种细胞的选择、杂种细胞的培养、由杂种愈伤组织再生植株，以及杂种或胞质杂种植株的鉴定等。

植物体细胞杂交技术不需要经过有性过程，只需通过体细胞的融合来制造杂种，这便打破了物种间的生殖隔离，同时也克服了植物花期不遇与有性杂交不亲和的状态，更为扩大遗传变异、更新种质资源和改良作物品质开创了一条有效的途径。植物体细胞杂交技术的出现与发展扩大了物种杂交的范围，提高了育种效果，还可以缩短育种年限。例如，将人参与胡萝卜进行体细胞杂交，获得的 8 个杂种愈伤组织无性系均含有皂苷，5 个比人参含量高，说明人参与胡萝卜体细胞杂种提高了人参次级代谢产物含量，体现了杂种优势。

2．分子标记辅助育种 分子标记辅助育种是通过将现代分子生物学与传统遗传育种相结合，培育中药材优良种质的重要方法之一。其育种的主要目标是使中药材的生物学性状稳定、产量和药用成分可控，所生产的药材具有“优形、优质、优效”特征。相较于传统选育偏重于表型性状选择，分子标记辅助育种还注重基因型的筛选，其主要包括分子遗传连锁图谱构建、数量性状基因座（QTL）定位、遗传多样性研究、品种与杂交种质纯度鉴定、分子标记辅助选择应用 5 个领域。目前，在中药材分子标记辅助育种研究中主要采用的 DNA 分子标记有 SCoT、ISSR、SSR、SNP 等。随着高通量测序技术的快速发展，全基因组关联分析（GWAS）等将成为未来中药材育种的热点。

3．转基因育种 20 世纪 40 年代起，全球各国科学家就开启了从认识基因到改造和应用基因的科技探索之旅，为基因转化重组实现和转基因育种应用提供了理论基础和技术支撑。目前，转基因育种技术在作物育种研究中已经取得了一系列重要的成果，而研究起步较晚的药用植物，也在部分物种中取得了突破。例如，通过转基因技术将苏云金芽孢杆菌（*Bacillus thuringiensis*，*Bt*）基因转入药用植物黄芩中，能在一定程度上减少黄芩种植过程中的虫害；通过过表达罗汉果中甜苷V生物合成的关键酶基因葫芦二烯醇合酶（*CS*）基因，为罗汉果转基因育种研究提供新途径；通过转化 *RCH10* 和 *AGLU* 基因至药用植物白术中，获得的系列转基因白术，加速了白术抗病育种研究的进程。

4. 分子设计育种　分子设计育种是目前植物育种技术的最高版本，该技术是将遗传学理论与杂交育种等传统育种技术相结合，利用合成生物学和系统生物学理论，设计并获得具有优良目标性状植株的前沿育种技术。该技术主要是对物种重要性状的关键基因及其调控网络进行深入的研究和挖掘，并结合基因组学、转录组、表型组和代谢组学等多组学进行多维度的生物信息学分析，筛选、整合并预测育种所需目标性状的最佳基因型，从而实现高效、精准地培育并获得具有优良目标性状的新品种。分子设计育种彰显出比其他育种技术更为突出的优越性，尤其是将植物基因组编辑技术（如 CRISPR/Cas9 等）融入植物育种中以来，更是能够将育种周期缩短至 2～5 年，极大地提高了育种的效率，这也将成为药用植物育种发展的新方向。例如，利用 CRISPR/Cas9 敲除药用植物博落回中血根碱生物合成通路中上的关键基因，可使博落回中血根碱含量显著提高，便于高效、定向选育博落回新品种。

第三节　中药材品种选育

一、中药材品种系统选育

中药资源的优良品种是中药资源开发与利用的物质基础。由于长期的掠夺性采挖，野生资源已日渐匮乏，人工种植已成为中药原料来源的主要途径。但目前人工种植的药用植物存在种源混乱、产量和质量不稳定等问题，这已严重影响我国中药产业的现代化及国际化进程。中药材质量受多方面因素的制约，其中良种是关键的因素，是中药材生产的“源头”。因此，选育稳产、优质、高效的良种是提高中药材质量的当务之急。

目前中药资源品种选育主要集中于药用植物。药用植物品种一般都具有 3 个基本要求或属性，即特异性、一致性和稳定性。特异性是指本品种具有 1 个或多个不同于其他品种的形态、生理等特征；一致性是指同品种内个体间植株性状和产品主要经济性状的整齐一致；稳定性是指在繁殖和生产过程中，品种的特异性和一致性能保持不变。

二、中药材植物新品种保护

1961 年国际植物新品种保护联盟（UPOV）的成立开启了农业领域知识产权保护的新里程，《国际植物新品种保护公约》明确规定申请保护的品种需要满足特异性（D）、一致性（U）、稳定性（S）要求，并在随后修订的 1972 年、1978 年、1991 年文本中逐步完善了 DUS 测试的技术体系。我国植物新品种保护制度的建立比欧美国家稍晚，植物品种保护的主要法律依据是 1997 年颁布实施的《中华人民共和国新植物品种保护条例》，同年 4 月，该条例得到了 UPOV 理事会的认可。1999 年 4 月 23，我国以国际植物新品种保护联盟第 39 个成员国身份加入 1978 文本的《国际植物新品种保护公约》，开始受理植物品种权保护的相关工作。随着种业的快速发展，侵权套牌等违法现象日益增多，植物育种者权益受到侵害，严重挫伤了育种工作者的育种积极性，植物品种 DUS 测试作为品种管理的重要技术支撑，在我国现代种业发展中发挥的作用也越来越重要，同时对法律的健全性也有了更高要求，仅依靠该条例进行保护已经难以满足现实需要。2015 年修订《种子法》增设“新品种保护”，将植物新品种保护作为推动育种创新的关键措施和基本制度确立下来，并将其与种子管理制度紧密结合，为管理部门在实践中解决“一品多名”“一名多品”等问题提供法律支撑。2016 年《种子法》修改后，更加提升了植物新品种保护的法律地位：规定了保护、审定和登记品种均应当符合 DUS 测试的要求。2021 年修改《种子法》，植物新品种权的保护范围和保护环节得以扩展，并且建立实质性派生品种制度、健全侵权损害赔偿制度、完善法律责任，进一步加大了植物新品种的保护力度。DUS 测试在品种管理中扮演着越来越重要的角色，已经成为品种管理的重要技术支撑。

目前，我国的 DUS 测试仍采用基于植物形态学、农艺性状的田间种植鉴定，通过将申请品种与近似品种种植在相同的生长条件下，观测并记录其相应阶段的性状（包括质量性状、数量性状或其他品质性状），并作出客观、合理的评价，这种传统的测试技术被国际植物新品种保护联盟成员国普遍采用。UPOV 成员国的新品种必须进行 DUS 测试或者对已经完成的 DUS 测试试验现场进行考察才能授予品种权，绝大多数成员国都根据各自气候环境条件建有测试机构。与其他 UPOV 成员国不同，美国的植物新品种保护机构对育种人提交的申请品种不进行田间考察，也不通过编辑报告形式进行审查，而是将申请品种与数据库中已有品种相比对，只要申请品种的特异性等三性通过，即发放新品种证书。传统的植物 DUS 田间测试周期长、影响因素多、工作量大，无法适应逐年剧增的新品种测试要求，寻求快速、简便、准确的测试方法成为植物 DUS 测试的未来发展方向。在此背景下，DNA 分子标记因其诸多优点在近似品种筛选和特异性判定中发挥着重要的作用，可明显提高 DUS 测试效率，缩短植物新品种的授权周期，其中在植物品种 DNA 指纹标准研制过程中应用较为广泛的有 SSR 和 SNP 分子标记。SSR 具有多态性高、共显性遗传、技术简便的优点，在品种鉴定方面应用经验丰富，UPOV 制定了相应的技术文件指导其应用。

三、中药材新品种 DUS 测试

DUS 测试指南是判定育种人选育的植物群体/类群是否达到品种标准的重要依据，也是国际植物新品种保护联盟（UPOV）成员植物品种管理机构控制种质质量、处理品种权纠纷、指导育种方向等工作的重要标准，对 DUS 测试工作的开展具有指导意义。长期以来，中药材领域育种方面研究的滞后、品种管理难等问题与 DUS 测试指南研落后也有很大关系。2010 年，中国科学院植物研究所联合国家林业局（现国家林业和草原局）植物新品种保护办公室以 GB/T 19557.1—2004《植物新品种特异性、一致性和稳定性测试指南 总则》为基本原则，并参照 UPOV 其他测试指南发布并实施了连翘属的 DUS 测试指南，这是首个涉及中药材的 DUS 测试技术。至今仅有 41 个种（属）中药材 DUS 测试指南，其中包括博落回的报批稿（表 7-3），因此，加快推进中药材 DUS 测试指南研制工作迫在眉睫。

表 7-3　我国现有中药材 DUS 测试指南（包括草案）

序号	牵头单位	标准编号	种（属）	学名	发布时间
1	中国科学院植物研究所	GB/T 24883-2010	连翘属	*Forsythia*	2010-6-30
2	云南省农业科学院质量标准与检测技术研究所	NY/T 2229-2012	百合	*Lilium*	2012-12-7
3	山东省农业科学院作物研究所	NY/T 2526-2013	丹参	*Salvia miltiorrhiza*	2013-12-13
4	青海省农林科学院	NY/T 2528-2013	枸杞	*Lycium*	2013-12-13
5	江苏省农业科学院	NY/T 2527-2013	菘蓝	*Isatis indigotica*	2013-12-13
6	山东省农业科学院作物研究所	NY/T 2494-2013	紫苏	*Perilla frutescens*	2013-12-13
7	华南农业大学	NY/T 2431-2013	龙眼	*Dimocarpus longan*	2013-9-10
8	云南省农业科学院质量标准与检测技术研究所	NY/T 2353-2013	三七	*Panax notoginseng*	2013-5-20
9	山东省农业科学院作物研究所	NY/T 2495-2013	山药	*Dioscorea alata, D. polystach, D. japonica*	2013-12-13
10	华南农业大学	NY/T 2352-2013	桑属	*Morus*	2013-5-20
11	山西省林业科学研究院	LY/T 2287-2014	沙棘	*Hippophae*	2014-8-21
12	江苏省农业科学院	NY/T 2591-2014	何首乌	*Fallopia multiflora*	2014-3-24
13	西北农林科技大学	NY/T 2593-2014	天麻	*Gastrodia elata*	2014-3-24
14	广东省中药研究所	NY/T 2590-2014	穿心莲	*Andrographis*	2014-3-24
15	黑龙江省农业科学院作物育种研究所	NY/T 2589-2014	柴胡与狭叶柴胡	*Bupleurum chinense*，*B. scorzonerifolium*	2014-3-24
16	中国农业科学院蔬菜花卉研究所	NY/T 2583-2014	铁线莲属	*Clematis*	2014-3-24
17	四川省农业科学院作物研究所	NY/T 2572-2014	薏苡	*Coix*	2014-3-24
18	黑龙江省农业科学院作物育种研究所	NY/T 2570-2014	酸模属	*Rumex*	2014-3-24
19	西北农林科技大学	NY/T 2592-2014	黄芪	*Astragalus*	2014-3-24
20	农业部科技发展中心	NY/T 2753-2015	红花	*Carthamus tinctorius*	2015-5-21
21	北京林业大学	GB/T 32345-2015	牡丹	*Paeonia*	2015-12-31
22	上海市农业科学院	NY/T 2758-2015	石斛属	*Dendrobium*	2015-5-21
23	深圳市公园管理中心	NY/T 2756-2015	莲属	*Nelumbo*	2015-5-21
24	吉林省农业科学院	NY/T 2748-2015	人参	*Panax ginseng*	2015-5-21
25	中国科学院植物研究所	LY/T 2803-2017	忍冬属	*Lonicera*	2017-6-5
26	云南省农业科学院质量标准与检测技术研究所	GB/T 19557.10-2018	百合属	*Lilium*	2018-5-14
27	云南省农业科学院质量标准与检测技术研究所	NY/T 3431-2019	补血草属	*Limonium*	2019-1-17
28	华南农业大学	NY/T 3433-2019	枇杷属	*Eriobotrya*	2019-1-17
29	武汉市农业科学院	NY/T 3735-2020	芡实	*Euryale ferox*	2020-8-26
30	安徽省农业科学院园艺研究所	NY/T 3724-2020	栝楼	*Trichosanthes kirilowii, T. rosthornii*	2020-8-26
31	北京珅奥基医药科技有限公司	NY/T 3728-2020	淫羊藿属	*Epimedium*	2020-8-26

续表

序号	牵头单位	标准编号	种（属）	学名	发布时间
32	华南农业大学	NY/T 3726-2020	松果菊属	*Echinacea*	2020-8-26
33	中国热带农业科学院湛江实验站	NY/T 3725-2020	砂仁	*Amomum villosum*	2020-8-26
34	农业农村部科技发展中心	NY/T 3720-2020	牛大力	*Callerya speciosa*	2020-8-26
35	吉林农业大学	DB 22/T 3325-2021	西洋参	*Panax quinquefolius*	2021-11-26
36	中国中医科学院中药资源中心	NY/T 4207-2022	黄花蒿	*Artemisia annua*	2022-11-11
37	巴彦淖尔市农牧业科学院	NY/T 4219-2022	甘草属	*Glycyrrhiza*	2022-11-11
38	襄阳市农业科学院	NY/T 4215-2022	麦冬	*Ophiopogon japonicus*	2022-11-11
39	重庆市农业科学院生物技术研究所	NY/T 4213-2022	重齿当归	*Angelica biserrata*	2022-11-11
40	山东省农业科学院作物研究所	NY/T 4209-2022	忍冬	*Lonicera japonica*	2022-11-11
41	湖南农业大学	报批稿	博落回	*Macleaya cordata*	待发布

中药材由于其道地性及发展历程的特殊性，在指南研制过程中面临诸多问题。例如，与大田、园艺作物相比，中药材植物性状的特异性体现在化学成分上，《中国药典》对中药材植物性状的描述主要在药用部位和主要化学成分含量方面，而现有指南多把该性状作为选测性状；由于中药材注重道地性，在不同环境影响下，其一致性难以保证；中药材栽培历史相对较短，种源纯度低，稳定性也表现得比较差；另外，中药材品种少，在测试指南制定过程中难以选择标准品种，而且在种植试验过程中，由于中药材基原植物有限且受自身生物学特性影响较大，使得中药材测试标准材料和对照品种数量不足，不能全面评价其物种三性；大部分中药材生长周期较长，一般需要3～5年及以上才具有药用价值，这就使得中药材DUS测试普遍存在周期长、工作量大和质量难以控制等问题。已发布实施的中药材DUS测试指南普遍存在测试性状不全面和药材化学成分检测缺失的现象。例如，三七DUS测试指南中叶形、花序类型、茎秆形态缺乏实物照片，地上茎秆茸毛、条纹形状等重要鉴别特征并未列出；何首乌测试指南中仅列出了横断面颜色，云锦花纹等重要特征缺失；黄花蒿测试指南中头状花序颜色也缺少深黄色、淡青等表达状态；天麻测试指南未充分考虑当前种质资源分布情况，对于花茎颜色淡黄和蓝绿等重要表达状态未作罗列；菘蓝DUS测试指南中虽有叶和根中化学成分含量的选测性状，但关于药用成分测定性状的描述并不全面，不能很好地反映菘蓝品种的特异性；丹参的DUS测试指南中，无论是质量性状还是数量性状均明显不足，测试性状只有19个（必测），这样很难把品种进行有效区分，花的大小这一性状没有指明观测方法，在多个性状的解释中对根的描述模糊，测试者难以准确理解并进行采样。因此，今后在测试指南的研制中，应着重注意将中国药典规定的有效成分纳入“测试性状”；在易操作的原则上，表型性状应该足够多，涉及植株的各个部位，而不是过分关注药用部位；在标准品种的选择上，为解决可选择的品种少等问题，是否可以考虑以种质或种源来代替。

四、中药材新品种认定或登记

一般来说，中药材（植物药）属于非主要农作物或非主要林木，实行的是品种登记制度。非主要农作物品种登记由农业农村部主管，省级人民政府农业农村主管部门负责品种登记的具体实施和监督管理。农业农村部制定、调整非主要农作物登记目录和品种登记指南，建立全国非主要农作物品种登记信息平台，具体工作由全国农业技术推广服务中心承担；省级人民政府农业农村主管部门受理品种登记申请，对申请者提交的申请文件进行书面审查。2016 年新《种子法》实施后，各省份陆续出台省级种子条例或省级的实施《种子法》办法。不同省份开展品种登记的具体形式和工作承担主体会有不同，一般具体工作由省级种子（总）站或农技推广中心承担，部分省份由农作物品种审定委员会负责非主要农作物品种登记，或下设非主要农作物专业组，少数省份成立非主要农作物品种委员会。与主要农作物品种审定不同，品种登记申请实行属地管理，1 个品种只需要在 1 个省份申请登记。

中药材品种选育工作已经积累了一定基础。但相比农作物、林草领域相对清晰明确的品种审定、登记或认定（鉴定）体系和制度，中药材品种认定制度相对模糊，政策上缺少针对性的规章制度。根据《中国中药材种业发展报告（2019）》统计和查询各省农业农村和林业草原主管部门网站，不同省份中药材新品种的审定、登记、认定工作情况不同，多数省份由省级农业农村主管部门授权省级种子站管理承担具体工作，个别省份由省级林业草原主管部门管理。例如山西、吉林、江苏、浙江、安徽有现行的办法或规定，未纳入《非主要农作物品种目录》的农作物可以参照执行，其中山西、吉林等省份的办法或规定中相对明确提及了中药材品种。大部分省份有专门的品种委员会承担品种审定、登记、认（鉴）定工作，多在省级农业农村主管部门，其中吉林、福建、河南、湖北、四川、贵州设有涉及中药材品种的专委会或专业组，云南中药材品种认定工作在省林业和草原局园艺植物新品种注册登记办公室。目前除部分出台了相应办法或规定的省份的中药材品种认定（登记、鉴定）工作正常开展，其他省份受有关法规或机构调整的影响，中药材品种认定（登记、鉴定）处于暂停状态中，给中药材品种选育工作带来一定困难。

第四节　生物技术在中药材生产中的应用

一、毛状根培养技术的应用

毛状根培养技术是一种通过遗传转化技术诱导植物产生不定根的方法。这些不定根能够持续生长并且具有高效生产次级代谢产物的能力，广泛应用于植物生物技术、药用植物活性成分生产以及环境保护等领域。与传统的细胞培养技术相比，毛状根培养具有生长速度快、激素自养、分化程度高以及遗传性状相对稳定等优点。我国近三分之一的传统药材的药用部位为根，通过毛状根大规模培养，从中提取有价值的次级代谢产物具有应用前景。据不完全统计，中药材（植物药）毛状根培养已在红豆杉、黄芩、长春花、黄连等 100 多种植物获得了成功。丹参毛状根的组织中存在 7 种丹参酮化合物，且具有形成水溶性酚酸类化合物的能力，其中丹酚酸 A 的含量是原植物的 2.7 倍。杜仲毛状根中合成的桃叶珊瑚苷，其产量最高可达 30.105mg/g，高于自然根及皮。目前各国正竞相开发诸如紫杉醇、长春新碱、小檗碱等一批具有重要药用价值的植物次级代谢产物。毛状根培养技术在植物生物技术领域具有广阔的应用前景，随着分子生物学和基因工程技术的发展，毛状根的应用潜力将进一步被挖掘和利用。

二、组织培养技术的应用

植物组织培养应用于植物的离体快繁，是目前应用最多、最广泛和最有成效的一种技术。组织培养不受地区、气候的影响，比常规繁殖方法快数万倍到数百万倍，为快速获得药用植株提供了一条经济有效的途径。植物组织培养在药用植物中主要应用于脱毒苗、新育成或新引进的稀缺良种、优良单株、濒危植物及基因工程植株等的离体快速繁殖。

1. 稀缺或急需药用植物良种的快速繁殖　某些新育成或新引进的良种，由于生产上急需，可用试管快繁来解决。台湾在 1988～1993 年间用离体快繁技术繁殖金线莲 600 万株。宁夏农林科学院枸杞科学研究所利用试管繁殖与嫩枝扦插相结合的繁殖方法繁殖枸杞新品种‘宁夏 1 号’和‘宁夏 2 号’苗木 100 多万株，加速了新品种的推广。

2. 杂种一代及基因工程植株的快速繁殖　我国在 20 世纪 80 年代，就培育出药用价值较高的杂种一代和转基因植株。例如，平贝母和伊贝母种间远缘杂交产生的后代繁殖力低，利用组织培养方法对杂交植株进行无性快繁，既可保持杂种一代的原有性状和杂种优势，又解决了杂种后代繁殖力低的问题。又如，百合种间远缘杂交时，对获得的杂种胚进行离体培养，直接成苗或形成愈伤组织后分化成苗。转基因技术建立在重组 DNA 技术基础上，通过克隆技术，由重组后的组织无性繁殖出生物个体，如转基因曼陀罗、红豆杉，通过组织培养方法，保持了转基因植株目的性状的稳定性。

3. 濒危植株的快速繁殖　试管繁殖是药用植物生物技术中一个较成熟的方法，对于珍稀濒危药用植物的资源保护、品种纯化和质量稳定具有十分重要的意义。金线莲生长在海拔 600～1800m 的森林覆盖地，药用价值极高。野生金线莲处于濒危的处境，台湾种子公司用种子和茎培养繁殖出数百万株金线莲，成功种植到海拔 500～1800m 的山地。我国已对珍稀濒危野生植物如铁皮石斛、川贝母、紫杉等采取组织培养的手段建立起无性繁殖系来对这些物种进行繁衍和保存。

4. 带病药用植株的脱毒　病毒病的危害是影响药用植物产量和质量的重要因素。由于病毒病的危害，一般减产幅度在 30%以上，成为药材生产上的重要障碍。20 世纪 80 年代，人们就采用了茎尖脱毒的方法，解决了病毒病的危害。脱毒苗通过组织培养克隆繁殖可获得大量脱毒优良种苗供生产上应用。 我国药用植物分生组织脱毒工作也取得了较好的效果。例如，地黄经茎尖培养脱毒后，块茎产量显著提高。试管苗种植的怀地黄，单株块茎整齐，一般 4～6 块，单株重 210g 左右，呈纺锤形，粗壮；而对照块茎不整齐，块数多，单株重仅 67g 左右，呈细长形，纤弱。目前地黄通过茎尖培养选育得到了抗病毒强、经济效益较高的脱毒新品系，已在生产上推广。

三、悬浮培养技术的应用

悬浮培养是一种植物细胞和组织培养技术，将分散的细胞或细胞团块在液体培养基中培养，使其保持悬浮状态。悬浮培养技术广泛应用于植物次级代谢产物的生产、基因工程，以及生物反应器的研究中。由于植物组织和细胞培养技术的发展，以及单细胞的培养成功，使植物像微生物那样在大容积的发酵罐中进行发酵培养成为可能，并大量生产了微生物所不能合成的药用成分。1968 年日本明治制药公司在古谷等的指导下，用培养罐开始进行人参细胞培养的工业化生产，从而使植物细胞发酵罐培养进入了工厂化生产的实用阶段。我国已建立了三七、人参、西洋参、长春花、丹参、红豆杉等多种药用植物的悬浮培养系统，经过对培养液和培养条件的优化已使有效成分含量达到或超过原植物。中国科学院植物研究所的科研人员在新疆紫草的细胞培养中获得了成功，使紫草中主要成分乙酰紫草素的含量提高 4.7 倍，为保护天然紫草资源提供了重要途径。为了加速植物细胞培养技术商业化生产进程，各国科学家一方面不断改进培养技术，如控制培养的气相环境，加入刺激素，加入大孔树脂吸附剂等，另一方面发展新的培养方法，如高密度培养、连续培养和固定化培养。目前全国各地不少于 10 个科研单位对红豆杉进行愈伤组织及悬浮细胞培养，以生产抗癌药物紫杉醇及其类似物。紫杉醇为一种四环二萜酰胺类化合物，被称为是过去几十年中发现的最好的抗癌药物。现在主要利用细胞大量培养技术生产紫杉醇。

第五节　生物技术在兽用中药创制中的应用

一、传统兽用中药

（一）传统中兽药的概念

传统中兽药是指在中兽医理论指导下，用于预防和治疗动物疾病及改善动物生产性能、提高经济效益的中草药及其制剂。传统中兽药是中兽药的主体和核心，具有十分重要的开发价值和广阔的市场前景。

其中用于预防和治疗疾病的部分，是传统中兽药的主体；用于改善动物生产性能的中兽药，包括提高动物消化功能、提高生长速度、促进母畜发情和泌乳、提高公畜性功能和精液品质、改善畜禽产品品质的中兽药，如“健胃消食散”可提高动物的消化功能促进动物生长，“催情散”可促进母畜发情、提高公畜的性功能和改善精液品质，“通乳散”可促进母畜泌乳，“肥猪散”可促进生猪生长和增肥，“激蛋散”可促进蛋鸡产蛋；还有一些传统中兽药可用于改善畜禽产品的外观、口感、营养价值，如松针粉可使禽蛋蛋黄的颜色变深，大蒜粉可改善鸡肉风味，海藻粉可使鸡蛋中有机碘含量提高 15～30 倍。

（二）传统中兽药的应用

传统中兽药的应用十分广泛，概括起来包括以下几个方面。

1. 预防和治疗动物的疾病　这是传统中兽药的最主要应用，常常根据药物的性能和功效进行分类，如解表药、清热药、祛湿药等。

2. 改善动物生产性能　主要用于中兽药饲料添加剂，如“蛋鸡宝”可提高蛋鸡的产蛋率、延长产蛋高峰期。

3. 提高养殖业经济效益　传统中兽药可以改善肉品的风味和品质，提高乳品的蛋白质和其他营养素的含量，改善商品肉蛋奶的外观，从而增加商品附加值，提高养殖业的经济效益。

4. 其他　如促进母畜发情和排卵，促进母畜泌乳；提高公畜的性功能，改善精液品质等。

（三）常用的传统中兽药

1. 解表药　凡以发散表邪，解除表证为主要作用的药物，称为解表药。解表药多具有辛味，有发汗解肌的作用，适用于邪在肌表的病证。如麻黄、桂枝、防风等辛温解表药，薄荷、柴胡、升麻等辛凉解表药。

2. 清热药　凡以清解里热为主要作用的药物，称为清热药。清热药具有清热泻火、解毒、凉血、燥湿、解暑等功效，主要用于高热、热痢、湿热黄疸、热毒疮肿、热性出血及暑热等里热证。如石膏、知母、栀子等清热泻火药，生地黄、牡丹皮、地骨皮等清热凉血药。

3. 泻下药　凡能攻积、逐水，引起腹泻，或润肠通便的药物，称为泻下药。如大黄、芒硝、番泻叶等攻下药，火麻仁、郁李仁等润下药。

4. 消导药　凡能健运脾胃、促进消化，具有消积导滞作用的药物，称为消导药。如山楂、麦芽、鸡内金等。

5. 止咳化痰平喘药　凡能消除痰涎，制止或减轻咳嗽和气喘的药物，称为止咳化痰平喘药。如半夏、天南星、旋覆花等温化寒痰药，川贝母、浙贝母、瓜蒌等清化热痰药。

6. 温里药　凡是药性温热，能够祛除寒邪的一类药物，称为温里药或祛寒药。如附子、干姜、肉桂等。

7. 祛湿药　凡能祛除湿邪，治疗水湿证的药物，称为祛湿药。如羌活、独活、威灵仙等祛风湿药，茯苓、猪苓、泽泻等利湿药。

8. 理气药　凡能疏通气机，调理气分疾病的药物，称为理气药。其中理气力量特别强的，习称“破气药”。如陈皮、青皮、香附等。

9. 理血药　凡能调理和治疗血分病证的药物，称为理血药。如川芎、丹参、益母草等活血化瘀药，白及、仙鹤、棕榈等止血药。

10. 收涩药　凡具有收敛固涩的作用，能治疗各种滑脱证的药物，称为收涩药。如乌梅、诃子、肉豆蔻等涩肠止泻药，五味子、牡蛎、浮小麦等敛汗涩精药。

11. 补虚药　凡能补益机体阴阳气血不足，治疗各种虚证的药物，称为补虚药。如人参、党参、黄芪等补虚药，当归、白芍、阿胶等补血药。

12. 平肝药　凡能清肝热、息肝风的药物，称为平肝药。如石决明、决明子等平肝明目药，天麻、钩藤、全蝎等平肝息风药。

13. 安神开窍药　凡具有安神、开窍性能，治疗心神不宁、窍闭神昏病症的药物，称为安神开窍药。如朱砂、酸枣仁、柏子仁等安神药，石菖蒲、皂角等开窍药。

14. 驱虫药　凡能驱除或杀灭畜、禽体内外寄生虫的药物，称为驱虫药。如雷丸、使君子、川楝子等。

15. 外用药　凡以外用为主，通过涂敷、喷洗形式治疗家畜外科疾病的药物，称为外用药。如冰片、硫黄、雄黄等。

二、现代兽用中药

现代中兽药是指在现代科学技术进步的条件下，充分利用现代科学技术的新理论、新方法、在传统中兽药的基础上制备并应用于兽医临床的在功能上与现代科技标准相适应的药物。

如今现代制药技术不断提高，新型现代中药有着西药、抗生素不可比拟的优势，具有抗病毒、提高免疫力、抗应激、抗炎、抗菌、解热、镇痛、改善微循环等作用；用于临床疾病的防治时，可发挥多靶点、多效应、多途径给药等作用，且不易产生耐药菌株；是有效控制当前各种复杂、混感疾病的重要手段，也是动物疾病治疗、预防和保健首选药之一，更是养殖户必备的金钥匙。在全社会大力提倡安全和绿色食品的今天，不同剂型中兽药产品已经在畜禽养殖生产中作出了巨大的贡献。近年来，国内市场现代中兽药产品的剂型大致有如下几类。

（一）片剂

片剂是在丸剂的基础上发展起来的，是指药物与辅料均匀混合后压制而成的片状或异形片状的固体制剂。最先被使用是在19世纪40年代，后来随着科技设备的快速更新，科学家逐渐摸索出一套适用于中药片剂生产的工艺条件，极大地推动了中兽药片剂的发展和应用。中兽药片剂的优点是溶出度好、用药剂量准确、质量稳定，缺点是给药的剂量大、次数多、见效慢，不适合规模畜禽养殖的疾病防治。2020年版《中国兽药典》收载的中兽药片剂约10种，如具有清热燥湿和健胃功效的龙胆碳酸氢钠片、大黄碳酸氢钠片，具有化湿止痢功效的杨树花片，具有清热解毒、涩肠止痢功效的鸡痢灵片，具有清肺排毒功效的金荞麦片等；用于防治犬猫体内外寄生虫的米尔贝肟吡喹酮片等。

（二）注射剂

注射剂是21世纪以来中兽药领域开发出来的一个新剂型，其优点是药效迅速，作用可靠，适于不宜口服给药的疾病和药物，较其他液体制剂耐贮存。但也存在不少缺点，注射剂制作工艺复杂，生产条件要求高，临床给药容易产生较强的应激反应。近几年发生在牛、羊等兽类身上的新型疾病，通过中兽药注射剂的使用，病情明显好转。市面上中兽药注射剂很多，如具有利尿通淋、消肿排脓功效的鱼腥草注射液，具有清热健胃和通便功效的复方猪胆素注射液，具有清热疏风、利咽解毒功效的银黄提取物注射液，对多种病毒性疾病具有显著治疗效果的柴辛注射液等。

（三）栓剂

栓剂是较早开发的一种剂型。对于动物用中兽药栓剂而言，它具有可以直接到达病变部位、作用迅速、疗效好、应激小、成本低等优点。此外，中兽药栓剂可以避免因注射药物制剂或免疫制剂引起动物应激反应的发生，大大利于实际生产和应用，研制中兽药栓剂有一定意义。但鉴于栓剂在动物身上使用的情况，目前市场上基本不再使用栓剂。

三、发酵兽用中药

临床研究表明，用乳酸菌发酵生乳散制成的发酵中药饲喂妊娠母猪，可显著提高平均窝产活仔数和断奶仔猪体重，降低平均窝死胎数，显著提高与改善母猪繁殖性能和仔猪健康状况；用产朊假丝酵母、干酪乳杆菌、粪肠球菌发酵王不留行、益母草，制成发酵中药制剂，作为饲料添加剂饲喂泌乳母猪，提高了泌乳母猪的采食量、免疫力及泌乳力，显著提高了仔猪的断奶成活率和断奶均重。用乳酸菌发酵清瘟败毒散提取液制成的发酵中药饲喂断奶仔猪，可显著提高断奶仔猪的采食量、平均日增重；饲喂妊娠母猪，可增强母猪的繁殖性能。还有临床研究报告，在种公猪猪群日粮中添加一定比例的板蓝根颗粒、银黄可溶性粉和黄芪多糖粉，可降低种公猪精液、母猪脐带血及新生仔猪的带毒率，改善公猪精液质量。

发酵兽用中药有益于促进畜、禽生长，改善肉品质。常用代表性中兽药有博落回散、五味健脾合剂、山花黄芩提取物散、牛至草提取物（挥发油）等。在肉用型家禽生产中，选用具有健脾开胃、消食化积、疏肝健脾、调节肠道等功效的中兽药，调节消化系统功能，从而提高家禽对饲料的利用率，显著改善生产性能。近年来，有许多应用发酵中兽药提高肉禽生长性能的临床报道，主要是利用乳酸菌、枯草芽孢杆菌等益生菌发酵单味或复方中兽药。例如，利用枯草芽孢杆菌发酵中兽药健鸡散，饲喂白羽肉鸡，更能显著地提高肉鸡生长性能。在肉鸡饲料中添加松针粉或超微粉碎后的松针粉，不仅可促进肉鸡生长发育，还有改善鸡肉品质的作用。有的生产者在肉鸡饲料中添加具有芳香性的豆蔻、胡椒、干辣椒、丁香和生姜等中草药粉，可获得肉质保鲜时间延长、鸡肉香味变浓的效果。

四、生物转化

中兽药在进入动物机体后的生物转化过程中，会产生许多中间代谢产物或次级代谢产物。因此，研究中兽药在机体内的生物转化有利于新型活性药物的发现和药物作用机制的阐明。目前，已有利用生物转化原理，通过微生物、植物、动物组织的培养体系或生物体系的相关酶制剂，在体外转化研究中药和开发新药的研究报道。现代生物转化已深入到组学水平，如中兽药代谢组学是通过分析代谢物各种结构成分和水平，追踪复方化学成分在机体内的变化过程、作用强度，与中兽医整体理论体系相辅相成，有助于全面阐述中兽药复方的作用规律、特点和药效学基础。

中兽药领域开展较多的是微生物发酵中兽药研究。利用微生物或它们所产生的酶处理中兽药及其有效成分，将其中的大分子物质转化成能被肠道直接吸收的小分子物质，制备成含有新的有效成分或当前有效成分含量增加的中兽药制剂。中兽药发酵为中兽药有效成分的合成及新活性物质的发现提供了新思路。目前，主要是将益生菌运用于中兽药发酵中，探索发酵炮制工艺，实现微生物对中兽药的生物转化。通过益生菌对中兽药组分的生物转化，可使药物中的活性物质和有效成分得到最大限度的提取和利用，充分发挥其预防和治疗疾病的作用；可使药材中不易被吸收的有效活性成分易被吸收，快速发挥药物效能；可使中兽药产生新的活性成分和新的药效，有利于开发新药源；可使中兽药中的有毒物质分解或发生结构改变等，从而降低，甚至消除其毒性，实现对中兽药的增效减毒作用。同时，益生菌本身就具有增强或补充原有药物药效的作用。

湖南农业大学中药资源与中兽药创新团队针对博落回中血根碱生物合成，利用基因编辑，使血根碱合成的关键前体物质——*S*-金黄紫堇碱在酵母中的产量显著提高。通过对血根碱合成通路的重编辑，实现药用植物博落回活性成分大幅提升，为后续的工业化生产提供了重要的基础。通过构建酿酒酵母工程菌，与博落回叶片在共发酵反应器中共同培养，实现了前体物质的有效转化，为血根碱等重要生物活性化合物的生产提供了一条高效、可持续的新途径。湖南农业大学刘虎虎课题组以解脂耶氏酵母（*Yarrowia lipolytica*）作为微生物底盘，通过基因编辑的方式创建工程化酵母，实现角鲨烯的量产。湖南农业大学杨华课题组通过对青藤碱生物合成途径关键基因克隆分析，结合代谢工程已成功实现青藤碱的前体物质——异青藤碱的生物合成，为青藤碱药品的生物合成奠定了基础。

五、天然活性成分生物合成

（一）植物次级代谢产物及合成途径

植物的次级代谢是指植物体利用初级代谢产物，在一系列酶的催化下，生成小分子化合物的过程。这些酶及其催化的反应过程，产生的小分子称为次级代谢产物。在植物体内，乙酸-丙二酸途径提供 C2 结构单元，是脂肪酸合成的前体，产生的重要次级代谢产物包括酚类、前列腺素类、大环内酯类、脂肪酸衍生物等；莽草酸途径提供 C6-C3 结构单元，主要参与生成苯丙素类、酚类化合物等；甲戊二羟酸途径提供 C5 结构单元，主要参与生成萜类与甾体化合物；氨基酸途径提供氮原子，主要参与生成生物碱类化合物；几乎所有次级代谢产物都是以这 4 条途径产生的化合物为基本母核，经一系列不同的分支途径的修饰活动生成，主要包括甲基化、甲氧基化、羟化、醛化、羧基的聚合与取代，碳原子基团如异戊二烯基、丙二酰基、葡萄糖基等的加成。此外，不同的氧化反应也会造成基本母核分子片段的丢失或发生重排，从而产生新的结构单元。

（二）乙酸-丙二酸途径

乙酰辅酶 A（CoA）是乙酸的活化型，可以通过增加 C2 单元合成聚酮类、多酚类、聚炔类、醌类。如经一次 Claisen 缩合反应得到乙酰乙酰辅酶 A，然后与乙酰辅酶 A 重复 Claisen 反应可得到适宜长度的多聚-β-酮酯（图 7-2）。

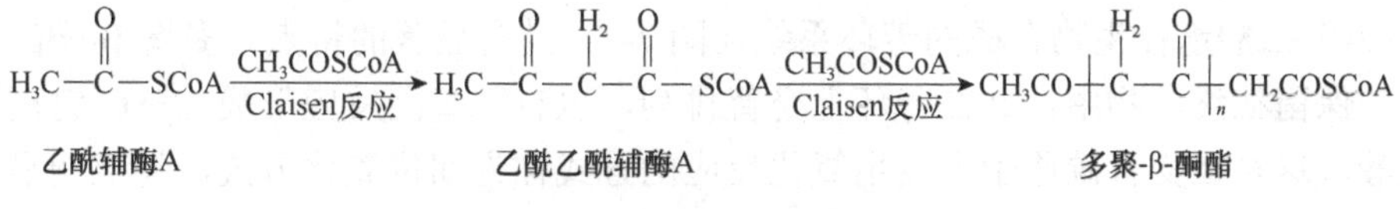

图 7-2　乙酸-丙二酸途径

1. 脂肪酸类　脂肪酸的生物合成是由脂肪酸合酶（fatty acid synthase）参与完成的酶催化反应过程。乙酰辅酶 A 和丙二酸单酰辅酶 A 自身并不能缩合，而是以酯键与酶结合形成复合物的形式参加反应。反应过程见图 7-3，丙二酸单酰辅酶 A 与酰基载体蛋白（ACP）结合产生丙二酸单酰-ACP 复合物，乙酰辅酶 A 与酶结合生成酰基酶硫酯，二者经 Claisen 反应生成 β-酮酰基-ACP，然后消耗 NADPH，立体选择性还原生成相应的 β-羟基酰基-ACP，消除一分子水，生成 α,β-不饱和酰基-ACP，NADPH 可进一步还原双键，生成饱和脂肪酰-ACP，碳链延长 2 个碳原子，脂肪酰-ACP 重新进入反应体系，与丙二酸单酰-ACP 进行缩合，经羰基还原、脱水、双键还原反应，循环一次，每次循环碳链延长两个碳原子，直到获得适宜长度的脂肪酰-ACP。最后，硫酯酶催化分解脂肪酰-ACP 复合物，释放出脂肪酰辅酶 A 或游离脂肪酸。碳链的长度由硫酯酶的特异性决定。不饱和脂肪酸有多种生物合成方式，在大多数生物体中通过相应烷基酸去饱和作用生成。

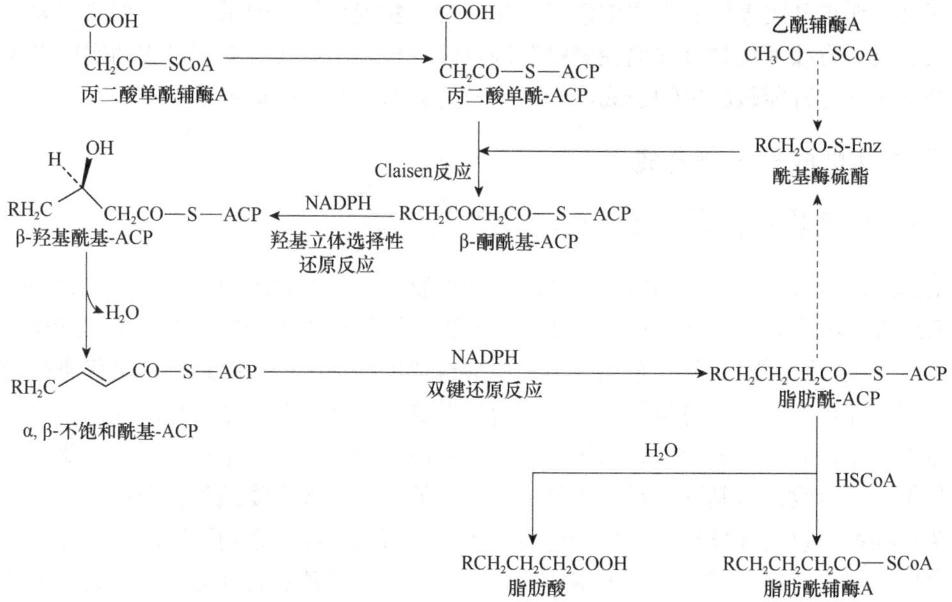

图 7-3　饱和脂肪酸类化合物的生物合成途径（段金廒和陈世林，2013）

2. 酚类　脂肪酸生物合成中缩合反应和还原反应交替进行，生成不断延长的烃链。若合成过程中缺少还原步骤，则产物为多聚-β-酮酯。由 1 个乙酸酯起始单位和 3 个丙二酸酯延伸单位缩合生成的多聚-β-酮酯，能通过 A、B 两种方式折叠。A 方式：α-亚甲基离子化，与相隔 4 个碳原子的羰基发生羟醛缩合反应，羰基转化为季碳羟基并形成六元环，随后经脱水、烯醇化生成苔藓酸。B 方式：经分子内 Claisen 反应，断裂硫酯键并释放酶，生成环己三酮，烯醇化生成间三酚苯乙酮。

乙酸-丙二酸途径生物合成的芳环系统（图 7-4）具有显著的特点：多聚-β-酮酯多个羰基氧原子保留在终产物中，并在芳环上交替排列，也有羰基因反应形成 C—C 键而脱去，如苔藓酸。这种在交替碳原子上发生氧化反应的方式称为间位氧化方式，特点明显、易辨认其生源前体，与莽草酸途径形成芳环的结构差别比较大。

3. 蒽醌类　许多天然蒽醌类化合物也是由乙酸-丙二酸途径生物合成获得。蒽醌结构骨架以及相关多环结构是按照最合理的反应顺序分步构建完成，聚酮链折叠后首先环合形成链中间环，然后分别构建另外两个环。由莽草酸和异戊二烯单位合成的蒽醌类化合物结构中，氧化反应通常发生在一个芳环上，不具有间位氧化方式的特点。

（三）莽草酸途径

从莽草酸到芳香族氨基酸的生物合成途径叫莽草酸途径（图 7-5）。它是一条初级代谢

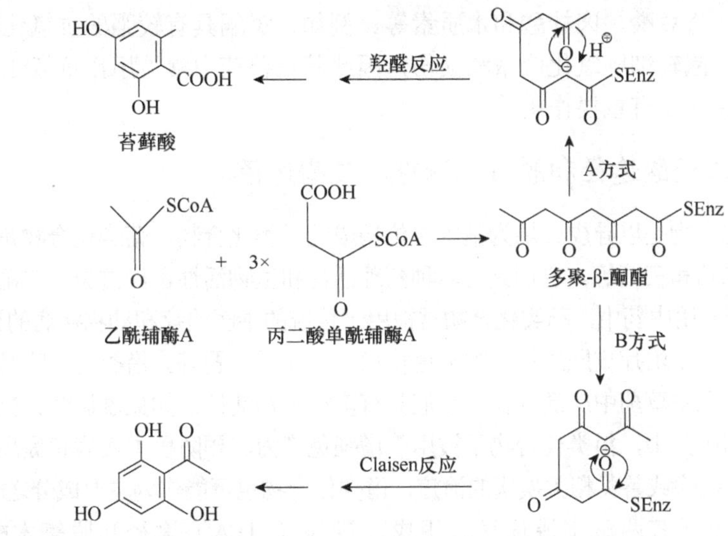

图 7-4　乙酸-丙二酸途径生物合成的芳环系统（段金廒和陈世林，2013）

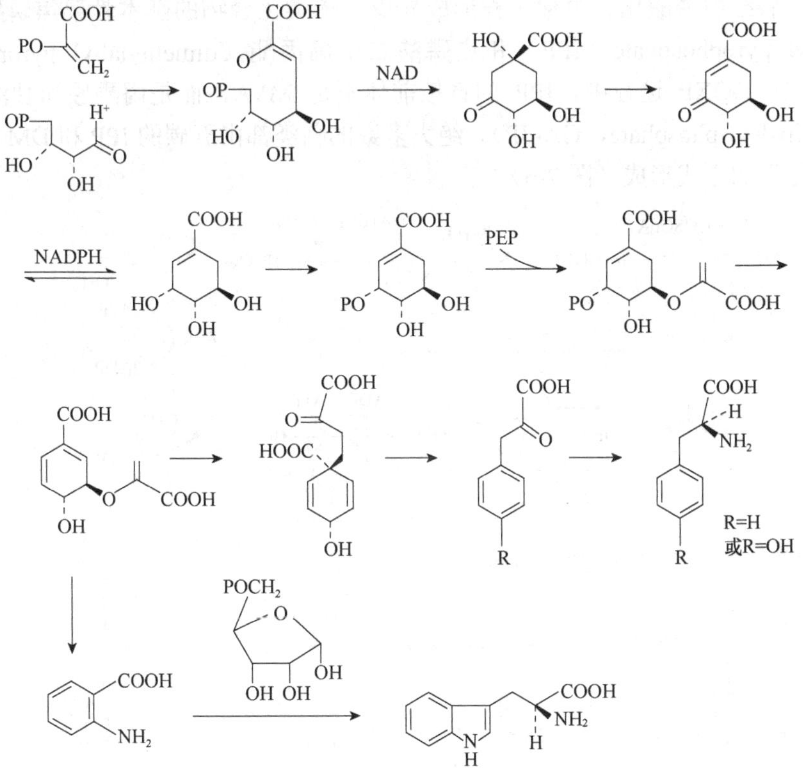

图 7-5　莽草酸途径（李绍顺，2005）

与次级代谢共有途径，在植物体内大多数酚类化合物由该途径合成。含芳香族氨基酸和简单苯甲酸类高等植物将 D-赤藓糖-4-磷酸（磷酸戊糖途径的产物）与磷酸烯醇丙酮酸（糖酵解途径的产物）结合生成莽草酸，莽草酸转化为分支酸，分支酸经预苯酸生成苯丙氨酸和酪氨酸，为苯丙烷类化合物生物合成的起始分子，如麦角酸、原儿茶酸、儿茶酚、黄酮及异黄酮、花青素、香豆酸、肉桂酸和木质素等。例如，黄酮具有较强的抗氧化活性，可以清除体内自由基，减轻细胞氧化应激和损伤，因此其在兽药中常被用作抗氧化剂，对于抵抗动物体内的氧化应激有重要作用。

（四）甲戊二羟酸途径和脱氧木酮糖磷酸酯途径

萜类和甾类化合物是以异戊二烯为基本单位构成的一类化合物。萜类化合物是一类天然产物，包括单萜、二萜和三萜等。它们具有多种药理活性和生物活性，如抗炎、抗菌、抗氧化、止血、消肿等。在兽用中药中，萜类化合物常被用于传统的中医治疗和动物疾病的预防。例如，一些萜类成分可以用于治疗皮肤感染、呼吸道疾病、消化道问题等。甾类化合物是一类具有四环结构的化合物，在中草药中广泛存在。它们具有多种生物活性，如免疫调节、抗炎、抗菌、抗肿瘤等。在兽用中药中，甾类化合物常被用于增强免疫力、预防兽类疾病和提高动物生长性能。对于某些免疫疾病或兽类相关疾病的治疗，甾类化合物也可能作为主要成分之一。

异戊二烯基单元有两条来源途径：甲戊二羟酸（MVA）途径和脱氧木酮糖磷酸酯（DOXP）途径。MVA 途径由三分子乙酰辅酶 A 在细胞质内经生物合成产生甲戊二羟酸（MVA），然后经由磷酸化、脱羧过程形成异戊二烯类化合物的基本骨架焦磷酸异戊烯酯（isopentenyl pyrophosphate，IPP）和焦磷酸二甲烯丙酯（dimethylallyl pyrophosphate，DMAPP）。在 DOXP 途径中，IPP 的直接前体不是 MVA，而是丙酮酸和甘油醛-3-磷酸（glyceraldehyde 3-phosphate，GA-3P）。绝大多数的萜类都由五碳的 IPP 和 DMAPP 基本结构以“头-尾”的方式形成（图 7-6）。

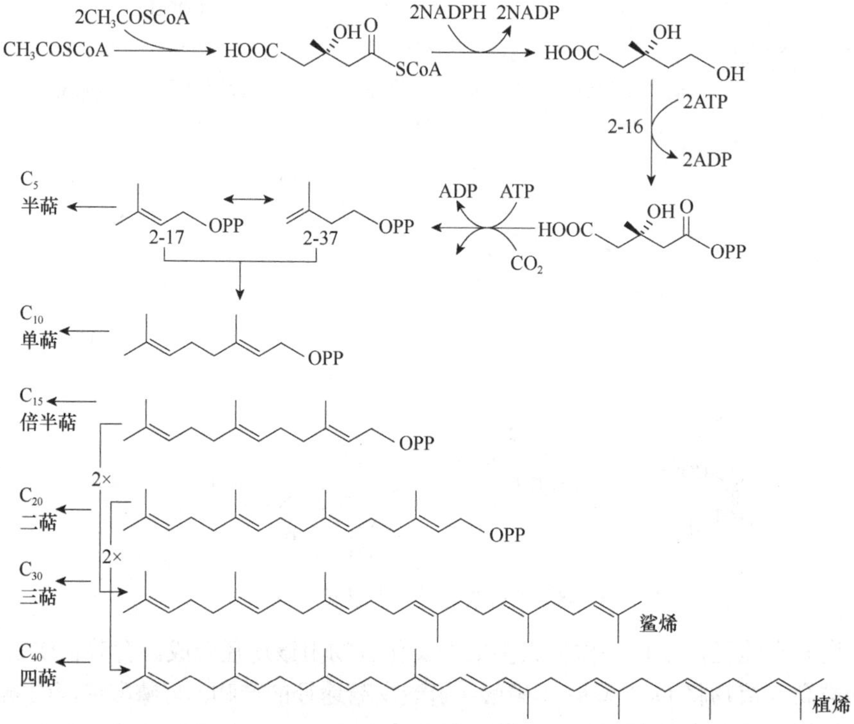

图 7-6　萜类成分甲戊二羟酸合成途径（李绍顺，2005）

（五）氨基酸途径

天然产物中的生物碱类成分均由氨基酸途径生成。氨基酸脱羧成为胺类，如多巴脱羧成多巴胺，再与多巴的脱氨、氧化产物经 Mannich 反应脱去一分子二氧化碳转变为全去甲劳丹碱，经甲基化转变为网状番荔枝碱。全去甲劳丹诺碱、网状番荔枝碱为苄基异喹啉型（benzylisoquinolinc）、原小檗碱型（protoberberine）、阿朴啡型（aporphine）、吗啡型（morphine）等许多重要的四氢异喹啉生物碱的中间体，它们经过一系列化学反应（甲基化、氧化、还原、重排等）后即转变成为多种生物碱，如小檗碱、罂粟碱、蒂巴因、可待因、吗啡等。以小檗碱为例，兽用中药中，小檗碱被广泛应用于动物的疾病治疗和预防。它通常具有以下作用：①抗菌作用。小檗碱具有抗菌活性，对多种细菌和真菌具有抑制作用，因此常被用作兽医药物中的抗菌剂，用于治疗动物体内的感染性疾病。②抗炎作用。由于小檗碱具有抗炎活性，可以抑制炎症反应和炎性介质的产生，因此被应用在兽医药物中，用于减轻和治疗动物的炎症相关疾病。除此之外，小檗碱还有多种作用均可用于中兽药的开发与应用中。

并非所有的氨基酸都能转变为生物碱。现已知作为生物碱前体的氨基酸，在脂肪族氨基酸中主要有鸟氨酸、赖氨酸；芳香族中则有苯丙氨酸、酪氨酸及色氨酸等。其中，芳香族氨基酸来自莽草酸途径，脂肪族氨基酸则基本上来自三羧酸循环中形成的α-酮酸经转氨基作用（transamination）生成。

还有些生物碱，如莨菪碱、石榴碱等，也不难看出其结构中前体氨基酸的轮廓。其中，莨菪碱是一种抗胆碱能药物，具有阻断乙酰胆碱受体的作用。它可以通过抑制乙酰胆碱的作用，改变神经传导，在动物体内产生多种效果，如抗痉挛、抗胃酸分泌、抑制呕吐等，还可通过抑制平滑肌收缩和胃酸分泌，改善胃肠道运动和调整胃肠道功能。因此，在兽药中可用于治疗胃肠道疾病，如胃溃疡、肠绞痛等。但有些化合物，如麦角酸等，只通过单纯比较结构往往还难以判断它们在生物合成上的联系。

（六）复合途径

对于结构稍复杂的天然产物，其分子中各个部分可能来自不同生物合成途径，如大麻萜酚酸（cannabigerolic acid）、大麻二酚酸（cannabidiolie acid）来自乙酸-丙二酸（AA-MA）途径，而查耳酮类（chalcone）二氢黄酮类（dihydroflavone,）等则来自 AA-MA 途径和氨基酸途径。常见的复合生物合成途径有以下几种：乙酸-丙二酸-莽草酸途径、乙酸-丙二酸-甲戊二羟酸途径、氨基酸-甲戊二羟酸途径、氨基酸-乙酸-丙二酸途径和氨基酸-莽草酸途径。

许多天然产物由上述特定的生物合成途径形成，但是也有少数例外。例如，植物界中广泛分布的没食子酸（gallic acid），在不同的植物中，或由莽草酸直接生成（如老鹳草，途径 1），或由桂皮酸途径生成（如漆树，途径 2），或由苔藓酸途径苔黑生成（如黑附球菌，途径 3）。

以上叙述的所有途径，可归纳为图 7-7。

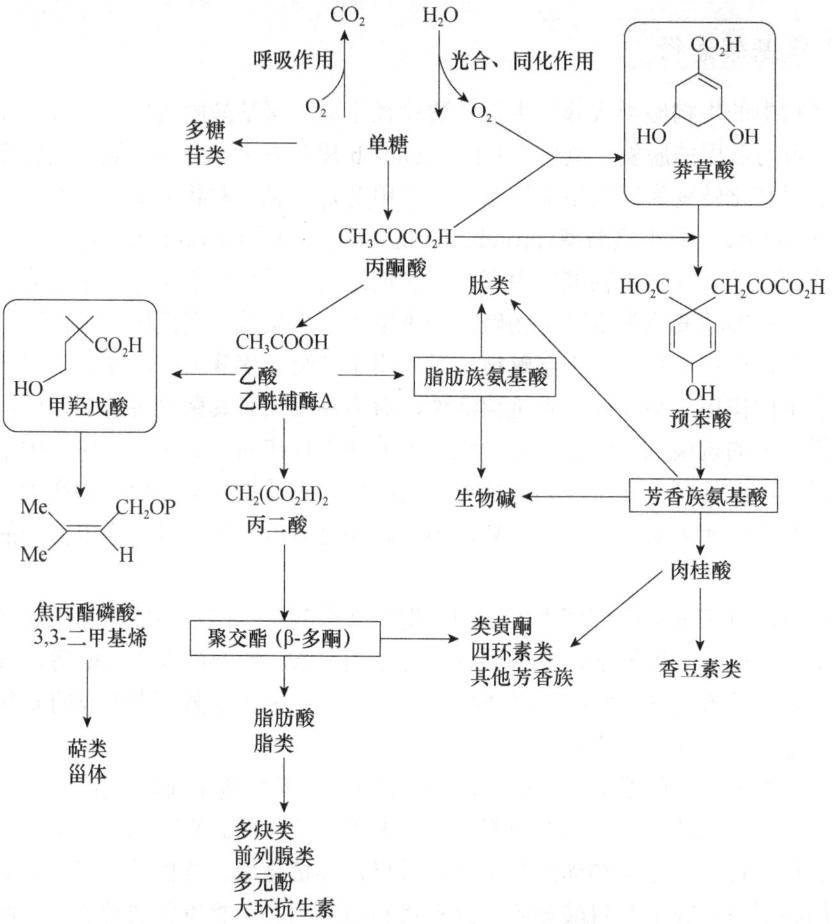

图 7-7　次级代谢主要途径

绝大多数次级代谢产物对生成它们的植物有哪些影响或直接作用，仍有待深入研究。在近十年来的研究中发现，次级代谢产物的生成与生物所处的外界环境（生长期、植物开花期、季节、温度、产地、光照等）密切相关。例如，幼嫩的栎树叶含很少的鞣酸，随着栎树的迅速生长，树叶中鞣酸量增加，到秋季栎树叶含鞣酸的量达最高。鞣酸具有收敛和难以消化等性质，是幼虫生长的抑制剂。因此，坚韧成熟的叶子中的高含量的鞣酸，可保护植物生长。因此，次级代谢产物可成为非滋养性化学物质，它能控制周围环境中其他生物，在生物群的共同生存、演变过程中发挥着重要作用。

六、应用实例

（一）益生菌发酵中兽药

基于益生菌等微生物发酵开发的中兽药在畜禽养殖业中应用广泛，效果显著。它能够提高动物免疫力，如在鸡饲料中添加益生菌发酵的黄芪等中药，能提高新城疫和 H9 亚型禽流感抗体水平；改善肠道健康，如在肉鸭饲料中添加益生菌发酵的中药，可提高肠道内有益菌的数量，降低有害菌的数量；提高生产性能，如在育肥猪饲料中添加益生菌发酵的中药，可提高猪的平均日增重，降低料重比；降低药物毒副作用，如发酵雷公藤可降低其毒性，同时保持免疫抑制作用。益生菌发酵中兽药在鸡、猪、牛等养殖中均有应用，具有广阔的应用前景。

中国农业科学院兰州畜牧与兽药研究所成功从鸡肠道内容物中分离到了可用于发酵补益类中药黄芪和党参的菌株 FGM9 和 LZMYFGM9，鉴定其分别为乳杆菌和链球菌。利用均匀设计、遗传算法和人工神经网络相结合的方法，将产物中总多糖含量变化和菌种增殖作为评价指标，开展补益类中药黄芪和党参体外发酵及有效成分多糖的转化体系研究，确定了发酵培养基组分及比例、发酵条件（温度、pH、时间）、接菌量和药物加入量等，形成了益生菌发酵补益类中药并转化有效成分多糖的工艺技术路线。该工艺发酵黄芪后，产物提取物中多糖含量为 70.88%，比生药黄芪提取物中多糖含量（33.53%）有极显著提高（$P<0.01$）；党参发酵产物中多糖含量为 82.47%，比生药党参提取物多糖含量（38.57%）也有极显著提高（$P<0.01$）。根据临床有效性实验结果，筛选出了“参芪散”的基础配方，黄芪和党参发酵产物比例为 80/20（*W*/*W*）时效果最好。

（二）人参皂苷生物转化

合理应用现代科学技术可以实现药用植物资源的高效综合利用，获得更高的产品附加值。现阶段，我国对于药用植物资源的利用率还很低，有很多中药是出售原料或粗提物，技术含量较低，而资源大部分的附加值都让技术水平更高的国家赚取了。比如，我国人参产业以生产人参生药材原料为主，占整个产业的绝大部分份额，销售也是以原料为主，约占总产量的 80%，以中成药和保健品进入市场的只占总产量的 15%左右，人参深加工产品少且科技含量低。事实上，人们从人参中已提取出 50 多种人参皂苷，稀有皂苷（如 Rh1、Rh2、Rg3、Rb3 等）药效更为珍贵，在某些难治性疾病如肿瘤治疗方面显示出独特的疗效，价格也高了许多。例如，皂苷 Rh2 可通过调节免疫功能，抑制肿瘤的浸润和转移，诱导癌细胞凋亡及抑制肿瘤新生血管的形成；逆转肿瘤细胞的耐药性，增强抗癌药的药效；诱导癌细胞分化并抑制癌细胞生长；还具有拮抗致癌剂起化学防癌的作用。但栽培的人参中目前尚未发现 Rh2，加工的红参中有，但收率仅为 0.001%，实行酶转化法则可将其得率提高至 0.5%，从而实现工业化生产。化学法和微生物转化法等也可促使一些其他人参皂苷转化为 Rh2，只是得率和成本有差异。此外，该化合物的定向合成技术及相关基因的克隆与转化也有可能提高其得率。对任何一种药用植物资源，其原材料、副产品和中间产物的综合利用均需要一系列合理技术的支撑，因此，必须加大对相关研究的投入并努力推广其应用。事实上，我国有许多企业已具有先进的技术设备，应克服困难，创造条件实现中药资源产量、品质的提高及多种产品的联产以极大提高产品附加值，获取高利润。

（三）血根碱生物合成

血根碱作为一种重要的苄基异喹啉生物碱，具有抗菌、抗肿瘤等多种生物活性，是我国首个可长期添加在饲料中的促生长兽用中药“博落回散”的核心活性成分，应用前景广阔。目前，其生物合成研究取得了显著进展，为实现大规模生产提供了可能。

S-金黄紫堇碱是血根碱生物合成的关键中间体，小檗碱桥酶（*BBE*）基因是 *S*-金黄紫

堇碱合成的关键限速酶。因此，对该基因进行优化可显著提高其产量。研究发现，从博落回中分离出的 *BBE* 基因，经密码子优化后在酿酒酵母中表达，并整合到酿酒酵母工程菌 YH03 株基因组中，使 *S*-金黄紫堇碱产量提高了 58 倍，达到 1.12mg/L，大幅提升催化效率。这表明根据酿酒酵母的密码子偏好优化基因，能有效增强 *BBE* 基因的表达，为血根碱的高效合成奠定了基础。

针对血根碱生物合成途径复杂（涉及 6 种 P450 酶、4 种甲基转移酶、2 种黄素蛋白氧化酶）及细胞毒性难题，有研究团队开发了内含肽剪接介导的温度响应型基因表达系统 SIMTeGES。该系统通过筛选突变体 GAL4-dINT，利用温度信号（25℃激活生产/30℃优先生长）替代传统葡萄糖依赖的 GAL 调控，成功实现细胞生长与产物合成的严格解耦。将该系统整合至菌株 SAN219 后，构建的 SAN220-tsINT 在连续传代中保持血根碱滴度稳定，验证了温度调控对代谢负担及毒性的缓解作用。进一步转录组分析表明，混合碳源（甘油＋半乳糖）结合温度信号可优化中心碳代谢与异源途径的协同性。

通过信号肽截断和 MBP 融合增强黄素蛋白小檗碱桥酶（BBE）的胞质溶解度，并利用跨膜结构域工程提升原阿片碱 6-羟化酶（P6H）的定位与活性，进一步解决了途径中两大限速瓶颈。结合前体供应强化、辅因子优化及解毒能力提升，最终构建的菌株整合 42 个表达盒并敲除 8 个内源基因，经补料分批发酵 125.5h，血根碱滴度达 448.64mg/L，且中间体无显著积累，证实通路高效性。该研究为复杂植物天然产物的微生物制造提供了动态调控新策略与限速酶功能强化范式。

第六节　生物技术在植物源饲料与添加剂中的应用

一、发酵植物饲料

（一）发酵植物饲料的概念

发酵植物饲料是通过微生物发酵过程，对植物性原材料进行生物转化，以提高饲料的营养价值、改善其物理性质、增强动物消化吸收能力和提升其健康水平的新型饲料产品。

（二）发酵技术的优势

1. 营养价值的显著提升　微生物发酵技术通过其独特的生物转化机制，对植物细胞壁的复杂结构实施高效分解，如纤维素、半纤维素及果胶质等原本难以直接为动物所消化的成分得以释放，转化为易于吸收的小分子营养物质。这一生物转化不仅释放了丰富的蛋白质、维生素 B 群（对能量代谢至关重要的维生素 B_1、B_2、B_6 及 B_{12} 等）、矿物质和微量元素，而且还产生了额外的有益代谢产物，如乳酸、乙酸等有机酸，以及淀粉酶、蛋白酶等活性酶类，这些都有助于大幅提升饲料的营养价值。特别地，乳酸菌发酵工艺可显著增强饲料中氨基酸的生物可利用度，对促进动物的生长发育起到了关键作用。

2. 消化效率的优化与增强　发酵过程中，微生物自然产生的酶系能够预先分解饲料中的大分子结构，如淀粉和蛋白质，将其降解为低聚糖、肽段及氨基酸等易吸收的形式，极大减轻了动物消化系统的负担。这种“预消化”效应显著增强了营养素的生物利用率，确保动物能更高效地吸收利用饲料中的营养成分，有效遏制了因未完全消化物质进入大肠可能导致的腹泻和营养损失问题。例如，枯草芽孢杆菌发酵豆粕，有效降解了抗营养因子，提高了蛋白质的消化吸收效率。

3. 动物健康的积极促进　发酵饲料富含的益生菌和益生元，扮演着肠道微生态平衡调节者的角色，不仅促进了有益菌群的增殖，还抑制了有害菌的活动，增强了肠道屏障功能，有效减少了病原微生物的入侵风险。这一微生态平衡的维护，不仅增强了动物的自然免疫防御机制，还减少了对抗生素的依赖，对抗生素耐药性问题起到了积极的缓解作用。例如，双歧杆菌发酵的黄芪，不仅提高了动物的免疫功能，还在预防和治疗肠道疾病方面展现了显著效果。

4. 抗应激与生产性能的双重保障　发酵饲料在提升动物对环境变化、运输、疾病及饲料更换等应激条件的适应能力方面同样展现出独特优势。发酵产物中包含的益生菌及代谢产物，如γ-氨基丁酸，能有效缓解动物的紧张情绪，维持采食量和生长性能的稳定，即使在应激环境下也能保持良好的生产表现。

5. 环境友好与可持续发展的实践　发酵技术的环保属性不容忽视，其在减少畜牧业对环境的负面影响方面发挥了重要作用。发酵过程中产生的有机酸有助于降低肠道pH，促进氮素的高效利用，有效减少了粪便中氨气和磷的排放，减轻了空气和水质污染。同时，高消化率的发酵饲料意味着动物排泄物中未被吸收的营养成分减少，显著减轻了养殖环境的污染负担，符合现代畜牧业可持续发展的理念。通过应用乳酸菌等益生菌发酵饲料，农场能够在提升经济效益的同时，实现更加绿色、环保的经营策略。

（三）常用发酵菌种

在植物源饲料添加剂的发酵过程中，选择合适的发酵菌种是提升饲料品质和动物生产性能的关键环节。常用的发酵菌种有以下几种。

1. 乳酸菌　乳酸菌是一类能够产生乳酸的革兰氏阳性菌，广泛存在于自然界和动物肠道中。在发酵饲料中，乳酸菌如嗜酸乳杆菌，扮演着至关重要的角色。它们通过代谢糖类产生大量的乳酸，这不仅能够显著降低饲料的pH，创造一个不利于有害微生物如大肠杆菌、沙门菌等生长的酸性环境，有效抑制病原微生物的繁殖，还能促进肠道健康。乳酸菌的这种抑菌作用有助于维护动物肠道微生物平衡，减少肠道疾病的发生。此外，乳酸菌的增殖能够增加肠道内有益菌群的数量，提升动物的免疫力，进一步促进动物的健康生长。嗜酸乳杆菌还能促进饲料中某些营养物质的生物转化，增加其可消化性和利用率。

2. 酵母菌　酵母菌是单细胞真菌，广泛应用于食品和饲料发酵中，其中酿酒酵母是最著名的代表之一。在饲料发酵中，酿酒酵母能够产生丰富的B族维生素，如核黄素（维生素B_2）、烟酸（维生素B_3）、泛酸（维生素B_5）等，这些维生素对动物的新陈代谢、皮肤健康、神经系统功能及能量产生至关重要。酵母菌的发酵作用还能改善饲料的感官特性，如味道和气味，从而提高饲料的适口性，促进动物采食。此外，酵母菌细胞壁含有的β-葡聚糖和甘露寡糖等成分，能增强动物的免疫功能，提高其抗病能力。

3. 芽孢杆菌　芽孢杆菌，尤其是枯草芽孢杆菌，以其强大的蛋白酶活性和耐高温、耐酸碱的特性在饲料发酵中得到广泛应用。枯草芽孢杆菌能够分泌多种蛋白酶，如碱性蛋白酶、酸性蛋白酶等，这些酶能够有效分解饲料中的蛋白质，使之转化为更易被动物吸收的小分子肽和氨基酸，从而显著提升饲料中蛋白质的消化吸收率。此外，枯草芽孢杆菌还能够产生抗菌肽和细菌素，对多种病原微生物具有抑制作用，进一步维护肠道健康。芽孢杆菌的这些特性有助于动物消化系统的健康，促进生长，同时减少抗生素的使用，符合现代畜牧业绿色、健康的发展趋势。

（四）发酵植物饲料应用实例

1. 发酵豆粕　发酵豆粕在动物营养领域的革新应用，堪称饲料改良的典范。通过精心调控的微生物发酵工艺，豆粕中的抗营养因子，如植酸、单宁以及抗胰蛋白酶等，得到有效降解，这些物质往往阻碍动物对营养物质的充分利用。发酵过程中，微生物所分泌的蛋白酶与糖化酶等活性物质显著增强了豆粕蛋白质的可消化性，其消化率跃升至前所未有的高水平，通常可达 85%以上。这不仅标志着动物能够更高效地吸收和利用蛋白质，还减少了未完全消化蛋白质在肠道内发酵产生的不利影响，降低了肠道疾病的风险。发酵豆粕凭借其优异的适口性、优化的饲料转化率及广泛的适用性，成为猪、禽、牛等多种动物饲料配方中的优选成分，引领了动物饲料行业向更高效率与效益的迈进。

2. 发酵玉米　发酵玉米作为另一种重要植物源饲料的创新应用，其价值在于深度挖掘了玉米潜能，通过微生物发酵作用，纤维素和半纤维素等复杂结构被适度降解，释放出更多可利用的营养物质，同时，淀粉和蛋白质的消化效率也得到显著提升。发酵过程中产生的益生菌和短链脂肪酸，如乳酸和乙酸，不仅优化了肠道环境，促进有益菌群的增殖，抑制病原微生物的活动，还进一步提升了玉米的代谢能值，使得动物能够更高效地转化饲料为能量，从而在维持肠道健康的同时，显著增强了饲料的能量利用率。这一双重效益不仅促进了动物的快速成长，还有效降低了料肉比，提升了养殖的经济性。

（五）发酵过程的精细管理与质量把控

在实施发酵技术的过程中，精确的控制措施和严格的卫生管理是确保发酵成功与产品质量的关键。发酵条件的设定，包括适宜的温度、时间、pH 及菌种的选择与接种量，需基于科学的依据和实践经验来确定，以避免营养成分的过度损失或微生物污染。发酵的终止时机同样需要精准把握，以确保营养成分与发酵产物的最佳配比，最大化发挥其在提升动物生产性能和保障食品安全上的作用。整个发酵流程中，需建立完善的监控体系，定期检测发酵产物的微生物状态和营养成分，确保发酵饲料的安全性、稳定性和一致性，为养殖业的可持续发展提供坚实的技术支撑。

二、发酵植物提取物

（一）发酵植物提取物的概念

发酵植物提取物是指将植物原料经过特定的提取过程获取其活性成分后，再利用微生物发酵技术对其进行深层次的生物转化，进而产生新的或增强原有活性物质的产物。这一过程不仅保留了植物原有的活性成分，如多糖、黄酮、生物碱等，还通过微生物的酶系作用生成新的功能性代谢产物，如有机酸、酶、多肽等，从而赋予发酵植物提取物更广泛的应用潜力和生物活性，如增强免疫调节、抗氧化等特性。

（二）发酵植物提取物与发酵植物饲料的区别与关联

1．发酵植物提取物与发酵植物饲料的区别

（1）目标定位与应用场景：发酵植物提取物专注于提取并优化特定活性成分，服务于高精度、高附加值的产品领域，如健康产品和医药行业，其核心在于活性成分的纯净与高效。相反，发酵植物饲料则聚焦于通过微生物发酵改善饲料的营养构成与动物消化性能，直接服务于畜牧业，追求的是整体饲料品质与动物生长表现的优化。

（2）原料选取与处理工艺：发酵植物提取物的原料选择倾向于富含特定活性物质的植物部分，其提取和纯化过程需借助精密技术，以确保活性成分回收与纯度的最大化。而发酵植物饲料的原料范围更为广泛，涵盖植物的各个部位，加工工艺更注重于整体营养价值的提升和经济可行性。

（3）产品形态与应用模式：发酵植物提取物多以高度浓缩的粉末或液体形式存在，作为功能性添加剂应用于特定产品中。相比之下，发酵植物饲料则直接以饲料添加剂或饲料形式被动物食用，旨在直接影响动物的生长与健康。

2．发酵植物提取物与发酵植物饲料的联系

（1）共通的发酵技术核心：无论是在植物提取物的精炼还是在植物饲料的升级中，微生物发酵技术都是关键所在，通过微生物的代谢活动，增强了原料的生物活性，体现了生物技术创新在资源高效利用和产品价值增值中的共性。

（2）促进健康的目标一致性：两者皆旨在通过生物转化增强产品的健康促进作用，不论是直接提升生物体的免疫力、抗病力，还是间接通过改善动物健康状态来提高生产性能，均指向了提高生命质量的终极目标。

（3）环境友好与可持续发展的共谋：二者均属于环保型生产策略，通过减少对抗生素的依赖，减轻对环境的负担，契合了现代农业对绿色、可持续发展的迫切需求，共同促进了生态和谐与资源的可持续利用。

综合来看，尽管发酵植物提取物与发酵植物饲料在具体应用、处理方式及产品形式上有所区分，但它们在利用微生物发酵技术提升资源价值、促进健康与环境保护方面的紧密联系，彰显了现代生物技术在推动植物资源高效利用和畜牧业绿色发展上的共同愿景。

（三）发酵植物提取物的制备

发酵植物提取物的制造技艺，作为一项集现代生物技术与高效分离技术精华于一体的复杂工程，旨在从精选的天然植物资源中提炼出高纯度、高活性的生物活性分子。

1．原料精细化预处理　一切始于源头的精挑细选，精选那些蕴含目标生物活性成分的植物作为原料，如富含免疫调节多糖和黄酮的黄芪，或是含有强大抗菌与心血管保护效果的硫化物与抗氧化物的大蒜。原料经过严格筛选后，进行细致的预处理，包括彻底清洁、剔除非活性杂质以及适宜的物理处理，确保后续发酵过程中微生物能有效接触并转化目标物质。

2．微生物选育与发酵条件的精准调控 核心在于微生物的巧妙利用，精心筛选出能高效转化原料中活性成分或产生新生物活性物质的菌株。利用现代生物技术手段，如高通量筛选技术和响应曲面分析法（RSM），优化发酵参数，包括适宜的温度、pH、氧气供给及发酵周期，创造微生物生长与目标产物合成的最适环境，实现活性物质的高效生物转化。

3．高科技提取与精妙纯化工艺 发酵产物的提取环节，采用如超临界流体萃取（SFE）等先进技术，利用超临界 CO_2 的特殊性质，在低温环境下渗透细胞壁，高效提取热敏感的黄酮类、生物碱等活性成分，同时保护其结构免遭破坏。此外，膜分离技术凭借其对分子大小的精确筛选能力，实现了活性成分与杂质的高效分离，提升了提取物的纯净度。

4．精细化处理与成品标准化 提取物经过进一步的精细化处理，包括柱层析、结晶和冷冻干燥等步骤，去除残留杂质，提升活性成分的纯度和稳定性，确保每一批产品的活性成分含量、纯度和微生物指标均达到高标准。这一系列严格的质量控制流程，确保了最终产品的安全、高效，为保健品、医药、饲料添加剂等行业提供了高质量的天然解决方案。

发酵植物提取物的制造不仅是对自然资源的深度挖掘与高效利用，更是科技与自然智慧的融合，展示了从原料到成品的全过程精细化管理，为人类和动物的健康需求提供了可持续、高效的自然疗法。这一过程不仅促进了中药资源的现代化利用，也为生物技术在健康产业的应用开辟了新的道路，展现了生物科技与传统医学融合的无限潜力。

（四）发酵植物提取物的应用效果

1．增强免疫功能 发酵黄芪提取物作为中兽医药领域的创新应用，展现出了显著的免疫增强效果。黄芪本身富含黄酮类、多糖及皂苷等活性成分，而通过微生物发酵技术处理，这些成分的生物利用度和活性得以显著提升。发酵过程中，益生菌或特定微生物能够分解黄芪中的大分子物质，转化为更易于动物肠道吸收的小分子，如多糖降解产生的低聚糖，这些物质能有效激活机体的免疫系统。研究表明，发酵黄芪提取物能显著提升动物的吞噬细胞活性、增强自然杀伤细胞（NK 细胞）的功能，并促进 T 淋巴细胞和 B 淋巴细胞的分化，提高抗体生成，从而增强动物的非特异性免疫和特异性免疫应答。这意味着，使用发酵黄芪提取物作为饲料添加剂，可以有效减少动物疾病的发生率，提升动物的整体健康状态，降低抗生素的使用需求，符合现代养殖业绿色、健康的发展趋势。

2．改善肉品质 发酵大蒜提取物在改善动物肉质方面表现突出。大蒜含有丰富的含硫化合物，如大蒜素，这些成分具有强烈的抗菌、抗氧化作用。发酵过程中，大蒜中的活性成分经过微生物转化，生成更多具有生物活性的小分子物质，如 *S*-烯丙基半胱氨酸等，这些物质能够有效地减少动物体内不良脂肪酸（如饱和脂肪酸）的累积，同时促进有益脂肪酸（如 ω-3 多不饱和脂肪酸）的合成，从而改善肉品的脂肪酸组成，使得肉质更加健康。此外，发酵大蒜提取物还能提高肌肉中肌红蛋白的含量，增强肉色的鲜艳度，提升肉的风味和口感，满足消费者对高品质肉制品的需求。这种改善不仅提升了肉类产品在市场上的竞争力，也促进了动物产品的消费升级。

3．促进生长发育 特定的发酵产物，如由益生菌发酵的中药复合物，能够提高动物的生长性能。这些发酵产物富含益生元、短链脂肪酸、生物活性肽等，它们能够优化肠道微生态环境，促进有益菌群的增殖，抑制有害菌的生长，减少肠道疾病的发生。一个健康的肠道意味着更高的饲料消化吸收率，从而使动物的饲料转化率得到提升，生长速度加快，日增重和饲料利用率都有提高。例如，利用乳酸菌发酵的中草药添加剂，通过改善肠道健康，增加营养物质的吸收，不仅促进了肉鸡、猪等动物的快速成长，还减少了环境中的氮排放，实现了经济效益与环境保护的双重目标。这种通过生物技术手段促进动物生长的方式，为养殖业提供了兼顾高效与环保的解决方案，促进了养殖业的可持续发展。

（五）发酵植物提取物实例

在兽用中药资源及其利用创新研究的广阔领域中，发酵黄芪提取物和发酵大蒜提取物作为两种典型代表，展现了其在促进动物健康、提升生产性能以及替代抗生素等方面的独特价值与广阔前景。

1. 发酵黄芪提取物在肉鸡养殖中的应用　发酵黄芪提取物凭借其在提高肉鸡免疫力和抗应激能力方面的显著成效，成为了现代畜牧业中不可或缺的天然增强剂。黄芪，作为传统中草药中的瑰宝，富含黄芪多糖、黄酮等有效成分，这些成分在发酵过程中得以优化，转化为更易被动物吸收的形式。发酵技术不仅增强了黄芪提取物的生物活性，还促进了有益代谢产物的生成，如小分子多糖和生物活性肽，这些物质能够直接作用于动物的免疫系统，激发免疫细胞的活性，包括增强吞噬细胞的吞噬能力、促进淋巴细胞的增殖以及提高抗体生成效率，从而构建起强大的免疫防线，有效抵御病原微生物的侵袭。此外，发酵黄芪提取物还能调节机体的应激反应，减轻因环境变化、运输、换料等因素引起的应激，维护肉鸡的正常生理功能和生产性能。实践证明，添加发酵黄芪提取物的肉鸡日粮，能够显著提升肉鸡的存活率，增加平均日增重，降低料肉比，提高整体生产效益。

2. 发酵大蒜提取物在肠道健康管理中的作用　发酵大蒜提取物则以其天然抗菌和肠道健康调节的特性，在替代抗生素、维护肠道健康方面展现出巨大的潜力。大蒜中的主要活性成分——大蒜素，在发酵过程中转化为更为稳定的硫化物，如阿霍烯和*S*-烯丙基半胱氨酸，这些成分具有广谱抗菌特性，能够有效抑制肠道内有害细菌如大肠杆菌、沙门菌的生长，同时对有益菌群影响较小，维持肠道微生物平衡。通过优化肠道菌群结构，发酵大蒜提取物能够增强肠道屏障功能，减少肠道炎症，降低肠道疾病的发生率，从而减少对抗生素的依赖。在实际应用中，添加发酵大蒜提取物的饲料不仅能有效控制肠道疾病，还能提高饲料转化效率，促进动物健康成长，同时保障了动物源性食品的安全性，响应了全球减少抗生素使用的号召。

发酵黄芪提取物和发酵大蒜提取物作为兽用中药资源的创新应用，不仅体现了中兽医药在现代养殖业中的科学价值与应用潜力，也为推动养殖业向绿色、健康、可持续的方向转型提供了重要支撑。随着生物技术的不断进步和研究的深入，这两者的应用范围和效果有望得到进一步的拓展和提升。

三、植物提取物饲料添加剂

（一）植物提取物饲料添加剂的定义

以单一植物的特定部位或全植株为原料，经过提取和（或）分离纯化等过程，定向获取和浓集植物中的某一种或多种成分，一般不改变植物原有成分结构特征，在饲料加工、制作、使用过程中添加的少量或者微量物质。

（二）植物提取物在饲料添加剂中的应用历史和现状

植物提取物作为饲料添加剂的应用可以追溯到古老的农业生产实践中，早期农民通过观察发现，某些植物能够改善家畜的健康状况和生产性能，于是开始尝试将这些植物的叶子、果实、根茎等部位直接添加到饲料中。例如，中国古代的《司牧安骥集》等文献中就记载了使用中草药治疗动物疾病和促进健康的实例。然而，直到20世纪中后期，随着现代科学技术的进步和对植物化学成分的深入研究，植物提取物才真正作为专业化饲料添加剂被系统开发和商业化应用。

近年来，随着全球对抗生素滥用导致的耐药性问题和环境污染的广泛关注，植物提取物作为天然、安全的饲料添加剂受到了前所未有的重视。自2020年起，中国全面禁止除中药外的所有促生长类药物饲料添加剂的生产和进口，这直接推动了植物提取物饲料添加剂市场的快速增长。市场对天然、高效、无残留的植物提取物饲料添加剂需求剧增，促使科研机构和企业加大研发投入，以满足日益增长的市场需求。

现代技术如超临界流体萃取、微波辅助提取等高效环保的提取技术的应用，使得提取物的纯度和生物活性大大提高，同时降低了能耗和污染。目前，市场上常见的植物提取物饲料添加剂包括但不限于大蒜素、黄芪多糖、杜仲提取物、迷迭香提取物等，这些产品广泛应用于猪、鸡、牛等主要养殖动物，以及水产养殖中，以提高动物的免疫力、抗应激能力、促进消化吸收和生长性能。

随着全球大健康理念的普及和绿色畜牧业的推动，植物提取物饲料添加剂的研发和应用正进入一个全新的发展阶段。科研人员不仅在深入探索植物提取物的活性成分和作用机制，还在优化提取工艺、标准化质量控制以及产品配伍等方面不断取得突破，以期实现更高效、更环保的畜牧业生产模式，保障动物健康与食品安全，同时也促进农业的可持续发展。

（三）植物提取物饲料添加剂提取技术

1. 水提法

原理与机制：水提法基于水作为通用溶剂的特性，利用其对多数天然产物中水溶性成分的溶解能力，通过加热或常温下的浸泡、煎煮等手段，将中药材中的有效成分提取出来。水作为溶剂，能够较好地溶解多糖、苷类、部分生物碱等水溶性成分，是传统中药制备中最为基础和广泛采用的提取技术。步骤包括药材的预处理、水溶液制备、提取、分离与浓缩、干燥。

优点：操作简单，成本低廉，安全性高，适合大规模生产。

缺点：提取效率相对较低，提取液易受微生物污染导致腐败，热敏性成分可能被破坏，且提取液中杂质较多。

2. 醇提法

原理与机制：醇提法利用乙醇或不同浓度的酒精作为溶剂，能够提取水溶性及部分脂溶性成分，适用于苷类、黄酮、部分生物碱等成分的提取。乙醇除了具有良好的溶解性能，还具有一定的消毒作用，可以减少提取物的微生物污染。步骤包括药材的预处理、溶剂配比、提取、回收醇与浓缩、干燥与精制。

优点：提取液稳定性好，易于保存，能提取水溶性和部分脂溶性成分。

缺点：成本较高，操作安全性要求严格，对热敏性成分可能有破坏作用。

3. 其他提取方法

1）超临界流体萃取（SFE）

原理：利用超临界状态下的二氧化碳作为溶剂，因其特殊的物理性质，可在相对温和的条件下高效提取目标成分，特别适合热敏性物质的提取。

优缺点：提取效率高、纯度好、无有机溶剂残留，但设备投资大，操作成本较高。

2）微波辅助提取（MAE）

原理：利用微波产生的热效应和非热效应加速溶剂渗透和成分的提取过程，适合快速提取。

优缺点：提取速度快、能耗低、提取率高，但设备要求高，需谨慎控制以防止热敏性成分的破坏。

不同的提取技术各有利弊，选择合适的提取方法需根据目标成分的特性、提取效率、成本预算以及最终产品的应用需求综合考虑。随着科技的发展，各种提取技术的优化组合和新型提取技术的不断创新，将进一步提升提取效率和产物质量，推动中药资源的高效利用。

（四）植物提取物饲料添加剂的功能和作用

1. 抗氧化作用　抗氧化剂在保护饲料新鲜度和延长保质期方面起着至关重要的作用，绿茶提取物中的儿茶素是其中的佼佼者。儿茶素是一种强效的天然抗氧化剂，能够捕获并中和自由基，减少自由基对细胞膜、DNA和其他生物分子的损害，从而延缓饲料的氧化过程，保持饲料中的营养成分不被破坏。此外，儿茶素还能提高动物的抗氧化能力，对抗因应激、疾病等引起的氧化应激状态，促进动物健康。

2. 免疫调节功能　免疫调节是提高动物健康水平和生产性能的关键，黄芪多糖正是这一领域内的明星成分。黄芪多糖能显著激活并调节动物的免疫系统，通过促进免疫细胞（如巨噬细胞、淋巴细胞）的增殖，增强细胞免疫和体液免疫反应，提高动物对病原微生物的抵抗力。它还能调节免疫相关基因的表达，促进抗体的生成，从而在不依赖抗生素的情况下，有效预防和控制动物疾病，增强动物的非特异性免疫和特异性免疫功能，保障动物的健康生长。

通过精确提取和应用这些天然活性成分，不仅能够有效地解决动物养殖中的健康与营养问题，还能促进养殖业的可持续发展，减少对化学添加剂的依赖，符合现代绿色、环保的养殖理念。

（五）植物提取物饲料添加剂的实际应用案例

1. 黄连素　黄连素，这一源自古老草药黄连的宝贵成分，在现代动物健康管理领域焕发新生，成为替代抗生素使用的天然选择。以其卓越的抗菌特性，黄连素被精心设计并应用于动物饲料中，旨在有效管控畜禽肠道疾病，如常见的大肠杆菌与沙门菌感染，显著减少了对抗生素的依赖。通过精确计量的补充，黄连素能够有效维护肠道微生态平衡，构筑一道坚固的生物屏障，不仅降低了疾病发生率，还促进了动物的自然防御体系，为养殖业的绿色转型奠定了坚实的基础。此策略不仅响应了全球对抗生素耐药性危机的挑战，还保障了食品供应链的源头安全，体现了对人类健康与生态环境的深切关怀。

2. 甘草酸　甘草，作为传统医学中的瑰宝，其提取物甘草酸在现代动物应激管理中的创新应用，开启了动物福利与生产性能提升的新纪元。甘草酸凭借其独特的生物活性，能够显著缓解动物因环境变化、运输、疾病等外部压力造成的应激反应。通过调节内分泌系统，降低应激激素（如皮质醇）的水平，甘草酸有效增强了动物的适应能力和恢复力，减少了应激诱导的免疫抑制和生长迟滞现象。这一自然干预措施不仅优化了动物的生理功能，还直接促进了生长效率、繁殖性能和乳品质量的提升，为养殖业带来了显著的经济效益与可持续发展的新机遇。

综合黄连素与甘草酸的运用，我们看到了传统智慧与现代科技在动物健康管理上的深度融合，为解决养殖业面临的健康挑战提供了自然、高效的解决方案。未来，随着对天然产物的深入研究与技术革新，如精准投喂技术、生物活性成分的高效提取与配比优化，将能够进一步细化和个性化这些自然添加剂的应用策略，实现对不同养殖环境下动物特定需求的精准匹配。这不仅将深化我们对动物生理机制的理解，还将推动养殖业向更加生态友好、高效、品质导向的未来发展，构建一个既保障动物福利又确保食品安全的和谐生态链。

（六）使用中的注意事项与策略性应对

精准剂量：确保植物提取物的添加量准确无误，遵循科学指导，避免过量使用可能导致的不良反应或营养失衡。

品质监控：选择高品质的植物提取物原料，定期进行第三方检测，确保无污染物残留，维持产品纯度和稳定性。

配方兼容性评估：考虑植物提取物与其他饲料成分的相互作用，进行配方兼容性测试，避免不良反应或功效减弱。

动态调整策略：根据动物的生长阶段、健康状况和环境变化，灵活调整植物提取物的使用方案，定期评估并优化。

法规遵循：严格遵守各国和地区关于饲料添加剂的法律法规，确保所有添加物均符合当地规定，保障产品合法性。

通过细致入微的管理与科学应用，植物提取物不仅能够显著提升养殖动物的健康与生产性能，还促进了养殖业向更环保、更可持续的方向发展，为食品安全和人类健康作出了积极贡献。

四、新型植物源饲料添加剂

在追求更健康、环保的畜牧业发展道路上，新型植物源饲料添加剂以其自然、安全的特性，逐渐成为行业焦点。这些新型添加剂不仅在提升动物生产性能和免疫力上发挥作用，更注重动物的全面健康、肉质改善及环境适应性，同时减少对环境的负担。

植物精油：像牛至油、肉桂油等，富含自然香气，能有效抑制肠道病原微生物，促进消化吸收，同时通过增强动物自身免疫系统，减少对抗生素的依赖。

植物多酚：源自葡萄籽提取物、茶叶中的茶多酚等，是强大的天然抗氧化剂，能有效清除体内自由基，保护细胞不受损害，同时具有良好的抗菌、消炎特性，对肉质保鲜和提升有着积极作用。

酶解植物蛋白肽：通过生物酶技术从大豆、豌豆等植物蛋白中提取的活性肽段，不仅提供高质量的蛋白质，还能通过激活免疫系统、减轻疲劳、维持肠道微生态平衡等方式，全方位促进动物健康。

植物固醇与甾醇酯：如β-谷甾醇，能有效降低动物血液中的胆固醇水平，为生产低胆固醇含量的动物产品提供了可能性。

多糖类物质：如来自灵芝、云芝的多糖，对动物的免疫功能有显著的调节作用，通过激活免疫细胞，增强动物抵抗疾病的能力，促进动物健康成长。

（一）研究进展与应用前景

近年来，植物源饲料添加剂研究领域经历了显著的发展跃升，这一成就的背后是科研工作者广泛运用了一系列高精尖的现代生物技术手段，包括但不限于高分辨率分析技术、酶工程学和分子生物学等先进分支。这些技术不仅极大地推动了对植物提取物中活性成分的精准辨识与深度解析，为科学评估与后续产品创新提供了稳固的物质支撑，而且深化了我们对这些活性成分如何通过调控肠道微生态平衡、激活免疫应答机制等途径促进动物健康的机制的认识。通过精密的实验室研究和动物模型验证，科学家们逐渐解锁了这些活性成分促进动物健康的内在机制。

在此基础上，研究方向正逐步向配方的精细化调整与植物提取物间协同效应的深度挖掘迈进，旨在通过科学合理的植物提取物配比，实现效果的协同放大，创造出具有更优异性能的复合配方。

（二）国内外政策法规概览

在全球化视角下，植物源饲料添加剂的规范运用已经成为国际和国内立法的焦点，旨在确保食品安全、环境保护及促进畜牧业的可持续发展。国际上，世界贸易组织（WTO）与世界动物卫生组织（WHO）合作制定了全球统一的饲料添加剂标准，为国际贸易流通提供了安全保障。欧盟在此领域实施了严格的《饲料添加剂和预混料条例》（EC No 1831/2003），涵盖了从注册审批到市场监控的全过程，每一步都体现了对安全、效能和环境影响的高度重视。

在国家层面，中国通过《饲料和饲料添加剂管理条例》及《中华人民共和国农产品质量安全法》构建了全面的监管体系，强化了从生产到消费各环节的法律监管，并建立了追溯机制。而美国的监管体系基于《联邦食品、药品和化妆品法案》（FD&C Act）及其配套规定，以及FDA的详细指导，为饲料添加剂的注册、标签管理及使用规范设定了清晰框架，维护了市场秩序与产品安全，体现了对动物源饲料添加剂管理的严谨态度和实践要求。这些法规与实践不仅保障了饲料及食品链的全球安全，也促进了国际贸易的顺畅进行和动物源产品的质量提升。

（三）政策法规对行业的深刻影响

近年来，针对植物源饲料添加剂行业的政策法规体系逐步完善并得到有效执行，对这一产业的发展轨迹产生了深刻而长远的塑造作用。这些法律法规的出台与实施，不仅构建了产业发展的新框架，还引领了一系列内生性与外延性的变革，具体体现在以下几个方面。

法规的强化成为催化行业内科技创新的关键因素。面对不断提升的安全与效能标准，植物源饲料添加剂产业积极应对，通过增加研发投入，探索和开发新型高效、安全性高的产品，这一进程加速了产业内部的技术迭代与升级步伐，推动了从传统生产模式向以科技创新为驱动的现代产业体系转变。再者，市场环境的规范化成为维护行业健康发展的基石。严格的市场准入规则与监管机制的建立健全，有效抑制了非法添加物与伪劣产品的流通，保障了市场竞争的公正性，显著增强了消费者与养殖业者对植物源饲料添加剂产品的信任度，为合法合规企业的成长提供了良好的市场生态。政策导向中的绿色发展原则为产业升级指明了方向。鼓励采用环境友好型、可持续的植物源添加剂，不仅体现了对生态环境保护的重视，也是对人类健康负责的体现。这一政策导向促进了对自然资源的合理开发利用，加速了淘汰对环境或人体存在潜在风险的传统添加剂的过程，引领着整个行业向绿色、可持续的发展道路转型，符合全球可持续发展趋势，增强了国际竞争力。

综上所述，政策法规的密集出台与严格执行，对植物源饲料添加剂产业的影响是全方位且深远的，不仅激发了产业内部的创新活力，优化了市场结构，还确立了绿色发展的主旋律，共同推动了该产业向更高水平、更高质量的未来发展。

（四）合规使用指南与实践建议

确保植物源饲料添加剂的正确与合法应用，不仅是遵守法规的基本要求，更是提升产品质量、保障动物健康与促进环境可持续性的关键。以下是实现合规使用的几项核心实践指南。

精研法规内涵：企业及其用户应深化对现行法律法规的学习理解，把握其精神实质，确认所选添加剂已取得官方批准，并严格遵循其指定的应用范围和限制条件，确保合法合规。

正规渠道确保品质：选择经过认证的供应商进行采购，要求供应商提供完整的产品质量检测报告及详尽的产品说明书，同时建立原料追溯机制，确保供应链的透明性和安全性。

科学施用，精准调控：依据动物的具体需求（如生长阶段、健康状态和生产目标），制定个性化的植物源饲料添加剂应用方案，精确控制添加剂的种类与用量，避免不必要的过量使用或误用，以达到最佳的营养补充效果。

完善记录体系，强化追溯能力：构建翔实的使用记录管理系统，详细记录每批次添加剂的名称、来源、用量、使用日期等信息，为后续的分析评估和问题追溯提供准确数据支持。

持续教育与培训：加大对员工的法规知识教育与专业技能培训力度，确保团队成员能够熟练掌握最新的法规要求和操作规范，促进合规意识的普及和操作技能的持续提升。

主动监测与反馈循环：实施定期的动物健康监测和生产性能评估，及时收集使用植物源饲料添加剂后的效果反馈，根据实际情况灵活调整使用策略，形成有效的监控-评估-调整反馈机制，以科学数据指导实践，持续优化使用效果。

遵循上述指南，不仅能有效保障植物源饲料添加剂的合规使用，还将有力推动行业向科学化、高效化和环境友好型方向发展，实现经济效益与生态效益的双赢。

（五）未来趋势与创新发展

1．研究的前沿探索与发展趋势　展望未来，植物源饲料添加剂领域正沿着一条融合前沿科技与可持续发展理念的轨迹迅速演进。在基因组学与代谢组学的强有力支撑下，研究趋势聚焦于精细化营养与个性化配方设计的深度整合，这意味着根据动物种类、生长阶段及特定健康需求，精心定制含有精确活性成分的配方，旨在实现每一份营养成分的精准投放，最大化促进动物健康与生长性能，进而达到生产效益的最优化。

与此同时，单一功能的植物提取物正逐渐被多功能复合产品的创新所取代。科研方向转向开发集抗菌、抗炎、抗氧化、免疫调节等多重功能于一体的复合型植物源添加剂，通过科学的配比实现各成分间的协同效应，有效应对养殖业面临的多维度挑战，为解决复杂问题提供高效途径。在技术进步的推动下，高效提取技术与资源的可持续利用成为另一重要趋势。采用超临界流体萃取、酶辅助技术等先进手段，显著提升了活性成分提取的效率与纯度，同时减轻了对环境的负担。尤为重要的是，将农业废弃物转化为高价值饲料添加剂的探索，不仅促进了资源的循环使用，还为农业废弃物找到了新的增值路径。

深入的机制研究与生物标记物的发现，为植物源添加剂的科学评估与合理应用提供了理论依据。通过深化对作用机制的理解，识别关键生物标记物，进一步提升了添加剂在实际生产中的应用精准度与效果。

植物源饲料添加剂的未来发展趋势呈现多功能复合创新、技术革新、机制深化理解与全面安全评估的多维发展框架，共同指向一个更加高效、安全、可持续的行业发展未来。

2.技术创新与广阔前景　植物源饲料添加剂的未来展现了由技术创新引领的广阔发展前景，其中合成生物学的革新应用尤为突出，通过基因工程改造微生物高效生产特定活性成分，如工程菌发酵制备黄酮类化合物，这一策略不仅开辟了大规模、低成本的生产新途径，还有效减轻了对自然资源的依赖。与此同时，智能养殖技术的融合成为另一重要趋势，结合物联网与大数据分析，实时监控动物生长状况，利用算法优化添加剂应用，推进精准饲养策略，显著提升饲料效率和养殖整体效益，为智慧农业的发展注入强大动力。

可持续发展的绿色实践贯穿于整个产业链，从优化种植、改进提取技术到添加剂的科学应用，植物源饲料添加剂以其天然、环保的特性，成为推动养殖业向绿色转型的关键力量，促进生态平衡与人与自然的和谐共生。在全球化背景下，国际的紧密合作与标准统一成为必要，共享科研成果、深化技术交流，确保饲料安全和质量的全球一致性，携手促进全球畜牧业的健康可持续发展。

综上所述，植物源饲料及添加剂的未来发展趋势，展现了一条融合科技创新、个性化营养、生态保护、国际合作的多元发展道路，不断推动行业向更深层次、更广阔领域拓展，为保障食品安全、推动可持续发展贡献重要力量。特别是发酵植物饲料和提取物，在提升动物健康与生产性能、促进绿色养殖方面的影响力日益显著，预示着该领域拥有巨大的发展潜力和广阔的应用前景。

小 结

本章详细介绍了生物技术在兽用中药领域的应用，包括中药资源的利用、现代发展、创新利用的意义，以及生物技术在中药材生产中的应用，内容涵盖了中药材的基原、道地药材的定义和特性、分布，以及品牌与特色药材的培育。同时，探讨了中药材栽培技术、病虫害防治、采收与产地初加工、中药材 GAP 管理、生产成本、品种选育、DUS 测试指南、定向育种与种苗繁育技术、代谢工程技术、规范化生产和发展趋势、病虫草害防治、土壤耕作、田间管理等多个方面。

特别强调了中药材的生物技术生产应用与实例，如毛状根培养技术、组织培养技术、悬浮培养技术、发酵工程与生物转化，以及植物源饲料与添加剂的新型研究和应用。本章还指出了现代兽用中药在养殖行业中的应用，以及传统中兽药在疾病预防和治疗中的作用。

复习思考题

1. 简述中药材 GAP 管理的重要性及其对中药产业发展的影响。
2. 论述中药材生物技术育种与传统育种方法相比的优势和挑战。
3. 描述现代生物技术如何提高中药材活性成分的提取效率和质量。
4. 根据本章内容，分析植物源饲料添加剂在提高动物免疫力方面的应用及其潜在价值。
5. 探讨发酵技术在兽用中药领域的应用前景，并给出 1～2 个可能的研究或应用方向。

主要参考文献

丁安伟，王振月. 2013. 中药资源综合利用与产品开发. 北京：中国中医药出版社.

段金廒，陈世林. 2013. 中药资源化学. 北京：中国中医药出版社.

段金廒，周荣汉. 2013. 中药资源学. 北京：中国中医药出版社.

李绍顺. 2005. 天然产物全合成. 北京：化学工业出版社.

刘湘，汪秋安. 2010. 天然产物化学. 北京：化学工业出版社.

卢雪兰，罗雯，黄琼英，等. 2021. 无性繁殖技术在植物中药材繁殖和生产中的应用研究进展. 现代园艺，44（7）：31-35.

孟祥才，黄璐琦. 2017. 中药资源学. 北京：中国医药科技出版社.

曾建国. 2011. 植物提取物标准化研究方法与示范. 北京：化学工业出版社.

张成才，方超，覃明，等. 2023. 中药材新品种选育现状与 DUS 测试指南研制进展. 中国中药杂志，(3)：1-10.

中国兽药典委员会. 2020. 中华人民共和国兽药典. 北京：化学工业出版社.

中国药典委员会. 2020. 中华人民共和国药典. 北京：中国医药科技出版社.